城市供水行业职业技能培训丛书

供水仪表工

中国城镇供水协会编

中国建材工业出版社

图书在版编目(CIP)数据

供水仪表工/《城市供水行业职业技能培训丛书》编
委会编 .—北京：中国建材工业出版社，2005.1(2006.12 重印)
(城市供水行业职业技能培训丛书)
ISBN 7 - 80159 - 527 - 0

Ⅰ.供 ... Ⅱ.城 ... Ⅲ.城市供水 – 流量仪表 – 技
术培训 – 教材　Ⅳ.TU991.63

中国版本图书馆 CIP 数据核字(2004)第 127304 号

内 容 简 介

　　本书是根据国家建设部 1996 年颁布的城市供水行业《供水仪表工技能标准》的要求,结合供水行
业的特点,坚持理论联系实际的原则,由专业人员集体编写而成。

　　全书共分四篇,包括仪表安装施工基本常识和基础、测量转换技术、水厂常用数据的测量、自动控
制系统介绍和计算机基础知识等内容。本书对水厂自动控制系统及其自动控制理论、常用参数等内
容,特别是针对供水仪表工的实际工作需要做了更为详尽深入的描述,具有实践指导意义。

　　本书可作为各地区供水行业对供水仪表工初、中、高级工人进行职业技能培训的教材使用,也可
供具有高中文化以上的城市供水行业职工自学和参考。

供水仪表工
中国城镇供水协会编

出版发行：中国建材工业出版社
地　　址：北京市西城区车公庄大街 6 号
邮　　编：100044
印　　刷：北京雁林吉兆印刷有限公司
开　　本：787mm×1092mm　1/16
印　　张：24.75
字　　数：541 千字
版　　次：2005 年 1 月第 1 版
印　　次：2006 年 12 月第 5 次
定　　价：全套 678.00 元（本册 60.00 元）

本社网址：**www.jccbs.com.cn**
本书如出现印装质量问题，由我社发行部负责调换。联系电话：**(010) 88386906**

加强职业技能鉴定

工作提高供水职工

整体素质

原建设部副部长中国城镇供水协会名誉会长 储传亨

一九九八年元月

加强技能教育

提高职工素质

原建设部副部长 李振东

二○○三年中秋

《城市供水行业职业技能培训丛书》
编辑委员会名单

《供水仪表工》培训教材编写人员

审定人员

              阮文洪   工　程　师

              董惠强   经　济　师(计算机部分)

编写人员

              凤立珍   工　程　师

              刘伟琴   讲　　　师

              陈祖耀   工　程　师

              张一平   工　程　师

              王光国   高级工程师

              孙学刚   助理工程师(计算机部分)

关于颁发城市供水行业《职业技能标准》、《岗位鉴定规范》和《职业技能鉴定试题库》的通知

建人(1996)584 号

各省、自治区、直辖市建委(建设厅),国务院有关部门:

根据近年来新技术、新工艺、新材料、新设备以及技术等方面情况的变化,按照《中华人民共和国工种分类目录》中所列建设行业工种范围,我部组织对供水行业净水工、水质检验工、机泵运行工、水井工、水表装修工、供水调度工、供水营销员等 7 个工种的工人技术等级标准进行了修订,并根据目前的实际情况更名为"职业技能标准",本标准业经审定,现颁发执行。

我部 1989 年颁发的《城市供水行业工人技术等级标准》(CJJ23—89),自新标准发布之日起停止使用。

为了进一步贯彻建人(1996)478 号《全面实行建设职业技能岗位证书制度,促进建设劳动力市场管理的意见》文件精神,满足供水行业职业技能岗位培训与鉴定工作需要。根据修订后的职业技能标准及供水行业的实际情况,我们组织编写了净水工、水质检验工、机泵运行工、水井工、水表装修工、供水调度工、供水营销员以及供水设备维修钳工、供水设备维修电工、供水仪表工、供水管道工、变配电运行工等 12 个岗位鉴定规范和职业技能鉴定试题库,业经审定,现颁布发行。

颁发执行的供水行业职业技能标准、岗位鉴定规范和职业技能鉴定试题库,是供水行业开展岗位培训和鉴定工作的依据,在使用过程中有什么问题和建议,请告我部人事教育劳动司。

中华人民共和国建设部

1996 年 11 月 12 日

前　言

　　供水行业职业技能培训是适应社会主义市场经济发展,完善职业技能鉴定制度,促进供水行业职业技能开发的一项重要工作。经建设部、中国城镇供水协会同意,我们有计划、有步骤地组织编写了供水行业职业技能培训教材,以满足供水职工培训和鉴定的需要。这本教材根据鉴定规范,从造就和选拔人才的需要出发,按照建设部颁布的《职业技能标准》要求,结合供水行业的特点,组织北京、上海、天津、沈阳自来水公司的专家名师集体编写而成。

　　本教材以本岗位应掌握的基本知识为指导,坚持理论联系实际的原则,从基本概念入手,系统地阐述了基本原理和基本技能,对重点和难点阐述透彻,内容简明扼要,定义明确,逻辑清晰,图文并举,文字通俗易懂。本教材在广泛吸取国内外先进理论的基础上,融合了作者们多年从事实践的精华。本丛书自九八年在供水行业试用以来,深受各地水司和广大学员的欢迎。

　　我们相信,随着供水行业职业技能培训教材的陆续出版,必将对我国供水事业的发展,保证职工综合素质的全面提高起到积极的促进作用。

　　编写供水行业职业技能培训教材是一种新的尝试。在试用期间我们相继收到各地读者许多热情洋溢的来信和忠肯的建议,本次修订工作除对原有相关内容进行了系统修正外,适时增加了新工艺、新技术、新设备等方面的内容。由于时间紧迫和水平所限,难免会出现差错,希望能得到同行业各个方面的关怀和支持,使它在使用中不断提高和日臻完善。

中国城镇供水协会劳动信息中心

2004 年 9 月

目 录

第一篇 仪表安装施工基本常识和基础

第二篇　测量转换技术

第三篇　水厂常用数据的测量和自动控制系统介绍

第四篇　计算机基础知识

供水仪表工技能标准

1. 职业序号:_____
2. 专业名称:供水仪表工
3. 职业定义:利用仪器,仪表对在线检测仪表进行维护、保养、检验和调试,对电气自动化设备进行保养和调试。
4. 适用范围:仪器、仪表维护、保养、检验和调试。
5. 等级线:初、中、高。
6. 学徒期:三年,其中培训期两年,见习期一年。

1.1 初级供水仪表工

知识要求

1. 掌握常用测量仪器(示波器、频率计、信号发生器、稳压源、万用表等)的使用规则和维护保养方法。
2. 熟悉电工、钳工、仪表检修工具的使用和保养方法。
3. 掌握温度、压力、压差、流量、液位等物理参数的概念,常用测量方法和法定计量单位及相互换算。
4. 掌握仪表的精度等级、绝对误差、相对误差、引用误差和修正值的概念及计算方法。
5. 掌握电工学基础知识。
6. 掌握电子技术基础知识。
7. 掌握常用在线检测仪表(流量、压力、压差、液位、温度)的工作原理,使用规则和维护保养方法。
8. 掌握常用在线检测仪表的一般检测方法及一般的校验与调整方法。
9. 了解常用电子元器件的性能与用途。
10. 熟知本岗位的各项规程和要求。
11. 了解计量技术和管理的基本概念。
12. 了解计算机的初步知识。

操作要求

1. 正确使用和维护保养常用的测量仪器。
2. 正确使用和维护保养常用的在线检测仪表,并能对它进行一般的检验和调整。
3. 使用电烙铁进行一般的焊接工作。
4. 看懂常用在线检测仪表的原理图,简单的结构图和安装图。
5. 判断压力记录仪、压力表、液位仪、差压仪在运行中的可靠性和常见故障。
6. 正确填写各种记录表和使用对照表。

7. 掌握钳工、电工一般操作方法。

1.2 中级供水仪表工

知识要求

1. 熟悉常用检测仪器的构造、性能、使用规则和维护保养方法。

2. 熟悉常用在线检测仪表的构造、性能、工作原理及故障判断和调整方法。

3. 了解常用在线水质仪表的构成、工作原理和维护保养方法。

4. 掌握各种测量元件的名称、特点、使用条件、修理方法。

5. 掌握各种常用维修材料的名称、性能和技术要求。

6. 了解机械制图的基本知识。

7. 掌握电工学基础知识。

8. 掌握模拟电路和数字电路基础知识。

9. 掌握常用在线检测仪表的种类、误差产生的原因及调整方法。

10. 了解自动加药系统的控制过程和一般维护保养方法。

11. 具有计算机应用的一般知识且掌握基本操作方法。

12. 了解可编程控制器的工作原理。

操作要求

1. 正确使用示波器、晶体管特性测试仪等各类常用电子仪器。

2. 正确提出维修工作中所需材料、备件及检查和校验用的仪器设备。

3. 对大口径流量计、压力变送器、差压变送器,温度变送器、液位仪等故障的判断和排除。

4. 对常用在线水质仪表的故障判断。

5. 按照规程能对所负责的仪表进行主要参数测试、检修和检验。

6. 能对可编程控制器一般故障做出判断。

7. 对初级工示范操作,传授技能。

1.3 高级供水仪表工

知识要求

1. 掌握各种复杂测量仪器的构造、原理、性能、调整和检验方法。

2. 掌握各种复杂、高精度、新型(包括进口)检测仪表的性能、工作原理、调整方法。

3. 掌握仪表误差的基本理论。

4. 掌握电工学的基本理论。

5. 掌握模拟电路和数字电路的基本理论。

6. 掌握数字式仪表的工作原理。

7. 熟悉可编程控制器的工作原理。

8. 掌握自动加药系统的控制过程原理。

9. 掌握本职业的常用外文术语。

操作要求

1. 对各种复杂测量仪器、仪表的检修、调整和检验。

2. 对各种复杂、高精度、新型的在线检测仪表维修、调整和检验。

3. 掌握自动加药系统中各环节控制设备的运行状态,并排除一般故障。

4. 解决运行修理和安装工作中一般疑难问题。

5. 应用推广新技术、新设备、新材料。

6. 能用微机整理各类测量数据。

7. 对初、中级工示范操作,传授技能。解决本职业操作技术上的疑难问题。

第一篇 仪表安装施工基本知识和操作技能

  供水仪表工技能培训的内容:应包括知识理论和操作技能两个方面。仪表工是一个知识要求和操作要求较高,技术复杂而又全面的工种,在实际工作中,还要求仪表工掌握与其有关工种(如电工、钳工、管道工等)的一般操作技能和计量管理知识等。

  本篇第一章介绍仪表安装施工基本知识和操作技能,其中重点介绍常用原材料的使用知识,常用电子元件的测试方法及仪表用管线的敷设,第二章介绍常用电工仪表和电子仪器的使用与测量,了解它们的使用知识,掌握其使用方法对在线检测仪表进行维护、保养、校验和调整,对电气自动化设备保养和调整是有十分重要的意义。

第一章　常用材料和工具的使用知识

通过本章学习了解常用原材料的使用知识,了解常用工具的名称用途,掌握工具的使用方法,掌握导线的连接方法,了解常用电子元器件的性能及用途,掌握其测量方法,掌握仪表安装用管线的敷设方法,了解测量误差的分类,产生原因及消除方法,了解仪表的质量指标,掌握安全用电常识,了解防毒方法及仪表防腐措施等。

第一节　常用材料的使用知识

一、金属材料

金属材料可分为黑色金属(铸铁、钢)和有色金属(铜、铝及合金材料)。金属材料是由各种元素组成的,例如黑色金属是由铁和碳这两种主要成分组成,其中含碳量在0.1%—2%范围的称为钢,含碳量小于0.1%的称为熟铁,含碳量大于2%的称为生铁,铸造用的生铁称为铸铁,目前常用的金属和合金材料及其防腐性能和用途大致如下:

1. 镍铬不锈钢(1Cr18Ni9Ti),表示含碳量约为0.1%,含铬量约为18%,含镍量约9%,含钛量不足1.0%的特殊合金钢,能耐大气,水、强氧化性酸、有机酸、30%以下的碱液及氢氧化物,不耐非氧化性酸(硫酸、盐酸),大量用于仪表变送器的测量机构,调节阀的阀座、阀芯,节流装置的孔板、喷嘴,测温元件的保护套管及分析仪器的采样室等。

2. 钼2钛不锈钢(Gr18Ni12Mo2Ti),耐硫酸和氯化物的腐蚀,它比镍铬不锈钢好,但不耐盐酸,可作镍的代作品,可耐高浓度碱及氢氧化物的腐蚀,可用于调节阀的阀座、阀芯,涡轮流量变送器,压力及差压变送器的测量机构和膜片材料。

3. 钛及钛合金,能耐氯化物和次氯酸、液氯、氯化性酸、有机酸和碱等的腐蚀,但因价格较贵,一般作为仪表防腐镀层或薄层衬里。

4. 钽,其耐腐性能和玻璃相似,由于价格昂贵,用作仪表防腐膜片。

5. 仪表用钢管

在仪表安装施工中使用的钢管主要用作导压管和保护管,导压管的材质和规格选择,一般由介质的工作压力、腐蚀性大小、介质的流量等条件来决定。

根据压力的大小决定管子壁厚和管子的类型。例如,在中、低压测量时,选用一般无缝钢管。

根据被测介质腐蚀性大小,决定所选导压管材质,例如测量无腐蚀性介质,选用普碳钢和优质钢;有酸性腐蚀的,可采用耐酸不锈钢,对于强腐蚀性介质,选用含钼不锈钢。

对于气动仪表信号传输管,采用 $\phi6 \times 1$ 的紫铜管;仪表供气传输管,采用镀锌管。

6. 常用钢板和型钢

仪表安装中使用的钢板主要有碳素镀锌薄钢板、普通碳素原钢板等几种,主要用于制作仪表盘、箱、走线槽等。

仪表安装中常用的型钢有角钢和槽钢,角钢主要用于制作仪表支架,槽钢主要用于制作各种底座。

二、非金属材料

适用于仪表的非金属材料大致可分为三类,简介如下:

1. 塑料类:有聚氯乙烯,环氧树脂,氟塑料,有机玻璃等,它们具有可塑性强,比重小,强度大,重量轻,耐油,耐磨,抗腐蚀,绝缘,易切削等优良性能。

主要用于制做配电盘、零件和导线的保护管及电工绝缘材料,氟塑料可制作耐腐蚀的密封垫片,用来输送低压腐蚀介质。

2. 橡胶类:分天然橡胶和合成橡胶二种,橡胶具有弹性,耐磨,耐蚀,绝缘及强度较高等性能,橡胶制品 可用于管道连接的垫片,用于电气绝缘等,用于校验仪表时的管路连接,常用的规格有 $\phi 13 \times 2.5, \phi 10 \times 2$ 等几种橡胶管。氟橡胶具有极好的耐高温性能;硅橡胶具有较好的耐低温性能,在仪表维护过程中应合理选用。

3. 石棉及其制品:它具有保温绝热特性,主要用于高温下的密封材料,例如,石棉绳主要用于阀杆活动处的密封填料,衬垫石棉板常用于高温下的绝热材料。

三、电工材料

1. 电线和电缆

电线和电缆的品种繁多,但就其用途的不同,可分为两种,即用于传输信号的电线或电缆;用于传输电能的动力电线或动力电缆。用于传递测量信号的电线和电缆的特点是工作电压低,负荷电流小,但线路电阻的大小对测量的准确度影响很大,而动力线路主要用于连接各种交直电源,它的线路电阻的大小对电路影响不大,但其载流量不能超过允许值。

仪表自控系统中常用的电线和电缆的种类,介绍如下:

(1)绝缘电线

金属芯线外附绝缘层的电线称为绝缘电线,金属芯线材料主要分为:铜线(T)、铝线(L)、镀锡铜线等;绝缘护层分为:橡胶(X)、聚氯乙烯(V)等;用途及结构特征分为:固定敷设(B)、多芯软线(R)等。绝缘电线的型号就是按上述分类原则命名的。例如型号"RV—250—7X0.05"表示为由 7 根 0.05 毫米(mm)线径的铜线绞合成的聚氯乙烯绝缘软线,使用电压为 250V。

在仪表维修中最常用的有两种:一种是盘后配线用的 BV 型单芯线和 BVR(多芯线)铜芯聚氯乙烯绝缘电线,适用于作固定敷设;另一种是供仪表仪器检验临时连接用的 RV 型,RVB 型(平型)和 RVS(绞型)铜芯软线,连接的规格一般按它的芯线截面积是多少平方毫米而言,常用的绝缘导线有 0.75、1.0、1.5、2.5、4.0mm² 等几种。

(2)电缆

电缆是由一根以上绝缘电线加上各种型式的护层构成的,外附护层分为:金属护层,橡塑护层,组合护层和特种护层;芯线材料可分为铜芯和铝芯两种,仪表常用的铜芯控制电缆,用于信号联锁线路及仪表测量控制系统中传输信号线路,控制电缆可有 4—37 根线芯,其截面积有 0.75、1.0、1.5 和 2.5mm² 四种,例如"kW—10X0.75"表示为由 10 根 0.75mm² 线径的铜芯绞合成的聚氯乙烯绝缘聚氯乙烯护套控制电缆;KXV 表示橡皮绝缘聚氯乙烯护套控制电缆;KVV₂ 表示同 KVV,有钢带铠装。

电缆的结构如图 1-1 所示。

2. 漆包线和锰铜线

漆包线用于使电能和磁能互相转换的场合。它广泛用于仪表仪器,电讯装置中作为绕组和元件的导电材料,常用漆包线,按复盖漆种类不同,有耐汽油、耐苯耐高温、耐冷冻及高强度等不同型号。一般选用 Q 型油基性漆包线,在要求较高的地方选用 QQ 型或 QZ 型高强度漆包线。

锰铜线是以铜、锰及镍为主要成分的电阻合金线,具有较高的电阻率,很小的电阻温度系数,是一种精密电阻材料,主要用于制作仪表中标准电阻器、精密仪器中的电阻元件及分流电阻等。在仪表维修中常用来绕制调整电阻,现将锰铜线的电阻特性列于下表 1-1 中。

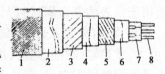

图 1-1　电缆结构图
1—外面保护层;
2—用两条钢带做成的铠装;
3、4—纸或棉纱做的垫层;
5—塑料包皮(护套)
6—电缆纸;
7—橡胶或塑料绝缘;8—铜芯

表 1-1　常用锰铜线电阻值表

线径(mm)	0.2	0.25	0.31	0.35	0.4	0.45	0.5
每米电阻值(Ω/m)	14.96	9.57	6.23	4.89	3.74	2.96	2.39

(4)屏蔽电线

屏蔽电线用于需要防止强电磁场干扰及防止受到氧化腐蚀的场合,常用的有聚氯乙烯绝缘屏蔽电线,例如"BVP"表示聚氯乙烯绝缘屏蔽电线;还有聚乙烯绝缘屏蔽电线,电缆等。

四、其它维修材料

1. 润滑油和润滑脂

(1)润滑油

润滑油可分为矿物油和混合油两大类,矿物油粘度比较小,不能长期附在运动的磨擦面上,但不易变质。混合油是由矿物油和植物油混合而成,有不同的粘度,有较好的粘附性和润滑性,可作为一般仪表磨擦面的润滑剂用,常用的有仪表油,高速油等。

润滑油的主要质量指标有粘度、闪点、凝固点及机械杂质等几项。

在使用中要注意,选用的润滑油的闪点温度应高于工作温度 20～30℃以上。

(2)润滑脂

润滑脂也是一种常用的润滑剂,它的粘度大,一般用于各种轴承及齿轮啮合部分。

2. 仪表常用的阀门

按其连接方式的不同可分为如下两大类：

（1）压垫式阀门

在它的接头处需要压入不同材质的垫片，阀门的连接方式有法兰式和螺纹式（内、外螺纹），阀体结构形式有截止阀、闸板阀、隔膜阀几种。它的选用一般以被测介质的特性和用途来考虑，如阀门的公称压力 P_g 必须大于被测介质的工作压力；阀体和阀芯的材质必须满足耐腐蚀的要求，截止阀用于一般介质的压力、流量、液面测量系统，而闸板阀则适用于较粘稠的介质，还有专用于差压式流量计的三阀组，使用时应注意正确的安装位置。

（2）卡套式阀门

它是专用于仪表系统的新型阀门。由于它使用专用的卡套环，而使管路连接十分简便，得到广泛的应用。

卡套式阀门的选用原则类似于压垫式阀门，例如油品等粘稠介质的取压阀常用卡套式球阀；气动单元仪表的气源常用卡套式真空针阀。

第二节　常用工具的使用知识

仪表工在检修和调校仪表时，需要一些常用工具，这些工具的使用方法是每个仪表工必须掌握的基本功。

一、电笔

电笔，是检验导线和电气设备是否带电的一种电工工具。

电笔的分类：它分低压电笔和高压电笔两种。

低压电笔：又分为钢笔式和螺丝刀式两种。如图1-2所示。

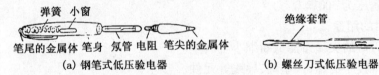

（a）钢笔式低压验电器　　　　（b）螺丝刀式低压验电器

图1-2　低压验电器

钢笔式低压电笔由氖管、电阻、弹簧、笔身和笔尖等组成，如图1-2（a）所示。

低压电笔使用时，必须按照图1-3所示的正确方法把笔握妥，以手指触及金属的金属体，使氖管小窗背光朝向自己。当用电笔测试带电体时，电流经带电体、电笔、人体到大地形成通电回路，只要带电体与大地之间的电位差超过60伏（V）时，电笔中的氖管就发光。

低压电笔检测电压的范围为60～500V。

2. 电笔的用途

（1）用于检查导体和用电器具外壳是否带电，一般检查电压在60～500V左右。

（2）用于区分是交流电还是直流电，氖管两极都发光的是交流电，一极发光的是直流电。

（3）用于区分火线（相线）还是地线（中性线）。

（4）用于判别直流电压的正负极，正极氖管后端发光，负极前端发光。

（5）用于判别电路接触是否良好和电压高低等。

3. 使用电笔的注意事项

（1）使用前应在已知带电杆孔上检查电笔是否完好。

（2）测试时，手指应接触电笔上方的金属笔夹或铆钉。否则，即使电路带电，氖管也不会发光。

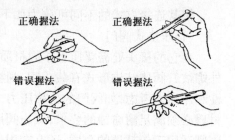

（a）钢笔式握法　（b）螺丝刀式握法

图 1-3　低压验电笔握法

（3）低压电笔测试电压应在 60 ~ 500V 左右，电压高易触电，电压低测不出来。

（4）测试时，电笔应垂直于测试点，不可倾斜，以免同时搭在两根线或两个点上，造成短路或接地。

（5）在潮湿的地方验电或测高压时，应穿绝缘鞋。

（6）在强光处验电，应注意遮光。

（7）电笔不可随意拆卸，以免损坏。

（8）在某些场合，电笔测试有电，但并不一定对地有高的电压，可再用电表检查一下，如无电或电压很小，则是因静电感应或因有较小的漏电而产生的，这不会有触电危险。

二、尖嘴钳

尖嘴钳的头部尖细，适用于在狭小的工作空间操作，尖嘴钳也有铁柄和绝缘柄两种，绝缘柄的耐压为 500V。

1. 尖嘴钳的用途

（1）带有刃口的尖嘴钳能剪断细小金属丝。

（2）能夹持较小的螺钉、垫圈、导线等元件。

（3）在装接控制线路板时，尖嘴钳能将单股导线弯成一定圆弧的接线鼻子。

三、螺丝刀

螺丝刀又称旋凿或起子，它是一种紧固或拆卸螺丝的工具。

1. 螺丝刀的式样和规格

按头部形状不同可分为一字形和十字形两种。

一字形螺丝刀常用的规格有 50、100、150 和 200mm 等几种，常用的有 50 和 150mm 两种。

十字形螺丝刀用来供紧固和拆卸十字槽的螺丝，常用的规格有四个，Ⅰ号适用于螺丝直径为 2 ~ 2.5mm，Ⅱ号适用于螺丝直径为 3 ~ 5mm，Ⅲ号为 6 ~ 8mm，Ⅳ号为 10 ~ 12mm。

按握柄材料不同又可分为木柄和塑料柄两种。

2. 使用螺丝刀的安全知识

电工不可使用金属杆直通柄顶的螺丝刀,否则使用时很容易造成触电事故。

使用螺丝刀紧固或拆卸带电的螺钉时,手不得触及螺丝刀的金属杆,以免发生触电事故,为了避免螺丝刀的金属杆触及皮肤或触及邻近带电体,应在金属杆上穿套绝缘管。

四、电烙铁

它是锡焊的热源。常用的规格有 25、45、75、100 及 300 瓦(W)等。锡焊电子元器件用 25～45W,焊接强电元件用 45W 以上。

电烙铁的功率应选用适当,若用大功率电烙铁锡焊弱电元件不但浪费电力,还会烧坏元件;功率过小则会因热量不够而影响焊接质量。

电烙铁又可分为内热式和外热式;吸锡烙铁和恒温电烙铁。

电烙铁使用时的注意事项:

1. 应根据焊接对象选用电烙铁。焊接大件应采用大瓦数的烙铁,焊接电子线路,应采用 20～45W 的电烙铁,以防损坏元件;焊接集成块,应采用内热式烙铁,以防高压损坏电路。

2. 不可用烙铁敲打焊件,以防损坏内部发热元件。

3. 电烙铁外壳应当接地。

4. 为了防止烙铁"烧死",可采用二极管降压的保护电路。对"烧死"的烙铁头,可在酒精溶液里浸一下,使氧化膜自然脱落,最好不要用铣刀修烙铁头。

5. 若需降低烙铁头温度,可另做专用烙铁头或用金属丝加长头长,但不可将烙铁头拔出一段距离。

五、电工刀

电工刀是用来剖削电线线头,切割木台缺口,削制木榫的专用工具。

电工刀的结构有普通式和三用式两种。普通式按刀片长度分大号(112mm)和小号(88mm)两种规格。三用式电工刀增加了锯片、锥子,可用于割锯电线板槽和锥钻木螺钉的底孔,规格只有一种 100mm。

电工刀使用时,应将刀口朝外剖削,剖削导线绝缘层时,应使刀面与导线成较小的锐角,以免割伤导线。

电工刀使用时应注意避免伤手;用毕随即将刀身折进刀柄,电工刀刀柄是无绝缘保护的,不能在带电导线或器材上剖削,以免触电。

六、手锯

手锯用于锯割各种金属板、电路板及加工工件。其外形图 1-4 所示。手锯由锯弓和锯条组成,锯弓是用来张紧锯条,分固定式和可调式两种,常用的是可调式。锯条根据锯齿的牙距大小,分为粗齿、中齿和细齿三种,常用的规格是长 300mm 的一种。

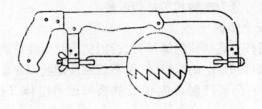

图 1-4 手锯

1. 手锯的安装和选用

锯条安装可按加工需要,将锯条装成直向的或横向的且锯齿的齿尖方向要向前,不能反装;锯条的绷紧程度要适当,若过紧,锯条会因受力而失去弹性,锯割时稍有弯曲就会崩断;若安装过松,锯割时不但容易弯曲造成折断,而且锯缝易歪斜。

2. 锯割姿势

手据据活,右手满握锯柄,控制锯割推力和压力,左手轻扶锯弓前端,配合右手扶正手锯,不要加过大的压力,如图 1-5 所示。

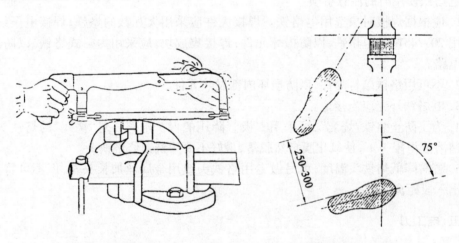

250—300

75°

图 1-5 手锯握法   图 1-6 锯割操作站立位置

站立姿势:两脚按图 1-6 所示位置站稳,跨前半步的左脚,膝部要自然并稍弯曲,右脚稍向后,右腿伸直,两脚均不要过分用力;身体自然稍前倾。

身体运动姿势:身体应与锯弓一起向前,右腿伸直稍向前倾,重心移至左脚,左膝弯曲,当锯弓推至 2/3 行程时,身体停止前进,两手继续向前推锯到头,同时左腿自然伸直,使身体重心后移,身体恢复原位,并顺势拉回手锯;当手锯收回近结束时,身体又向前倾,作第二次锯割的前推运动。

锯割运动:锯弓的运动有上下摆动和直线两种。上下摆动式运动就是手锯前推时,身体稍前倾,双手随着前推手锯的同时,左手上翘,右手下压;回程时右手上抬,左手自然跟回,这种方式较为省力,除锯割管材、薄板材和要求锯缝平直的采用直线式运动,其余锯割都采用上下摆动式运动。

3. 锯割操作方法

工件夹紧在台虎钳口左侧,锯缝应尽量靠近钳口且与钳口侧面保持平行。

起锯方法:起锯分远起锯和近起锯两种方法,如图 1-7 所示。起锯时,为保证在正确的位置上起锯,可用左手拇指靠住锯条,起锯时加的压力要小,往复行程要短,速度要慢,起锯角约在 15°左右,一般厚型工件要用远起锯,薄型工件宜用近起锯。

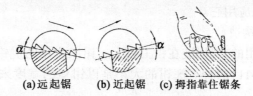

(a)远起锯　(b)近起锯　(c)拇指靠住锯条

图 1-7　起锯方法

4. 锯割方法

(1)棒料的锯割:如果要求锯缝端面平整,则应从一个方向锯到底,如锯出的端面要求不高,可分几个方向锯下,锯到一定深度后,用手折断。

(2)管子的锯割:锯割前,要划出垂直于轴线的锯割线,锯割时,当锯割到管子内壁时应停锯,把管子向推锯方向转过一个角度,并沿原锯缝继续锯割到内壁处,这样逐渐改变方向不断地转锯,直至锯断为止,如图 1-8 所示。

(3)薄板料的锯割:锯割时应尽量从宽面上锯割,当只能从狭面上锯割时,则应该把它夹持在二块木板之间,连木板一起锯下,如图 1-9 所示。

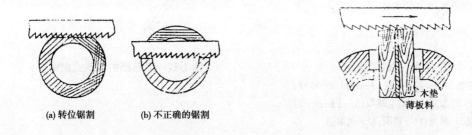

(a)转位锯割　　　　(b)不正确的锯割

图 1-8　管子的锯割　　　　**图 1-9　薄板料锯割方法**

5. 锯缝歪斜的原因

锯缝歪斜是由于在锯割时工件夹持歪斜,锯割时又未顺线找正,锯条安装太松或锯条与锯弓平面扭曲,使用锯齿两面磨损不均的锯条,锯弓未摆正,或用力歪斜等原因造成。

6. 锯条折断的原因

锯条装得过松或过紧;由于工件未夹紧,锯割时抖动;压力过大,强行纠正歪斜的锯缝;换新锯条后仍在原锯缝中过猛地锯下;锯割时用力突然偏离锯割方向等。

7. 锯割安全知识

(1)锯条安装松紧要适当,锯割时速度不要过快,压力不要过大,防止锯条突然崩断弹出伤人。

(2)工件快要锯断时,要及时用手扶住被锯下的部分,以防止工件落下砸伤脚或损坏工件。

七、虎钳

中、小工件的凿削、锉削、锯割等工作，一般都在虎钳上进行，所以我们要了解虎钳的构造，并做到正确地应用它。

1. 虎钳的种类及构造

虎钳是夹持工件用的夹具，装在钳工台上。钳工常用的虎钳有回转式（图1-10）和带砧座的固定式（图1-11）两种。虎钳的大小是以钳口的宽度来表示的，一般在100～150毫米之间。

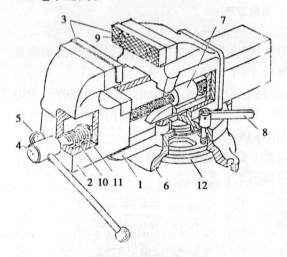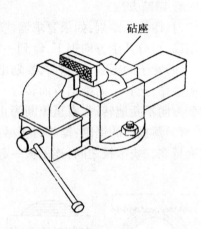

砧座

图 1-10　回转式虎钳　　　　　　图 1-11　带砧座的固定式虎钳

1—固定部分；2—活动部分；3—钳口；4—螺杆；
5—手柄；6—转盘座；7—固定螺母；8—手柄；9—螺钉；
10—弹簧；11—挡圈；12—夹紧盘

下面以回转式虎钳为例，说明它的构造。

虎钳主体是用铸铁制成的，它由固定部分1和活动部分2所组成。虎钳的固定部分1装在转盘座6上。转盘座6用螺钉固定在钳台上。螺杆4通过活动部分2伸入固定部分内，跟固定螺母7相旋合。摇动螺杆4前端的手柄5，使螺杆4在固定螺母7中旋出或旋进，带动活动部分转移，旋出时依靠弹簧10的弹力使活动部分能平稳地移动，手柄5按顺时针方向旋转钳口即合拢，按反时针方向旋转钳口即张开。虎钳上端咬口处为钢质钳口3（经过淬硬），用螺钉9固定在虎钳体上，两钳口的平面上制有斜形齿纹，以便夹紧工件时不致滑动。夹持工件的精加工表面时，为了避免夹伤工件表面，可以用护口片（用紫铜板或铝皮制成）盖在钢钳口上，再行夹紧工件。虎钳的转盘座6是圆形的。松动手柄8，使夹紧盘12松开，固定部分1就可在转盘座6上作旋转运动。因夹紧盘12上的凸缘与固定部分1下面的孔滑配，就使固定部分1下面的圆盘与转盘座6同心。这种回转结构便于虎钳在各种情况下操作。

2. 虎钳的使用和维护

虎钳夹持工件的力是通过摇动手柄使螺杆旋进而产生的。在使用虎钳的时候，只能用双手的力来板紧手柄,决不能接长手柄或用手锤敲击手柄,否则会把螺母搞坏。

在使用时还应注意下面几点:

(1)虎钳应牢靠地固定在钳台上,不可松动。

(2)有砧座的虎钳(图 2-15),允许在砧座上做轻微的锤击工作,其他各部不许用手锤直接打击。

(3)螺杆、螺母及活动面要经常加油保持润滑。

(4)工件超过钳口太长,要另用支架支持,不使虎钳受力过大。

第二章　导线的选择和连接方法

在仪表安装、检修和维护工作中，经常都会遇到导线连接问题。通常都采用焊接、压接、绞接或以定型接插件等连接方式，进行导线与导线以及导线与仪表的连接端子之间的连接。

一、绞接连接方法

在敷设电线电缆时，往往需要在分支接合处以及导线不够长处进行导线的连接，如果连接不好，这些地方很容易发生故障，所以仪表专业安装规程中对此提出了较高要求：原则上仪表线路中间（包括补偿导线线路）不允许有接头，如在某些不重要的电气线路中必须用绞接方式连接时，应按下述方法进行。

1. 导线线头绝缘层的剖削

做接头时应先用电工刀、钢丝钳或剥线钳切去线端部的绝缘 50～150mm，导线直径小的单根导线可短些，切剥时不应损伤芯线，裸露出的导线要用细砂纸除去氧化层，必要时搪上一薄层焊锡，以防止接触不良。

2. 单股铜芯导线的直接连接

(1)把两线头的芯线成 X 形相交，互相绞绕 2～3 圈，如图 2-1(a)所示。

(2)然后扳直两线头，如图 2-1(b)所示。

(3)将每个线头在芯线上紧贴并绕 6 圈，用钢丝钳切去余下的芯线，并钳平芯线的末端，如图 2-1(c)所示。

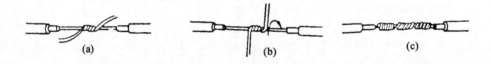

(a)　　　　　　　(b)　　　　　　　(c)

图 2-1　单股铜芯导线的直接连接

2. 单股铜芯导线的 T 字分支连接

(1)将支路芯线的线头与干线芯线十字相交，使支路芯线根部留出约 3～5mm，然后按顺时针方向缠绕支路芯线，缠绕 6～8 圈后，用钢丝钳切去余下芯线，并钳平芯线末端，如图 2-2 所示。

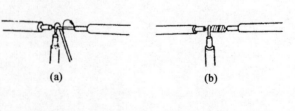

(a)　　　　　　　(b)

图 2-2　单股铜芯导线的 T 字分支连接

(2)较小截面芯线可按图 2-2(b)所示方法环绕成结状,然后再把支路芯线线头抽紧扳直,紧密地缠绕 6~8 圈,剪去多余芯线,钳平切口毛刺。

3.7 股铜芯导线的直接连接

(1)先将剖去绝缘层的芯线头散开并拉直,接着把靠近绝缘层的 1/3 线段的芯线绞紧,然后把余下的 2/3 芯线头,按图 2-3(a)所示方法,分散成伞状,并将每根芯线拉直。

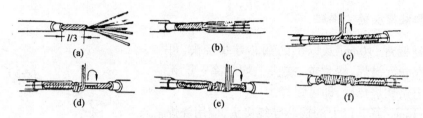

图 2-3　7 股铜芯导线的直线连接

(2)把两个伞状芯线线头隔根对叉,并拉平两端芯线,如图 2-3(b)所示。

(3)把一端的 7 股芯线按 2、2、3 根分成三组,接着把第一组 2 根芯线扳起,垂直于芯线,并按顺时针方向缠绕,如图 2-3(c)所示。

(4)缠绕 2 圈后,将余下的芯线向右拨直,再把下边第二组的 2 根芯线扳直,也按顺时针方向紧紧压着前 2 根扳直的芯线缠绕,如图 2-3(d)所示。

(5)缠绕两圈后,也将余下的芯线向右扳直,再把下边第三组的 3 根芯线扳直,按顺时针方向紧紧压着前 4 根扳直的芯线向右缠绕,如图 2-3(e)所示。

(6)缠绕 3 圈后,切去每组多余的芯线,钳平线端,如图 2-3(f)所示。

(7)用同样方法再缠绕另一边芯线。

4.7 股铜芯线的 T 字分支连接

(1)把分支芯线散开钳直,接着把近绝缘层 1/8 的芯线绞紧,把支路线头 7/8 的芯线分成二组,一组 4 根,另一组 3 根,并排齐,然后用旋凿把干线的芯线撬分二组,再把支线中 4 根芯线的一组插入干线两组芯线中间,而把 3 根芯线的一组支线放在干线芯线的前面,如图 2-4(a)所示。

(2)把右边 3 根芯线的一组在干线右边按顺时针紧紧缠绕 3~4 圈,钳平线端,再把左边 4 根芯线的一组芯线按逆时针方向缠绕,如图 2-4(b)所示。

(3)逆时针缠绕 4~5 圈后,钳平线端,如图 2-4(c)所示。

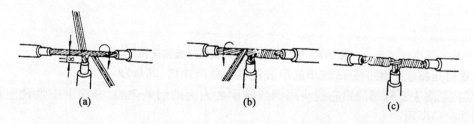

图 2-4　7 股铜芯线的 T 字分支连接

5.19 股铜芯导线的直线连接

13

19股铜芯导线的直线连接方法与7股芯线的基本相同。芯线太多可剪去中间的几根芯线;连接后,在连接处尚须进行钎焊,以增加其机械强度和改善导电性能。

6.19股铜芯导线的T字分支连接

19股铜芯导线的T字分支连接与7股芯线也基本相同。只是将支路导线的芯线分成9根和10根,并将10根芯线插入干线芯线中,各分两次向左右缠绕。

二、铜芯导线接头处的锡焊

(1)电烙铁锡焊:10mm²及以下的铜芯导线接头,可用150W电烙铁进行锡焊,锡焊前,接头上均须涂一层无酸焊锡膏,待电烙铁烧热后,即可锡焊。

(2)浇焊:16mm²及其以上的铜芯导线接头,应用浇焊法。浇焊时,应先将焊锡放在锡锅内,用喷灯或电炉熔化,使表面呈磷黄色,焊锡即达到高热,然后将导线接头放在锡锅上面,用勺盛上熔化的锡,从接头上面浇下,如图2-5所示。刚开始浇时,因为接头较冷,锡在接头上不会有很好的流动性,应继续浇下去,使接头处温度提高,直到全部焊牢为止。然后用抹布轻轻擦去焊渣,使接头表面光滑。

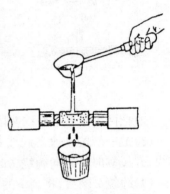

图2-5 铜芯导线接头浇焊

三、铝芯导线的连接

由于铝极易氧化,且铝氧化膜的电阻率很高,所以铝芯导线不用铜芯导线的方法进行连接,铝芯导线常采用螺钉压接法和压接管压接法连接。

1.螺钉压接法连接

安装步骤

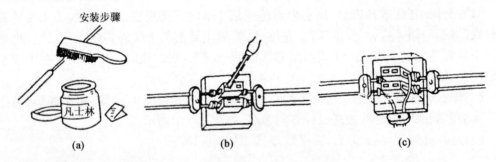

(a)　　　　　　　(b)　　　　　　　(c)

图2-6 单股铝芯导线的螺钉压接法连接

螺钉压接法适用于负荷较小的单股铝芯导线的连接,其步骤:

(1)把削去绝缘层的铝芯线头用钢丝刷刷去表面的铝氧化膜,并涂上中性凡士林,如图2-6(a)所示。

(2)作直线连接时,先把每根铝芯导线在接近线端处卷上2~3圈,以备线头断裂后再次连接用,然后把四个线头两两相对地插入两只瓷接头(又称接线桥)的四个接线桩上,然后旋紧接线桩上的螺钉,如图2-6(b)所示。

（3）若要作分路连接时，要把支路导线的两个芯线头分别插入两个瓷接头的两个接线桩上，然后旋紧螺钉，如图2-6(c)所示。

（4）最后在瓷接头上加罩铁皮盒盖或木罩盒盖。

如果连接处在插座或熔断器附近，则不必用瓷接头，可用插座或熔断器上的接线桩进行过渡连接。

第三章　管线敷设

第一节　仪表用管路的敷设

1. 一般知识

(1)管路敷设的位置,应按现场情况决定,不宜敷设在有碍检修、易受机械损伤、腐蚀侵蚀及影响测量之处。

(2)管路不宜直接埋地敷设,必须直接埋地时,应经试压合格和防腐处理后方可埋入,直接埋地的管路连接时必须采用焊接,在穿过道路及进入地面处应穿保护管。

(3)管路敷设前,管内应清扫干净,需要脱脂的管路,应脱脂检查合格后再进行敷设。

2. 管路的敷设

(1)测量管路在满足测量要求的条件下,应按最短路径敷设。

(2)测量管路沿水平敷设时,应根据不同的介质及测量要求,有 1:10—1:100 的坡度,其倾斜方向应保证能排除气体或冷凝液,当不能满足要求时,应在管路的集气处安装排气装置,集液处安装排液装置。

(3)管路在穿墙或过楼板处,应加装保护管段或保护罩,管子的接头不应在保护管段或保护罩内,穿过不同等级的爆炸和火灾危险场所以及有毒厂房的分隔墙壁时,保护管段或保护罩应密封。

(4)金属管子的弯制宜采用冷弯。

(5)管子的弯曲半径宜符合下列要求:

1)金属管:不小于管子外径的 3 倍。

2)塑料管:不小于管子外径的 4.5 倍。

(6)管子弯制后,应无裂纹和凹陷。

1)管子连接时,基轴线应一致。

2)直径小于 100mm 的铜管,宜采用卡套式中间接头连接,也可以采用承扦法或套管法焊接,承扦法焊接时,其扦入方向应顺着介质流向。

3)镀锌钢管应采用螺纹连接,连接用的管件也应采用镀锌件。

3. 管路的固定

(1)管子应采用管卡固定在支架上,当管子与支架间有频繁的相对运动时,应在管子与支架间加木块或软垫,成排敷设的管路,间距均应一致。

(2)支架的制作和安装,应满足管路坡度的要求。

(3)管路支架的间距宜符合下列规定:

1)钢管:

水平敷设:1—1.5m;

垂直敷设:1.5—2m。

2)铜管、铝管、塑料管及管缆:

水平敷设:0.5—0.7m;

垂直敷设:0.7—1m。

3)需要绝热的管路,应适当缩小支架间距。

(4)不锈钢管固定时,不应与炭钢直接接触。

4. 仪表盘(箱、架)内的配管

(1)管路应敷设在不妨碍操作和维修的位置。

(2)管路应集中成排敷设,做到整齐、美观、固定牢固。

(3)管路与线路及盘(箱)壁之间应保持一定的距离。

(4)管路与仪表连接时,不应使仪表承受机械压力。

(5)管路与玻璃管稳压计连接时,应采用软管,管路与软管的连接处,应高出仪表接头150~200mm。

5. 仪表用管路系统的压力实验

(1)敷设完毕的管路,必须无漏焊,堵塞和错焊的现象。

(2)管路系统的压力实验,宜采用液压,当实验压力小于1.6MPa,且管路内介质为气体时,可采用气压进行。

(3)液压实验压力为1.25倍设计压力,当达到实验压力后,停压5分钟(min),无泄漏为合格。

(4)气压实验压力为1.15倍设计压力,当达到实验压力后,停压5min,压力下降值不大于实验压力的1%为合格。

(5)当工艺系统规定进行真空度或泄漏量实验时,其内的仪表管线系统应随同工艺系统一起进行实验。

(6)液压实验介质应用洁净的水,当管路材质为奥氏体不锈钢时,水的氯离子含量不得超过0.0025%,实验后应将液体排净,在环境温度5℃以下进行实验时,应采取防冻措施。

(7)气压实验介质应用空气或惰性气体。

(8)压力表应检定合格,其精确度不应低于1.5级,刻度上限宜为实验压力的1.5~2倍。

(9)压力实验过程中,若发现有泄漏现象,应泄压后再修理,修理后应重新实验。

(10)压力实验合格后,宜在管路的另一端泄压,检查管路是否堵塞,并应拆除压力试验用的临时盲板。

第二节　仪表电气信号的敷设

1. 仪表电气信号线路的走向,应尽量避开热源、电磁干扰源、腐蚀性介质排放口、潮湿、易泄漏场所以及易受机械损伤的区域,否则应采取必要的防护措施。

2. 从就地接线箱至测量元件或就地仪表之内的电线电缆应采用导线管或带盖的记线槽进行架空敷设,当架空有困难时,可采用缆沟或埋地敷设,在工艺装置区不得明敷。

3. 仪表信号线和电力输送线平行敷设时,两者之间的最小允许距离应符合表 3-1 的规定,两者交叉时,应尽量成直角。

表 3-1　信号线和动力线平行敷设时最小允许距离

动力电缆线	最小允许距离	
	信号线敷设在钢管内 或带盖的记线槽内	补偿导线敷设在 钢制托架子上
125V,10A	300mm	600mm
250V,50A	450mm	750mm
440V,200A	600mm	900mm
500V,800A	1200mm	1500mm

4. 电线、电缆的中继和分线,必须通过接线盒和分线合,补偿导线应尽可能保持连续性,当不可避免要使用接头时,宜采用压接方式连接。

5. 热电线、热电阻、分析线等信号线路不应与供电线路合用一根电缆,也不应穿在同一根导线管内。

6. 安全火花型和非安全火花型线路应分开敷设,不应共用同一根导线、同一电缆、同一接线箱或同一记线槽,否则必须进行有效隔离。

第三节　电线、电缆的敷设方式和绝缘电阻的测量

敷设方式有三种:即架空、电缆沟、直埋。

1. 加空敷设包括记线槽敷设,轻型托座敷设,导线管敷设。记线槽敷设适用于仪表台接线数较多的工艺装置区;轻型托座敷设适用于环境条件较好的场合;导线管敷设用于电磁干扰较强、有爆炸火灾危险的场所、小型工艺装置、从检测元件或就地仪表至现场接线箱的电线敷设。

2. 电线、电缆在敷设前,应用 500 兆欧($M\Omega$)测定芯线间及芯线对绝缘外皮间的绝缘电阻,一般阻值应高于 $5M\Omega$,敷设完毕但终端尚未接线之前,也应测定其绝缘电阻,除测上述两项外,还需测芯线对地之间的绝缘电阻,阻值应高于 $5M\Omega$。

第四节　管道的连接

1. 管道连接的方法　很多,常用的有螺纹连接,法兰连接及焊接连接两种。

2. 管螺纹有圆锥形管螺纹和圆柱形管螺纹两种,管道多采用圆锥形外螺纹,阀件和管件多采用圆柱形内螺纹。

3. 管螺纹连接有三种方式:即短丝连接,长丝连接及活接头连接。长丝连接是管道常用的活动连接方式之一,它是由一根一端为普通螺纹,另一端为长丝的短管,和一

个紧锁螺母组成。用在管道连接管道时尚须加一个内臂为通好的管子箍,活接头连接中,活接头由三个部分组成:即分口、母口及套母;它的连接有方向性,应使活接头安装后的水流方向是从分口到母口的方向。

4. 短丝连接是管子的外螺纹与管件的内螺纹进行固定性连接。连接时,要在管子外螺纹上缠绕填料麻丝或聚四氟乙烯带,缠绕方法是对着丝头顺时针方向绕。

5. 焊接连接,按焊口的接合形式可分为熔焊、钎焊及胶结三种,手工钨极氩弧焊是用氩气作为保护气体的一种焊接方法,优点是焊接变形小,焊口干净,质量好,它是焊接铝、镁、铜及其合金等的理想方法。钢管的焊接一般采用电焊和气焊,当管壁厚度小于4mm是采用气焊,气焊连接一般采用对接形式,钢管钎焊一般采用搭接形式,铝和镁合金可用气焊焊接,由于铝和镁反应易生成氧化铝,所以焊接时要使用铝焊粉溶剂。

6. 塑料管的焊接采用胶接的形式,它是利用无水、无油的压缩空气,通过电热式塑料焊接枪加热压缩空气,用热空气将焊件和塑料焊条熔融粘合在一起,焊接过程中,塑料焊条伸长率应控制在 15% 以内,伸长率过大,焊缝易裂开,焊缝一般由多层焊条焊接,接头要错开,焊完后使它自然冷却。

7. 安装卡套式接头时的注意事项:

(1)钢管表面不得有拉痕、凹陷、裂纹或锈蚀,管子的切割应保证管端的轴线垂直,并清除管端内外毛刺。

(2)清洁并润滑接头的锥面、螺纹及卡套内外表面,但接头用于氧气管路时,切勿用油脂,而应严格防油,用于蒸气管路或采用不锈钢接头时,最好用石墨或二硫化钼润滑脂。

(3)外套螺母卡套在钢管上放置的位置,方向应正确,安装时,钢管要顶紧在接头体的止推面上。

(4)拧紧螺母时,用力要均匀,先用缓劲转动螺母,当感到转动螺母的力矩明显增大时,这表明卡套刀口开始切入钢管,此时用两把扳手同时在接头体和螺母上用力,再转动螺母 3/4~1 圈。

(5)为保证卡套与管子连接处的密封可靠,可先进行预安装,将螺母按要求拧紧后,再拆下检查卡套是否安装正确和确实咬进钢管表面,经查对无误后,再装螺母正式拧紧。

(6)弯管连接时,连接部分的直管段长度不得小于螺母高度的两倍。

(7)如卡套管接头用于取源部位等重要地点时,其附近必须有支架,管卡等固定管路,以防碰撞、震动对卡套咬合处的破坏。

(8)卡套式管接头安装好以后,应刷漆防腐。

(9)安装完毕应进行耐压密封性能检查,用水压实验来检查。实验压力为 1.5 倍的公称压力,实验时间 5min,以无泄漏、无损坏为合格,同时还要检查卡套刀口咬合深度 $\delta > 0.2mm$,且卡套无纹等缺陷为合格。

第五节　水厂工艺流程中的主要管线(生产管线)

1. 给水管线

(1)原水(浑水)管线:指进入沉淀(澄清)池之前的管线,一般为二根,接入的方式应考虑远期的协调和检修原水管上的阀门时对生产运行的影响。

(2)沉淀水管线:由沉淀池(澄清池)至滤地的管线有两种布置方式,一种为架空(管道或混凝土渠道),优点是水头损失小,渠道可作人行通道;一种是埋地式,可不影响池子内的通道,沉淀水管线的通过流量应考虑某一组沉淀池的检修时引起超负荷运转的可能。

(3)清水管线:指滤池到清水池之间的管线,承压较小,大型水厂采用低压混凝土渠道较多,清水池之间常设有联络管线,二级泵房应尽可能采用吸水,以减少清水池之间的联络。

(4)超越管线:超越管线在水厂是一个重要环节,设计时应考虑超越滤池或超越清水池(特别是水厂只设一个清水池时),如图 3-1 所示。

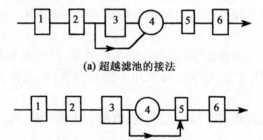

(a) 超越滤池的接法

(b) 超越清水池的接法

图 3-1　超越管线接法示意

1—一级泵房;2—沉淀池;3—滤池;4—清水池;5—吸水井;6—二级泵房

2. 排水管线:水厂排水系统有三个方面,一是厂内的地面雨水的排除,二是水厂内生产废水的排除,包括沉淀(澄清)池的污泥排除,滤池冲洗水的排除,清水池放空的排除,投药间废渣、泵房废水的排除等,三是生活污水的排除(自成一个系统,并经处理后排出)。

3. 电缆沟

大型水厂的电缆较多,有动力、通讯、照明、控制电缆等等,深度不小于 0.8m,宽度不小于 0.7m,沟底有条件时做成底坡,以利于排除积水。

4. 加药管线

加矾、加氯管线,往往做成浅沟敷设,上做盖板,加药管线的管材近来常采用塑料管,以防腐蚀,加氨系统的管道和配件不能用铜质材料。加氯系统的氯气管采用紫铜管或无缝钢管;配制成一定浓度的加氯(水)管使用橡胶管或塑料管;给水系统使用镀锌管。

5. 自用水管线

厂内自用水均单独成为管系,由二级泵房出水管接出,消防用水,在需要地点设置消火栓。

第四章　仪表工安全知识

第一节　安全用电常识

仪表工必须接受安全教育,掌握安全用电知识和工种范围的安全操作规则,才能参加仪表工的实际操作,避免发生触电事故,危及人身安全和设备安全。

1. 电流对人体的危害

人体是导体,通过电流,人体触电时电流对人体会造成两种伤害:一种是电击,一种是电伤,电击是指电流通过人体,使内部组织受到损伤,这种伤害会造成全身发热、发麻、肌肉抽搐、精神麻痹,会引起室颤、昏迷以及呼吸窒息、心脏停止跳动而死亡;电伤是指电流对人体外部造成的局部伤害,它是由于在电流的热效应、化学效应、机械效应及电流本身的作用下,使熔化和蒸发的金属微粒侵入人体皮肤局部受到灼伤、烙伤和皮肤金属化的损伤,严重的也能致人死命。

2. 人体触电的形式

(1)单相触电

人体的部分在接触一根带电相线的同时,另一部分对大地(或零线)接触,电流从相线流经人体到地(或零线)形成回路,称为单相触电。发生单相触电的情况最多,如检修带电线路和设备时,不作好防护或接触漏电的电器设备外壳及绝缘损坏的导线,都会造成单相触电。

(2)两相触电

两相触电是指人体的不同部位同时接触两根带电相线时的触电。这时不管电网中心是否接地,人体都在线电压作用下触电,这种触电因线电压高,危险性大。

3. 人体对电流的反映

人体对电流的反映是非常敏感的。触电时电流对人体的伤害程度与下列因素有关。

(1)人体电阻

人体电阻不是常数,在不同的情况下,电阻值差异很大,通常在10k欧姆(Ω)到100kΩ之间,人体电阻越小,触电时通过的电流越大,受伤越严重,人体各部分的电阻也是不同的,其中皮肤的角质层电阻最大,而脂肪、骨骼、神经较小,肌肉、血液最小。

人体电阻是变化的,皮肤越薄,超潮湿,电阻越小。

(2)不同强度的电流对人体的伤害

人体上通过1mA工频交流电或5mA直流电时,就有麻、疼的感觉,但10mA左右自己尚能摆脱电源,若通过20—25mA,则感到麻木、剧痛,而且不能自己摆脱电源,超过50mA就很危险了,若有工频100mA的电流通过人体,则会造成呼吸窒息,心脏停止跳动,直至死亡。

(3)不同电压的电流对人体的危害

人体接触的电压越高,通过人体电流越大,对人体的伤害越严重。比如,以触电者人体电阻为 $1k\Omega$ 计,在 220V 电压下通过人体的电流有 220mA,能迅速将人致死。

36V 以下电压,对人体没有严重威胁,所以把 36V 以下的电压称为安全电压。

(4)不同频率的电流对人体的伤害

实践证明:直流电对血液有分解作用;交流电流不仅不危险,还可用于医疗,即触电的危险性随频率的增高而减小,40～60Hz 交流电最危险。

(5)电流的作用时间与人体受伤的关系

电流作用于人体时间越长,人体电阻越小,则通过人体的电流将越大,对人体伤害就越严重,例如,工频 50mA 的交流电,如作用时间不长,还不至于死亡;若持续数十秒钟,必然引起心脏室颤,心跳停止而致死。

(6)电流的不同途径对人体的伤害

电流通过头部使人昏迷,通过脊髓可能导致肢体瘫痪,若通过心脏、呼吸系统的中枢神经,可导致精神失常,心跳停止,血循环中断。

4. 触电原因

(1)线路敷设不合规则

1)采用一线一地制违章线路敷设

在照明电路的敷设中,以大地作零线,只敷设一相相线传输电能,叫一线一地制,这种线路非常危险,如有人拔出接地零线,电流就通过人体入地造成触电;当线路发生短路时,接地线带电,附近会产生跨步电压伤人。

2)仪表的信号线与电力线距离过近,仪表输入、输出的电信号通常都是弱电信号,如果仪表的信号线与动力线距离过近(交叉距离不足 1.5m),如遇断线、磁线、动力电压传到仪表信号线上,会使仪表维修人员触电。

3)仪表室内电线破损、绝缘损坏、敷设不合规则,容易使人触电或相线与零线碰线短路引起火灾。

4)仪表维修现场工作台布线不合理,绝缘线被烙铁烫坏,露出带电金属部分,会造成触电。

(2)用电设备不合要求

1)电烙铁、电风扇等常用电器内部绝缘损坏漏电,外壳上又未加可靠的保护接地线,一旦接触外壳就会触电。

2)螺口灯头没有保护层,如果将开关错接在零线上或将螺口错接在相线上均使螺口带电,接触灯头就会触电。

3)开关、闸刀、插座的外壳破损或相线绝缘老化,失去防护作用,一旦触及就会触电。

4)误将用电器电源线中的零线与外壳保护接地线并联接上两眼插头,如果插头在插座中插反(即零线与保护接地线同时插入相线插孔),就使机壳带电,这种情况下触电最容易死亡。

5)电器的外壳接地引线用的太短或接触不良,当电器漏电时起不到保护作用。

6)另外灯到处临时接挂使用,容易弄坏导线或灯具外壳,造成触电。

7)将照明电路的开关、熔断器安在零线上,使灯具随时带电,一有接触就会触电。

(3)电器操作规程不健全或执行不严格

1)没有采取切实的保护措施,带电修理电器。

2)不了解待修仪器、仪表的工作电压和电路的来龙去脉,盲目修理。

3)对电路不熟悉,一知半解,胡乱冒险修理。

4)救护他人触电时,不采取防护措施,造成救护者与触电者一起触电。

5)停电检修仪表的动力电路,闸刀未挂"警告牌",后来人员不明情况,误合闸刀,造成触电。

(4)用电不谨慎

1)违反布线规程,在仪表控制室内乱拉电线,在使用中不慎造成触电。

2)换保险丝时,随意用铜丝代替铅锡合金丝。

3)在电线上晾衣服,擦破绝缘或使电线断裂,造成触电。

4)未切断电源就移动吊灯、电扇等电器,如果电器断裂,就造成触电。

5)做清洁工作时,用水冲洗敷设电线的地方和电器,如果电器漏电就造成触电。

5. 预防触电的措施

对上面所分析的触电原因,对症下药,加以纠正的本身就是预防触电的措施。

(1)各种电器的金属外壳,必须加接良好的保护措施,并使保护接地的电阻符合要求。

(2)随时检查电器的内部电路与外壳间的绝缘电阻,凡绝缘电阻不符合要求的,应立即停止使用。

(3)在配电盘、开关柜等电源控制处的地面上应垫上绝缘胶垫或干燥木板。

(4)室内电路必须采用良好的绝缘电线。

(5)熔丝、电线截面积的选用必须符合电路截流量的要求。

(6)各种用电设备的安装必须按照规定的高度和距离施工。

(7)检查线路前必须在相线上装好临时接地线或在拉闸处挂上"警告牌","警告牌"上应写明有人操作,严禁合闸字样。

(8)电线起火,首先切断电源,再用黄沙、四氯化碳、二氧化碳等材料灭火,不要在灭火时轻易用水冲线路和电器。

(9)电器修理台上的电路,要用钢管和木槽板配线。一般不要用塑料套管,因容易被电烙铁烫坏,更不允许不加套管直接在工作台上布线。

(10)电烙铁的电源线不能用塑料软线,应用花线,因塑料软线的绝缘层容易被烙铁烫坏。

(11)雷雨时,不要走近的高电压电杆、铁塔和避雷针的接地导线的周围,以防雷电入地时周围存在的跨步电压触电;切勿走近断落在地面上的高电压电线,万一高电压电线断落在身边或已进入跨步电压域时,要立即用单脚或双脚并拢迅速跳到 10m 以外的地区,千万不可跑步,以防跨步电压触电。

23

6. 触电急救知识

人触电后，往往会失去知觉或者形成假死，能否救治的关键，在于使触电者迅速脱离电源和及时正确的救护方法。触电急救方法如下：

(1)使触电者迅速脱离电源，如急救者离开关或插座较近，应迅速拉下开关或拔出插头，切断电源；如距离开关、插座较远，应使用绝缘工具使触电者脱离电源。千万不可直接用手或金属及潮湿物体作为急救工具，应同时做好防止摔伤的措施。

(2)当触电者脱离电源后，应在现场就地检查和抢救，将触电者仰天平卧，松开衣服和腰带；检查瞳孔，呼吸和心跳，同时通知医生前来抢救，对失去知觉的触电者，若呼吸不齐，微弱或呼吸停止，而有心跳的，应采用"口对口人工呼吸"进行抢救；对有呼吸而心跳微弱者应采用"胸外心脏挤压法"抢救。

(3)对心跳与呼吸都停止的触电者的急救，要同时采用"口对口人工呼吸法"和"胸外心脏挤压法"。

第二节　防毒和防火

1. 防止煤气中毒

煤气中毒主要是指含一氧化碳和人工煤气所引起的急性中毒，它比空气中含有浓度较高的液化气或天然气时引起麻醉、窒息的毒害情况严重得多，一氧化碳为无色无味的气体，当人们呼吸时，这种气体通过呼吸道时并不引起任何病变，但通过肺胞进入血液时，使机体组织缺氧，缺氧到一定程度便引起死亡。

发现有一氧化碳时，应即刻打开门窗，并将中毒的人移到空气流通的地方，解松其衣服，呼吸有衰竭现象，应进行人工呼吸，直到自发呼吸出现为止。停止吸入一氧化碳后，最初一小时内约可排出一氧化碳的 5%，使患者吸入高压氧(200kPa)或内含 5%二氧化碳的氧，加速除去血液中的一氧化碳。

防止一氧化碳中毒最主要的是防止煤气泄漏，通常发生漏煤气情况事先都能有所察觉，如有的发现头疼，恶心等，所以对事先的征兆不可忽视。

2. 防止氯气及氨气中毒

氯气是一种黄绿色气体，具刺激性，有毒，重量为空气的 2.5 倍，密度 $3.2kg/m^3$，氯气极易被压缩成琥珀色的液氯，液氯的比重约为 1.5，在常温常压条件下，液氯极易气化，沸点(液化点)为 − 34.5℃(一个大气压下)，氯气能溶于水，即与水发生水解作用，生成次氯酸，并进一步离解成离子，我国城市给水处理中，普遍采用氯消毒，根据原水水质和处理工艺可投加液氯，投加氯气装置必须注意安全，不允许水体与氯瓶直接相联，必须设置加氯机。加氯量大的加氯间、氯瓶和加氯机应考虑分隔，加氯间必须与其它工作间隔开。

防止氯气中毒，加氯间和氯瓶间可根据具体情况设置每小时换气 8～12 次的通风设备，由于氯气比空气重，故排气孔应设在低处，加氯间及氯库内宜设置测定空气中氯气浓度的仪表和报警措施，必要时可设氯气吸收设备，以降低加氯间及氯库氯气浓度。

当发生氯气中毒时，应迅速将中毒者送到空气新的地方，并请医生抢救。如果呼吸已经停止,应进行人工呼吸。

3. 防火

发生电气火灾应立即进行扑救,由电气引起的火灾或发生火灾的现场有通电的导线和设备时,首先要想法切断电源,当失火现场带电时,不得用水或导电的火器具(如泡沫灭火器)扑救,以防触电和事故扩大,无法切断电源,可采用不助燃、不导电、无腐蚀作用、灭火速度快的灭火器,如"1121"、二氧化碳、干粉,四氯化碳灭火器等,也可用黄沙扑救,同时穿戴好绝缘鞋和绝缘手套。

对于可密封电缆沟着火,可采用窒息方法,即将电缆沟的防火门关闭进行扑救,对于电缆沟的大火一时无法扑灭时可将电源切断,向沟内灌水,用水封方法扑救,变压器着火,如发现有爆炸危险,应立即将油放掉。

第五章　常用电子元器件的使用知识

电子元器件在仪表中使用十分普遍,其种类和品种繁多。现以常用电阻器、电容器、晶体管、电感器、集成电路及晶闸管等为例,简要介绍这些元器件的性能、规格和标志方法,以及正确识别、检测和如何选用元器件等基本知识。

第一节　电阻器与电位器

一、电阻器(简称电阻)是一种消耗电能的元件,具有阻碍电流通过的特殊导体。其作用是起降压、限流、分压、分流等

1. 电阻的分类

(1)按结构形式分为固定式和可变式两大类。

固定电阻主要用于阻值不需要变动的电路。它的种类很多,主要有碳质电阻,金属膜电阻,线绕电阻等,常用字母"R"表示。

可变电阻,又称电位器,用于阻值需要经常变动的电路,它可分为旋柄式和滑键式两类。电位器用字母"RP"表示。半可调电位器又称为微调电位器,主要用于阻值有时需要变动但不必经常变动的电路。

(2)按制作材料的不同分为线绕电阻、膜式电阻、碳质电阻等。

(3)按特性分为精密电阻器、高频电阻器、高压电阻器、大功率电阻器、超小型电阻器、熔断电阻以及各种敏感型电阻器。常见的敏感型电阻有热敏电阻、光敏电阻、压敏电阻和湿敏电阻等。

常用电阻器、电位器的外形、名称、代表字母和电路图符号见表5-1。

2. 电阻器型号命名方法

根据电子工业部规定,电阻器和电位器的型号命名方法由四个部分组成。

(1)第一部分:用字母表示产品名称,例如,R表示电阻器,RP表示电位器。

(2)第二部分:用字母表示电阻值材料。

(3)第三部分:用数字表示分类,个别类型用字母表示。

(4)第四部分:序号,用数字表示。

各部分组成的意义见表5-2。

表 5-1　常用电阻器、电位器外形和符号

元器件实物外形举例	名称	代表字母	电路图符号
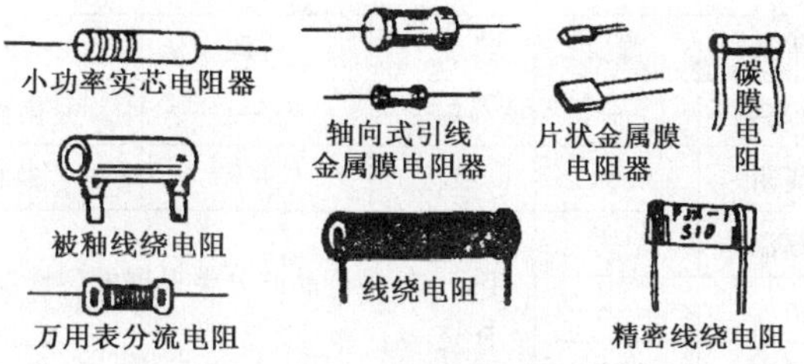 小功率实芯电阻器　轴向式引线金属膜电阻器　片状金属膜电阻　碳膜电阻 被釉线绕电阻　线绕电阻 万用表分流电阻　精密线绕电阻	电阻器	R	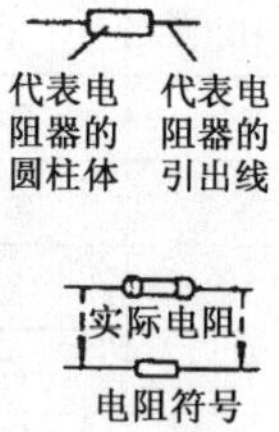 代表电阻器的圆柱体　代表电阻器的引出线 实际电阻 电阻符号
 线绕电阻器	线绕电阻器	R	有抽头的固定电阻 
 可变电阻器	可变电阻器	R	 可变电阻
 热敏电阻器	热敏电阻器	R	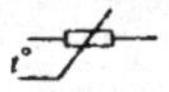 热敏电阻
微调电阻器	微调电阻器	R	 微调电阻
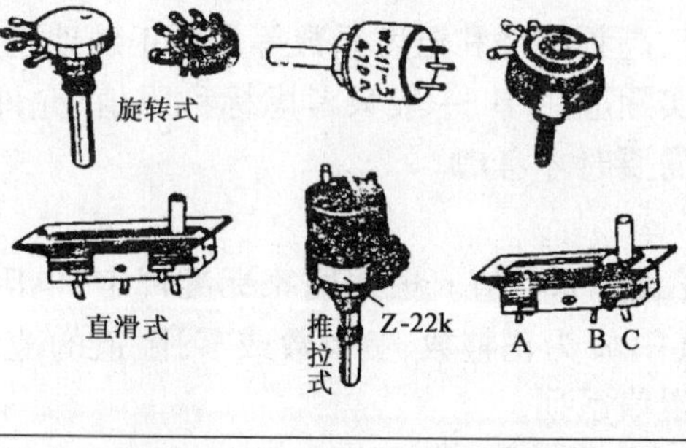 旋转式 直滑式　推拉式　Z-22k　A　B　C	电位器	RP	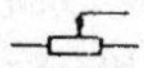
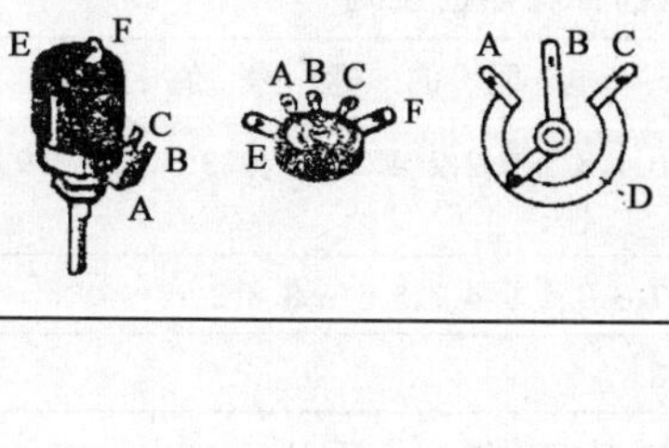 E　F　A　B　C A　B　C　E　F A　B　C D	带开关电位器	RP	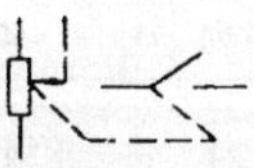

27

表 5-2　电阻器的材料、分类代号及意义

材　料			分　类		
代号	意义	数字代号	意义		字母代号	意义	
			电阻器	电位器		电阻器	电位器
T	碳膜	1	普通	普通	G	高功率	—
H	合成膜	2	普通	普通	T	可调	—
S	有机实芯	3	超高频	—	W	—	微调
N	无机实芯	4	高阻	—	D	—	多面
J	金属膜	5	高温	—	说明:新型产品的分类根据发展情况于以补充。		
Y	氧化膜	6	—	—			
C	沉积膜	7	精密	精密			
I	玻璃釉膜	8	高压	特种函数			
X	线绕	9	特殊	特殊			

例如:RJ73——精密金属膜电阻器

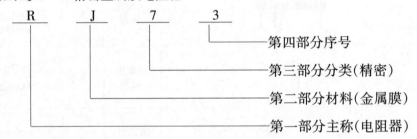

第四部分序号
第三部分分类(精密)
第二部分材料(金属膜)
第一部分主称(电阻器)

3. 电阻器的主要参数

电阻器的参数很多,主要有:标称阻值和允许误差(或叫精密等级)、额定功率、最高工作温度、极限工作电压、噪声电动势、高频特性和温度系数等。要正确地选用、识别电阻器,就应该了解它的主要参数。在实际应用中,一般只考虑标称阻值、允许误差和额定功率。其它几项参数,只有在特殊需要时才考虑。

（1）标称阻值

电阻器的标称阻值是指电阻器表面所标阻值。根据国家标准规定,电阻器的标准阻值应为表 5-3 所列数值的 10^n 倍,其中 n 为正整数、负整数或零,阻值的范围很广,可以从几欧到几十兆欧,但都必须符合阻值系列。

表 5-3　电阻器标称阻值系列

系列	偏差	电阻的标称值
E24	Ⅰ级 ±5%	1.0、1.1、1.2、1.3、1.5、1.6、1.8、2.0、2.2、4.2、7.3、0、3.3、3.6、3.9、4.3、4.7、5.1、5.6、6.2、6.8、7.5、8.2、9.1
E12	Ⅱ级 ±10%	1.0、1.2、1.5、1.8、2.2、2.7、3.3、3.9、4.7、5.6、6.8、8.2
E6	Ⅲ级 ±20%	1.0、1.5、2.2、3.3、4.7、6.8

以 E24 系列中的 1.6 为例,使用时将标称阻值 1.6 乘以 10^{-1}、10^0、10^1、10^2……一直

28

到 10^n（n 整数）就可以成为这一阻值系列,即 $0.16\Omega,1.6\Omega,16\Omega,160\Omega$ 等。

精密电阻器的标称阻值系列,除 E24 系列外,还有 E48、E96、E192 等系列。

标称阻值的表示方法有直标法,文字符号法,色标法。

1)直标法:就是将数值直接打印在电阻器上,如图 5-1 左图所示。

2)文字符号法:将文字、数字符号有规律地组合起来表示出电阻器的阻值与误差,标志符号规定如下:

欧姆(10^0 欧姆)用 Ω 表示;

千欧(10^3 欧姆)用 $k\Omega$ 表示;

兆欧(10^6 欧姆)用 $M\Omega$ 表示;

吉欧(10^9 欧姆)用 $G\Omega$ 表示;

太欧(10^{12} 欧姆)用 T 表示。

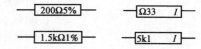

图 5-1　标称阻值的表示法

例如 0.2Ω 可标志为 $\Omega2$;2Ω 可标志为 2Ω;$4.7k\Omega$ 可标志为 4k7;$1000M\Omega$ 可标志为 1G;$4.7\times10^{12}\Omega$ 可标志为 4T7 等。如图 5-1 所示。

(2)色标法:指用不同颜色在电阻体表面标志主要参数和技术性能的方法。各种颜色表示的标称阻值和允许误差见表 5-4。

表 5-4　色环颜色所代表的意义

色环颜色	第一色环 第一位数	第二色环 第一位数	第三色环 应乘的数	第四色环 误差
黑	0	0	$\times10^0$	$\pm1\%$
棕	1	1	$\times10^1$	$\pm2\%$
红	2	2	$\times10^2$	$\pm3\%$
橙	3	3	$\times10^3$	$\pm4\%$
黄	4	4	$\times10^4$	
绿	5	5	$\times10^5$	
蓝	6	6	$\times10^6$	
紫	7	7	$\times10^7$	
灰	8	8	$\times10^8$	
白	9	9	$\times10^9$	
金			$\times10^{-1}$	$\pm5\%$
银			$\times10^{-2}$	$\pm10\%$
无色				$\pm20\%$

用不同颜色的色环表示电阻器的阻值或误差。固定电阻器色环标志读数识别如图 5-2 所示。一般电阻器用两位有效数字表示,如图 5-2(a)所示。精密电阻器用三位有效数字表示,如图 5-2(b)所示。

2. 阻值误差

电阻器的实际阻值并不完全与标称阻值相符,存在着误差。实际阻值与标称阻值的差值,除以标称阻值所得的百分比就是阻值误差。普通电阻的误差一般分为三级,即 $\pm5\%$、$\pm10\%$、$\pm20\%$,或用Ⅰ、Ⅱ、Ⅲ表示。误差越少,表明电阻器的精度越高。阻值误差标志符号规定见表 5-5。

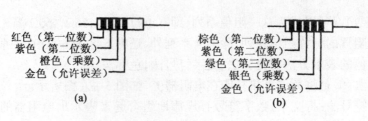

图 5-2　固定电阻器色环标志读数识别

(a)阻值为 27kΩ 允许误差为 ±5%；

(b)阻值为 1.75Ω 允许误差为 ±5%

注:表示误差的色环如没有,其误差为 ±20%

表 5-5　阻值误差标志符号规定

对称偏差标志符号				不对称偏差标志符号	
允许偏差(%)	标志符号	允许偏差(%)	标志符号	允许偏差(%)	标志符号
±0.001	E	±0.5	D	+100 + −10	R
±0.002	X	±1	F		
±0.005	Y	±2	G	+50 −20	S
±0.01	H	±5	J		
±0.02	U	±10	K	+80 −20	Z
±0.05	W	±20	M		
±0.1	B	±30	N	+不规定 −20	不标记
±0.2	C				

3. 电阻器的额定功率

电阻器在交、直流电路中长期连续工作所允许消耗的最大功率称为电阻器的额定功率。常用的有 1/8、1/4、1/2、1、2、5、10W 等数值。在电路中,用图 5-3 所示的符号来表示。电阻器的额定功率有两种标志方法:一是 20W 以上的电阻,直接用阿拉伯数字印在电阻体上,二是 20W 以下的电阻,其功率以自身的体积大小来表示。

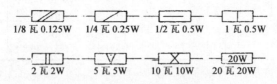

1/8 瓦 0.125W　　1/4 瓦 0.25W　　1/2 瓦 0.5W　　1 瓦 0.5W

2 瓦 2W　　5 瓦 5W　　10 瓦 10W　　20 瓦 20W

图 5-3　电阻器-功率电路图符号

4. 温度系数

电阻器的电阻值随温度的变化略有改变。温度每变化 1℃ 所引起电阻值的相对变化称为电阻的温度系数。温度系数愈大,电阻的稳定性愈不好。

电阻温度系数有正的(即阻值随温度的升高而增大),也有负的(即温度升高时阻值减小)。在一些电路中,电阻器的这一特性,被用来作温度补偿用。

热敏电阻的阻值是随着环境和电路工作温度变化而变化的。它有两种类型,一种是正温度系数型,另一种是负温度系数型。热敏电阻可在电路中作温度补偿及测量或调节温度。例如,MF11型普通负温度系数热敏电阻器,可在半导体收音机和电视机电路中作温度补偿,也可在温度测量和温度控制电路中作感温元件。

二、电位器

(一)电位器的分类

电位器的种类很多,按调节方式不同,可分为接触式和非接触式两类,接触式电位器是靠可动电刷和电阻体直接机械接触进行工作的。目前常用的电位器都属于这一类;非接触式电位器工作时没有直接接触的触点,是新近发展起来的新型电位器,如光电电位器和磁敏电位器等,这类电位器在我们接触的电器中极为少见,这里不作介绍。

通常电位器是按制造材料不同分类,有膜式电位器,实心式电位器和线绕式电位器三大类。

按阻值变化形式不同,可分为直线式、指数式、对数式以及其他函数式等。

按是否带开关来分,有带开关和不带开关两类。带开关的又有旋转式开关、推拉式开关、按键式开关等多种。

按调节阻值的活动机构不同,可分为旋转式电位器和直滑式电位器两种。

按组合形式不同,可分为单联电位器和多联电位器,多联电位器又有同轴式和异轴式两类。

在选择旋转式电位器时,根据使用的不同场合,还应考虑转轴的长度和轴端形状。

(二)电位器的型号命名方法

参见电阻器。

(三)电位器的主要参数

电位器的参数除与电阻器的相同外还有如下一些参数。

1. 阻值变化的形式

指电位器的阻值随转轴的旋转角度而变化的关系。变化规律有三种不同的形式,即直线式、指数式、对数式。

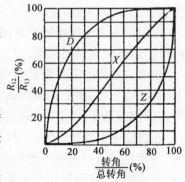

图 5-4 阻值变化与转角关系曲线

(1)直线式(X)电位器:其阻值随旋转角度变化曲线为直线关系,如图 5-4 中 X 曲线所示。这种电位器的旋转角度大小和阻值变化基本上成正比,可认为是均匀变化的。它适于作分压、偏流的调整等。

(2)指数式(Z)电位器:其阻值随旋转角度变化曲线为指数关系,如图 5-4 中 Z 曲线所示,其阻值变化一开始比较缓慢,以后随转角的加大阻值变化逐渐加快,这种电位器适于作音量控制。

(3)对数式(D)电位器:其阻值随旋转角度变化曲线为对数关系,如图 5-4 中的 D 曲线所示。其阻值的变化开始时较大,以后变化逐渐减慢。这种电位器适于作黑白电视机的对比度调整及音调控制。

2．动态噪声

由于电阻体阻值分布的不均匀性和滑动臂触点接触电阻的存在，使电位器的滑动臂在电阻体上移动时产生噪声，这种噪声对仪器设备将产生不良影响。

三、常用电阻器的品种介绍

（一）固定电阻器

1．碳膜电阻器

碳膜电阻是由结晶碳在高温与真空的条件下沉淀在瓷棒上或管骨架上制成的。它的外表常涂成绿色，这种电阻由于稳定性好、高频特性好、噪声小、有负的温度系数、阻值范围宽、可靠性高、价格便宜，是目前应用最广泛的一种。同时碳膜电阻器可以通过特殊工艺制成精密电阻，如 RTL 型碳膜电阻就属于此类。

2．金属膜电阻器

金属膜电阻器的外型和结构与碳膜电阻器相似，其电阻器中的电阻膜，是用多元合金金属粉，通过真空蒸发方法沉积在瓷性骨架上制成的，为了与碳膜电阻器相区别，其表面通常涂红色或棕色保护漆。

金属膜电阻器除具有碳膜电阻器的特点外还具有比较好的耐高温特性及精度高的特点。其体积比同样功率的碳膜电阻器小一半左右。但它的价格较高，通常用在质量要求较高的电路中。

3．金属氧化膜电阻器

这种电阻器与金属膜电阻器的性能和形状基本相同，而且具有更高的耐压、耐热性能，可与金属膜电阻器互换使用。它的不足之处是长期工作的稳定性稍差。

4．线绕电阻器

线绕电阻器是用电阻丝单层间绕或用漆包线多层叠绕在陶瓷管上制成的，分为固定式和可调式两种。

电阻丝大多采用电阻很大的镍铬、锰铜、康铜等合金材料，外表涂有釉或酚醛作为保护层，颜色有黑、绿、棕等。

线绕电阻器的阻值精确度极高，噪声很小，而且耐压高，即使环境温度高达 150℃时仍能正常工作，但是它体积大，阻值不高，大多在 100kΩ 以下，同时由于结构上的原因，它的固有电容、固有电感都较大，所以不能在高频电路中使用。

在线绕电阻器中，还有一种可调式的电阻器。它的外绝缘层上开有窗口，活动卡环上的触点与窗口内的电阻丝相接触，移动卡环，便可改变电阻值，移动前，先要松开卡环上的紧固螺钉，待调整到所需要的阻值，再将紧固螺钉拧紧，便可当作固定电阻使用。普通线绕电阻器，多在电源电路中作分压电阻、泄放电阻及滤波电阻用。精密的线绕电阻器，常用于电阻箱、精密测量仪器以及电子计算机中。

（二）电位器

1．碳膜电位器

这种电位器的结构比较简单，主要由马碲形电阻片和滑动臂构成，随滑动触点位置改变，就可达到改变电阻值的目的。碳膜电位器的阻值范围比较宽，一般为100Ω～

4.7MΩ。它的功率一般都在 2W 以内,这种电位器还具有噪声小、稳定性好、品种多等优点。

电位器有三个接线端子,使用时常把活动触点端子与另外两个端子中的任意一个短接,这是为了接触可靠,防止活动触点接触不良导致电路断路,因此电位器就可成为一只只有两个接线端子的可变电阻器。

2. 线绕电位器

这种电器由合金电阻丝绕在环状骨架上制成。线绕电位器的优点是能承受较大功率、精确度较高,而且耐热性能比较好,耐磨性能也比较好。这种电位器的缺点是当电流通过合金电阻丝时,要产生分布电容、分布电感,这将影响整个电路的稳定性,故高频电路不宜采用。

3. 直滑式电位器

这种电位器的形状一般为长方体,电阻体为板条形,通过滑动来改变电阻值。它的功率较小,阻值范围在 470Ω ~ 2.2MΩ。

4. 方形电位器

这是一种新型电位器。其特点是采用碳精接点,耐磨性能好,装有插入式焊片和插入式支架,所以有直接插入印刷线路板,不另设支架,使用起来很方便。常用于电视机的亮度、对比度、色饱和度的调节。它的阻值范围在 470Ω ~ 2.2MΩ 之间。这种电位器属旋转式电位器。

四、常用电阻器的质量判别和检测

(一)固定电阻器

1. 外观

固定电阻器外形应端正,标志清晰,保护漆完好,颜色均匀,光泽好,帽盖与电阻体接合紧密,引线对称,无伤痕,无断裂,无腐蚀等。使用过的电阻如有烧焦现象,应予更换,因为,这种电阻的噪声往往会增大,阻值稳定性变差。

2. 测量

电阻器在使用前要对它进行测量,看其阻值与标称值是否相符。差值是否在电阻的允许误差范围之内。用万用表测量电阻器时应注意以下几点:

(1)测量时人的手不能同时接触测电阻的两根引线,以免人体电阻影响测量的准确度。

(2)测量在电路上的电阻时,必须将电阻从电路中断开一端,以防止电路中的其它元件对测量结果产生不良的影响。

(3)测量电阻器的阻值时,应据电阻值的大小选择合适的量程,否则将无法准确地读出数值。这是因为万用表的欧姆档刻度线的非线性关系所致。因为一般欧姆档的中间段,分度较细而准确,因此测量阻值时,尽可能将表针落到刻度的中间一段,以提高测量精度。

用万用表欧姆档适当量程,根据电阻的标志测量阻值。阻值超过允许误差范围的,内部断路、时断时通的阻值不稳定的电阻均应丢弃不用。由于热敏电阻对温度十分敏感,存在电流的热效应,所以不能用万用表直接检测电阻,只能判断其好坏。

(二)电位器

1. 外观

电位器标志应清晰,焊接片、旋转轴和外壳光泽好,无断裂,无腐蚀;旋转轴转动灵活,松紧适当,手感舒适;带开关的电位器在动作时应干脆,声音清晰,推拉式开关电位器的转轴无论在什么位置,其开关动作都应推拉自如,通、断可靠。

2. 测量

参见表 5-1 中带开关电位器一栏,电位器的引线分别为 A、B、C,开关引线脚为 K。首先用万用表测电位器的标称阻值,根据标称阻值的大小,选择合适的档位,测 A、C 两端的阻值是否与标称阻值相等,如阻值为 ∞ 大时,表明电阻体与其相连的引线断开了。然后再测 A、B 两端或 B、C 两端的阻值,并慢慢地旋动转轴,这时表针应平稳地朝一个方向移动,不应有跌落现象和跳跃现象,表明滑动触点与电阻体接触良好。最后用 $R \times 1$ 档测 E 与 F 之间的阻值,转动转轴使电位器开关接通或断开,阻值应为零或无穷大,否则说明开关已坏了。

五、电阻器、电位器的选用常识

(一)电阻器的选用常识

1. 要根据电路的用途选择不同种类的电阻器,对要求不高的电子线路,如收音机、中档收录机、电视机等可选用碳膜电阻器。对质量要求较高的电路可选用金属膜电阻器。对于仪器、仪表电路应选用精密电阻器或线绕电阻器。但在高频电路中不能选用线绕电阻器。

2. 选用电阻器的功率不能过大,也不能过小。如选用的额定功率超过实际消耗功率太多,势必要增大电阻的体积。如要低于实际消耗功率太多,就不能保证电阻器的安全可靠。一般情况下所用的电阻器的额定功率应大于实际消耗功率的两倍左右,以保证电阻器的可靠性。

3. 电阻器的误差选择。在一般电路中选用 10% ~ 20% 的即可。在特殊的电路中依据电路要求选取。

4. 电阻器在代用时,大功率的电阻器可代替小功率的电阻器,金属膜电阻器可代换碳膜电阻器,固定电阻器与半可调可互相代替使用。

5. 电阻器在电路中所能承受的电压值可通过正式算出:

$$U^2 = R \times P$$

式中,P 为电阻器的额定功率(W);R 为电阻器的阻值(Ω);U 为电阻器的极限工作电压(V)。

(二)电位器的选用常识

电位器的选用除与电阻器相同之外,还应注意以下几个方面。

1. 电位器的体积大小和转轴的轴端式样要符合电路的要求。如经常旋轴调整的电位器选用轴侧平面式;作为线路调试用的电位器可选用带起子槽式。

2. 电位器的阻值变化形式可据用途而定。如偏流调整、分压控制、音量调节等可用直线式;音调控制用对数式。

3.电位器在代用时应注意功率不得小于原电位器的功率,阻值可比原来的略大或略小,一般选与原值相差的范围为±10%。

第二节　电容器

电容器是组成电路的基本元件之一,它能把电能转换成电场能储存起来,因此它是一种能储存电能的元件。电容器在电路中具有隔直流、通交流的特点,因此用于耦合、滤波、去耦、旁路或与电感元件组成振荡电路等。电容器的种类多,形状各异,电容器简称电容,用文字符号"C"表示。

一、电容器的分类

按结构可分为:固定电容器和可变电容器。可变电容器又有可变和半可变两类。

按介质材料的不同可分为:空气(或真空)电容器、油浸电容器、云母电容器、瓷介电容器、玻璃釉电容器、漆膜电容器、纸介电容器、薄膜电容器和电解电容器等。

按阳极材料可分为:铝电解电容器、钽电解电容器。

按极性可分为:有极性和无极性电容器。

常用电容器的外形、名称、代表字母和电路图符号如表5-6所示。

二、电容器型号命名方法

根据国家标准总局发布的 GB2470—81 号国标中电容器型号命名方法规定,产品型号一般由以下四部分组成:

(1)第一部分:用字母代表产品名称。

例如:C 表示电容器。

(2)第二部分:用字母表示产品的材料。

(3)第三部分:用数字表示分类,个别类型用字母表示。

(4)第四部分:用数字表示符号。

第二、三部分的意义见表5-7。

表 5-6　常用电容器外形和符号

元器件实物外形举例	名称	代表字母	电路图符号
	单联可变电容器	C	
	双联可变电容器	C	
	微调电容器	C	
	固定电容器	C	
	电解电容器	C	

表 5-7　电容器的材料、分类代号及意义

材料				分类						
代号	意义	代号	意义	数字代号	意义				字母代号	意义
					瓷介	云母	有机	电解		
C	高频瓷	Q	漆膜	1	圆片	非密封	非密封	箔式	G	高功率
T	低频瓷	H	复合介质	2	管形	非密封	非密封	箔式	W	微调
I	玻璃釉	D	铝电解质	3	叠片	密封	密封	烧结粉液体		
O	玻璃膜	A	钽电解质	4	独石	密封	密封	烧结粉固体	说明:新型产品的分类根据发展情况予以补充。	
Y	云母	N	铌电解质	5	穿心		穿心			
V	云母纸	G	合金电解质	6	支柱等					
Z	纸介	L	涤纶等极性有机薄膜	7				无极性		
J	金属化纸			8	高压	高压	高压			
B	聚四氟乙烯非极性有机薄膜	LS	聚碳酸酯极性有机薄膜	9			特殊	特殊		
BF	聚四氟乙烯非极性有机薄膜	E	其他材料电解质							

以上规定对可变电容器和真空电容器不适用,对微调电容器仅适用于瓷介微调电容器。某些电容器的型号中还用 X 表示小型,用 M 表示密封,也有用序号来区分电容器的型式、结构和外型尺寸等。

例如:CA42—固—钽电解电容器:

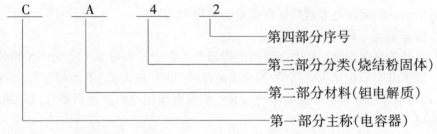

CCW1—圆片形微调瓷介电容器:

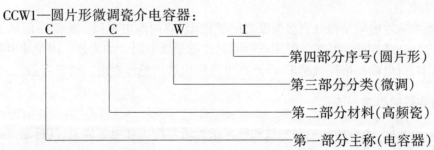

三、电容器的主要参数

1. 标称容量和允许误差

37

标在电容器外壳上的电容量数值称电容器的标容量。电容量是指电容器加上电压后能贮存电荷的能力。贮存电荷越多,电容量就越大,反之,电容量就越小。

与电阻器一样,国家也规定了一系列容量值作为产品的标准。由于生产技术等多方面原因,电容器的实际容量与标称容量之间总存在一定的误差,国家对此也有相应规定。

电容器的标称值与其实际容量之差。除以标称值所得的百分数,就是电容器的误差。电容器的误差一般分为三级,即 ±5%、±10%、±20%,或写成Ⅰ级、Ⅱ级、Ⅲ级。有些电解电容器的误差可能要大于 20%。表 5-8 是固定电容器标称容量系列。

表 5-8　固定电容器标称容量系列

标称值系列	允许误差	标 称 容 量 系 列
E24	±5%	1.0、1.1、1.2、1.3、1.5、1.6、1.8、2.0、2.2、2.4、2.7、3.0、3.3、3.6、3.9、4.3、4.7、5.1、5.6、6.2、6.8、7.5、8.2、9.1
E12	±10%	1.0、1.2、1.5、1.8、2.2、2.7、3.3、3.9、4.7、5.6、6.8、8.2
E6	±20%	1.0、1.5、2.2、3.3、4.7、6.8

不同材料制做的电容器,其标称容量系列也不一样。对于纸介电容器、金属化纸介电容器、纸膜复合介质电容器以及低频(有极性)有机薄膜介质电容器的允许误差为 ±5%、±10%、±20%。容量范围在 100pF ~ 1μF 时,标称容量采用 E6 系列。当标称容量范围在 1 ~ 100μF 时,采用 1、2、4、6、8、10、15、20、30、50、60、80、100 系列。

对于调频(无极性)有机薄膜介质电容器、瓷介电容器、玻璃釉电容器、云母电容器的标称容量系列采用 E24、E12、E6 系列。其中大于 4.7pF 的,其标称容量值采用 E24 系列。小于和等于 4.7pF 的,其标称容量值采用 E12 系列。

对于铝、钽、铌钛电容器的标称容量值采用 E6 系列。

2. 额定直流工作电压(耐压)

电容器的额定直流工作电压是指电容器在电路中长期可靠工作允许加的最高直流电压。如果电容器在交流电路中,则交流电压的峰值(最大值)不能超过额定直流工作电压,否则电容器有被击穿或损坏的可能。如果电压超过耐压值很多时,有时电容本身就会爆裂。

3. 绝缘电阻

电容器的绝缘电阻是指电容器两极之间的电阻,或叫漏电电阻。绝缘电阻的大小决定于电容器介质性能的好坏。使用电容器时应选绝缘电阻大的为好。因绝缘电阻越小,漏电越多,对电能的损耗就越多,因此在电路中应选用绝缘电阻大的电容器。

四、电容器的标志方法

与电阻器相同,电容器的主要参数和技术指标通常标志在电容体上,其标志方法有以下几种:

(一)直标法

标志方法与电阻相同,有些电容由于体积较小,在标志时为了节省空间,习惯上省去单位,但必须遵照下述规则:

（1）凡不带小数点的整数，若无标志单位，表示是 pF。例如 4700，表示 4700pF。

（2）凡带小数点的若无标志单位，则表示是 μF。例如 0.022，表示是 0.022μF。

（3）许多小型固定电容器如瓷介电容器等，其耐压 100V 以上，比一般晶体管电路工作电压要高很多，由于体积关系工作电压也不标志，但在特殊情况下，例如电视机行输出级等，应选用标志有符合耐压要求的电容器。

（二）文字符号法

标志方法与电阻器相同。

电容的单位法拉用字母 F 表示。有关的容量单位标志符号、换算关系及名称如下：

mF（或简为 m）$= 10^{-3}$F　　毫法

μF（或简为 μ）$= 10^{-6}$F　　微法

nF（或简为 n）$= 10^{-9}$F　　纳法

pF（或简为 p）$= 10^{-12}$F　　皮法

$1\text{F} = 10^3\text{mF} = 10^6\mu\text{F} = 10^9\text{nF} = 10^{12}\text{pF}$

例如：0.22pF，标志为 p22；

　　　4.7pF，标志为 4p7；

　　　1000pF，标志为 1n；

　　　4700pF，标志为 4n7；

　　　0.01μF，标志为 10n；

　　　0.047μF，标志为 47n；

　　　3300μF，标志为 3m3；

　　　3.3μF，标志为 3F3。

电容量允许误差标志符号与电阻器采用的符号相同。

（三）色标法

电容器色标法原则上与电阻器色标法相同。标志的颜色符号与电阻器采用的相同，可参见表 5-5 的规定，其单位为皮法（pF）。电解电容器的工作电压有时也采用颜色标志：6.3V 用棕色，10V 用红色，16V 用灰色。色点应标在正极。

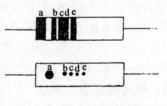

图 5-5 瓷介电容器色环（色点）标志法

瓷介电容器的色环（或色点）标志如图 5-5 所示。图中 a 代表温度系数，b 代表第一位数字，c 代表第二位数字，d 代表倍乘数，e 代表误差。

五、常用电容器的品种介绍

（一）固定电容器

1. 纸介电容器和金属化纸介电容器

纸介电容器是用纸作为介质，以铝箔作为电极，将纸与铝箔一起卷成圆柱形，然后再浸渍，经封装后即成。

纸介电容器的主要优点是价格便宜，体积小，容量大，高的可达 $1\sim20\mu$F。缺点是漏电流和损耗较大,高频性能差、稳定性差。

如果直接在作为绝缘介质的纸上蒸发一层金属薄膜制成电极,这就是金属化纸介电容器。它的体积比同容量的纸介电容器还要小。这种电容器最大的特点是具有自愈作用,如果由于工作电压过高,使电容器内部某一点介质击穿,短路电流会使介质击穿处的金属膜蒸发掉,从而避免了两极片间的短路,使电容器能继续正常工作。

2．有机薄膜电容器

它是以有机薄膜作为绝缘介质,以铝箔为电极,或直接在有机薄膜上蒸发一层金属膜作为电极,经卷绕制成的电容器。它的品种有:聚苯乙烯膜电容器、涤纶薄膜电容器、聚四氟乙烯薄膜电容器和聚碳酸酯薄膜电容器等。

有机薄膜电容器的优点是:绝缘电阻高(可达 20000MΩ)、漏电流极小、耐压较高。

六、常用电容器的质量判别和检测

外观检查:

对固定电容器检查外观应完好无损,其表面无凹陷、刻痕、裂口、污垢和腐蚀、标志清晰、引出线应无折伤、扭曲。

对可变电容器外观应无腐蚀、污垢、断裂、结构稳定可靠、转动灵活、不过松或过紧、各组片距均匀一致、不碰、不擦、各连间转动应同步良好,旋转角度正确等。

检测:

电容器的常见故障有断路、短路、漏电、失效等。

电容器的测量可用电容测量仪、万用电桥、高频 Q 表,也可用万用表进行质量检测。下面介绍用万用表检测电容器质量的方法:

(1)漏电电阻的测量

用万用表的欧姆档($R \times 10k\Omega$ 或 $R \times 1k$ 档,视电容器的容量而定),当两表笔分别接触电容器的两引线时,表针首先向顺时针方向(R 为零的方向)摆动,然后再慢慢地反向退回到 ∞ 位置附近,当表针静止时所指的阻值就是该电容器的漏电电阻,一般漏电电阻在几百兆欧至无穷大。阻值越大,绝缘性能越好。有的电容器在测量漏电电阻时,表针退回到 ∞ 位置,随后又顺时针摆动,这表明电容器漏电更为严重,不能使用。

(2)电容器断路的测量

电容器的容量范围很宽,用万用表判断电容器的断路情况,首先要看电容量的大小。对于 $0.07\mu F$ 以下的电容器,用万用表不能判断其是否断路,只能用其它的仪器进行检测。

对于 $0.01\mu F$ 以下的电容器也必须根据电容量的大小,分别选择合适的量程。电容量越大,R 档位越低,例如,用万用表的两表笔分别接触电容器的两引线,如表针不动,将表笔对调后再测量,表针仍不动,说明电容器断路。

(3)电容器的短路测量

用万用表 R 档,将两表笔分别接触电容器的两引线,如表针指示阻值很小或为零,而表针不再退回,说明电容器已击穿短路。注意,在测量容量较大的电介电容(几百到几千微法)时,由于万用表表内电池通过欧姆档内阻向电容器在充电的时间长,表头指针顺时针方向偏转幅度很大,往往会冲过欧姆档零点不动,要隔相当长的时间才能缓慢退到稳定的漏电电阻值处,一般约需数十秒到数分钟。因此,在测量时不要误认为是电容器短路,为了缩短测量时间,尽快检测出漏电电阻值,可采用如下方法:当表头指针已偏转到最大值时,迅速把万用表转换开关从 $R \times 1k$ 拨到 $R \times 10k$ 档,由于 $R \times 10k$ 档内阻较小,表内电池对电容器提供的充电电流较大,因此电容器很快充电完毕,表头指针便会很快恢复至 $R = \infty$ 处,然后再将转换开关拨回到 $R \times 1k$ 档,表针会顺时针方向偏转,稳定后指示的数值即是该电介电容器的漏电电阻值。

(4)电介电容器的极性判别

使用电介电容器时,极性不能接错。当"＋""－"极的标记无法辨认时,可根据正向连接时漏电电阻大,反向连接时漏电电阻小的特点来判断其极性。方法是,用万用表先检测一次漏电电阻,并记下阻值,然后再交换表笔测一次,比较两次结果,漏电电阻大的一次,黑笔接触的就是正极。

(5)可变电容器碰片或漏电检查

万用表拨至 $R \times 10k$ 档,两表笔分别搭在可变电容器或微调电容器的动片和定片上,缓慢旋转可变电容器的转轴或微调电容器的动片,若表头指针始终静止不动,则无碰片现象,也不漏电,若旋转到某一角度时,表针指到零 Ω,表明此处碰片,若表针有一定指示或细微摆动,表明有漏电现象。

6. 电容器的选用

(1)不同的电路应选用不同种类的电容器。

在电源滤波、退耦电路中应选用电介电容;在高频、高压电路中应选用云母电容、瓷介电容;在谐振电路中,应选用云母、瓷介、有机薄膜等电容器;用作隔直流时可选用涤纶、云母、电介电容器;用作低频耦合、旁路等场合时,可选用电介电容器;用作谐振回路时,可选用空气介质或小型密封可变电容器。

(2)电容器耐压的选择。

电容器的额定工作电压应高于实际工作电压的 10% ~ 20%,对工作电压稳定性较差的电路,应留有更大的余量,以确保电容器不被损坏。

(3)容量误差的选择。

对于振荡、延时电路、容量误差应尽可能地小,选择误差值应小于 5%,对于低频耦合电路,容量误差可以大些,一般选 10% ~ 20% 就能满足要求。

第三节　电感器

电感器是一种储能元件,能把电能转换成磁场能。在电路中有阻止交流电通过,让直流电顺利通过的能力。电感器简称电感,用文字符号 L 表示。

电感器可分为两大类:一类是具有自感作用的线圈,例如阻流线圈,调谐线圈,偏转线圈等;另一类是具有互感作用的变压器,例如中频变压器,音频变压器,电源变压器等。

常用电感器型号表示方法如下:

线圈:一般由四个部分组成。

第一部分:主称,一般用字母表示。

L 表示线圈,ZL 表示高频或低频阻流线圈。

第二部分:特征,一般用字母表示。

G 表示高频。

第三部分:型号,一般用字母表示。

X 表示小型。

第四部分:区别代号,一般用字母表示。

例如:LGX 型表示小型高频电感线圈。

中频变压器:一般由三部分组成。

第一部分:主称,用字母表示。

T:中频变压器;L:线圈或振荡线圈;F:调幅收音机用;S:短波使用。

第二部分:尺寸,用数字表示。

1:表示 $7 \times 7 \times 12mm^3$;2:表示 $10 \times 10 \times 14mm^3$;3:表示 $12 \times 12 \times 16mm^3$;4. 表示$20 \times 25 \times 36mm^3$。

第三部分:级数,用数字表示。

1:表示用于中频第一级;2:表示用于中频第二级;3:表示用于中频第三级。

例如:TTF—3—1 表示为调幅收音机用铁粉心磁心中频变压器,外形尺寸为 $12 \times 12 \times 16mm^3$,中放第一级。

低频变压器:一般由三部分组成。

第一部分:主称,用字母表示。

DB:表示电源变压器;OB:表示音频输出变压器;RB:表示音频输入变压器;GB:表示高压变压器;HB:表示灯丝变压器;SB 或 ZB:表示音频(定阻式)输送变压器;EB:表示音频(定压或自耦式)输送变压器。

第二部分:功率,用数字表示。

单位用 V·A 或 W 标志。

第三部分:序号,一般用数字表示。

例如:DB—50—2 表示 50V·A 电源变压器。

一、线圈

(一)线圈的结构

线圈一般由骨架、绕组、磁心(或铁心)和屏蔽罩等组成。

1. 骨架

一般的线圈都有一个骨架,导线就绕在上面构成线圈。骨架是用绝缘性能较好的材料,根据需要做成不同形状,常用的材料有纸、胶木、云母、陶瓷、塑料、聚苯乙烯等。骨架材料要根据线圈用途认真选择,才能达到最佳效果。

2. 绕组

绕组是线圈的主要部分。它是由绝缘导线在骨架上环绕而成的,常用的导线为漆包线、纱包线。绕组的多少和导线的直径根据用途和电感量的大小而定。

线圈的形式和种类较多,绕组形式有单层和多层之分。单层绕组有间绕和密绕两种形式,多层绕组有平绕、乱绕、蜂房绕、交叉蜂房绕、分段蜂房绕、分段绕以及脱胎绕等形式,如图 5-6 所示。

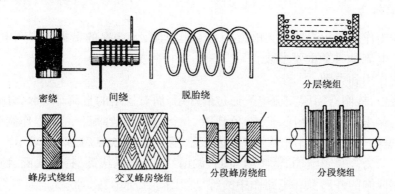

密绕　　　　间绕　　　脱胎绕　　　　　　分层绕组

蜂房式绕组　　　交叉蜂房绕组　　　分段蜂房绕组　　　分段绕组

图 5-6　常见线圈绕组的类型

3. 磁心

线圈内部装有磁心、铁心比不装磁心、铁心的线圈电感量大,通过调节磁心、铁心在线圈内部的位置可改变电感量的大小。使用方便,因此得到广泛应用。可以制作磁心的磁性材料很多,如锰锌铁氧体、镍锌铁氧体等。线圈在电路中的工作频率不同,所用磁心材料也不同。

4. 屏蔽罩

为了减小线圈自身磁场对周围元件的影响,有些线圈的外面套有一个金属罩壳,将罩壳与电路的地点接在一起,就能防止线圈与外电路之间互相影响,起到磁屏蔽作用。不同工作频率的线圈用不同的材料做屏蔽罩。

(二)线圈的主要参数

1. 电感量

线圈电感量的大小与线圈的圈数、尺寸、内部有无磁芯以及绕制方式等都有直接的关系。圈数越多,电感量越大,线圈内有铁心、磁心的,比无铁心、磁心的电感量大。

电感量的单位有亨利,简称亨,用 H 表示;毫亨用 mH 表示;微亨用 μH 表示;它们的换算关系为:

$$1H = 10^3 mH = 10^6 \mu H$$

2. 品质因数 Q

品质因数是反映线圈质量的参数。Q 值与线圈工作的频率、电感量以及损耗电阻有直接的关系。即 $Q = \dfrac{2\pi fL}{R} = \dfrac{\omega L}{R}$。$Q$ 值越高表明线圈的工作效率越高,损耗越小。

3. 分布电容

由于线圈每两圈(或每两层)导线可以看成是电容器的两块金属片,导线之间的绝缘材料相当于绝缘介质,这相当于一个很小的电容,这就是分布电容。由于分布电容的存在,将使线圈的 Q 值下降,也影响线圈稳定性。为了减小分布电容,通常采用减小线圈骨架,减小导线直径和改变绕法,如采用蜂房绕或间绕等,用以上措施加以解决。

4. 稳定性

在温度、湿度等环境因素改变时,线圈的电感量及 Q 值也会随着改变。稳定性是表示线圈参数随环境条件变化而变化的程度。

5. 额定电流

指线圈正常工作时能承受的最大电流。对于阻流圈、大功率的谐振线圈和电源滤波线圈额定工作电流是一个重要参数。

(三)线圈的作用和类别

在交流电路中,线圈有阻碍交流电流通过的作用,而对稳定的直流却不起作用。所以线圈在交流电路里作阻流、降压、交连、负载用。当线圈与电容配合时可以作调谐、滤波、选频、分频、退耦等用。线圈用文字符号 L 表示,阻流圈用文字符号 ZL 表示。

线圈按用途分为高频阻流圈、低频阻流圈、调谐线圈、退耦线圈、提升线圈、稳频线圈等。常用电感线圈的外形及在电路图中的符号如图 5-7 所示。

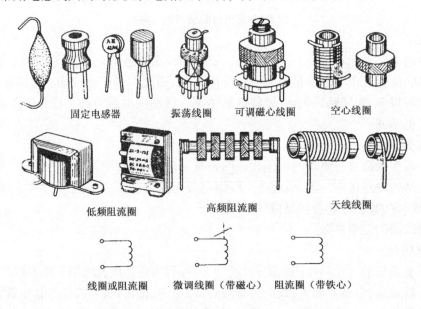

固定电感器　　振荡线圈　可调磁心线圈　　空心线圈

低频阻流圈　　　　高频阻流圈　　　　天线线圈

线圈或阻流圈　微调线圈(带磁心)　阻流圈(带铁心)

图 5-7　常用电感线圈的外形及电路符号

(四)常用电感线圈的介绍

1. 固定电感线圈

固定电感线圈是将铜线绕在磁心上,然后再用环氧树脂或塑料封装起来。它的特点是体积小、重量轻、结构牢固和安装方便等优点,因而广泛用于电视机,录相机等电子设备的滤波、陷波、扼流、振荡、延迟等电路中。

固定电感线圈的电感量可用数字直接标在外壳上,也可用色环表示,但目前我国生产的固定电感器一般不再采用色环标志法,而是直接将电感数值标出,但习惯上仍称为色码电感。

固定电感线圈有卧式和立式两种,其电感量一般为 $0.1 \sim 3000\mu H$,电感量的允许误差用Ⅰ、Ⅱ、Ⅲ即±5%、±10%、±20%,直接标在电感器上。工作频率为10kHz~200MHz之间。

2. 调频阻流圈

阻流圈又称扼流圈。高频阻流圈在高频电路中用来阻止高频电流通过。它常与电容器串联或并联组成滤波电路,达到分开高、低频的目的。这种线圈的电感量很小,要求分布电容小和Q值高,常采用陶瓷做骨架,绕成蜂房式,平绕或间绕。

3. 低频阻流圈

又称低频扼流图、滤波线圈,一般由铁心及绕组构成。它常与电容器组成滤波电路,以消除整流后残存的交流成份而让直流通过。

4. 铜心线圈

目前电视机的机械式高频头中采用的就是这种线圈。由于工作频率很高,线圈的电感量很小,因此通过改变铜心在线圈中的位置就能达到微调电感量的目的。调节系统是几个塑料齿轮联动带动铜心上的锯齿,使用方便,而且可靠,寿命长。

二、常用电感器的质量判断和检测

外观:

检查电感器,应首先检查外形是否端正,外表是否完好无损,例如磁性材料有无裂缝,缺损,金属屏蔽罩有无凹痕,是否腐蚀氧化,接线有无断裂,标志是否完整清晰,线圈绕组是否清洁干燥,有无发霉现象,铁心有无氧化,绝缘漆是否完好,有无剥落等。对可调磁心的电感器应检查磁心旋转是否轻松,但又不打滑(对中频变压器等应先记下磁心准确位置,以便检查后复原)。

检测:

用万用表欧姆档的$R \times 1$或$R \times 10$,测量电感器的阻值,若指向无穷大,表明电感器断路,若电阻值比正常值小了许多,可判断是严重短路。线圈的局部短路,需用专用仪器检测。

对有多个绕组的电感器,可用欧姆档测量绕组之间是否短路,对有铁心或金属屏蔽罩的电感器,应注意线圈与铁心及屏蔽层,线圈与金属屏蔽罩之间是否短路。

如要测电感器的电感量或Q值,要用专门的仪器,如高频Q表或万用电桥等。

第四节　晶体二极管

半导体器件是在50年代就发展起来的电子器件,由于它具有体积小、重量轻、耗电少、寿命长、工作可靠、输入功率小、功率转换效率高等优点,因此广泛用在各种电子电路中。

一、半导体基本知识

1. 导体,绝缘体和半导体

在自然界中,存在着很多不同的物质,按其导电能力来衡量,可以分为三类:一类是导电能力较强的物质,称为导体,金属一般都是导体,例如金、铜、铝等。另一类是几乎不导电的物质,称为绝缘体,如橡皮、塑料、陶瓷、玻璃等。此外,还有一类物质是导电能力介于导体和绝缘体之间的物质称为半导体,如锗、硅、砷化钾等。目前使用的半导体材料大多数要制成晶体,因此把用半导体材料制作的晶体二极管、晶体三极管通称为晶体管。

2. 半导体的导电特性

(1)纯净的半导体

纯净半导体又叫本征半导体,这种半导体只含有一种原子,并且原子按一定规律整齐排列。常用半导体有锗(Ge)和硅(Si),它们的内部分别只有锗原子和硅原子而没有其它原子。

在常温下,由于本征半导体内能够自由移动的带电粒子(载流子)很少,所以其导电能力很弱。当本征半导体所处环境温度升高时,它的导电能力要增强很多,这一特点称为本征半导体的热敏特性,利用这种特性就做成了各种热敏元件,有些半导体受到光照时,它的导电能力变得很强;当无光照时,又变得象绝缘体那样不导电。这一特点称为半导体的光敏特性,利用这种特性就做成了各种光电元件。

(2)杂质半导体

在本征半导体内部掺入微量其它元素(杂质)所形成的半导体,称为杂质半导体。

杂质半导体可分为两大类,一类是在四价元素硅和锗的晶体中掺入磷(或其它五价元素),所制成的半导体,称为 N 型半导体;

另一类是在四价元素硅或锗的晶体中掺入硼(或其它三价元素)所形成的半导体,称为 P 型半导体。

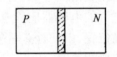

图 5-8　PN 结构示意图

由于杂质的掺入,使得 N 型和 P 型半导体内部的载流子数目远远大于本征半导体,这将使掺杂后的半导体的导电性能大大增强,在掺杂时,通过控制杂质掺入量的多少,达到控制半导体导电能力强弱的目的,否则,完全可以用导体代替半导体而不必要掺入杂质。

(3)PN 结

A:PN 结的形成

当把一块 P 型半导体和一块 N 型半导体采用工艺措施紧密结合时,在二者的交界面上会形成一个特殊的薄层,称为 PN 结。如图 5-8 所示,右边标有 N 字母的代表 N 型半导体,左边标有 P 字母的代表 P 型半导体,中间划有斜线的部分即为 PN 结。

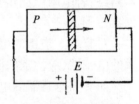

(a)PN 结正向导通

B:PN 结的单向导电性

PN 结在没有外加电压时,这时半导体中的扩散和漂移处于动态平衡。如果在 PN 结上外加电压时,其导电情况就呈现特殊性。

加正向电压导通:

如图 5-9(a)所示,将外接电源 E 的正端接 P 型半导体,

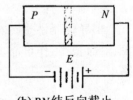

(b)PN 结反向截止

图 5-9　PN 的单向导电性

46

负端接 N 型半导体,这种接法称为给 *PN* 结加正向电压。此时,在 *PN* 结内部有从 P 到 N 方向的较大电流流过 *PN* 结,即称 *PN* 结的正向导通状态。

加反向电压截止。

如图 5-9(b)所示,将外接电源 *E* 的负端接 P 型半导体,正端接 N 型半导体,这种接法称为给 *PN* 结加反向电压。这时,*PN* 结内部几乎没有电流流过,*PN* 结的这种状态称为反向截止状态。

综上所述,*PN* 结具有单向导电性。即在 *PN* 结上加正向电压时有较大的电流通过,正向电阻很小,*PN* 结处于导通状态;当 *PN* 结加上反向电压时只有很小的电流通过,或认为几乎没有电流通过,反向电阻很大,*PN* 结处于截止状态,总之,*PN* 结最重要的特性是单向导电性,它是一切半导体器件的基础。

二、晶体二极管

晶体二极管(简称二极管),就是由一个 *PN* 结构成的最简单的半导体器件。下面介绍二极管的结构,它的基本工作原理、参数及检测方法。

1. 晶体二极管的结构、符号、类型。

(1)结构和符号

在一个 *PN* 结的二端各接出一条引线,然后将其封装在一个管壳里,就制成一只晶体二极管,如图 5-10(a)所示,它有两个电极,P 区引出端叫正极,N 区引出端叫负极。

图 5-10 晶体二极管结构与符号

二极管的结构、符号及外形,如图 5-11 所示。

二极管的文字符号为"V",图形符号见图 5-10(b),在箭头的一边代表正极,竖线一边代表负极,箭头所指方向是 *PN* 结正向电流方向,它表示二极管具有单向导电性。

(2)二极管的类型

晶体二极管种类很多,按结构分有面结合二极管和点接触二极管等;按材料分有锗二极管、硅二极管和砷化镓二极管等;按工作原理分有隧道二极管、雪崩二极管、变容二极管等;按用途分有检波二极管、整流二极管、开关二极管、稳压二极管等。

目前锗二极管和硅二极管应用最为广泛,它们虽都是由 *PN* 结组成,但由于材料不同,性能也有所不同:

①锗管正向压降比硅管小,锗管一般为 0.3V 左右,硅管一般为 0.7V 左右。

②锗管的反向饱和漏电流比硅管大,锗管一般为几十微安,硅管为 $1\mu A$ 或更小。

③锗管耐高温性能不如硅管,锗管的最高工作温度一般不超过 100℃,而硅管可以工作在 200℃的温度下。

对于点接触型和面结合型这两种结构的二极管来说,它们的结构如图 5-12 所示。

点接触型二极管是由一根很细的金属丝(如钨丝)压在 P 型或 N 型半导体上而构成,其 PN 结就在接触"点"上,面积很小,故电容很小,可以工作在很高的频率,但不能承受大的正向电流和高的反向电压,常用于检波、变频电路而不用于整流。面结合型二极管的 PN 结面积较大,能承受较大的正向电流和高的反向电压,性能较稳定。但因结电容较大,不适宜在高频电路中应用,多用于整流,稳压电路。

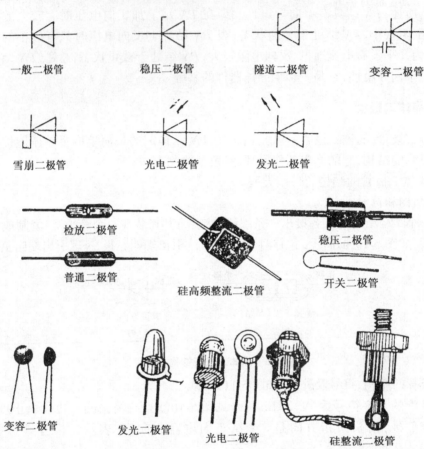

图 5-11 晶体二极管的结构、符号及外形

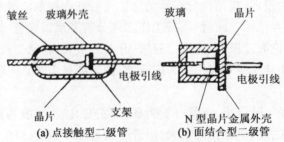

图 5-12 二极管的结构

48

2. 二极管的伏安特性曲线

因为一只二极管是把一个 PN 结封装起来构成的，所以它必然具有与 PN 结相同的导电特性，即二极管也具有单向导电性。因为二极管正向导通以后，流过其内部的电流不是定值，它与加在二极管两端电压的大小有密切关系。为了更准确全面地反映出二极管两端所加电压与流过其内部电流之间的关系，采用曲线的方式。这条曲线在以电压为横轴、电流为纵轴的直角坐标系内，称之为二极管的伏安特性曲线。

（1）正向伏安特性曲线

正向伏安特性曲线指纵轴右侧的部分,它可以分成三段,如图 5-13 所示。

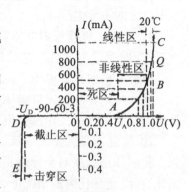

图 5-13   2CP31～33
型二极管的
伏安特性曲线

OA 段:电压为零时电流也是零,电压从零开始增加时,电流不随之增加,电压增至 0.6V 左右时,二极管内才出现微弱的电流。这段曲线所对应的电压区域,叫做二极管的死区或不导通区,用 U_A 表示。在室温下,硅材料的二极管 U_A 在 0.6V 左右,锗材料的二极管 U_A 在 0.3V 左右。这段曲线说明在给二极管加小于 U_A 电压时,二极管处于不导通状态,其内部电流几乎为零。

AB 段:电压增加时,电流随之明显增加,但电流与电压不成线性关系,曲线是弯曲的。这段曲线所对应的电压区域叫二极管的非线性区,处于这个区域的二极管已进入正向导通状态。

BC 段:这段曲线很直,电流随电压增加按线性关系迅速上升。BC 段所对应的电压区域称为二极管的线性区,处在这个区域的二极管不仅已完全导通,而且具有电流随电压变化而急剧变化的特点。

（2）反向伏安特性曲线

反向伏安特性可分为两段,如图 5-13 所示。

OD 段:该段曲线与横轴重合,说明电压的绝对值增大时,电流几乎为零。这段曲线所对应的电压区域叫二极管的截止区,这一很小的电流称为反向饱和电流 I_S,在实际应用中,此值越小越好,一般硅二极管的反向电流在几十微安以下,锗二极管则达几百微安,大功率二极管将更大些,D 点所对应的电压值叫击穿电压,用 U_D 表示,不同材料和类型的管子 U_D 值是不一样的。

DE 段:该段曲线很陡,说明反向电压增大到超过 U_D 值时反向电流急剧加大,这一现象叫反向击穿。

二极管的伏安特性曲线可以用两种方法获得,一种是用晶体管特性图示仪测量,另一种是用描点法获得。

（3）二极管的主要参数

二极管的特性可用伏安特性曲线来表示,也可用一些数据来说明,这些数据就是二极管的参数。参数一般有特性参数和极限参数两类。前者反映二极管的特性,后者反

49

应二极管所能承受的限额,我们可依据这些参数来选择和使用二极管。

1)死区电压 U_A

U_A 是使二极管处于正向导通状态的最小正向电压,当二极管两端电压小于 U_A 时二极管不导通,大于 U_A 时二极管导通,且导通后二极管两端的电压降约等于 U_A。

2)反向饱和电流 I_D

I_D 是二极管处于反向截止状态下的电流,I_D 越小二极管的单向导电性越好,I_D 受温度的影响大温度上升 I_D 值增大。

3)反向击穿电压 V_D

V_D 是使二极管反向电流突然增大的最小反向电压。当电压小于 V_D 时管子截止,大于 V_D 时管子击穿且击穿后其端电压约等于 V_D(在有限流电阻的前提下)。

4)最高反向工作电压 V_{RM}

通常规定是反向击穿电压的一半或三分之二为二极管的最高反向工作电压。点接触型二极管的反向工作峰值电压一般是数十伏,面接触型二极管可达数百伏。

此外,还有最大整流电流、最高工作频率结电容等参数,都可以在晶体管手册中查到。我们知道温度对半导体是有很大影响的,温度升高后,二极管的参数会发生变化,因此,在温度变化大的情况下,选择二极管的参数时要留有余地。

三、硅稳压二极管

硅稳压管(简称稳压管)是一种特殊的面接触型半导体二极管。它在电路中与适当数值的电阻配合后能起稳定电压的作用,其表示符号如图5-14所示。

(1)稳压管的伏安特性曲线如图所示,其正向特性与普通硅二极管类似,反向特性在击穿区比普通硅管更陡。

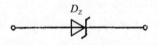

(a) 稳压管电路符号

稳压管工作于反向击穿区。从反向特性曲线上可以看出,反向电压增大到击穿电压时,反向电流突然剧增,稳压管反向击穿。此后,电流虽然在很大范围内变化,但稳压管两端的电压变化很小,利用这一特性,稳压管在电路中能起稳压作用。稳压管与一般二极管不一样,它的反向击穿是可逆的,当去掉反向电压时后,稳压管又恢复正常。但是反向电流超过允许值,稳压管将会发生热击穿而损坏。

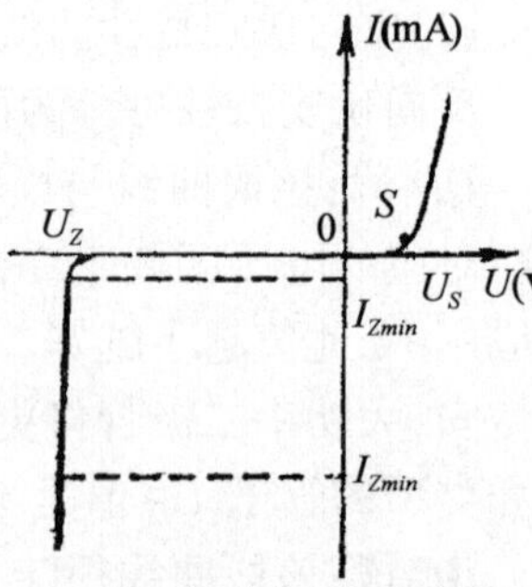

(2)稳压管的主要参数

1)稳定电压 U_E

稳定电压也叫击穿电压,是稳压管在正常工作下管子两端的电压。不同型号的管子该值一般不同,即使同一类型的管子稳压值也具有一定的分散性。

2)最大稳定电流 $I_{E\max}$ 和最小稳定电流 $I_{E\min}$

**图 5-14 硅稳压二极管
符号及特性曲线**

$I_{E\max}$ 是稳压管正常工作时允许通过的最大电流,超过此值稳压管损坏。

$I_{E\min}$ 是稳压管进入正常稳压状态所必须的起始电流,实际电流小于此值时,稳压管因没有进入击穿状态而不能起到稳压作用。

3)稳定电流 I_Z

I_Z 是稳压管正常工作时电流的参考值,该值应选在 I_{Eman} 与 I_{Emin} 之间。

4)最大耗散功率 P_{zmax}

P_{zmax} 是稳压管正常工作时所能承受的最大功率,此值等于稳定电压 U_Z 与最大稳定电流 I_{Emax} 的乘积 $P_{zmax} = U_Z I_{Emax}$。

5)动态电阻 γ_Z

γ_Z 是指稳压管端电压的变化量 $\triangle U_Z$ 与对应的电流变化量 $\triangle I_Z$ 之比。即 $\gamma_E = \dfrac{\triangle U_Z}{\triangle I_E}$,$\gamma_E$ 越小稳压效果越好。

此外电压温度系数 α_Z 在晶体管手册中可查出。一般来讲在 6V 左右的管子,稳压值受温度的影响较小,低于 6V 的稳压管,它的温度系数是负的,高于 6V 的稳压管,它的温度系数是正的。

四、整流电路

整流电路就是利用二极管的单向导电特性,把作周期性变化的交流电,变换成方向不变,大小随时间变化的脉动直流电的电路。

(1)单相半波整流电路

半波整流电路,由电源变压器 Tr,整流二极管 D 和负载 R_L 组成,如图 5-15 所示,是一种最简单的整流电路。该电路能把输入的交流电改变成脉动直流信号输出,但变换过程损失了半个周期,因此信号源利用率低。负载上得到的整流电压,常用一个周期的平均值来说明它的大小,其平均值为:

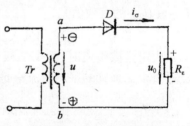

图 5-15 单相半波整流电路

$$U_0 = \frac{\sqrt{2}}{\pi} U \approx 0.45 U_i$$

在实际应用上,依据负载电压 U_0 求变压器次级电压,所以上式可改为:

$$U_i = \frac{U_0}{0.45} \approx 2.22 U_0$$

根据欧姆定律,可得出流过负载 R_L 上的整流电流平均值:

$$I_0 = \frac{U_0}{R_L} = 0.45 \frac{U_i}{R_L}$$

当二极管 D 截止时,变压器次级电压全部加在二极管两端,所以二极管承受的最大反向峰值电压就是 U 的峰值,即

$$U_{RM} = \sqrt{2} U$$

其中 U 为变压器次级电压的有效值,这样,根据 U_0、I_0 及 U_{RM} 就可以选择合适的整流管。

(2)单相全波整流电路

单相全波整流电路是由两个完全相同的半波整流电路组成的。如图 5-16(a)所示。其中负载 R_L 为两个半波整流电路所共有,电源变压器的次级具有中心抽头,因此从变压器次级可以得到两个大小相等而相位相反的交流电压 U_{2a} 和 U_{2b}。

A. 工作原理

当 U_1 为正半周时，图中 A 端电位高于 B 端，二极管 D_1 导通，D_2 截止，电流 i_{D1} 自 $A \rightarrow D_1 \rightarrow R_L \rightarrow$ 变压器中心抽头 C 处。

当 U_2 为负半周时，B 端电位高于 A 端，二极管 D_2 导通，D_1 截止，电流 i_{D2} 自 $B \rightarrow D_2 \rightarrow R_L \rightarrow C$ 处；i_{D1} 和 i_{D2} 叠加形成全波脉动直流电流 i_L，在 R_L 两端得到全波脉动直流电压 U_L，如图 5-16(b)所示。

B. 负载上的电压和电流

在全波整流电路中，交流电在一个周期内的两个半波都通过负载，所以全波整流电路输出的电压和电流均比半波整流电路大了一倍，即

$$U_L = 0.9 U_2$$

负载电流 $\qquad I_L = \dfrac{U_L}{R_L} = \dfrac{0.9 U_2}{R_L}$

式中，U_2 是指变压器次级电压一半的有效值，即 U_{2D} 或 U_{2DZ} 的有效值）。

C. 二极管上的电流和最大反向电压

由于全波整流时，两个二极管轮流导通，所以，流过每个二极管的平均电流只是负载电流的一半。

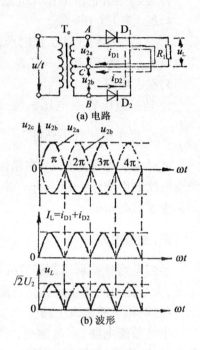

图 5-16　单相全波整流电路

$$I_D = I_{D1} = I_{D2} = \frac{1}{2} I_L = 0.45 \frac{U_2}{R_L}$$

图 5-16(a)可见，因为一个二极管导通时另一个二极管必须截止，次级绕组的两部分电压全部加在截止管上，因此，全波整流时，二极管承受的最大反向电压为：

$$U_{DM} = 2\sqrt{2} U_2$$

该电路具有输出直流电压高、电流大、脉动程度较小等优点，缺点是电源变压器的次级绕组必须具有中心抽头、变压器利用率不高，每个二极管承受的反向电压较大等。

(3)单相桥式整流电路

半波整流的缺点是只利用了电源的半个周期，同时整流电压的脉动较大。为了克服这些缺点，常采用全波整流电路。它是由四个二极管接成电桥的形式构成的，图 5-17 是桥式整流电路和的几种画法。

整流原理：

U 正半周：如图 5-17 所示，其极性为上正下负，即 a 点的电位高于 b 点，二极管 D_1 和 D_3 导通，D_2 和 D_4 截止，电流 i_1 的通路是 $a \rightarrow D_1 \rightarrow R_L \rightarrow D_3 \rightarrow b$。这时，负载电阻 R_L 上得到一个半波电压，如图 5-18(b)中的 $O \sim \pi$ 段所示。

在 U 的负半周：其极性为上负下正，即 b 点的电位高于 a 点。因此 D_1 和 D_3 截止，D_2 和 D_4 导通，电流 i_2 由 $b \rightarrow D_2 \rightarrow R_L \rightarrow a$ 构成通路。同样，在负载上得到一个半波电

52

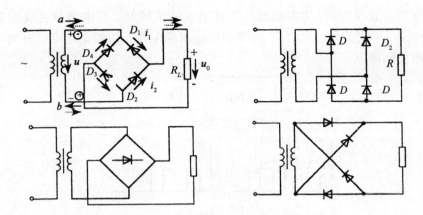

图 5-17　单相桥式整流电路的画法

压。如图 5-18(b)中的 $\pi \sim 2\pi$ 段所示。

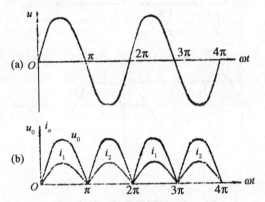

图 5-18　单相桥式整流电路的
电压与电流的波形

在以后各周期内,将重复上述过程。显然,全波整流电路的整流电压的平均值 U_0 比半波整流时增加了一倍,即

$$U_0 = 2 \times 0.45U = 0.9U$$

负载电阻中的直流电流当然也增加了一倍,即

$$I_0 = \frac{U_0}{R_L} = 0.9\frac{U}{R_L}$$

由于桥式整流时 D_1、D_3 和 D_2、D_4 两两分别导通,即每个管子正向平均电流只有负载电流的一半,即

$$I_D = \frac{1}{2}I_0 = 0.45\frac{U}{R_L}$$

由图 5-17 可知,截止时,每个二极管的反向峰值电压就是电源电压的峰值,即

$$U_{RM} = \sqrt{2}U$$

五、限幅电路

它是一种波形整形电路,它可以削去部分输入波形,以限制输出电压的幅度,因此,

53

限幅器也称削波器，图 5-19 为限幅器的三种输入输出波形。因电路削去波形部位不同，分别称(b)、(c)、(d)为上限幅，下限幅和双向限幅电路。限幅电路可以分为串联限幅和并联限幅两种。

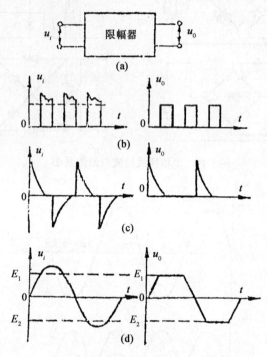

图 5-19　限幅器及输入输出波形

（1）串联限幅电路

输出电压取自电阻两端，且二极管与负载电阻是串联连接时，电路称为串联限幅器，如图 5-20(a)所示。

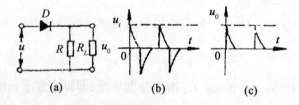

图 5-20　串联下限幅电路

图中 D 是开关二极管，R 的作用是为电路中可能接入的电容提供放电回路，其数值要大于负载电阻 10 倍以上。

电路工作原理如下：

当输入 $U_i > 0$ 时，D 导通，相当于开关被接通，输入电压全加在 R_L 两端，输出电压 $U_0 = U_i$。

当输入 $U_i < 0$ 时，二极管 D 截止，相当于开关断开，输入电压全部加在二极管 D 两

54

端,输出电压 $U_0 = O$。

从图 5-20(c)输出波形可以看出,输入波形的下半部分被削去,因此这个电路称为下限幅电路。如果需要削去波形的上半部分,则把图 5-20(a)电路中二极管的极性换一下就可以了。如图 5-21(a)所示。这种电路称为上限幅电路。

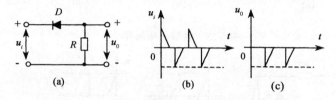

图 5-21 上限幅电路

在实际应用中,有时需要在某一电平上限幅,即要求削去输入信号中电平高于(或低于)某个数值的部分,这时,只要在原电路中接入一个直流偏置电源 E,就构成了限幅电平,为 E 的限幅器,如图 5-22 所示。

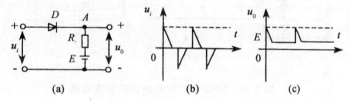

图 5-22 限幅电平为 E 的下限幅器

图中直流电源 E 与 R 串联在一起,没有输入信号时,A 点电压为 E,二极管 D 被加上了一个反向偏压。

当输入电压 $U_i < E$ 时,二极管不导通,输出电压 $U_0 = E$;

当输入电压 $U_i > E$ 时,二极管导通,输出电压 $U_0 = U_i$。输入信号中小于 E 的部分被限幅器削掉,波形如图 5-22(c)所示。适当地选择直流电源的大小及电源、二极管的极性,可以得到任意限幅电平的上、下限幅器。

从上面分析可知,用二极管构成串联限幅器,不论是上限幅、下限幅还是双向限幅,都是在二极管导通时,$U_0 = U_i$,在
二极管截止时,电路限幅。

(2)并联限幅电路

输出电压取自二极管两端,负载与二极管并联连接时,电路称为并联限幅器,如图 5-23 所示。

下面画出下限幅和双向限幅的电路和波形图,如图 5-24 和 5-25 所示。

并联限幅器是在二极管导通时实现限幅的,下面分析并联双向限幅器的工作过程,其它限幅器的工作情况请读者自行分析。

如图 5-26 所示,假设 $E_1 > E_2$。

当 $U_i < E_2$ 时,二极管 D_2 导通,D_1 截止,输出电压 $U_0 = E_2$,电路将输入电压中低于 E_2 的部分削去。

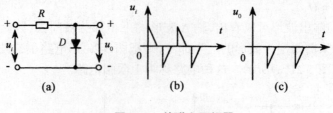

图 5-23 并联上限幅器

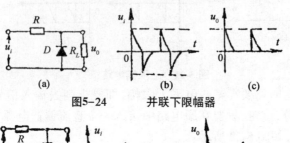

图5-24   并联下限幅器

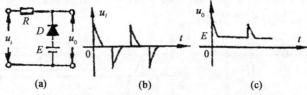

图 5-25 限幅电平为 E 的并联下限幅器

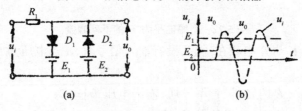

图 5-26 并联双向限幅器

当 $U_i > E_1$ 时, D_1 导通, D_2 截止, $U_0 = E_1$, 电路将输入电压高于 E_1 的部分削去。

六、检波电路

检波二极管主要作用是把调制在高频电磁波上的低频信号检出来,检波是指从高频调幅波中检出低频信号的过程。这个低频信号的频率和形状都和高频调幅波的包络线一致。如图 5-27 所示。

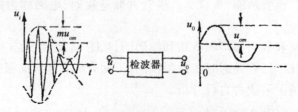

图 5-27 检波器输入、输出波形

由于检波是从高频载波信号中得到原来的低频调制信号。因此它是一个频率变换过程,必须通过非线性元件完成。同时,为了在所产生的许多频率中取出低频信号,滤除不需要的频率部分,检波器应使用具有低通滤波特性的负载,即允许低频信号通过的负载。

检波电路中,根据输入调幅波的大小,可以分为大信号和小信号检波两种方式。

（1）大信号线性检波

如图 5-28 所示,当加到检波器的调幅信号幅度较大时（大于 0.5V）,二极管运用在伏安特性的线性区,称为大信号线性检波,实际上,大信号线性检波是运用了二极管整个特性的非线性,否则是无法实现检波的。

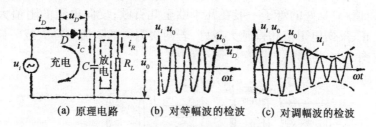

(a) 原理电路　　(b) 对等幅波的检波　　(c) 对调幅波的检波

图 5-28　大信号线性检波原理

大信号线性检波的过程,是利用二极管单向导电特性和检波负载 $R_L C$ 的充放电过程,它的特点是非线性失真小,但要求输入信号较大,它广泛地应用于广播和通讯中。

（2）小信号平方律检波

平方律检波是当输入信号幅度较小（小于 0.2V）时,利用二极管伏安特性的非线性段来实现检波的。即二极管运用在伏安特性曲线的弯曲部分,在整个信号周期内二极管都是导通的。

小信号检波器的输出低频电压振幅与输入高频载波电压振幅平方成正比,故称之为平方律检波。

检波电路图如 5-29(a) 所示,从图中可以看出,其检波电路与大信号线性检波电路不同的地方,是多加了一个正偏电源 E,其作用是使二极管 D 的工作点移到正向特性弯曲部分,从而进行小信号检波。

当输入一个较小的调幅电压时,流过二极管的电流如图 5-29(b) 所示。

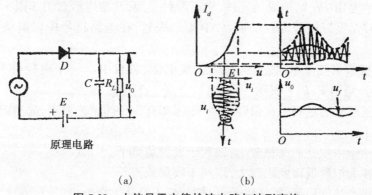

(a)　　　　　　　　(b)

图 5-29　小信号平方律检波电路与波形变换

小信号平方律检波器非线性失真较大,效率低,输出阻抗小等缺点,但其线路简单,能对小信号检波,用于无线电测量中。

七、晶体二极管的检测

1. 质量鉴别

鉴别的最简单的方法是用万用表测二极管的正、反向电阻。测量时,选万用表 $R \times 10$、$R \times 100$ 或 $R \times 1k$ 直流欧姆档,(一般不用 $R \times 1$ 和 $R \times 10k$ 档,因为 $R \times 1$ 档的电流太大,而 $R \times 10k$ 档电压太高,对有些管子有损坏的危险),测量二极管正、反向电阻,其正向电阻的阻值小,良好的管子一般在几十欧至几百欧;反向电阻的阻值大,一般在几百千欧以上,正、反向电阻值相差越大越好,若两次测得的阻值一样大或一样小,说明二极管已损坏,图 5-30 为测量二极管好坏示意图。

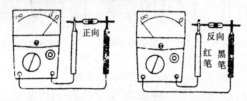

图 5-30 二极管的测量方法

2. 二极管极性的判别

测量二极管时,如测出两极间电阻为小阻值时,此时万用表的黑表笔接的便是二极管的正极,红表笔接的则是二极管的负极。

第五节 晶体三极管

晶体三极管是电子电路中的核心元件,在模拟电子技术中,它起放大作用,在数字电路中,它起开关作用。

一、三极管的结构和分类

三极管也是由 PN 结构成的元件,它有两种类型,其结构示意图如图 5-31 所示。其中图(a)叫 NPN 型三极管,图(b)叫 PNP 型三极管,在电路符号中以箭头方向不同相区别。

晶体三极管有三个区,发射区、基区、集电区,各自引出一个电极称为发射极、基极、集电极,分别用 e、b、c 表示。

在制造三极管的过程中,对其内部三个区都有一定的工艺要求,简单归纳起来它的结构特点如下:

发射区掺杂浓度高而面积较小,以利于发射载流子。

集电区掺杂浓度低而面积较大,以利于收集载流子。

基区的掺杂浓度极低、基区极薄,以使载流子复合率极低,利于获得放大作用,通常称三极管的结构特点是具有电流放大作用的内部条件,外部条件即外界电压条件。

基于上述特点,可知三极管并不是两个 PN 结的简单组合,它不能用两个二极管代替,集电极和发射极在使用中二者是不能互换的。

三极管除了有上述 NPN 与 PNP 型之分外,按制作材料可分为硅三极管和锗三极管两大类;每一类都有 NPN 和 PNP 两种;以工作频率分类,有低频管和高频管,以用途分类,有放大管和开关管等;以结构和工艺特点分类,有合金管和平面管等。

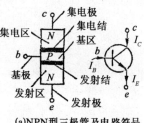

(a)NPN型三极管及电路符号

二、晶体三极管的放大原理

1. 三极管放大的外部条件

要使三极管能正常工作,必须在三极管的两个 PN 结上加上合适的直流电压(称为直流偏置)。

(1)给发射结加上一个正向电压 E_B,一般硅管为 $0.6 \sim 0.8V$,锗管为 $0.2 \sim 0.3V$。

(2)必须给集电结加一个反向电压 E_C,一般为几伏到几十伏。

图 5-32 是三极管共发射极接法的外加偏置电原压 E_B、E_C 示意图。

通常给 PN 结加正电压称做正向偏置简称正偏,加反

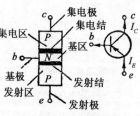

(b)PNP型三极管及电路符号

图 5-31　三极管结构及电路符号

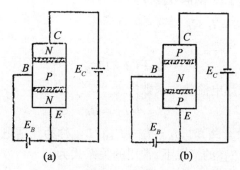

(a)NPN管　　(b)PNP管

图 5-32　三极管具有放大作用的外部条件

向电压称为做反向偏置,简称反偏,所以,三极管具有电流放大作用的条件是:发射结正偏,集电给反偏。

2. 三极管的电流分配关系与电流放大作用

图 5-33 所示电路是 3 介三极管的电流分配与放大作用的实验电路,在这一电路中,改变 R_b 的阻值,基极电流 I_B 和集极电流 I_C,发射极电流 I_E 都将发生变化。电流的真实方向标在图中,测得的电流数据列于表 5-9 中。

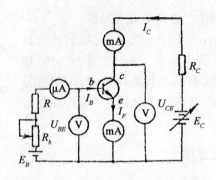

图 5-33　三极管特性实验电路和

表 5-9　三极管电流分配实测数据

实验次数	1	2	3	4	5	6
基极电流 I_B(mA)	0	0.02	0.03	0.04	0.06	0.08
集电极电流 I_C(mA)	0.00	3.20	4.76	6.41	8.90	11.35
发射极电流 I_e(mA)	0.005	3.22	4.70	6.45	8.96	11.43

对上表中的数据进行分析,可以得出以下几点结论:

(1)三极管三个电极中的电流关系满足基尔霍夫节点电流定律,即:

$$I_E = I_C + I_B \tag{5-1}$$

(2)I_B 比 I_C 和 I_E 小得多,因此 $I_E \approx I_C$

直流电流放大系数 $\bar{\beta} = I_C / I_B$

因此,式(5-10)可改写为:

$$I_E = (\bar{\beta} + 1) I_B$$

(3)三极管共射极交流电流放大系数为:

$$\beta = \triangle I_C / \triangle I_B$$

(4)当 $I_B = 0$(将基极开路)时,$I_C = I_E = I_{CEO}$,I_{CEO} 称为穿透电流。

在考虑到穿透电流 I_{CEO} 的情况下,常用的关系式为:

$$I_C = \beta I_B + I_{CEO}$$

综上所述,三极管在一定的外界条件下,I_B 的微小变化引起 I_C 的较大变化,I_C 受 I_B 控制且二者成线性关系的特性,称为三极管的直流电流放大作用,而 $\triangle I_C$ 受 $\triangle I_B$ 控制且二者成线性关系的特性,称为三极管的交流电流放大作用。

三、三极管的联接方式(组态)

三极管的主要用途之一是组成放大器。简单地说,放大器的工作过程是从外界接收弱小的信号,经自身放大后送给用电设备。放大的方框图如 5-34 所示,其中接收外界信号的一边叫输入边,该边有二个端;送出信号的一边叫输出边,也有两个端,因为三极管有三个引出端 e、b、c。用于电路中时,必然有一端做为输入,一端做为输出,剩下的一端作为输入和输出的公共端。根据公共端的不同选择,三极管可以有三种连接方式,或称为三种组态。

1. 图 5-35(a)所示,称为共发射极连接,基极作为输入端,集电极作为输出端,发射极用做公共端。

2. 图 5-35(b)所示,称为共基极连接,发射极作为输入端,集电极作为输出端,基极用做公共端。

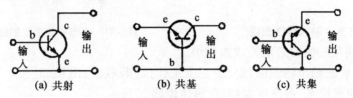

图 5-34　放大器的方框图

3. 图 5-35(c)所示,称为共集电极连接,基极作为输入端,发射极作为输出端,集电极用做公共端。

（a）共射　　　（b）共基　　　（c）共集

图 5-35　三极管三种连接方式

三极管无论按哪一种方式连接,为了保证管子具有放大作用,电路必须满足发射结正偏、集电结反偏的偏置条件,三极管的三种接法中以共发射极接法的电路应用最为广泛,且晶体管手册上所给出的参数大部分都是指共发射极连接时的,后面介绍的内容均以这种接法为主。

四、三极管的伏安特性曲线

三级管的伏安特性曲线是用来表示三极管各个电极上的电压和电流之间关系的曲线。它反映出三极管的基本性能,是分析放大电路的重要依据。三极管在工作时,有三个电流 I_E、I_C、I_B 和三个电压 U_{CE}、U_{CB}、U_{BE},但这六个量并非完全独立。因为 $I_E = I_B + I_C$,$U_{CE} = U_{CB} + U_{BE}$,实际上只要分析四个量之间的关系就行了,通常把 I_C、I_B、U_{CE} 和 U_{BE} 四个量的关系曲线,称为共射极特性曲线。

三极管特性曲线可以由晶体管特性图示仪直接描绘出来,也可用图 5-33 的电路进行测试。

1. 输入特性曲线

当 e、c 极间电压固定时,晶体管基极电流 I_B 与 b、e 极间电压 V_{BE} 之间关系曲线,称作输入特性曲线,即

$$I_B = f(U_{BE})|_{V_{CE} = 常数}$$

如图 5-36 所示。每条曲线的形状与二极管正向伏安特性曲线相同。改变 V_{CE} 时,曲线形状基本不变,曲线位置随 V_{CE} 增加向右平移,但 $V_{CE} > 1V$ 以后曲线基本上是重合的。

2. 输出特性曲线

输出特性曲线是指当 I_B 电流为常数时,集电极电流 I_C 与集—射极电压 V_{CE} 之间的关系曲线 $I_C = f(V_{CE})$。在不同的 I_B 下,可得出不同的曲线,其位置随 I_B 增加向上移动,所以三极管的输出特性曲线是一组曲线,如图 5-37 所示。

从图 5-37 中可看出,当 I_B 增大时,相应的 I_C 也增大,曲线上移,而且 I_C 比 I_B 增加

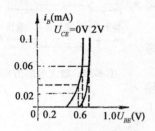
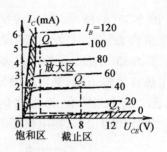

图 5-36　输入特性曲线　　　　图 5-37　输出特性曲线的区域

得多得多,这就是三极管的电流放大作用。

晶体三极管的输出特性曲线分为三个工作区,即截止、饱和、放大。每个区域对应 PN 结的不同偏置状态,各有不同特点,具体说明如下。

(1)放大区:

每条曲线的平直部分所构成的区域,如图 5-37 所示。在放大区,$I_C = \bar{\beta}I_B$,放大区也称线性区,因为 I_C 和 I_B 成正比的关系。三极管工作于放大状态时,发射结正偏,集电结反偏,即对 NPN 型管而言,应使 $V_{BE} > 0$,$V_{BC} < 0$。

(2)截止区:

$I_B = 0$ 的曲线以下的区域称为截止区,如图 5-37 所示。$I_B = 0$ 时,$I_C = I_{CEO}$。在这个区域内的三极管两个 PN 结均处于反向偏置状态,没有电流放大作用。

(3)饱和区:

每条曲线拐点连线左侧的区域。在这个区域内的三极管两个 PN 结均处于正向偏置状态,I_B 的变化对 I_C 的影响较小,两者不成正比。此时的三极管也没有电流放大作用。

五、三极管的主要参数

1. 直流参数

(1)共发射极直流电流放大系数 h_{FE} 或 β 指在没有交流信号输入时,共发射极电路输出的集电极直流电流与基极输入的直流电流之比,即 $h_{FE} = \bar{\beta} = \dfrac{I_C}{I_b}$。它是衡量晶体三极管放大作用的主要参数,通常三极管的 h_{FE} 在几十倍至几百倍之间。

在静态时(无输入信号)集电极电流 I_C(输出电流)与基极电流 I_B(输入电流)的比值称为共发直流电流放大系数,即

$$\bar{\beta} = \frac{I_C}{I_B}$$

(2)共发交流电流放大系数 β

当三极管有输入信号时,基极电流的变化量为 $\triangle I_B$,它引起集电极电流的变化量为 $\triangle I_C$,$\triangle I_C$ 与 $\triangle I_B$ 的比值称为交流电流放大系数,即

$$\beta = \frac{\triangle I_C}{\triangle I_B}$$

62

$\bar{\beta}$ 与 β 的定义是不同的,但在输出特性曲线近于平行等距并且 I_{CEO} 较小的情况下,两者数值较接近,今后在估算时,常用 $\bar{\beta} = \beta$ 这个近似关系。

由于三极管的输出特性曲线是非线性的,只有在特性曲线近于水平部位,I_C 随 I_B 成正比变化,β 值才可认为是基本恒定的。由于制造工艺的分散性,即使同一型号的三极管,β 值也有很大差别。

2. 反向饱和电流

(1) I_{CEO}(集一基极反向饱和电流)

三极管射极开路集电结反偏时,从集电极到基极的电流,如图 5-38(a)所示。I_{CEO} 受温度的影响大,在室温下,小功率的锗管约为几微安到几十微安,硅管在 $1\mu A$ 以下。I_{CBO} 越小越好。

(2) I_{CEO}

三极管基极开路集电极与射极之间加上规定电压时,从集电极到发射极之间的电流,如图 5-38(b)所示,该电流与 I_{CBO} 的关系用下式表示:

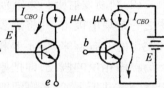

(a) I_{CBO} (b) I_{CEO}

图 5-38 反向饱和电流

$$I_{CBO} = (1 + \bar{\beta})I_{CBO}$$

I_{CEO} 值虽然不大,但它对温度敏感,因为它的值比 I_{CBO} 大几十倍,所以它是衡量三极管温度特性的最重要的参数,该值越小管子的温度特性越好。I_{CEO} 又称为穿透电流。

3. 集电极最大允许电流 I_{CM}

集电极电流 I_C 越过一定值时,三极管的 β 值要下降。当 β 值下降到正常数值的三分之二时的集电极电流,称为集电极最大允许电流 I_{CM},因此,在使用三极管时,I_C 越过 I_{CM} 并不一定会使三极管损坏,但以降低 β 值为代价。

4. 反向击穿电压 V_{CEO}

V_{CEO} 是三极管基极开路时集电极与发射极之间允许加的最大电压。当 $V_{CE} > V_{CEO}$ 时,I_{CEO} 突然大幅度上升,说明三极管 c、e 之间已被击穿。

5. 集电极最大允许耗散功率 P_{CM}

三极管集电极消耗的功率 P_C 等于 C、E 间电压与集电极电流之积,即:$P_C = V_{CE}I_C$ 集电结消耗功率会使 PN 结发热,过高的温度会造成 PN 结的热击穿,所以 P_C 不能太大,P_{CM} 即是它的界限,它是根据 PN 结的允许结温确定的。PN 结等损耗曲线上的任何一点其对应的 I_C 与 V_{CE} 的乘积都等于 P_{CM},故称其为等损耗线,线的左下侧为安全工作区,右上侧为过损耗区,是不安全区,三极管工作不允许进入这个区。

晶体三极管的简易测试方法

要想知道三极管的质量好坏,并定量分析其参数,需要专用仪器进行测量,如使用 $QT2$ 型晶体管特性图示仪。当没有专门测试仪器时,用万用表对晶体管进行简易测试是最方便的。

1. 管型和管脚的识别

晶体管的管型与管脚的识别是分不开的。管型一般在管壳上已标明。若标记模糊或无标记,可先判断出管脚,再判断管型。判断管脚可通过下列几种方法来判别:一种是看管脚排列,如图 5-39 所标示。另一种是比较规范的判别方法,即用万用表来判断,同时也判断出管型。

(1)判断基极:由于 NPN 型管子基极到发射极和基极到集电极均为 PN 结的正向,而 PNP 型管子基极到发射极和基极到集电极均为 PN 结的反向。因为万用表电阻档黑表笔与表内电源正极相连,所以我们在鉴别时,若以万用表($R \times 100$ 或 $R \times 1k$ 的电阻档)黑表笔接触某一管脚,用红表笔分别接触另两个管脚,如表头读数都很小,(约几千欧),则与黑表笔接触的那一管脚是基极,同时可知此管的管型为 NPN 型。若用红表笔接触某一管脚,而用黑表笔分别接触另两个管脚,表头读数同样都很小(约几百欧)时,则与红表笔接触的那一管脚是基极,同时可知此管的管型 PNP 型。用上述方法就可以判定晶体管的基极及其管的类型。图 5-41 为某一型三极管的正反向电阻值。

(2)判断发射极与集电极:现以 NPN 型管为例。确定基极后,假设剩下的两只脚其中之一是集电极 C,并将黑表笔接到此脚上,红表笔接到另一脚上,用手指把假设的 C 和测出的 B 捏起来(但不要相碰),如图 5-40 所示。并记下 C、E 脚之间的阻值的读数。然后再做相反的假设,即把原假设为 C 的脚设为 E,原设为 E 的脚假设为 C,作同样的上述测试并记下 C、E 脚间的阻值。比较这两次读数的大小,阻值较小的那次假设是对的,也就是说那次测试中黑表笔接的一只脚就是集电极 C,剩下的一只脚便是发射极 e 了。这样 E、B、C 极就全部判别清楚了。

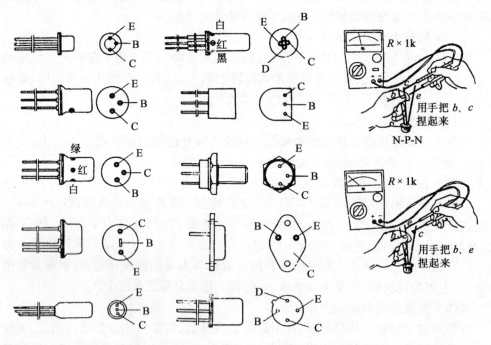

图 5-39　晶体三极管管脚排列　　　图 5-40　用万用表判断 e、c 的方法

若需要判别的是 PNP 型管,仍用上述方法,但必须把万用表的表笔极性对调一下,即将红表笔接在假设的 C 极上。

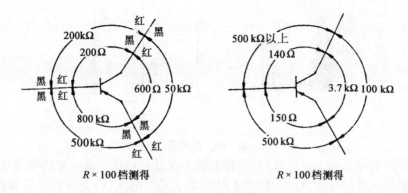

R × 100 档测得   R × 100 档测得

图 5-41　晶体管正反向电阻值

三极管的外形图,如图 5-42 所示。

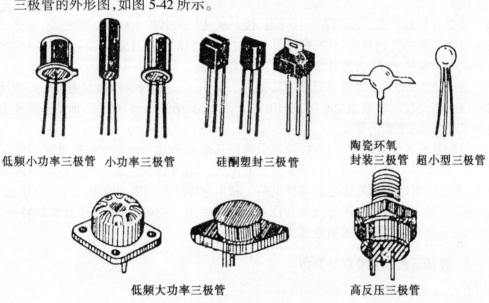

低频小功率三极管　小功率三极管　　硅酮塑封三极管　　　　陶瓷环氧封装三极管　超小型三极管

低频大功率三极管　　　　　　　高反压三极管

图 5-42　常见晶体三极管的外形

第六节　晶闸管

晶闸管是在硅二极管基础上发展起来的一种大功率半导体器件。晶闸管是晶闸管整流器的简称,它又称"晶体闸流管",简称"晶闸管"。

一、晶闸管的结构与工作原理

晶闸管是由三个 PN 结四层结构硅芯片和三个电极组成的半导体器件。图 5-43 是它的外形、图形符号和结构。

晶闸管的三个电极分别叫阳极(A)、阴极(C)和控制极(G)。当器件的阳极接负电位(相对于阴极而言)时,从符号图上可以看出 PN 结处于反向,具有类似二极管的反向

65

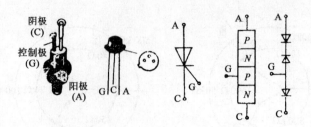

图 5-43 晶闸管

特性。当器件的阳极加上正电位时(若控制极不接任何电压),在一定的电压范围内,器件仍处于阻抗很高的关闭状态。但当正电压大于某个电压(称为转折电压)时,器件迅速转变到低阻导通状态。加在晶闸管阳极和阴极间的电压低于转折电压时,器件处于关闭状态。此时,如果在控制极上加有适当大小的正电压(对阴极),则晶闸管可迅速被激发而变为导通状态。晶闸管一旦导通,控制极便失去其控制作用。就是说,导通后撤去栅极电压晶闸管仍导通,只有使器件中的电流减到低于某个数值或阴极与阳极之间电压减小到零或负值时,器件才可恢复到关闭状态。

通过上述分析,晶闸管导通必须具备两个条件:一是晶闸管阳极与阴极间必须接正向电压。二是控制极电路也要接正向电压。另外,晶闸管一旦导通后,即便降低或去掉控制极电压,晶闸管仍导通。

晶闸管的重要特点是:只要控制极中通以几毫安至几十毫安的电流就可以触发器件导通,而器件中可以通过大到千安以上的电流。晶闸管相当于一个可控的单向导电开关,它能以弱电去控制强电的各种电路。利用这种特性可用于整流、开关、变频、交直流变换、电机调速、调温、调光及其它自动控制电路中。同时,晶闸管还有控制特性好、反应快、寿命长、体积小、重量轻等优点。

二、晶闸管的主要参数及类型

(一)主要参数

1. 正向阻断峰值电压

指在控制极断路和晶闸管正向阻断的条件下,可以重复加在晶闸管两端的正向电压的峰值。此电压规定为正向转折电压的 80%,我们经常说的多少伏晶闸管就指此参数而言。

2. 反向阻断峰值电压

指在控制极断路时,可以重复加在晶闸管器件上的反向峰值电压。此电压规定为反向击穿电压值的 80%。

3. 额定正向平均电流

在环境温度为 40℃时,在标准散热条件下,器件导通可连续通过 50Hz 正弦半波电流的平均值,称为额定正向平均电流。

4. 正向平均压降

在规定的条件下,器件通以额定正向平均电流时,在阳极与阴极之间电压降的平均值。

5. 维持电流

在控制极断路时,维持器件继续导通的最小正向电流。

6. 控制极触发电流

阳极与阴极之间加直流 6V 电压时,使晶闸管完全导通所必须的最小控制极直流电流。

7. 控制极触发电压

从阻断转变为导通状态时控制极上所加的最小直流电压。

我国目前生产的晶闸管型号有 3CT 系列和 KP 系列两种。表 5-9 为几种 3CT 系列晶闸管参数。

(二)晶闸管类型

根据结构及用途的不同,晶闸管已有很多不同的类型,除上述介绍的整流用普通晶闸管之外还有:

(1)快速晶闸管。这种晶闸管可以工作在较高的频率下,用于大功率直流开关、电脉冲加工电源、激光电源和雷达调制器等电路中。

(2)双向晶闸管。它的特点是可以使用正的或负的控制极脉冲,控制两个方向电流的导通。它主要用于交流控制电路,如温度控制、灯光调节及直流电机调速和换向电路等。

(3)逆导晶闸管。主要用于直流供电车辆(如无轨电车)的调速。

(4)可关断晶闸管。这是一种新型晶闸管,它利用正的控制极脉冲可触发导通,而用负的控制极脉冲可以关断阳极电流,恢复阻断状态。利用这种特性可以做成无触点开关或用于直流调压、电视机中行扫描电路及高压脉冲发生器电路等。

表 5-10　几种 3CT 系列晶闸管参数

型号 参数	3CT1	3CT3	3CT5	3CT10	3CT20
额定正向平均电流(A)	1	3	5	10	20
正向阻断峰值电压(V)	30～3000	30～3000	30～3000	30～3000	30～3000
反向阻断峰值电压(V)	30～3000	30～3000	30～3000	30～3000	30～3000
维持电流(mA)	20	40	40	60	60
控制极触发电压(V)	2.5	3.5	3.5	3.5	3.5
控制极电流(mA)	20	50	50	70	70
控制极最大允许 正向电压(V)	10	10	10	10	10

三、用万用表测试晶闸管

1. 判断晶闸管的电极

对晶闸管的电极有的可从外形封装加以判别,一般阳极为外壳,阴极线比控制极引线长,如图 5-44 所示。从外形上无法判别的晶闸管,可用万用表进行判别。将万用表拨至 $R \times 1k$ 或 $R \times 100$ 档,分别测量各脚间的正反向电阻,如测得某两脚间的电阻较大(约几十千欧),再将两表笔对调,重测这两个脚之间的电阻,如阻值较小(大约几百欧),

这时黑表笔所接的脚为控制极 G,红表笔所接脚为阴极 C,当然剩余的一个脚就为阳极 A。在测量中如出现正反向阻值都很大,则应更换脚位重新测量,直至出现上述情况为止。

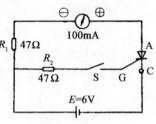

图 5-44　用万用表试验
晶闸管的导通性能

2.晶闸管质量好坏的判断

对于一个良好的晶闸管应包括以下内容:①三个 PN 结均是良好的;②晶闸管阳极与阴极间加反向电压时能够阻断,不导通;③晶闸管在控制极开路时,阳极与阴极间的电压正向加上也不导通;④若给控制极加正向电流,给阳、阴极间加正向电压,晶闸管应当导通,且撤去控制极电流后仍能维持导通。

对于前三项可以通过测量极间电阻的方法判别,后一条要进行导通试验。

(1)测极间电阻。用万用表电阻档测阳极与控制极之间、阳极与阴极之间的电阻。注意,宜用万用表电阻最高档,阻值均应很高。如阻值很小,并用低阻档再量阻值仍较小,表明晶闸管已被击穿,阳极和阴极之间的正向电阻值(即黑表笔接阳极,红表笔接阴极时的阻值),反应晶闸管正向阻断特性,阻值愈大,表明正向漏电流愈小。阳极与阴极之间的反向阻值反应晶闸管的反向阻断特性,阻值愈大,表示反向漏电流愈小。

测控制极与阴极之间的电阻。$R×10$ 或 $R×100$ 档测量为宜。如果控制极接黑表笔,阴极接红表笔时,此正向电阻极大,接近∞处,表示控制极与阴极之间已经烧毁。至于反向电阻应很大,不过有些管子控制极与阴极之间的反向电阻并不太高,这也是正常的。

(2)导通试验。晶闸管是否具有可控特性,仅通过电阻的测量是看不出来的,应通过下面的实验电路加以判断。按图 5-44 所示电路接好,其中利用万用表的直流电流档(100mA 档或更大些电流档),并且外加 6V 直流电源。先将开关 S 断开,此时电流表指示应很小(正向阻断),当 S 闭合时,电流应有 100mA 左右。电流若很小,表明管子正向压降太大或已损坏。再断开 S,电表指示应仍为 100mA 左右,基本上无变化。切断 6V 电源再一次重复上述试验过程,如一切同前,表示管子导通性能是良好的。如打开开关 S 后,表针指示降为零,说明晶闸管没有维持导通的功能。在没有万用表时,用 6.3V 小灯泡代替电表也可以,导通时,灯泡亮。

第七节　场效应管

场效应管是一种具有 PN 结的新型半导体器件。它利用电场的效应来控制电流,故被命名为场效应管。它与普通晶体管相比,具有输入阻抗高、噪声系数小、热稳定性好、动态范围大、抗辐射能力强等优点,因此在各种放大电路和数字电路中得到广泛的应用,尤其用场效应管做整个电子设备的输入级,可以获得一般晶体管很难达到的性能。

一、结型场效应管的结构及符号

与普通结型晶体管一样,结型场效应管的基本结构也是 PN 结。图 5-45 是 N 型沟道结型场效应管的结构示意图。

结型场效应管的英文缩写为 $JFET$。两种管子的符号有所不同。如图 5-46 所示。

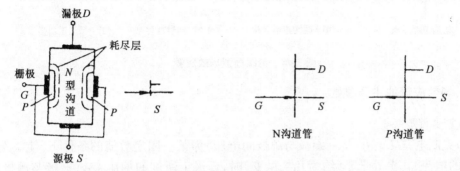

图 5-45　N 型沟道结型场效应管结构示意图　　图 5-46　结型场效应管符号

它是在一块低掺杂的 N 型区两边扩散两个高掺杂的 P 型区,形成了两个 PN 结。一般情况下 N 区比较薄。N 区两端的两个电极分别叫做漏极(用字母 D 表示)和源极(用字母 S 表示),P^+ 区引出的电极叫做栅极(用字母 G 表示)。此示意图因是两个 P^+ 区夹着一个薄的 N 区形成的结型场效应晶体管,故称为 N 沟道结型场效应管。同样用两个 N^+ 区夹着一个薄的 P 区就形成 P 沟道结型场效应晶体管。注意正常工作时电压对于 N 型和 P 型两种管子正好相反。

为了便于记忆,我们可以把场效应管三个电极与普通晶体三极管作一个类比:栅极 G 相当于基极,源极 S 相当于发射极,漏极 D 相当于集电极。

二、绝缘栅型场效应管结构和分类

绝缘栅型场效应管又称金属(M)——氧化物(O)——半导体(S)场效应管,简称 MOS 管。MOS 管因其工艺简单,输入阻抗更高,又便于集成化,而引起人们的极大注意。

图 5-47 为绝缘栅型场效应管结构示意图。它是在一块低掺杂的 P 型硅片上,通过扩散工艺形成两个相距很近的、高掺杂的 N 型区,分别作为源极 S 和漏极 D。在两个 N 型区之间硅片表面上有一层很薄的二氧化硅(SiO_2)绝缘层,使两个 N 型区隔绝起来,在绝缘层上面蒸发一个金属极为栅极 G,因为栅极和其它电极及硅片

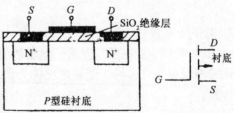

图 5-47　绝缘栅型场效应管结构示意图

之间是绝缘的,故输入电流几乎为零,输入阻抗高,一般 $10^{12}\Omega$ 以上。

绝缘栅场效应管可分四类,如图 5-48 所示。

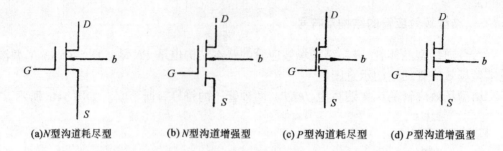

(a)N型沟道耗尽型　　(b)N型沟道增强型　　(c)P型沟道耗尽型　　(d)P型沟道增强型

图 5-48　绝缘栅型场效应管

三、场效应管的主要参数

1. 主要直流参数

(1)夹断电压 U_P：在 U_{DS}(漏极与源极间电压)为某一固定数值的条件下,使 I_D(流过漏极的电流)几乎等于零(约为几个微安)时,栅极上所加的偏压 U_{GS}(栅极与源极间电压)就是夹断电压 U_P。此参数适用于结型场效应管和耗尽型绝缘栅管。

(2)开启电压 U_T：在 U_{DS} 为某一固定值时,使 S、D 之间开始形成沟道,把漏极和源极连通起来的最小的 U_{GS} 就是 U_T。它适用于增强型绝缘栅管。

(3)饱和电流 I_{DSS}：在 $U_{GS}=0$ 的条件下,漏源之间所加电压大于夹断电压时的沟道电流称为 I_{DSS},它适用于耗尽型管。

(4)直流输入电阻 R_{GS}：它是栅源之间所加电压与其通过的栅极电流之比。

(5)漏源击穿电压 BU_{DS}：在增大漏源电压过程中,使 I_D 开始剧增的 U_{DS} 称为漏源击穿电压,以 BU_{DS} 表示。

(6)栅源击穿电压 BU_{GS}：对结型管来说,反向饱和电压开始剧增时的栅源电压 U_{GS} 即为栅源击穿电压。对于绝缘栅管,它是使二氧化硅绝缘层击穿的电压。一旦绝缘层击穿将造成管子损坏。

(7)最大漏极耗散功率 P_{DSM}：耗散功率等于漏源电压与漏极电流的乘积。这些耗散在管子中的功率将变成热能,使管子的温度升高,为了确保温升不超过允许值,就要求它的实际耗散功率始终不能超过 P_{DSM},显然 P_{DSM} 取决于管子的最高工作温度的高低。

2. 主要交流参数

(1)低频跨导 g_m：在 U_{DS} 为某一固定数值的条件下,漏极电流 I_D 的微变量和引起这个变化的栅源电压 U_{GS} 的微变量之比称为低频跨导 g_m。它是衡量场效应管放大能力的重要参数。

(2)输出电阻 r_d：是指 U_{DS} 的变化量与 I_D 变化量之比在饱和区,I_D 基本上不随 U_{DS} 而变,故 r_d 的值很大,一般在几十千欧到几百千欧之间。

(3)低频噪声系数：是指在低频范围内,测出的噪声系数。场效应管的低频噪声系数约为几分贝,比晶体三极管要小很多。这是场效应管又一重要特性。表 5-11 给出了常用的场效应管参数值表,在使用时参考。

表 5-11 常用场效应管主要参数

参数名称	符号	单位	N 沟道结型场效应晶体管			MOS 场效应晶体管		
			3DJ6	4DJ8	3DJ2 双栅	3D01	3D04	3C01
饱和漏电流	I_{DSS}	mA	分七档 0.3~40	分六档 1~60	分六档 1~50	分六档 0.08~15	分六档 0.08~15	≤1000
夹断电压	U_P	V	<|-9|	<|-9|	<|-9|	<|-9|	<|-9|	-2~-8
栅源直流绝缘电阻	R_{GS}	Ω	≥10^8	≥10^8	≥10^8	≥10^9	10^9	10^9
跨　　导	gm	μs	≥1000	≥6000	≥5000~10000	≥1000	≥2000	≥1000
栅源电容	C_{GS}	pF	≤5	≤6	≤5	≤5	≤2.5	
栅漏电容	C_{GD}	pF	≤2	≤3	≤1.5	≤1.5	≤0.9	
低频噪声	N_{FL}	dB	≤5	≤5	≤6	≤5	≤5	≤5
共源中和高频功率增益	K_{PS}	dB	≥10	≥10	≥12	≥10	≤10	
最大漏源电压	$U_{(BR)DS}$	V	20	20	20	20	20	-15
最大栅源电压	$U_{(BR)GS}$	V	-20	-20	-20	50	30	-20
最大耗散功率	P_{DM}	mW	100	100	150	100	100	100
最大漏源电流	I_{DSM}	mA	15	15	25	15	15	15
贮藏温度	T_S	℃	-55~125	-55~125	-55~125	-55~125	-55~125	-55~125

四、结型场效应管的判断

1. 结型场效应管栅极的判断

用万用表 $R \times 1k$ 档,将黑表笔接触管子的一极,用红表笔分别接触另外两个电极,若两次测得的阻值都很小,则黑表笔所接的电极就是栅极,而且是 N 型沟道场效应管。如果用红表笔接触一个电极,用黑表笔分别去接触另外两个电极,如测得的阻值两次都很小,则红表笔所接触的就是栅极,而且是 P 沟道场效应管。在测量中如出现两阻值相差太大,可更换电极重测,直至出现两阻值都很小或都很大时为止。

2. 结型场效应管好坏的判断

用万用表的 $R \times 1k$ 档,测 P 型沟道管时,将红表笔接源极 S 或漏极 D,黑表笔接栅极 G 时,测得的电阻应很大,交换表笔重测,阻值应很小,表明管子基本上是好的。如测得的结果与其不符,说明管子不好。当栅极与源极间、栅极与漏极间均无反向电阻时,表明管子是坏的。或者将红、黑表笔分别接触源极 S、漏极 D,然后用手碰触栅极,表针偏转较大,说明管子是好的,如果表针不动说明管子是坏的或性能不良。

五、场效应管的应用与选用

场效应晶体管具有许多突出的优点,在家用电器中得到广泛应用。首先,它具有极高的输入阻抗($10^7 \sim 10^{12}Ω$ 之间)因而接入电路中几乎没有栅极电流,其输入回路几乎不消耗功率,可以做成高灵敏度的前置放大极,也便于组成直接耦合放大极。其次,场效应管具有多种类型,电源电压可正可负,增大了电路应用的灵活性,用场效应管还可以组成振荡器、混频器等电路。特别是双栅管在振荡混频电路中更具有优越性,不少收录机中采用它作为收音机的振荡混频级,大大提高机器性能。

在选用场效应管时应注意以下几个问题:

(1)由于 MOS 场效应管的输入电阻非常高,易因感应电压过高而击穿,在焊接时,不论是将管子焊到电路上,还是从电路上取下来,应先将各极短路,并先焊漏、源极,最后再焊栅极。为防止电烙铁的微小漏电而损坏管子,还要注意电烙铁地线的连接,或采取断开电源利用烙铁余热进行焊接的办法防漏电。

(2)不能用万用表测 MOS 管的各级。贮存时应将三个电极短路,并放在屏蔽的金属盒内。

(3)结型场效应管,因为不是利用电荷感应的原理工作,所以不致于形成感应击穿的现象,但应注意栅源之间的电压极性不能接反,否则容易烧坏管子。

(4)由于场效应的源极、漏极是对称的,互换使用不影响效果,因此除栅极以外的两极可任意规定源极和漏极。

(5)更换管子时,应选用与该管主要技术参数相同或相近的管子加以代换。

第八节　运算放大器

运算放大器是集成电路中的一种类型,简称"集成运放"。

一、集成运放的分类

集成运放实际上是一个高增益的多级直耦放大器,由于早期主要用于数学运算,故称运算放大器。但是随着集成电路工艺技术水平的不断发展和提高,它的应用已遍及电子技术的一切领域,如信号的产生、放大、变换、处理、测量及稳压,功率放大等等方面。由于线性集成电路首先用作运算放大器,所以习惯上仍称线性集成电路为集成运算放大器。集成运放按其指标、特点和应用范围,可分为通用型和特殊型两大类。通用型又可分为低增益(Ⅰ型)、中增益(Ⅱ型)、高增益(Ⅲ型)。特殊型又有高阻抗、高速、高压、低功耗、大功率、低漂移型之分。

二、集成电路结构上的特点

1. 组件中多元件是在同一硅片上通过相同的工艺过程制造出来的,元件的对称性好,温度均一性好,易制成好的差放电路。

2. 组件中的电阻元件是由硅材料的体电阻构成,阻值不超过 $20k\Omega$,否则占用硅片面积大,需用高电阻时,多采用外接电阻或用晶体管来代替。

3. 集成电路不适于制造大电容及电感器,因此采用直接耦合。

4. 组件中使用的二极管多用作温度补偿元件或电位移动电路,它们大多数是将三极管的 B、C 短接和发射极构成二极管。

三、集成运放的组成及符号

集成运放的电路可分为输入级,中间级,输出级和偏置电路四个基本组成部分,方框图如图 5-49 所示。

图 5-49　运算放大器的方框图

　　输入级是提高运放质量的关键部分,要求其输入电阻高,能减小零点漂移和抑制干扰信号,输入级都采用差动放大电路。

　　中间级主要进行电压放大,要求它的电压放大倍数高,一般由共发射极放大电路构成。

　　输出级与负载相接,要求其输出电阻低,带负载能力强,能输出足够大的电压和电流,一般由互补对称电路或射极输出器构成。

　　偏置电路的作用是为上述各级电路提供稳定和合适的偏置电路,决定各级的静态工作点,一般由各种恒流源电路构成。

　　在应用中只需要知道它的几个脚的用途以及放大器的主要参数就行了。

　　集成运放可用图 5-50 所示符号来表示,它有一个输出端,两个输入端。一个输入端叫"反相端"(记为 –),它的输出信号与该端所加信号极性相反,另一个输入端叫"同相端"(记为 +),它的输出信号与该端所加信号极性相同,图 5-51 给出了集成运放 F007 (5G24)的外形,管脚和符号图。它的外形是园壳式,和普通的晶体管相似,它需要与外电路相接的是通过 7 个管脚引出的,各管脚的用途如下:

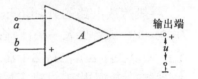

图 5-50　运算放大器电路的符号

a. 反相输入端;b. 同相输入端

　　2 为反相输入端,则输出信号与输入信号是反相的。

　　3 为同相输入端。则输出信号与输入信号是同相的。

　　4 为负电源端,接 – 15V 电源。

　　7 为正电源端,接 + 15V 电源。

　　6 为输出端。

　　1 和 5 为外接调零电位器(一般为 10kΩ)的两个端子。

　　8 为空脚。

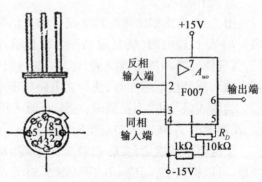

图 5-51　F007 集成运算放大器的外形、管脚和符号图

四、理想运算放大器及其两条重要法则

1. 理想运算放大器

图 5-52 是运放在低频时的等效电路,其中 r_i 和 r_0 分别表示其输入电阻和输出电

阻,一个理想的运放,应具备下列条件:

开环电压放大倍数:$A = \infty$

输入电阻:$r_i = \infty$

输出电阻:$r_0 = 0$

共模抑制比:$CMRR = \infty$

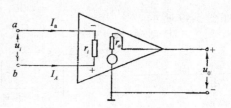

图 5-52　理想运算放大电路等效电路和

2. 两条重要法则

(1)根据上述理想化条件,可以认为运算放大器工作在线性区,其输出电压 U_0 是有限值,而开环电压放大倍数 $A = \infty$,则 $U_i = \dfrac{U_0}{A} = 0$　　即 $U_a = U_b$,输入端 a、b 间电压为零。

(2)输入电流等于零

理想运放电路的输入电阻 $r_i = \infty$,这样 a、b 两端均没有电流流入运放电路内部,即 $I_a = I_b = 0$

一般运放电路的开环电压放大倍数 A 为 $10^4 \sim 10^6$,或者更大一些,而输出电压是有

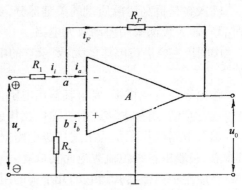

图 5-53　反相比例放大电路

限值,所以实际运放电路两个输入端 a、b 之间电压很小,可近似为零。因此,在集成运放电路的分析应用中,可将实际运放电路按理想运放电路来处理。

五、运算放大器的基本运算功能

(一)比例运算

1. 反相输入

图 5-53 是反相比例运算电路。输入信号从反相输入端与地之间加到运算放大器内。R_F 是反馈电阻,接在输出端与反相输入端之间,将输出电压 U_0 反馈到反相输入端,实现负反馈。R_1 是输入电阻,R_2 是补偿电阻(也叫输入平衡电阻),它的作用是使两个输入端外接电阻相等,使放大电路处于平衡状态。为此,$R_2 = R_1 /\!/ R_F$。

当输入信号 U_i 为正值时,电流 i_1 流入反相输入端,由于 U_0 与 U_i 反相,则 U_1 为负值,反馈电流 I_F 从输入端流至输出端。$\because i_a \approx i_b \approx 0$,可以得到 $i_1 \approx i_F$。

根据第一条结论,实际运算放大电路的输入电压近似为零,又因为同相输入端 b 接地,可以得到 $U_a \approx U_b \approx 0$,再从图 5-53 看出

$$i_1 = \frac{U_i - U_0}{R_1} \approx \frac{U_i - 0}{R_1} = \frac{U_i}{R_1}$$

$$i_F = \frac{U_a - U_0}{R_F} \approx \frac{0 - U_0}{R_F} = -\frac{U_0}{R_F}$$

所以

$$\frac{U_i}{R_1} \approx -\frac{U_0}{R_F}$$

则电压放大倍数为

$$A_f = \frac{U_0}{U_i} \approx \frac{R_F}{R_1}$$

由上式可知,输出电压 U_0 与输入电压 U_i 成比例关系,负号表示相位相反。只要运放电路的开环电压放大倍数 A 足够大,那么闭环放大倍数 A_f 就与运放电路的参数无关,只决定于电阻 R_F 与 R_i 的比值。

实际上运放电路的 a 点的电位不等于零,但很接近零值,可以看成是接地,由于不是真正接地,所以在反相比例电路中称 a 点为"虚地"。反相端为虚地现象是反相输入运放电路的重要特点,但不能将反相端看成与地短路。

例 1 在图 5-54 所示的电路中,如果 $R_1 = 1 k\Omega$, $R_F = 25 k\Omega$, $U_i = 0.2 V$,求: A_f、U_0 及 R_2 的值。

解:

$$A_f = -\frac{R_F}{R_1} = -\frac{25}{1} = -25$$

$$U_0 = A_f \cdot U_i = -25 \times 0.2 = -5V$$

补偿电阻为 R_1 与 R_F 的并联值,即

$$R_2 = \frac{R_1 \cdot R_F}{R_1 + R_F} = 0.96k\Omega$$

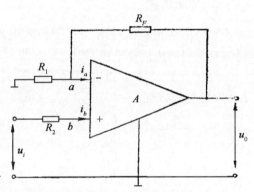

2. 同相输入

同相比例放大电路如图 5-54 所示。信号由同相输入端加入, R_F、R_2 与反相比例放大电路中的联接及作用相同。

图 5-54 同相比例放大电路和

根据理想运放电路的两个结论, $U_a \approx U_b$, $i_a \approx i_b \approx 0$;加上信号 U_i 后, R_2 上几乎无电流,因此 $U_b = U_i$,则 $U_a \approx U_b \approx U_i$。

将 U_0 分压可得 a 点对地电位为: $U_a = \frac{R_1}{R_1 + R_T} U_0$

可得

$$U_i \approx U_a = \frac{R_1}{R_1 + R_F} U_0$$

由此可得到

$$U_0 = \frac{R_1 + R_F}{R_1} U_i$$

$$A_f = \frac{U_0}{U_i} = 1 + \frac{R_T}{R_1} \cdots\cdots$$

上式表明,输出电压与输入电压成正比,而且相位相同。在开环电压放大倍数足够大时,闭环电压放大倍数决定于外电阻 R_1、R_F,与运放电路参数无关。

例 2 在图 5-55 所示电路中, $E = 9V$, $R_F = 3.3 k\Omega$, $R_2 = 5 k\Omega$, $R_3 = 10 k\Omega$,求输出电压 U_0 的值。

解: 输入电压 U_i 为:

$$U_i = \frac{R_2}{R_2 + R_3} E = \frac{5}{10 + 5} \times 9 = 3V$$

由于 $R_1 = \infty$，则 U_0 为

$$U_0 = (1 + \frac{R_F}{R_1})U_i = (1 + \frac{3.3}{\infty}) \times 3 = 3V$$

例题结果说明，输出电压与输入电压大小相等，相位相同。因为是同相输入，是有电压串联负反馈电路的特点，输出电压随输入电压变化，所以运放电路工作状态与射极输出器相当，不但是有很高的输入电阻和很低的输出电阻，而且性能优良，在实际电路中应用广泛。

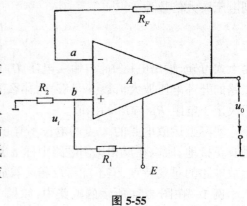

图 5-55

二、加法运算

如果在反相输入端增加若干输入电路，则构成反相加法运算电路，如图 5-56 所示。

当 A 足够大时，a 点电位近似为零，$i_a \approx i_b \approx 0$，可列出方程：

① $i_1 = \dfrac{U_{i1} - U_a}{R_1} = \dfrac{U_{i1}}{R_1}$

② $i_2 = \dfrac{U_{i2} - U_a}{R_2} = \dfrac{U_{i2}}{R_2}$

③ $i_3 = \dfrac{U_{i3} - U_a}{R_3} = \dfrac{U_{i3}}{R_3}$

④ $i_f = i_{i1} + i_{i2} + i_{i3}$

⑤ $i_f = -\dfrac{U_0}{R_F}$

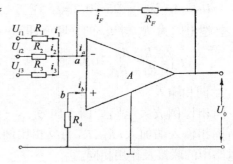

图 5-56　加法运算电路

将①②③⑤代入④式

可得 $\left(\dfrac{U_{i1}}{R_1} + \dfrac{U_{i2}}{R_2} + \dfrac{U_{i3}}{R_3} \right) \approx -\dfrac{U_0}{R_F}$

解出 U_0 为 $\qquad U_0 = -\left(\dfrac{R_F}{R_1}U_{i1} + \dfrac{R_F}{R_2}U_{i2} + \dfrac{R_F}{R_3}U_{i3} \right) \cdots\cdots$

当 $\qquad\qquad\qquad R_1 = R_2 = R_3 = R$，上式为

$$U_0 = -\frac{R_F}{R}(U_{i1} + U_{i2} + U_{i3}) \cdots\cdots$$

输出电压等于各支路输入电压之和与一个系数之积，即输出电压与各支路输入电压之和成正比。比例系数决定于输入电阻 R 和反馈电阻 R_F，它与运放电路的参数无关。

补偿电阻 R_4 的大小为：$R_4 = R_1 /\!/ R_2 /\!/ R_3 /\!/ R_F$

三、减法运算

减法运算电路如图 5-57 所示。它是把输入信号同时加到反相输入端和同相输入

76

端,使反相比例运算和同相比例运算同时进行,集成运放电路的输出电压迭加后,即是减法运算结果。

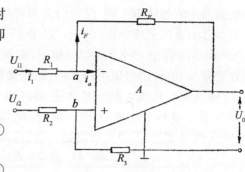

图 5-57 减法运算电路

根据理想运放电路的两个结论:

$$U_a \approx U_b , \quad i_a \approx i_b \approx 0,$$

$$i_1 \approx i_F = \frac{U_{i1} - U_a}{R_1} = \frac{U_a - U_0}{R_F} \qquad ①$$

$$U_b = \frac{R_3}{R_2 + R_3} U_{i2} \qquad ②$$

①式②式联立,解出 U_0 为 $U_0 = U_{i2}$

$$\frac{R_3}{R_2 + R_3} \cdot \frac{R_1 + R_F}{R_1} - U_{i1} \frac{R_F}{R_1}$$

当外电路电阻满足 $R_1 = R_2 , R_3 = R_F$ 时,上式写成

$$U_0 = - (U_{i1} - U_{i2}) \frac{R_F}{R_1} \cdots\cdots \qquad (1-2)$$

输出电压与两个输入电压之差成正比,电路实现了减法运算。

该减法运算电路又叫差动比例运算电路,由式(1-2)可看出,电路输出电压 U_0 是与差动输入信号 $U_{i1} - U_{i2}$ 成比例的。电路的差模放大倍数 $A_d = \dfrac{U_0}{U_{i1} - U_{i2}} = - \dfrac{R_F}{R_1}$。

如果给电路输入共模信号,即 $U_{i1} = U_{i2}$,那么由式(1-2)可得到 $U_0 = 0$,说明电路对共模信号能完全抑制。因此,减法运放电路不仅可用来做减法运算,而且更多地用于放大有较强共模干扰的微弱信号,其用途十分广泛。

第九节 集成电路

随着电子技术的不断发展,电子设备趋向微型化,前面介绍的二极管、三极管、场效应管等又称为分立元件。本节将介绍集成电路,由集成器件组成的电路称为集成电路,集成电路是相对于分立电路而言的,它是把整个电路的各个元件以及相互之间的联接同时制造在一块半导体芯片上,组成一个不可分割的整体。它与由晶体管等分立元件联成的电路比较,体积更小,重量更轻,功耗更低,又由于减少了电路的焊接点而提高了工作的可靠性,且价格也较便宜。所以应用极其广泛,集成电路人们习惯上也称"集成块"或"集成芯片",常用英文字母缩写"IC"表示。

一、集成电路的种类

1. 按制作工艺不同可分为半导体集成电路、膜集成电路、混合集成电路。

半导体集成电路自 60 年代发展以来,是目前应用广泛、品种繁多、发展迅速的一种集成电路。它是利用半导体工艺将一些晶体管、电阻、电容等连在一起制作在半导体或绝缘基片上,形成一个整体电路,从外观上已分不出各种元件和电路的界限。

根据采用的晶体管不同,又可分为双极型和单极型两种。双极型集成电路是由双极型晶体管组成的集成电路,又叫 *TTL* 电路,而单极型集成电路是由 *MOS* 场效应管组成,*MOS* 场效应管是一种单极型晶体管,也就是绝缘栅场效应管(金属—氧化物—半导体场效应管)。单极型集成电路又叫 *MOS* 集成电路,*MOS* 集成电路可分为 *N* 沟道 *MOS* 电路,简称 *NMOS* 集成电路。*P* 沟道 *MOS* 电路,简称 *PMOS* 集成电路。由 *N* 沟道、*P* 沟道 *MOS* 管互补构成的互补 *MOS* 电路,简称 *CMOS* 集成电路。这种电路具有工艺简单,集成度高等优点,因而发展迅速,广泛得到应用。

表 5-12　集成运算放大器型号对照表

类别\型号		部标型号	国　内　各　厂　型　号	国际型号	国外型号
通用型	Ⅰ	F001 F002	4E314、X50、FC1、8FC1、BG301、5G922、FC3I 4E315	CF702	μA702 μPC51 LM702
	Ⅱ	F004 F003 F005 其它	5G23 X51 4E304	CF709	BE809 μA709 μPC55 LM709
	Ⅲ	F006 F007 F009 F008 其它	4E322 5G24 8FC3 F008 SG101 XFG—77　BG303　NG04	CF741	μA741 TA7504 LM741 LM101
特殊型	低功耗型	F010 F011 F012 F013 其它	X54、XFC75、FC54 5G26 FC6、FC13 8FC7、7XC4、XFC—75	CF253	μPC253
	高精度型	F030 F031 F032 F033 F034	4F325 XFC—10 BG312 8FC5 XFC—78	CF725	AD—508 μA725
	高速型	F050 F051 F052 F054 F055 其它	4E502、XFC7—1 F051 X55、7XC5、XFC—76 4E321、FC92、XFC7—2 8FC6、5G27 XFC—76	CF118 CF715	μA722 μA722 LM118 μA715

　　膜集成电路可分为薄膜集成电路和厚膜集成电路两种。在绝缘基片上,由薄膜工艺制成有源器件,无源器件和互连线构成的电路称薄膜集成电路。在陶瓷等绝缘基片上,用厚膜工艺制成厚膜无源网络,然后装接二极管、三极管或半导体集成芯片,构成有一定功能的电路称为厚膜集成电路。它在制作工艺上复杂,成本又高,因此它的应用广

泛受到限制。

混合集成电路是由膜集成电路和半导体集成电路混合制作而成的集成电路。

2. 按集成度不同,可分为小规模,中规模,大规模集成电路及超大规模集成电路。

小规模集成电路是指每片上集成度少于 100 个器件的集成电路,用字母 SSI 表示。中规模集成电路,每芯片上集成度在 100 ~ 1000 个元器件之间的电路,用字母 MSI 表示。大规模集成电路,一般每一芯片上集成度在 1000 个至数万个元器件的电路,用字母 LSI 表示。超大规模集成电路每片上集成度达到 10 万个元器件以上的电路,目前已达到亿级集成度,用字母 ULSI 表示。

3. 按功能可分为数字集成电路、模拟集成电路、微波集成电路三大类。

数字集成电路是以"通"和"断"两种状态,或以高、低电平来对应"1"和"0"两个二进制数字,并进行数字的运算和存储,传输及转换的电路。数字电路的基本形式有两种:门电路和触发电路。将这两种电路结合起来,可构成各种类型的数字电路,它的特点是电路形式单一而数量大,在计算机及逻辑电路中大量采用。

模拟集成电路是处理模拟信号的电路。它的发展要比数字集成电路晚些。它按功能可以分为线性集成电路,非线性集成电路和功率集成电路三大类。线性集成电路有运算放大器,直流放大器,音频电压放大器,中频及高频放大器,稳压电源等。非线性集成电路有电压比较器、变频器、信号发生器等。功率集成电路有音频功率放大器、射频发射电路、伺服放大器、功率开关等。

微波集成电路是指工作频率在 $1GHz(10^9Hz)$ 以上的微波频段的集成电路。多用于雷达、卫星通讯、导航等领域。

二、集成电路的特点

1. 集成电路的专用性强。

2. 集成电路可靠性高,寿命长且使用方便。

3. 集成电路体积小,重量轻且功能多。

4. 信号电路一般需外接一些元器件才能正常工作,由于在芯片内不宜制作电感线圈、电解电容、可变电阻等元器件,所以必须外接这些元器件。

三、集成电路引脚识别、选用与好坏的判断

1. 集成电路的外封装形式大致可分为三种。即圆型金属外壳封装(晶体管式封装)、扁平型陶瓷或塑料外壳封装、双列直插型陶瓷或塑料封装,如图 5-58 所示。

集成电路引线脚排列顺序的标志,一般有色点、管键、凹槽及封装时压出的圆形标志。

集成电路的引线脚较多,正确识别排列顺序是很关键的,否则轻则电路不能正常工作,重则损坏集成电路,对于扁平型或双列直插型集成块引出脚的识别方法是:将集成电路水平放置,引出脚向下,标志对着自己身体一边,左面靠近身体第一个脚即为第一引线脚,按逆时针方向数,如图 5-59 所示。

对于圆形管坐以管键为参考标志的,以键为准,逆时针数为 1、2、3……对于没有

79

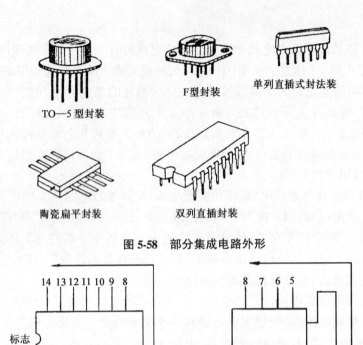

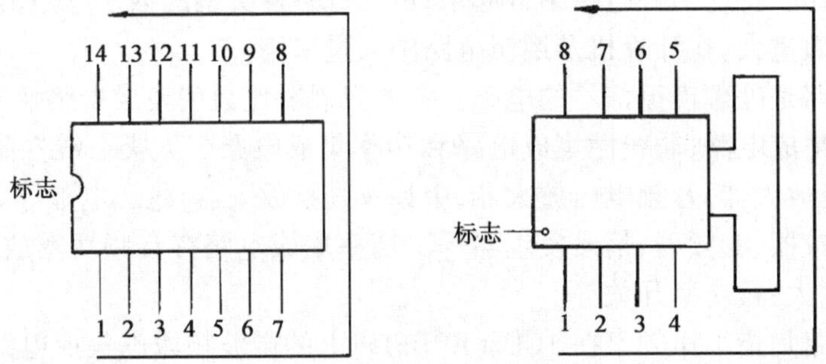

TO—5 型封装
F型封装
单列直插式封法装
陶瓷扁平封装
双列直插封装

图 5-58　部分集成电路外形

14 13 12 11 10 9 8
标志
1 2 3 4 5 6 7
8 7 6 5
标志
1 2 3 4

图 5-59　集成电路引线脚的识别

色点，也没有其它标志的，以印有型号的一面朝上，左下脚即为第一脚，然后按逆时针方向数。

集成电路的封装形式与内部电路结构完全是两回事。换句话说，相同封装的形式，内部电路可能是完全不同的。集成电路的引出端子的连接方法虽有国际标准化的趋势，但目前各集成电路制造厂仍然有自己的体制。所以，集成电路使用或代用时，必须查阅具体的集成电路数据手册或选用型号完全相同的集成块代用。

集成电路内部电路比较复杂，装入整机线路板后，若出现了故障，一般可从三个方面去检查判断。一是用万用表欧姆档测集成电路各脚对地的电阻，然后与标准信号进行比较，从中发现问题。二是用万用表电压档测各脚对地电压，当集成电路供电电压符合规定的情况下，如有不符标准电压值的引线脚，再查其外围元件，若无失效和损坏，则可认为是集成电路的问题。三是用示波器看其波形与标准波形进行比较，从中发现问题。若此三种方法还无法判断集成块的好坏，可用型号完全相同的集成块进行替换试验，这是见效最快的一种办法，但拆焊较麻烦，替换时要注意外围电路不要有短路现象。

四、集成电路的分类

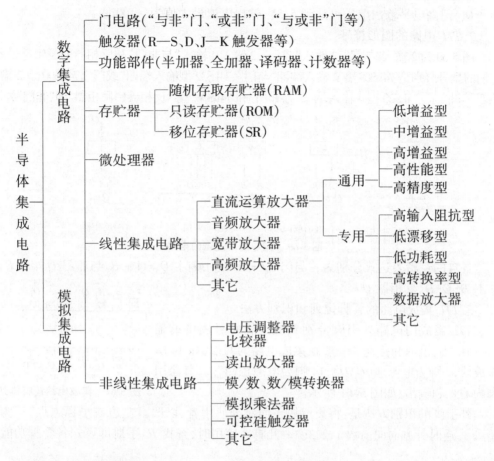

四、*TTL* 集成门电路

集成门电路是最简单,最基本的数字集成元件。任何复杂的组合电路和时序电路都可用门电路通过适当的组合连接而成。数字集成芯片按按基本逻辑功能分,可分成"与"门、"或门"及"非门"电路。按内部电路结构来分,可分成 TTL、PMOS 及 CMOS 等电路,国际上最通用的是 TTL 电路和 CMOS 电路。

TTL 门电路是晶体管—晶体管逻辑门电路,这是最通用的数字逻辑门电路中的一种。TTL 集成电路的最大优点,在于它具有负载能力强,输出幅度较大,工作速度快,抗干扰能力强,种类多不易损坏等,目前国际上通用的标准电路,即 74LS(或 74)系列 TTL 集成电路。

1.74*LS* 系列芯片使用说明

它的工作电源电压为 5V ± 0.5V。

高电平输入电压 ≥ 2.4V。

高电平输出电压在 3.5V 左右。

低电平输入电压 ≤ 0.4V。

低电平输出电压在 0.25 ~ 0.4V 之间。

高电平输出电流最大值为 $-400\mu A$（"$-$"号表示流出本芯片）。

低电平输出电流最大值为 $+8mA$（"$+$"号表示流入芯片）

OC 门高电平输出电压可达到5.5V，输出电流最大值为 $-100\mu A$。

2. TTL 电路的图形符号

图5-60为2输入"与门"、2输入"或门"、2输入4输入"与非门"和反相器的逻辑符号图。它们的型号分别是74LS08型2输入端四"与门"、74LS32型输入端四"或门"、74LS00型2输入端四"与非门"、74LS20型4输入端二"与非门"和74LS04型六反相器（"反相器"即"非门"）。

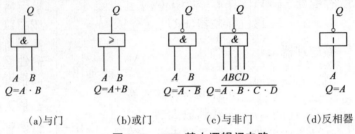

(a)与门　　　(b)或门　　　(c)与非门　　　(d)反相器

图5-60　TTL 基本逻辑门电路

各自的逻辑表达式分别为："与门" $Q = A \cdot B$，"或门" $Q = A + B$，与非门 $Q = \overline{A \cdot B}$，$Q = \overline{A \cdot B \cdot C \cdot D}$，反相器 $Q = \overline{A}$。

3. TTL 集成电路的管脚排列和识别方法

TTL 集成门电路外引脚分别对应逻辑符号图中的输入、输出端，电源和接地端一般在集成电路的两端，如14脚集成块，7脚为电源地（GND），14脚为电源正（V_{CC}），其余引脚为输入和输出，如图5-61所示。

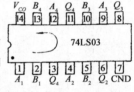

图5-61　集成电路管脚排列

外引脚的识别方法是：将集成块正面对准使用者，以凹口左边或小标志点"·"为起始脚1，逆时针方向向前数1、2、3……几脚。使用时，查找 IC 手册即可知各管脚功能。

五、CMOS 门电路

CMOS 电路是在 MOS 电路的基础上发展起来的一种互补对称场效应管集成电路。它的优点是工作速度快，输出幅度大，功耗极低，扇出能力强，电源范围较宽等。

1. CMOS 集成电路应用时，必须注意以下几个方面：

(1)不用输入端不能悬空。

(2)电源电压使用正确，不得接反。

(3)焊接或测量仪器必须可靠接地。

(4)不得在通电情况下，随意拔插输入接线。

(5)输入信号电平应在 CMOS 标准逻辑电平之内。

2. CMOS 集成门电路逻辑符号，逻辑关系及外引脚排列方法均同 TTL，所不同的是型号和电源电压范围。

选用 CC4000（CD4000）系列的 CMOS 集成电路，电源电压范围为 $+3V \sim +18V$。选用 C000 系列的 CMOS 集成电路，电源电压范围为 $+7V \sim 15V$。

下图5-62为 CD4002 4输入端二或非门集成块的逻辑图，图5-62（b）为接线图。不

82

用的多余输入端应可靠接地。

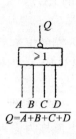

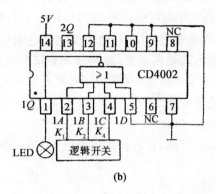

(b)

图 5-62　CMOS 或非门逻辑功能验证接线图

CMOS 集成电路与 TTL 集成电路不同,多余不用的门电路或触发器等,其输入端都必须进行处理,输出一般不需作保护处理。

六、TTL/CMOS 门电路参数

在系统电路设计时,常常要用到一些门电路,而门电路的特性参数的好坏,直接影响整机工作的可靠性。门电路的参数按时间特性分二种:静态参数和动态参数。静态参数指电路处于稳定的逻辑状态下测得的参数;而动态参数则指逻辑状态转换过程中与时间有关的参数。

1. TTL"与非门"的主要参数有:

(1)扇入系数 Ni 和扇出系数 No

能使电路正常工作的输入端数目称为扇入系数 Ni。电路正常工作时,能带动的同型号门的数目称为扇出系数 No。它表示带负载能力,对 TTL"与非门",$No \geqslant 8$。

(2)输出高电平 V_{OH}:一般 $V_{OH} \geqslant 2.4V$。

(3)输出低电平 V_{OL}:一般 $V_{OL} \leqslant 0.4V$

(4)电压传输特性曲线,开门电平 V_{on} 和关门电平 V_{off}:图 5-63 关系曲线称为电压传输特性曲线。使输出电压 V_o 刚刚达到低电平 V_{OL}时的最低输入电压称为开门电平 V_{on},使输出电压 V_o 刚刚达到高电平 V_{on}时的最高输入电压 V_i 称为关门电平 V_{off}。

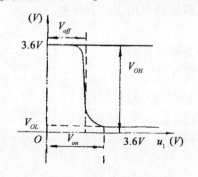

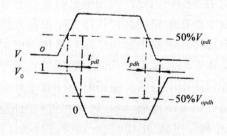

图 5-63　电压传输特性曲线　　　　**图 5-64　平均传输延迟时间**

(5)抗干扰噪声容限电压:电路能够保持正确的逻辑关系所允许的最大干扰电压

值,称为噪声电压容限。其中输入低电平时的噪声容限为$\triangle 0 = V_{off} - V_{iL}$($V_{iL}$是前级的$V_{OL}$),而输入高电平时的噪声容限为$\triangle 1 = V_{iH} - V_{on}$($V_{iH}$就是前级的$V_{OH}$)。

(6)输入高电平电流I_{IH}和输入低电平电流I_{IL}。

当某一输入端接高电平,其余输入端接低电平时,流入该输入端的电流称为输入高电平电流;而当某一输入端接低电平,其余输入端接高电平时,从该输入端流出的电流称为输入低电平电流。

(7)输入短路电流I_{IS}

一个输入端接地,其它输入端悬空时,流过该接地输入端的电流称为输入短路电流I_{IS}。

(8)空载导通功耗P_{on}

指输入全部为高电平,输出为低电平且不带负载时的功率损耗。

(9)空载截止功耗P_{off}

指输入有低电平,输出为高电平且不带负载时的功率损耗。

(10)平均传输延迟时间t_{pd}

如图5-64所示,$t_{pd} = (t_{pdl} + t_{pdh})/2$,它是衡量开关电路速度的重要指标。在输入端加上一个脉冲电压,则输出电压将有一定的时间延迟,从输入脉冲上升沿的50%处起到输出脉冲下降沿的50%处的时间称为上升延迟时间t_{pdl};从输入脉冲下降沿的50%处到输出脉冲上升沿的50%处的时间称为下降延迟的时间t_{pdh}。t_{pdl}与t_{pdh}的平均值称为平均传输延迟时间t_{pd},此值愈小愈好。一般情况下,低速组件t_{pd}为40～160ns,中速组件为15～40ns,高速组件约8～15ns,超高速组件t_{pd}小于8ns。t_{pd}的近似计算方法:$t_{pd} = \dfrac{T}{b}$(T为用三个门电路组成振荡器的周期)。

CMOS电路的参数大体与TTL差不多,详细情况参考CMOS集成电路手册。

习题一

1. 金属材料中钢和铁是怎样区分的?
2. 举例说明橡胶、塑料、电工材料在仪表维修中有何应用?
3. 仪表安装工程中需要哪些钳工、电工、管工工具? 需要的专用工具有哪些?
4. 电笔有哪些用途? 使用电笔时应注意些什么?
5. 电阻器在电路中起何作用? 阻值按允许误差可分为哪三种?
6. 电容器在电路中起何作用? 常用的电容器可分为哪几种?
7. 晶体管型号是由哪几部分组成的? 型号3DG6中各部分的含义是什么?
8. 如何使用电烙铁? 使用时应注意些什么?
9. 用弓锯锯断薄板材料,棒材和管料时应注意哪些问题?
10. 在敷设电线,电缆时,应如何进行绞接连接?
11. 数码显示器有哪几种? 各有何特点?
12. 什么是集成电路? 使用集成电路时应注意什么?
13. 什么叫测量? 什么叫测量误差?

14. 测量误差根据误差的性质不同可分为哪几种？怎样减少或消除这些误差？

15. 什么叫绝对误差？相对误差和引用误差？

16. 什么叫仪表的准确度？

17. 用 1.5 级,量程为 250V 的电压表,分别测量 220V 和 110V 电压,试计算其最大相对误差各为多少？说明仪表量程选择的意义。

18. 用量程为 10 安的电流表,测量实际值为 8 安的电流,若仪表读数为 8.1 安,试求绝对误差和相对误差。

19. 什么叫仪表的基本误差和附加误差？

20. 电流对人体有何危害？不同程度的电流对人体的伤害程度如何？

21. 什么叫单相触电？两相触电？

22. 预防触电的措施主要有哪些？

23. 怎样防止煤气中毒？

24. 在给水处理中采用氯消毒时应注意什么？

第六章　常用测试仪器、仪表的使用

学习目的及要求：

为了更好地掌握水厂给水处理中所用仪表的使用,测试和维修技术,确保在线检测仪表的准确度和灵敏度,必须定期用测试仪器进行检查和校验。必须学会有关正确选用测试仪器仪表,熟练掌握其正确的使用方法和维护保养知识,以便尽可能的减少测量误差,本章将介绍常用的测试仪器。

第一节　测量误差和仪表的质量指标

一、测量的概念

测量,就是把想要知道的未知参数(即被测量)与该参数已知测量单位进行比较,求出二者的比值,从而得到被测量值。

测量单位的确定和统一是十分重要的,为了对同一个量,在不同时间和地点进行测量都能得到相同的结果,则必须采用一种公认而又固定不变的单位。因此,各个国家或国际上都设有专门的计量机构,对各种测量单位进行确认和统一。

在测量过程中,实际使用的是测量单位的复制体,把它称为度量器,如标准电阻,标准电池和标准电感等。它们分别是电阻,电动势和电感的复制体。度量器应有足够的精度和稳定性,以保证测量的准确性,度量器按精度和用途的不同,分为基准度量器和标准度量器,基准度量器是现代技术水平所能达到的精度最高的度量器,为了保证测量仪表的准确一致,还要建立不同等级的标准度量器,以便用来检定低一级的测量仪表。

二、测量误差

测量误差是指测量结果与被测量的实际值之间的差异测量误差产生的原因,除了仪表的基本误差和附加误差的影响外,还因测量方法的不完善,测试人员操作技能和经验的不足及人的感官差异等因素造成。

测量误差根据误差的性质不同,可分为以下三类：

1. 系统误差：在相同条件下多次测量同一量时,误差的大小和符号保持恒定,或按照一定规律变化的误差,造成系统误差的原因有：

(1)测量仪器和测量系统的误差,标准度量器或仪器、仪表本身具有误差,例如刻度不准确等造成的系统误差。

(2)测量方法的误差,测量方法不够完善,测量仪表安装或配线不当,外界环境变化以及测量人员操作技能和经验不足等造成的系统误差。例如,引用近似公式,接触电阻及仪表的使用环境条件不符合有关技术要求引起系统误差。

2. 偶然误差

在相同条件下多次测量同一量时,误差的大小及符号均无规律。也无法事先估计的误差,称偶然误差。它主要是由外界环境(如温度、湿度、电场、磁场等)的偶发性变化引起。

3. 疏失误差

由于测量人员对设备性能和环境认识不足,或粗心大意,明显地歪曲了测量结果的误差。因此,应尽量避免产生这种误差。

三、测量误差的消除

1. 系统误差的消除

(1)对度量器,测量仪器,仪表进行校正。

(2)采用合理的测量方法或配置适当的测量仪器,改善仪表安装质量和配线方法。

(3)采用特殊的测量方法。

例如:采用正负消去法,对同一量反复测量两次,如果其中一次误差为正,另一次误差为负,取它们的平均值,就可以消除这种系统误差。为了消除一定的外磁场对电流表读数的影响,可把电表放置的位置调转180度再测量一次,两种放置测得的结果产生的误差符号正好相反。

2. 偶然误差的消除

对于偶然误差不能用实验的方法加以检查和消除,只能根据多次测量从偶然误差的总和中用统计的方法加以处理,因此通常采用增加重复测量次数的方法来消除偶然误差对测量结果的影响,测量次数越多,其算术平均值就越接近于实际值。

3. 疏失误差的消除

加强测量的责任心和技术训练,可减少疏失误的出现。

四、仪表的基本误差和仪表的质量指标

各种电工测量仪表,不论质量多高,它的测量结果与被测量的实际值之间总是存在一定的差值,这种差值被称为仪表误差,误差值的大小反映了仪表本身的准确程度。

(一)按仪表使用条件来分,误差可分为两大类:

1. 基本误差:仪表在正常工作条件下(指规定温度、放置方式、没有外电场和外磁场干扰等)。因仪表结构,工艺等方面的不完善而产生的误差叫基本误差,如仪表活动部分的摩擦,标尺刻度不准,零件装配不当等原因造成的误差都是仪表的基本误差,基本误差是仪表的固有误差。

2. 附加误差:仪表离开了规定的工作条件(指温度,放置方式,频率,外电场和外磁场等),而产生的误差,叫附加误差,附加误差实际上是一种因工作条件改变造成的额外误差。

(二)按误差数值表表示的方法,可分为绝对误差,相对误差和引用误差三类。

1. 绝对误差

仪表的指示值(或称示值)x 与被测量的实际值(或称真值)L 之间的代数差,称为绝对误差 δ,即 $\delta = x - L$。

2. 相对误差

示值的绝对误差 δ 与被测量的实际值 L 之比,称为示值的相对误差 γ,常用百分数表示,即公式

$$\gamma = \frac{\delta}{L} \times 100\% = \frac{x - L}{L} \times 100\%$$

相对误差比绝对误差能更好地反映测量的准确性。

3. 引用误差

示值的绝对误差 δ 与该仪表的量程范围 Am 之比,称为示值的引用误差 γm,以百分数表示,即公式

$$\gamma m = \frac{\delta}{Am} \times 100\%$$

式中,仪表的量程范围 Am 由下式给出:

$$Am = A \text{上} - A \text{下}$$

式中:A 上——仪表的测量上限

A 下——仪表的测量下限

(三)仪表的基本误差

1. 仪表的基本误差

在规定的技术条件下,将仪表的示值与标准表的示值比较,被测量平稳地增加和减少的过程中,在仪表全量程范围内取得的各个示值引用误差中最大者,称为仪表的基本误差。

2. 仪表的准确度

(1)指示仪表的准确度

指示仪表在测量值不同时,其绝对误差多少有些变化,为了使引用误差能包括整个仪表的基本误差,工程上规定以最大引用误差来表示仪表的准确度。

仪表的最大绝对误差 δm 与仪表最大读数 Am 比值的百分数,叫做仪表的准确度 K,准确度用百分数来表示,即

公式　　　　　　　　　$\pm K\% = \frac{\delta m}{Am} \times 100\%$

最大引用误差越小,仪表的基本误差也越小,准确度就越高,根据国家标准 GB776—76 的规定,电工指示仪表的准确度等级共分七级,它们所表示的基本误差见下表。

仪表的基本误差

准确度等级	0.1	0.2	0.5	1.0	1.5	2.5	5.0
基本误差(%)	±0.1	±0.2	±0.5	±1.0	±1.5	±2.5	±5.0

根据上式,在已知仪表最大读数 Am 后,可计算不同准确度等级仪表所允许的最大绝对误差。

例—1 计算准确度为 1.0 级,量程为 250V 电压表的允许绝对误差?

解:

$$\delta m = \frac{\pm K \times Am}{100} = \pm \frac{1.0 \times 250}{100} = \pm 2.5V$$

例—2 计算准确度为 1.0 级,量程为 10V 的电压表测量 8V 电压时的最大相对误差?

解: 电压表的最大绝对误差

$$\delta m = \frac{\pm K \times Am}{100} = \pm \frac{1.0 \times 10}{100} = \pm 0.1V$$

测 8V 电压出现的最大相对误差

$$\gamma = \frac{\delta m}{Ax} \times 100\% = \frac{\pm 0.1}{8} \times 100\% = \pm 1.25\%$$

由此可见,在一般情况下,测量结果的准确度并不等于仪表的准确度。因此,选用仪表时不仅要考虑仪表的准确度,还应该根据被测量大小,选择适当的仪表量程,才能保证测量结果的准确性。

例—3 计算准确度为 0.5 级,量程为 100V 的电压表测量 8V 电压时的最大相对误差?

解: 电压表的最大绝对误差

$$\delta m = \frac{\pm K \times Am}{100} = \pm \frac{0.5 \times 100}{100\%} = \pm 0.5V$$

测 8V 电压出现的最大相对误差

$$\gamma = \frac{\delta m}{Ax} \times 100\% = \frac{\pm 0.5}{8} \times 100\% = \pm 6.25\%$$

上例说明,仪表的准确度提高后,测量结果的相对误差却反而增大了。因此忽视对仪表量程的合理选择而片面追求仪表准确度级别是不对的,为保证测量结果的准确性,通常应使被测量的值为仪表量程的一半以上。

(2)数字表的准确度

数字表的基本误差也是用准确度来表示,数字仪表的误差来源于构成数字表的转换器,分压器等产生的误差,以及数字表在测量过程中进行数字化处理带来的误差,这两部分的大小反映了仪表的准确度。因此,数字表的准确度通常用绝对误差表示。

$$\triangle A = \frac{\delta_{max}}{Am} 100\%$$

式中:$\triangle A$——基本误差

δ_{max}——全量程内的最大绝对误差

Am——仪表的量程范围

仪表的基本误差是表示质量的主要指标。

3. 仪表的精度等级

根据仪表设计制造的质量,出厂的仪表都保证基本误差不超过某一规定值,此规定值称为允许误差,允许误差去掉百分号后,其数字便是仪表的精度等级。如一只允许误差为 0.5% 的仪表,其精度等级便是 0.5 级,仪表的精度等级均标注在刻度盘上,一般工业仪表的精度等级应符合国家系列(0.1、0.2、0.5、1.0、1.5、2.5、4),反之,仪表的精度等级加上百分号就是仪表的允许误差,如 0.5 级的仪表,其允许误差为 0.5%,一只合格的仪表,其基本误差应小于或等于允许误差,使用者不能按自己检定的误差随意将仪表升级使用,但在某些情况下,可以将仪表降级使用。

4. 仪表的示值

在符合规定的环境下,令被测量逐渐增加再逐渐减小,通过仪表的同一刻度时两次被测量实际值之差,称为该仪表的示值变差,即

$$\triangle V = |L_i'' + L_i'|$$

式中:$\triangle V$——示值变差

L_i'',L_i'——分别为被测量平稳减少和平稳增加时,在仪表同一刻度处被测量的实际值

5. 灵敏度和灵敏限

灵敏度表达测量仪表对被测参数变化的灵敏程度,取仪表的输出信号,例如仪表指针的直线位移或转角位移$\triangle \alpha$与引起位移的被测参数变化量$\triangle X$之比表示,即

$$S = \frac{\triangle \alpha}{\triangle x}$$

仪表的灵敏度是指能引起仪表指针发生动作的被测参数的最小(极限)变化量。一般,仪表的灵敏限的数值应不大于仪表允许绝对误差绝对值的一半。

第二节 常用电工仪表的分类和电子仪器的类型

一、电工仪表的分类

电工测量的主要对象有电流、电压、电功率、频率、功率因数、电阻、电容等电工量。用来测量各种电量或磁量的仪器仪表,统称为电工仪表。电工仪表的种类很多,可按测量方法,仪表结构,用途等特性分为四大类。

1. 指示仪表

在电工测量中,指示仪表品种繁多,应用极为广泛,这类仪表具有将被测量转换为仪表可动部分的机械偏转角的特点,并能通过指示器直接读出被测量值。常用的指示仪表如下:

(1)电流表、电压表。例如:直流微安表、毫安表、毫伏表。

(2)万用电表,又叫三用表。可测量电阻,电流,电压。常用的有 500 型,MF30 型,MF64 型等。

(3)兆欧表,又叫摇表。用于测量绝缘电阻。

(4)检流计,用于检查和指示微小电流。常用的是 AC15 系列直流等射式检流计。

2. 比较仪器

比较仪器用于比较法测量中。

(1)电桥。有直流电桥、交流电桥两种。

直流电桥用来精确测量电阻值,常用的有 QJ 系列单臂电桥,双臂电桥,单双臂两用电桥。

交流电桥用来测量电容,电感等。常用的有 QS 系列交流电桥。

(2)直流电位差计。用来精确测量低电压,常用的是 UJ 系列直流电位差计。

3. 电学度量器

(1)校准电阻(BZ 系列);电阻箱(ZX 系列)。

(2)校准电容(BR 系列)。

(3)校准电池(BC 系列)。

(4)校准电感(BG 系列)。

(5)分流器——用于扩大直流电流表量程。

(6)分压箱——用于扩大直流电位差计量限。

4. 数字仪表

数字仪表是采用数字测量技术,并以数码形式直接显示被测量值的仪表,数字仪表通过模拟量/数字量(A/D)转换可以测量随时间连续变化的模拟量(如电压、温度及压力等),也可以测量随时间断续,跃变的数字量。其结果可以由数码形式直接显示,也可以用编码形式送往计算机进行数据处理,为实现智能化控制提供了条件。

数字仪表是有很高的灵敏度和准确度,显示清晰直观,功能齐全,性能稳定,过载能力强等优点。常用的数字仪表有数字电压表、数字万用表、数字频率表、数字电容表等。

二、常用的电子仪器的类型

(1)信号发生器。发生标准的毫伏,毫安信号。

(2)晶体管毫伏表。测量交流电压,常用的是 DA—16 型毫伏表。

(3)示波器。用于观察电压、电流波形,常用的有 SR8 型。

(4)晶体管特性测试仪,如 QJ2 型。

(5)集成电路测试仪。

第三节　万用表

一、万用表的结构

万用表,又叫三用表,在国家标准中称为复用表。

万用表的特点是量程多,用途广,操作简便,携带方便及价格低廉。一般的万用表可用来测量交流电压,直流电压,直流电流和电阻等,有的万用表还可以测量功率,电感,电容以及用于晶体管的简易测试等。

1. 万用表的结构

万用表是由磁电式电流表、表盘、表箱、表笔、转换开关、电阻及整流管等构成,其型式很多,但都是由以下三个基本部分组成:

(1)表头

表头是万用表的主要元件,采用高灵敏度的磁电式测量机构,其满刻度偏转电流从几微安到几百微安。表头全偏转电流越小,则灵敏度越高,测量电压时内阻也就越大,说明表头的特性越好。

(2)测量线路

测量线路是万用表实现多种电量测量,多种量程变换的电路。实际上,它是由多量程直流电流表,多量程直流电压表,多量程交流电压表和多量程欧姆表等几种线路组合成。

构成测量线路的主要元件是各种电阻、电位器、电容器及整流管等。要求这些元件性能稳定、温度系数小、准确度高、工作可靠。

在测量时,就可以把各种不同的被测量通过转换开关转换成磁电式表头能够接受的直流电流,而达到一表多用的目的。

(3)转换开关

转换开关是万用表实现多种电量、多种量程切换的元件,它由许多固定触点和活动触点组成,用来闭合与断开测量回路。通常将活动触头称为"刀",固定触头称为"掷",当转动转换开关的旋扭时,其上的"刀"跟随转动,并在不同的档位上和相应的固定触点接触相连,从而接通相对应的测量线路。

万用表多采用多刀多掷转换开关。当一层刀掷不够用时,还可用多层多刀多掷转换开关,以适应切换多种测量线路的需要。

2. 万用表的工作原理

(1)直流电流的测量

该测量线路,通常采用闭路式多量程分流器,经转换开关切换接入不同的分流电阻,以实现不同量程电流的测量,如图 6-1(a)(b)所示。

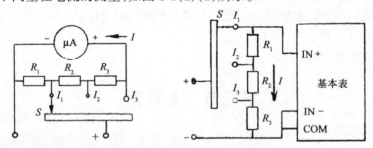

图6-1 直流电流的测量电路

采用闭路式分流器的主要特点是:转换开关的接触电阻与分流电阻的阻值无关,由它引起的误差小。

(2)直流电压的测量

该测量线路采用共用式附加电阻来构成多量程直流电压表,如图 6-2(a)(b)所示。

这种电路的特点是低量程的附加电阻被高量程档所利用,可节约绕制电阻的材料(如锰铜等)。其缺点,一旦低量程的附加电阻损坏,在该量程以上的量程均不能使用。

(3)交流电压的测量

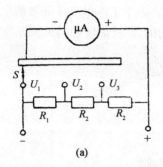 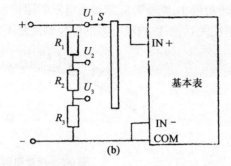

图 6-2 直流电压测量电路

磁电式表头只能测量直流电流或电压,如需测交流,则必须采用 AC/DC 转换装置,万用表的交流电压测量电路多用半波或全波整流,及共用式附加电阻线路,如图 6-3 所示。

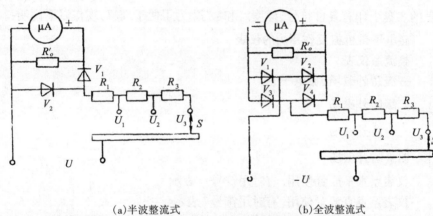

(a)半波整流式　　　　(b)全波整流式

图 6-3 交流电压测量电路

(4)电阻的测量

万用表的电阻档,实际上就是一个多量程的欧姆表电路。

欧姆表测量电阻的原理电路如图 6-4 所示。

被测电阻 R_X 接在 a、b 两个端钮之间,和电压为 20V 干电池、表头内阻为 γ_0 以及固定电阻 R 构成一个串联电路。这时电路的电流 I 为

$$I = \frac{V}{\gamma_0 + R + R_X}$$

当电池的电压 V,表头的内阻 γ_0 和固定电阻 R 为一定值时则通过电路的电流 I 将随被测电阻 R_X 的变化而变化。这样就可以用电流 I 的大小来衡量被测电阻 R_X 的大小,从而实现了测量电阻的目的。

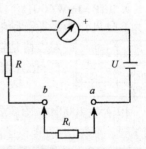

图 6-4 测量电阻原理电路

当被测电阻的阻值在 0 到 ∞ 之间变化时,相应的表头指针则在满刻度至零位之间变化,故欧姆表标尺刻度是反向的。即表头的指针偏转角越大,所对应的被测电阻的阻值越

93

小;而偏转角越小,则所对应的被测电阻的阻值越大。由于工作电流 I 和被测电阻 R_X 之间不成正比关系,所以测量电阻的标尺刻度是不均匀的,标尺刻度如图 6-5 所示。

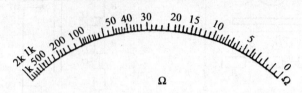

图 6-5 测量电阻标尺刻度

在实际应用中,为清除因干电池电压下降,导致指针不能满刻度偏转而造成的误差,通常在万用表上装有欧姆调节电位器。

二、万用表的表盘

万用表的表盘上印有各种符号,标度尺和数字,为了便于理解,现作以下说明:

1. ⌂ 磁电子带机械反作用力的仪表

2. ⌂ 整流系仪表

3. ⌂ 一级防外磁场(磁电子)

   Ⅰ 二级防外磁场

   Ⅱ 三级防外磁场

   Ⅳ 四级防外磁场

4. ⌐ 仪表系水平放置使用,有时用符号→表示

5. ⊥ 仪表系垂直放置使用,有时用符号↑表示

6. ☆ 仪表能经受 50Hz,2 千伏交流电压历时一分钟的绝缘强度试验

7. $20k\Omega/V$ 直流电压灵敏度。测量直流电压时,电表输入电阻(又称倍率电阻),为每伏 20 千欧

8. $4k\Omega/V$ 交流电压灵敏度。测量交流电压时,电表的输入电阻为每伏 $4k\Omega$

9. $0dB=1mW600\Omega$ 表示分贝(dB)标度尺是以 600Ω 负荷阻抗上得到 1 毫瓦功率定为 0 分贝作为参考音频电平的

~	dB
50V	+14
100V	+20
250V	+28

左表格是指用 50V 交流电压档测量音频电平时,读数要加上 14 分贝;100V 档时要加上 20 分贝;用 250V 档时要加上 28 分贝。

10. $45\sim1000Hz$ 在交流正弦频率为 $45\sim1000Hz$ 范围内使用,超出范围时误差将增大

11. *MF* *F* 指复用式。*M* 指仪表。*MF* 是万用表的标志

   2.5—以标度尺上量限百分数表示的准确度等级,2.5 表示 2.5 级,数字后面"—"表示直流。

12. $\frac{2.5}{V}$ 以标度尺长度百分数表示的准确度等级

94

13. $\textcircled{2.5}$　以指示值的百分数表示的准确度等级

14. ～　交直流两用

15. $\triangle\!\!\!\!\!^{A}$　A 组仪表,在 0 ～ + 40℃条件下工作

　　　$\triangle\!\!\!\!\!^{B}$　B 组仪表,在 - 20 ～ + 50℃条件下工作

　　　$\triangle\!\!\!\!\!^{C}$　C 组仪表,在 - 40 ～ + 50℃条件下工作

16. ∗　公共端钮

三、使用万用表的注意事项

万用表种类繁多,但其面板结构却大同小异,为了正确使用万用表,应注意下列事项

1. 正、负插孔分别接红、黑表笔,以防测量时接错极性。

2. 使用时应水平放置。若发现表针不指在机械零点,可用螺丝刀调节表头上的调整螺丝,使表针回到零。

3. 正确选用测量档,切勿用电流、电阻档测电压,以防烧坏仪表。

第四节　兆欧表

一、兆欧表的概述

兆欧表又称摇表,是一种测量绝缘电阻或高电阻的仪表。在仪表安装、检修中得到广泛的应用。

在仪表、电器及供电线路中,说明绝缘性能的重要标志是绝缘电阻的大小,为确保电气设备正常运行和不发生触电事故,就要求必须定期对电气设备及配电线路做绝缘性能的检查。

兆欧表与其它欧姆表不同之处是本身带有高压电源,它能测出在高压条件下工作的绝缘电阻值。兆欧表的高压电源,是由手摇发电机产生的,故又叫摇表。手摇发电机所产生的高压,有 500V、1000V、5000V 等几种。

二、兆欧表的结构和工作原理

兆欧表由两个主要部分组成:一个是测量机构,由磁电系比率表和测量电路组成。另一个是手摇发电机。其工作原理图如 6-6 所示。

图中 E 是手摇发电机,M 是比率型式指示仪表,L_1、L_2 是仪表中互相交叉的两组线圈,R_A、R_V 是串接于两组线圈上的电阻,G、L、E 为测量端子,R_X 为被测电阻。

仪表的指示机构中没有游丝,指针转动时没有机械力矩的影响,它的偏转角只与 L_1 和 L_2 两组线圈中的电流 I_1 和 I_2 的比值有关。由图可以看出,电流 I_1 与被测电阻

R_x 有关,但 I_2 与 R_x 无关,因而 R_x 决定了 I_1 与 I_2 的比值,也就决定了指针的偏转角度,所以指针的偏转角度表达了被测电阻的大小,当被测电阻 R_x 很小且趋近于零时,I_1 为最大,指针偏转到最大位置,即"0"位置。当 R_x 趋近于无限大时,I_1 等于零,此时指针在 I_2 产生的反作用力矩驱使下,向左偏转到"∞"的位置。在使用之前是兆欧表的指针随意停在标尺的任一位置上。

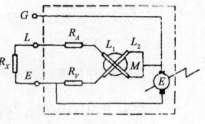

图 6-6 兆欧表的电原理图

三、兆欧表的选用

选用兆欧表主要是选择其电压及测量范围,高压电气设备绝缘电阻要求大,需使用电压高的兆欧表进行测试;而低压电气设备,由于内部绝缘材料所承受的电压不高,为保证设备安全,则应选用电压低的兆欧表。通常是500V 以下的电气设备,选用 500～1000V 的摇表;瓷瓶、母线及闸刀等选用 2500V 以上的兆欧表。

选用摇表测量范围的原则是,不要使测量范围过多地超出被测绝缘电阻的数值,以免产生较大的读数误差。

在测电话设备的绝缘电阻时,选用原则是根据被测物的工作电压而定,一般规定48V 以下电气设备和线路,选用 250V 摇表;48V～500V 选用 500V 摇表,500V 以上的,选用 1000V 或 2500V 摇表。而仪表工作电压不高,因此选用 250V 或 500V 摇表。

四、兆欧表的使用方法及注意事项

1. 使用前的准备工作

(1)首先检查兆欧表是否正常工作,将摇表水平位置放置,先将"L"和"E"短路,轻轻摇兆欧表的手柄,此时表针应指到零位。注意在摇动手柄时不得让 L 和 E 短接时间过长,不得用力过猛,以免损坏表头。然后将"L"与"E"接线柱开路,摇动手柄至额定转速,即达到每分钟 120 转,这时表针应指到 ∞ 位置。

(2)检查被测电气设备和电路,是否已全部切断电源。严禁设备和电路带电时用兆欧表去测量。

(3)测量前应对设备和线路先行放电,以免电容放电危及人身安全和损坏摇表,这样还可以减小测量误差,注意将被测试点擦试干净。

2. 正确使用

(1)摇表必须水平放置于平稳牢固的地方,以免在摇动时因抖动和倾斜产生测量误差。

(2)接线要正确,兆欧表有三个接线柱,"E"(接地)、"L"(线)和"G"(保护环或叫屏蔽端子)。保护环的作用是消除表壳表面"L"与"E"接线柱间的漏电和被测绝缘物表面漏电的影响。在测电气设备地绝缘电阻时,"L"用单根导线接设备的待测部位,"E"接设备外壳;如测电气设备内两绕组之间的绝缘电阻时,将"L"和"E"分别接两绕组的接线端,引线不能混在一起,以免产生测量误差;当测量电缆的绝缘时,为消除因表面漏电产生的误差,"L"接线芯,"E"接外壳,"G"接线芯与外壳之间的绝缘层。如图 6-7 所示。

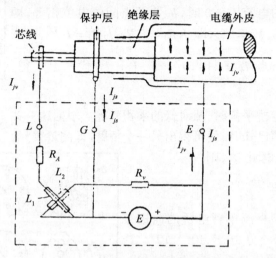

图 6-7 测量电缆绝缘电阻的接线

(3)摇动手柄的转速要均匀,一般规定 120 转/分,允许有 ±20% 的变化,最多不应超过 25%,通常要摇动一分钟后,待指针稳定下来再读数。如被测电路中有电容时,先持续摇动一段时间,让兆欧表对电容充电,指针稳定后再读数,测完后先拆去接线,再停止摇动,若测量中发现指针指零,应立即停止摇动手柄。

(4)测量完毕,应对设备充分放电,否则容易引起触电事故。

(5)禁止在雷电时或附近有高压导体的设备上测量绝缘电阻。只有在设备不带电又不可能受其它电源感应而带电的情况下才可测量。

(6)摇表在未停止转动前,切勿用手指触及设备的测量部分或兆欧表接线柱。拆线时也不可直接去触及引线裸露部分,以防触电。

(7)兆欧表应定期检查校验。校验方法是直接测量有确定值的标准电阻,检查它测量误差是否在允许范围以内。

第五节 电 桥

直流电桥是用来测量电阻的仪器,在电阻的测量中,通常把电阻分为小电阻(1Ω 以下)、中电阻(1Ω ~ 0.1MΩ)和大电阻(0.1MΩ 以上)三类,数值不同的电阻,其选用的测量仪器也不同。

直流电桥分单臂电桥和双臂电桥两种,下面分别介绍电桥原理和使用方法。

一、单臂电桥

(一)工作原理

直流单臂电桥又称惠斯通电桥,其工作原理如图 6-8 所示。

电阻 $R_1(R_X)$、R_2、R_3 和 R_4 组成，其中 R_1 为被测电阻，R_2、R_3 为"倍率臂"，R_4"比较臂"。工作电源接在 a、c 对角线，b、d 对角线连接着检流计 P。

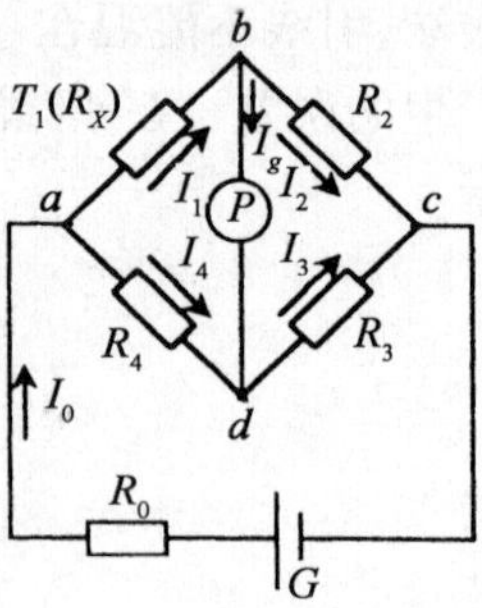

当检流计 P 中的电流 $I_g = 0$ 时，b、d 两点间的电位相等，即 $V_{bd} = 0$，这时 $V_{ab} = V_{ad}$，$V_{bc} = V_{cd}$，即 $I_1 R_1 = I_4 R_4$，$I_2 R_2 = I_3 R_3$，两式相除得：$\dfrac{I_1 R_1}{I_2 R_2} = \dfrac{I_4 R_4}{I_3 R_3}$，当 $I_g = 0$ 时，$I_1 = I_2$，$I_3 = I_4$，代入上式得：$R_1 R_3 = R_2 R_4$。

由上式可知，当电桥平衡时，两对臂的乘积互等。根据这一关系，当三个桥臂的阻值已知时，便可得出另一个桥臂（即测量臂）的电阻值，若 R_1 为被测电阻 R_X，则

$$R_X = \frac{R_2 \cdot R_4}{R_3}$$

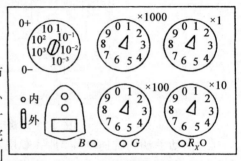

图 6-8 R_0 电源内阻

图 6-9 **QJ23 型直流单臂电桥面板布置示意图**

图 6-9 为 QJ23 型直流单臂电桥的面板布置示意图。"倍率臂"共分 10^{-3}、10^{-2}、10^{-1}、1、10、10^2、10^3 七个档位可供选择。电桥中的另一个臂 R_4 制成四档可调电阻，每档都有九个完全相等的电阻组成，四档每个电阻的阻值分别为 $1 \times 9\Omega$、$10 \times 9\Omega$、$100 \times 9\Omega$ 和 $1000 \times 9\Omega$，通常称为"比较臂"。在面板上有四个与之对应的读数盘。面板的右下方有一对接线端子，中间标有 R_X，用来接入被测电阻 R_X，使 R_X 成为电桥的一个臂。检流计可用内附的检流计，也可用外附检流计。当用内附检流计时，面板左下方三个接线柱中下面两个短接，外附检流计接在下边两个接线柱上。电桥自身备有电源，为三节 1.5V 干电池串联。如需外接电源，可接面板左上角标有"＋"、"－"符号的端子上。面板下"B"为电源开关，"G"为检流计工作开关。

(二)使用步骤

(1)打开检流计锁扣，调节机械调零旋钮，使指针位于零。

(2)接上被测电阻 R_X，估计被测电阻 R_X 的大约数值，选好"倍率臂"，使比较臂的四个电阻都用上。

(3)按下电源按钮"B"，并锁好，调节"比较臂"，使阻值大约等于 R_X，试按检流计工作按钮"G"，观察指针指示，如指针向正向偏转，应增大"比较臂"电阻，如指针向反向偏转，则减小"比较臂"电阻，直至检流计指针指零。这时比较臂上各档的电阻代数和再乘以"倍率"即为 R_X 数值。在调节过程中，不要把检流计按钮按死，待调到电桥接近平衡时，才可按死检流计按钮进行细调，否则指针因猛烈撞击而损坏。

(4)若外接电源，其电压应按规定选择，过高会损坏桥臂电阻，太低则会降低灵敏度，若使用外接检流计，应将内附的检流计用短路片短接，将外接检流计接至"外接"端钮上。

(5)测量结束后，应松脱"B""G"按钮，并锁好检流计指针锁扣，盖好仪器盖子。

二、直流双臂电桥

(一)工作原理

在测量小电阻 R_X 时,由于接触电阻和引线电阻的影响会给测量带来很大误差,所以单臂电桥不易测量小电阻。双臂电桥就是为了解决这一矛盾而出现的。

直流双臂电桥又称凯尔文电桥。其工作原理如图 6-10 所示。R_1、R_2、R_3、R_4 为桥臂电阻,R_5 为标准电阻,R_X 为被测电阻。测量时用一根粗导线 R 把 R_5 和 R_X 连接起来,与电源成一闭合回路,这时被测电阻 R_X 和标准 R_5 之间的接线电阻以及接触电阻都包含在含有 R 的支路里了,从而实现了将接线电阻和接触电阻引入电源电路或者大电阻的桥臂中。当电桥平衡时,不论 R 的大小如何,只要能保证 $\dfrac{R_3}{R_1} = \dfrac{R_4}{R_2}$,则被测电阻

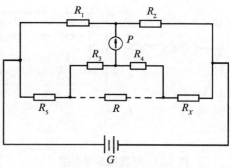

图 6-10　直流双臂电桥(凯尔文电桥)工作原理

$$R_X = \frac{R_2}{R_1} \cdot R_5$$

这样就消除了接线电阻和接触电阻对测量结果的影响。为了能做到这一点,在制造时 R_1、R_2、R_3 与 R_4 都采用了两个机械联动转换开关同时调节,使之保持比例相等。常用的双臂电桥有 QJ42 型和 QJ44 型电桥,测量范围为 $0.0001 \sim 11\Omega$,准确度 $\pm 0.2\%$。

(二)双臂电桥面板示意图说明

常用的 QJ44 型,双臂电桥的面板如图 6-11 所示。

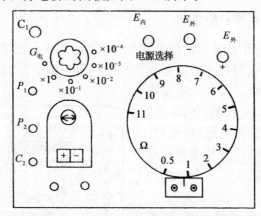

图 6-11　QJ42 型电桥面板图

右上角是外接电源端钮 $E_{外}$ 和 $E_{内}$,外电源选择开关,下面是已知调节盘,可在 $0.5\Omega \sim 11\Omega$ 范围内调平衡,左上面是倍率选择开关,有 10^{-4}、10^{-3}、10^{-2}、10^{-1}、$X1$ 五档,其下面是检流计。面板左面是 C_1、P_1、P_2、C_2 四个端钮,用来连接被测电阻 R_X,电桥平

衡后,用电阻调节盘的阻值乘以倍率,即为 R_X 的阻值。

(三)双臂电桥的使用方法

(1)被测电阻应与电桥的电位端钮 P_1 和 P_2 和电流端钮 C_1、C_2 正确连接,若被测电阻没有专门的接线,可从被测电阻两接线头引出四根连接线,但注意要将电位端钮 P_1、P_2 接至电流端钮 C_1、C_2 的内侧,如图 6-12 所示。

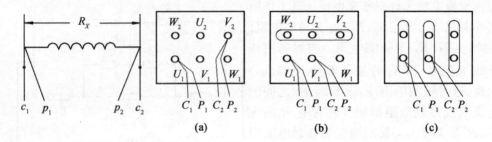

图 6-12　双臂电桥原理图　　　　　图 6-13　双壁电桥接线图

(2)连接导线应尽量短而粗,接线头要除尽漆和锈并接紧,尽量减少接触电阻。

(3)直流双臂电桥工作电流很大,测量时操作要快,以避免电池的无谓消耗。

第六节　直流电位差计的使用

直流电位差计是一种用比较法进行测量的仪器。它是以被测电动势(电压)与仪器中电阻上已知电压降相互平衡这一原理做成的,两个电位差互相补偿,从而得到平衡,所以叫电位差计,又叫补偿器。它可以测量电势、电压、电流、电阻等,常用于测量电动势(电压),或校对测量电动势的仪表,如电子电位差计等。测量时,电位差计几乎不消耗被测量的能量,因此它的测量结果准确,可靠。

一、VJ36 型直流电位差计的使用

VJ36 型直流电位差计是常用的便携式标准仪器,有两个测量量限(0～24V 及 0～121V),准确度为 ±0.1%,可在实验室和现场方便地以补偿法原理测量直流电压(或电动势)和对各种直流毫伏表及电子电位差计进行刻度校正。如配以一定的标准附件,如标准电阻,还可以测直流电阻、电流等。仪器另一主要用途,是配合各种测温热电偶,能快速而准确地测量温度,其面板图如图 6-14 所示。

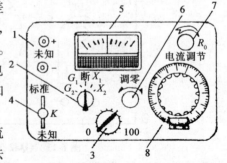

图 6-14　VJ36 型直流电位差计面板图

VJ36 型电位差计,步进读数盘,检流计,电键开关,标准电池等组成。使用方法及注意事项如下:

1. 使用时仪器要水平放置,避免受振

动和干扰。

2. 把倍率开关置于"×1"或"×0.2"位置,此时也接通了电位差计工作电源和检流计放大器电源,3min以后,调节旋钮6使检流计指零(电气零位)。

3. 将板键开关K板向"标准",调节旋钮7使检流计指零(工作电流标准化)。在连续测量时,要求经常核对工作电流,以保证仪器准确度。

4. 将被测电势(或被校表)接在"未知"接线柱上(注意正负极性),调节步进盘3和滑盘8,使检流计指零,此时未知电势 V_x =(步进盘读数 + 滑线盘读数)×倍率。

5. 电位差计处于"×1"或"×0.2"位置工作时,如再继续将开关置于"G_1""G_2",此时检流计短路,可作标准电动势输出。

6. 如发现调整工作电流调节多圈电位器,不能使检流计指零时,则应更换1.5V的干电池;若发现晶体管检流计灵敏度低,则更换9V的干电池。

7. 仪器使用完毕,将倍率开关旋向"断"位置,避免浪费电源。仪器长期不使用时,将干电池取出,贮放在符合说明书要求的地方。仪器应保持清洁。

8. 定期送计量部门检定。

二、VJ37 型直流电位差计的使用

电位差计面板图如6-15所示。

1. 测量电动势

(1)将S开关放置在"测量"位置上,调节检流计顶上的机械零点调节旋钮至检流计指针指零点。

(2)将K电键扳向"标准"一边,调节多圈电位器 R_C,使检流计指针再次指向零点。

(3)将被测电动势按极性接在"未知"接线端处。

(4)将S开关置于"测量"位置,步进盘(A)和滑盘(B)旋钮放在适当位置。

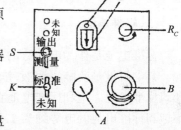

图6-15 电位差计面板图

(5)将电键扳向"未知",调节步进盘和滑盘至检流计回零点,此时,被测电动势 = 步进盘读数 + 滑盘读数(由指示板的红线处读取)。

2. 作标准毫伏发生器

(1)将K电键扳向"标准"位置,调节多圈电位器使检流计 G 指针回到零位。

(2)将S开关置于"输出"位置,此时指零检流计处于短路状态。

(3)将被校正的仪器按正负极性接在"未知"接线端上。

(4)将K电键扳向"未知"位置。

(5)调节步进盘(A)和滑线盘(B),在"未知"接线端便输出了相应的毫伏数。

第七节 直流电阻箱和标准电池的使用

一、直流电阻箱

直流电阻箱是电阻可变的电阻量具,可作为配热电阻式的动圈仪表和自动平衡电桥的标准信号,是测量仪表维修中常用的标准仪器。使用中应注意如下几点:

1. 使用前应先旋转一下各组旋钮,使之接触稳定可靠。

2. 电阻箱属于标准仪器,只作标准仪器使用,不得作其它用途。

3. 在使用中,各档最大允许电流不得超过规定值。

4. 测量用 $< 9.9\Omega$ 或 $< 0.9\Omega$ 的电阻时,应接在专门接线端钮上,以减小引线及接触电阻的影响。

5. 用于高频时,应将接地端钮接地,以消除人体和寄生耦合带来的干扰。

6. 接线注意事项:电阻箱的两个接线端钮,各有两个螺母,下螺母作电位接线端钮,上螺母作电流接线端钮,作标准仪器校验电子自动平衡电桥时,应用下螺母接线。

7. 使用完毕必须擦干净,存放在符合要求的地方。

8. 电阻箱应定期检定,以保证其准确度。

二、标准电池

标准电池是作为电动势的标准量具,它是电压单位的基准。常用的是镉汞标准电池。其电解液是硫酸镉溶液,浓度达饱和者称为饱和式标准电池,未达饱和者称为不饱和式标准电池。饱和标准电池在 20℃时电势约为 $1.0185 \sim 1.0187$,内阻约为 700Ω;而不饱和标准电池的电势约为 $1.0188 \sim 1.0193$,内阻约为 500Ω。

标准电池是精密的仪器,在使用与维护时应注意下述事项:

1. 使用和存放场所的温度应合适且波动要小,防止阳光照射及其它光源、热源、冷源的直接作用。

2. 防止摇晃振动,更不得倒置。经运输后必须静置数小时后方可使用,应轻拿轻放。

3. 标准电池不能过载,流过它的电流不允许大于 1 微安(对于Ⅲ级标准电池不允许大于 10 微安)。如果电流过大,将损坏标准电池,因此严禁用万用表等低内阻仪器测试标准电池的电压、电阻等。同时,也要注意不能用两手同时接触标准电池的输出端钮,以防短路。

4. 标准电池的极性不能接地,每次使用时间应越短越好。

5. 标准电池要定期送检。出厂的检定证书及历年的检定数据要妥为保存。

第八节　示波器的使用

示波器是一种用途广泛的电子测量仪器,是一种直接显示电压(或电流)变化曲线的电子仪器。用它可直接观察到电压随时间变位的波形,测定出电压变化的大小。除此以外还可以测量电流、频率、相位等参数,是帮助我们检修仪表的得力助手。下面以SR—8型双踪示波器为例介绍它的结构、性能和使用方法。

一、SR8 型二踪示波器

在用示波器观察波形或测试电路时,常常需要对几个测试点的波形进行比较,如幅度的高低、相位的差别、脉冲在时间上的相位关系等。显然,用单踪示波器来完成这些任务是很困难的。这就需要采用一种能够在同一屏幕上同时显示出几个波形的示波器。实现的方案有两种:一种是采用双腔示波管(两套独立的电子枪、偏转系统),这种双腔示波管结构复杂,价格昂贵,因而应用很少。另一种方案是采用一般单腔示波管,并用一套扫描系统,而利用电子开关按"时间分割"的方法,将两个信号显示出来,这种方法应用较多,SR8 型示波器就属于这一类。

SR8 型二踪示波器是全晶体管化,宽频带脉冲示波器。该示波器能同时观察和测定两种不同电信号的瞬变过程,它不仅可以在荧光屏上同时显示两种不同的电信号供分析比较,而且可以显示两信号迭加后的波形,同时,还可以任意选择某通道独立工作,进行单踪显示。

1. 基本工作原理

SR8 型二踪示波器电路原理方框图如图 6-16 所示。

SR8 型二踪示波器由 Y 轴放大器,X 轴放大器,时基扫描发生器等几部分组成,与一般示波器的主要区别,在于它的 Y 轴输入具有两个通道 Y_A 与 Y_B,并受电子开关的控制。电子开关共有五个工作状态;

(1)"Y_A"工作状态:电子开关能阻塞 Y_B 通道,使荧光屏上只显示 Y_A 通道的信号波形。

(2)"Y_B"工作状态:Y_A 通道被阻塞,显示 Y_B 通道的信号波形。

(3)"交替"工作状态:电子开关控制 Y_A 和 Y_B 通道轮流工作。电子开关首先接通 Y_B 通道,进行第一次扫描,显示由 Y_B 通道送入的被测信号波形;然后开关接通 Y_A 通道,进行第二次扫描,显示由 Y_A 通道送入的被测信号波形;接着再接通 Y_B 通道……这样轮流地对 Y_B 与 Y_A 两通道送入的信号进行扫描显示,如图 6-17 所示。

由于电子开关转换速度较快,每次扫描的回扫线又不显示出来,再加上荧光材料的余辉作用,因而人们便能同时观察到两个清晰的波形。因为"交替"工作状态时电子开关的转换速度受扫描信号的控制,因此被测信号频率越高,扫描信号频率也越高,电子开关转换速度也越快,显示波形越清晰。如果被测信号频率较低,电子开关转换速度也低,荧光屏上将无法显示出两个波形。因此这种工作方式适宜在输入信号频率较高时

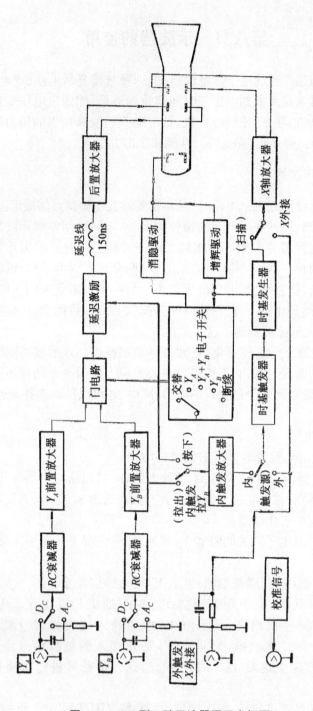

图 6-16 SR8 型二踪示波器原理方框图

使用。

(4)"断续"工作状态：相当 于将一次扫描分成许多个相等的时间间隔。在一次扫描的第一个时间间隔内显示 Y_B 信号波形的某一段(即形成 Y_B 波形的第一个光点)；在

104

第二个时间间隔内显示 Y_A 信号波形的某一段(即形成 Y_A 波形的第一个光点),以后各个时间间隔轮流地显示 Y_B、Y_A 两信号波形的其余段,经过若干次断续转换,使荧光屏上显示出两个由光点组成的完整波形,如图 6-18 所示。

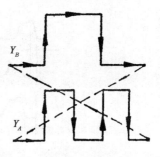

图 6-17
交替方式显示的波形

由于转换频率很高(此时电子开关不受扫描信号的控制,而以 250kHz 的自激振荡器控制),光点靠得较近,其间隙用肉眼几乎分辨不出,再利用消隐的方法使两通道间的转换过程的过渡线不显出来(图 6-18(b)),因而同样可达到同时清晰地显示两个波形的目的。这种工作方式适宜在输入信号频率较低时使用。

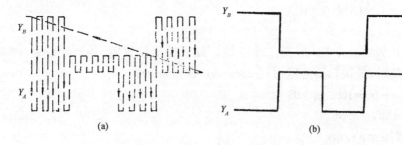

(a)   (b)

图 6-18　断续方式显示的波形

(5)"$Y_A + Y_B$"工作状态:电子开关停止工作,两个通道的信号都能同时通过并进入放大器,因此,在荧光屏上显示的波形将是两个信号迭加后的波形。

另外,SR8 型示波器有 Z 放大器部分,它是由增辉驱动电路与消隐驱动电路组成。增辉驱动电路受时基发生器控制,使示波管只在扫描正程显示光迹。当示波器工作在断续方式时,消隐驱动电路受电子开关控制,使扫描线在由显示 Y_A 到显示 Y_B 与由显示 Y_B 到显示 Y_A 的转移过程中示波管不显示光迹。

SR8 型示波器在 Y 轴放大器中还采用了延时电路,它的作用是这样的:在实际测量时,往往是用被测信号的起始边沿触发扫描电路使示波器开始扫描的。因为触发扫描的过程需要一定时间,故扫描起始时间会滞后于信号的前沿时间,影响对信号前沿的观察。(荧光屏上看不到脉冲前沿)如图 6-19(b)所示。因此应使被测信号到示波管 Y 偏转板的时间比扫描起始时间稍后一些(即对被测信号延迟一段时间 t_2),如图 6-19c 所示。这样就保证了脉冲前沿部分的观测。

2. 主要技术性能

(1)Y 轴系统

①输入灵敏度:10mV/div ～ 20V/div 分十一档,处于校准位置时,各档误差均 ≤ ± 5%。

②频率响应:DC:0 ～ 15MHz　　　≤3dB

　　　　　　AC:10MHz ～ 15MHz　≤3dB

③输入阻抗:直接输入　　1MΩ // 35pF

　　　　　　经探头输入　10MΩ // 15pF

105

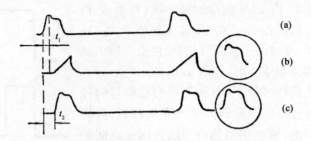

(a)被测信号 (b)扫描电压 (c)延迟后的被测信号

图6-19 被测信号延迟后的波形显示

④最大输入电压：DC：250V(DC + AC$_{p-p}$)

AC：500V(AC$_{p-p}$)

(2)X轴系统

①扫描速度：0.2μs/div ~ 1s/div 分二十一档。处于校准位置时，各档误差≤ ± 5%。拉出扩展 × 10 开关时，最快扫描速度可达 20ns/div，误差≤10%。

②频率响应：0 ~ 500kHz ≤3dB

③输入阻抗：1MΩ//35pF

④X 外接灵敏度≤3V/div

(3)标准信号：矩形波 频率：1kHz ± 2%

电压幅度：1V ± 3%

(4)触发灵敏度：内触发≤1div(V$_{p-p}$)

外触发≤0.5V(V$_{p-p}$)

3. 面板功能键

SR8 型二踪示波器面板旋钮位置及作用如图 6-20 所示。

(1)Y 轴功能键的作用

①显示方式开关(Y_A、Y_B、交替、断续、$Y_A + Y_B$)。

Y_A——通道单踪显示。

Y_B——通道单踪显示。

交替——在示波器扫描信号控制下，交替地对 Y_B、Y_A 通道信号扫描显示，从而实现二踪显示，适用于信号频率较高时。

断续——电子开关以 250kHz 的固定频率，轮换接通 Y_A 与 Y_B 通道，使荧光屏上显示两个信号波形，实现二踪显示。适用于信号频率较低时。

$Y_A + Y_B$——显示两通道叠加后的波形。

②Y 轴输入耦合方式开关($DC \perp AC$)DC 与 AC 分别表示输入信号采用直流耦合与交流耦合方式。$\perp$表示输入端接地。

③灵敏度选择开关(V/div)及其微调：外旋钮为粗调，中心旋钮为微调。微调在校准位置时，此时的测量灵敏度就是粗调旋钮所在档的标称值。

④Y_A 极性转换开关(极性 拉 Y_A)：按下为常态，正常显示 Y_A 通道输入的信号；拉出时，则显示倒相的 Y_A 信号。

106

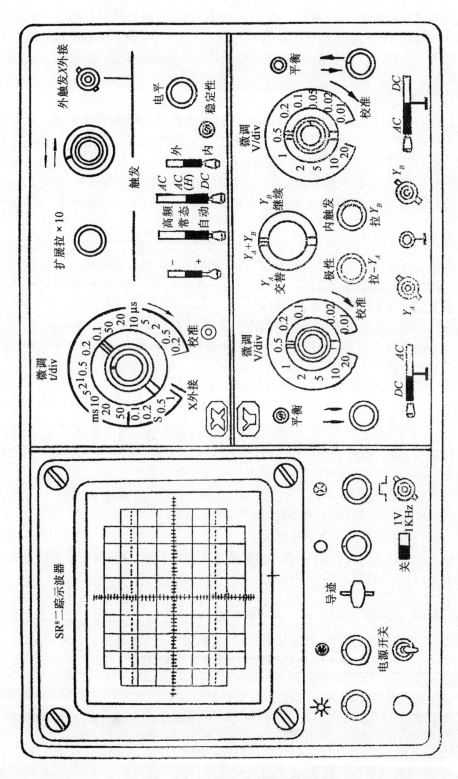

图 6-20　SR8 型二踪示波器面板图

⑤内触发源选择开关(内触发　拉 Y_B)：按下为常态,触发信号取自 Y_A 或 Y_B 通道(即显示哪一通道信号,触发信号即取自哪一通道)。当开关拉出时(拉 Y_B),两信号的显示是用同一信号(Y_B 信号)触发,便于比较两信号的时间与相位,适用于二踪显示(交替或断续)。

(2)X 轴功能键的作用

①扫描时间选择开关(t/div)及其微调：外旋钮为粗调,中心旋钮为微调。微调转至满刻度为校准,此时的扫描时间就是粗调旋钮所在档的标称值。当粗调旋钮转至 X 外接时,X 轴信号直接 X 外接同轴插座输入。

②扫描扩展开关(扩展拉×10)：按下为常态,仪器正常使用;拉出时(拉×10),荧光屏上的波形在 X 轴方向扩展 10 倍,此时的扫描速度增大 10 倍,误差也相应增大到15%。

③触发源选择开关(内、外)：置"内"触发信号取自 Y 通道;置"外"触发信号由外输入。

④触发信号耦合开关(AC、$AC(H)$、DC)：$AC(H)$——触发信号通过高通滤波器耦合输入,有抑制低噪声的能力。

⑤触发方式开关(高频　常态　自动)

高频——用时基发生器产生的频率约 250kHz 的自激振荡去同步被测信号,使荧光屏上显示的波形稳定。电平旋钮对波形的稳定有控制作用。这种方式对观察较高频率的信号是有利的。

常态——触发信号来自示波器 Y 通道或外触发输入,电平旋钮对波形的稳定有控制作用。

自动——用时基触发器产生的低频方波自激振荡信号去同步被测信号,使荧光屏上显示的波形稳定。此时电平旋钮对波形的显示不起作用。这种方式有利于观察频率较低的信号。

⑥触发极性选择开关(+ 、–)：

" + "——用触发信号的上升沿触发。

" – "——用触发信号的下降沿触发。

⑦触发电平调节开关(电平)：调节合适的电平启动扫描,达到稳定波形的目的。使用自动方式时,电平旋钮不起控制作用。

4. 使用方法

(1)时基线的调节：将各控制开关置于表 6-1 所示位置。如果看不到光迹,可按下寻迹板键,判明光迹偏离方向,然后松开板键,把光迹移至荧光屏中心位置。

表 6-1　时基线显示时控制开关的作用位置

控制开关名称	作用位置	控制开关名称	作用位置
辉　度	适　当	DC—⊥—AC	⊥
显示方式	Y_A	触发方式	自动或调频
极性　拉—Y_A	常态(按)	扩展　接×10	常态(按)
Y 轴移位(↑↓)	居　中	X轴移位(⇌)	居　中

(2)聚焦及辅助聚焦的调节：把光点或时基线移至荧光屏中心集团,然后调节聚焦及辅助聚焦,使其光点或时基线最清晰。

108

（3）输入信号的连接：以显示校准信号（1V1000Hz方波）为例，用同轴电缆将校准信号与Y_A通道连接，Y_A通道的输入耦合选择开关置于"AC"位置，灵敏度开关"V/div"置于"0.2"档，并将其"微调"转至满度的"校准"位置上，触发方式处于"自动"位置。此时，荧光屏上显示出约5div的矩形波。

为了减小测量误差，使用示波器时，必须用屏蔽电缆线，并且该电缆线的芯线和屏蔽地线都需要直接连接在被测信号源上。

（4）高频探头的应用：实际测量时，必须考虑示波器输入阻抗对被测电路的影响，它可能 会降低测量的精确度。特别在测量高速脉冲时，示波器输入电容的影响很大，严重时甚至会破坏被测电路的正常工作。

使用高频探头测量时，输入阻抗提高到$10M\Omega /\!/ 15pF$，但同时也引进了10∶1的衰减，使被测量的灵敏度下降到未使用高频探头时的十分之一。所以在使用高频探头测量电压时，被测电压的实际数值应是从荧光屏上直接读得的数值的十倍。

在使用探头测量快速变化的信号时，必须注意探头的接地点应选择在被测点附近。

（5）"交替"与"断续"的选择

①"交替"显示方式不适用于观测频率较低的信号。从前面功能键介绍可知，"交替"显示方式的特点是扫描周期要比被测信号周期长，即扫描频率要比信号频率低才可以，否则就不可能观察到一个完整的周期的波形。因此这种显示方式在采用低速扫描时，会产生明显的闪烁现象，甚至可以看出两个通道的转换过程。于是，观测时的"同时感"消失，影响使用效果。因此，交替显示方式不适用于观测频率较低的信号，这时应采用"断续"显示方式。

②"断续"显示方式不适用于观测频率较高的信号。"断续"与"交替"显示的波形有所不同，如图6-18所示。它是由许多明暗相同的短线组成的，对每个波形而言，扫描都是断断续续进行的。但是由于电子开关频率比信号频率高很多；而且电子开关信号和被测信号之间不存在同步关系，再加上视觉暂留现象及余辉作用，看到多次扫描所形成的波形就变得亮度均匀而连续了。

"断续"显示方式的特点是：电子开关的控制信号频率要比扫描频率高得多，否则当二者频率相近时，波形将产生明显的间断现象。因此，"断续"显示方式不适于用来观测频率较高的信号。至于频率既不高又不低的信号，无论采用哪种显示方式，都可获得满意的效果。

③"交替"或"断续"显示方式的触发应选择"内触发"。从前面分析可知，在二踪显示时，无论是"交替"还是"断续"的显示方式，所显示的波形都是多次扫描所形成的，因此必须作到每次扫描起点一致，才能保证所显示的波形稳定。为此，需用被测信号本身作触发，即"内触发"状态，才能达到上述要求。

对于两个信号作一般比较时，如频率、幅度、波形失真等，采用上述内触发是可以的，但是，涉及到这两个信号之间的相位关系及时间关系时，因为触发信号是有极性的，所以只能采用其中一个通道的信号作为触发信号，这样无论在显示哪一路的信号时，都由同一信号触发，在时间上有一个统一的时间标准，相位关系就如实的显示出来。例如，SR8型二踪示波器的"拉Y_B"拉出时，扫描的触发信号取自Y_B通道的输入信号。两个输入信号中,选哪个信号作为触发信号,则应把那个信号从 Y_B 输入端输入。此外还应注意在观测脉冲信号时,触发方式开关应置"常态"位置。

第九节　DT—830 型数字万用表

目前在国内应用广泛的数字万用表有 DT—800 系列的 $3\frac{1}{2}$ 位和 $4\frac{1}{2}$ 位袖珍式数字万用表,其中 DT—830 型为该系列中的一种 $3\frac{1}{2}$ 位袖珍式数字万用表。该表采用大规模集成电路 7106 型双积分式 A/D 转换器构成的数字电压基本表,整机体积小、功耗低。

一、主要技术指标

1．测量范围及准确度见表 6-2。

2．输入阻抗:约 10MΩ。

3．测量速度:2.5 次/秒

4．最大显示数字:1999 或 – 1999

5．电源:9V 叠层电池。

6．整机功耗:17.5 ~ 25 毫瓦。

7．外形尺寸:168 × 80 × 26mm。

表 6-2　DT—830 的测量范围与准确度

测　量　项　目	测量范围	测　量　准　确　度
直流电压 DC　V	0.1mV ~ 1000V	±（0.5% ~ +2 字）~ ±（0.8% +2 字）
交流电压 AC　V(RMS)*	0.1mV ~ 750V	±（1.0% ±5 字）
直流电流 DC　A	0.1μA ~ 10A	±（1.0% +2 字）~ ±（2.0% +2 字）
交流电流 AC　A(RMS)	0.1μA ~ 10A	±（1.2% +5 字）~（2.0% +5 字）
电　　阻 Ω	0.1Ω ~ 20MΩ	±（1.0% +2 字）~ ±（2.0% +3 字）
分辩力		1 个字

* RMS 表示有效值

二、DT—830 型数字万用表面板

数字万用表面板如图 6-21 所示。前面板装有液晶显示屏、量程开关、输入插口、h_{FE} 插口及电源开关。后面板附有电池盒。

1．液晶显示

面板顶部的液晶显示器采用 FE 型大字号 LCD 显示器,最大显示值为 1999（或 – 1999）,仪表具有自动显示极性功能。若被测电压或电流的极性为负,显示值前将带"–"号。显示屏上的小数点由量程开关进行同步控制,可使小数点左移或右移。当仪表电源电压低于工作电压,显示屏左端显示箭头符号时,应更换电池。输入超量程。显示屏左端出现"1"或" – 1"的提示字样。

2．电源开关

110

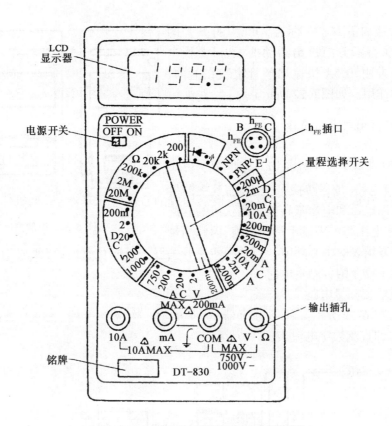

图 6-21 DT—830 型数字万用表面板图

面板左上部字母"POWER"(电源)下面,注有"OFF(关)"和"ON(开)"字符,若将电源开关拨至"ON",接通电源,即可使用仪表。用毕将开关拨到"OFF"位置,则关表。以免空耗电池。

3. 量程开关

位于面板中央的旋转式量程开关配合标有各种不同工作状态范围的开关指示盘,用来完成测试功能和量程的选择。若用表内蜂鸣器做通断检查时,量程开关应停放在标注"·)))"符号位置。

4. h_{FE}插口

面板右上部是一个四眼插座,插座旁标有 B、C、E(E 孔有两个可任意选用)字母,在测量晶体管 h_{FE} 值时,应将晶体管三个电极对应插入 B、C、E 内。

5. 输入插口

输入插口是万用表通过表笔与被测量连接的部位,面板下部设有"COM"、"V·Ω"、"mA"、"10A"共四个插口。使用时黑表笔应置于"COM"插孔,红表笔应根据被测量的种类和大小置于"V·Ω"、"mA"或"10A"插孔。在"V·Ω"与"COM"之间有"mA×750""V~1000V"的字样,表示从这两孔输入的交流电压(有效值)不得超过750V,直流电压不得超过1000V。在"mA"与"COM"之间标有"MAX200mA",在"10A"与"COM"之间标有"MAX10A",表示在对应插口输入的交、直流电流值不应超过200毫安和10安。

6. 电池盒

位于后盖的下方。在标有"OPEN（打开）"的位置，按箭头指示方向拉出活动抽板，可更换电池。为检修方便，0.5A 快速熔丝管也装在盒内，起过载保护作用。如图 6-22 所示。

三、数字万用表电路简介

DT—830 型数字万用表是由 $3\frac{1}{2}$ 位数字电压基本表、测量电路、量程转换开关组成，其中测量电路能将待测电量和电参量转换为毫伏级的直流电压，供数字电压基本表显示待测量值，因此测量

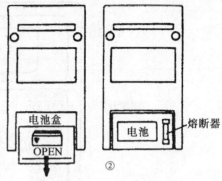

图 6-22　电池盒

电路是数字万用表的中心环节。当量程转换开关置于不同位置时，可组成不同的测量电路。下面主要介绍各测量电路。

1. 直流电流测量电路

电路如图 6-23 所示。环形分流器 $R_2 \sim R_5$、R_{cu} 构成五量程（$200\mu A$、$2mA$、$20mA$、$200mA$、$10A$）的直流数字电流表。

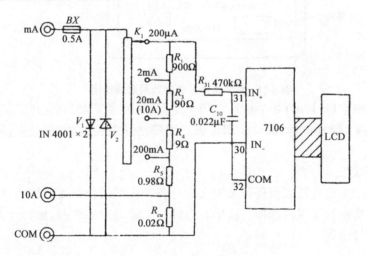

图 6-23　直流电流测量电路

在测大电流时需使用"10A"插孔，并应把 K_1 拨至"20mA/10A"位置，R_{cu} 为 10A 档分流器用黄铜丝制成，可通过较大的电流。

mA 输入端串有 0.5 安快速熔丝管作过流保护，硅二极管 V_1、V_2 作过压保护。

2. 直流电压测量电路

电路如图 6-24 所示。共用附加电阻 $R_7 \sim R_{12}$ 构成五量程（200mV、2V、20V、200V 和 1000V）的直流数字电压表。附加电阻中 R_7 和电位器 R_P 串联，使 $R_7 + R_P = 9M\Omega$。其中 1000V 档，可测电压为 2000V，但考虑到印制板的耐压和绝缘性能，仍规定为 1000V 档使用。C_{17} 是消除高频噪声的电容。R_6 是限流保护电阻。

3. 交流电压测量电路

112

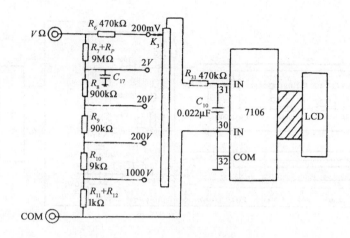

图 6-24 直流电压测量电路

如图 6-25 所示。交流电压测量电路由共用附加电阻、线性 *AC/DC* 转换器和数字基本表构成。其中 V_5、V_6、V_{11}、R_{31}、V_{12} 接在转换器的输入端作过压保护。C_1、C_2 是输入耦合电容，R_{12}、R_{22} 是输入电阻，转换器的输出端接 R_{26}、C_6、R_{21}、C_{10} 构成的阻容滤波器滤波。

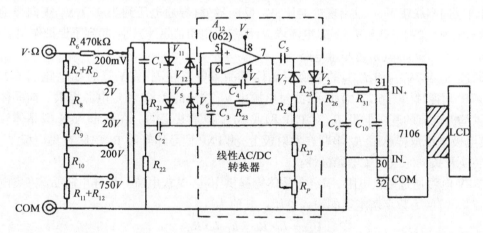

图 6-25 交流电压测量电路

由共用附加电阻构成的五量程(200mV、2V、20V、200V、750V)交流电压测量线路中，750V 档可测 2000V 的交流电压，同样考虑到耐压和绝缘性能，仍规定为交流 750V 档(750V 的峰值等于 1060V)。

4. 交流电流测量电路

将图 6-23 中的附加电阻改换成图 6-23 中的分流器，即构成五量程(200μA、2mA、20mA、200mA、10A)的交流数字电流表。

5. 电阻测量电路

DT-830 型数字万用表采用比例法测电阻，电阻测量电路如图 6-26 所示。

测电阻时，由 $K_{1—4}$ 和 $K_{1—5}$ 将原来的基准电压分压电路全部断开，接入基准电阻，

113

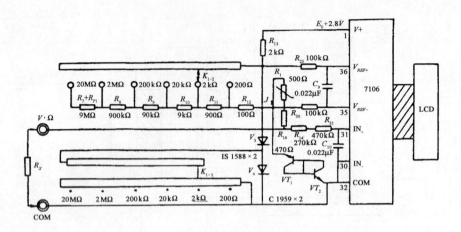

图 6-26　电阻测量电路

V_+ 输出的 2.8V 经 R_{13} 和二极管 V_3、V_4 串联提供 0.6V 和 1.2V 两种测试电压,并由 K_{1-3} 切换。在 200Ω 档用 1.2V,其余各档用 0.6V。K_{1-2} 对基准电阻进行切换,使量程在 200Ω、2kΩ、20kΩ、200kΩ、2MΩ 范围内变化。

电阻测量电路中设置了过压保护电路,由 R_t、R_{16}、V_{T1}、V_{T2} 组成。V_{T1}、V_{T2} 接成二极管方式,再反向串联使用,一旦出现过电压,V_{T1} 反向导通(导通电压约为 9V),V_{T2} 正向导通(导通电压为 0.2V)。热敏电阻 R_t 电流增大而发热,电阻值迅速减小,起到了保护作用。

6. 晶体三极管 $\beta(h_{FE})$ 测量电路

通过 K_{1-1}、K_{1-2} 和 K_{1-3} 的切换使晶体管测量电路在测 *NPN* 管时如电路图 6-27 (a),测 PNP 管时如图 6-27(b)所示,测量电源由 V_+ 输出的 2.8V 稳定电源提供。向晶体管提供基极电流的基极电阻 R_b 对 PNP 型或 NPN 型是共用的。在测量 NPN 型晶体管时,集电极电流取样电阻 R_0 串联在发射极上,测 PNP 型晶体管时 R_0 串联在集电极上,通过转换开关同时改变了电源极性。

2.8V 电源通过基极电阻,固定向晶体管提供 10μA 基极电流。取样电阻 R_0 将集电极电流 I_C 转换为数字基本表的输入电压。其值为

$$U_{IN} = I_C \cdot R_0 = h_{FE} I_b R_0$$

将 $I_b = 10μA$,$R_0 = 10Ω$ 代入上式

$$U_{IN} = 100 h_{FE}(μV) = 0.1 h_{FE}(mV)$$

$$h_{FE} = 10 U_{IN}$$

利用基本表量程 200mV 测 h_{FE},去掉小数点,则显示值 N 就等于 h_{FE}。

上述晶体管 h_{FE} 测量电路,理论上可测 $h_{FE} = 1999$,但 h_{FE} 值过大会影响基准电压源的稳定性,因此这种测量方法适用于测量小功率晶体管,且 h_{FE} 值不宜超过 1000,最好在 500 以下。

四、数字万用表使用方法

1. 直流电压的测量

114

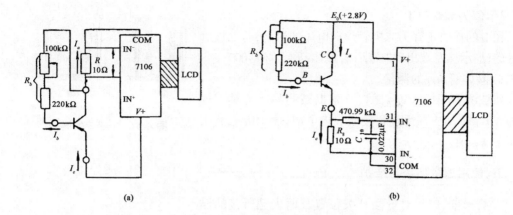

图6-27 晶体管 h$_{FE}$测量电路

将量程开关有黑线的一端拨至"DCV"范围内的适当量程档,黑笔插入"COM"插口(以下各种测量都相同),红笔插入"V·Ω"插口,将电源开关拨至"ON",表笔接触测量点以后,显示屏上便出现测量值。量程开关置于×200mV档,显示值以"毫伏"为单位,其余四档以"伏"为单位。

2. 交流电压的测量

将量程开关拨至"ACV"范围内适当量程档,表笔接法同上,其测量方法与测直流电压相同。

3. 直流电流的测量

将量程开关拨至"DCA"范围内适当的量程档,当被测电流小于200mA,红表笔应插入"mA"插口,接通表内电源,把仪表串接入测量电路,即可显示读数。若量程开关置于200m、20m/10A、2m三档时,显示值以"毫安"为单位;置于200μ档,显示值以"微安"为单位。当被测电流大于200mA,量程开关只能置于20m/10A档,红表笔应插入"10A"插口,显示值以"安"为单位。

4. 交流电流的测量

将量程开关拨至"ACA"范围内适当的量程档,红表笔也按量程不同插入"mA"或"10A"插口,测量方法与测直流电流相同。

5. 电阻的测量

将量程开关拨到"Ω"范围内适当的量程档,红表笔插入"V·Ω"插口。例如,量程开关置于20M或2M档,显示值以"MΩ"为单位,200档显示值以"欧"为单位。2k档显示值以千欧为单位。

6. 线路通、断的检查

将量程开关拨至"·)))"蜂鸣器档,红黑表笔分别插入"V·Ω"和"COM"插口。若被测线路电阻低于"20Ω",蜂鸣器发出叫声,说明线路接通。反之,表示线路不通或接触不良。

7. 二极管的测量

将量程开关拨至二极管符号档,红黑表笔分别插入"V·Ω"和"COM"插口,将表笔尖接至二极管两端如图6-28所示。

图a的接法正好使万用表显示的是二极管的正向电压。若二极管内部短路或开

115

路,显示值为**000**和**1**。

图 b 的接法正好为二极管反向电压的测量,若二极管是好的,显示屏左端出现"1"字;若损坏,显示值为 000。

8. 晶体管 h_{FE} 的测量

将被测管子插入 h_{FE} 插口。根据被测晶体管类型选择"*PNP*"或"*NPN*"量程档,接通表内电源,显示屏上测出管子的 h_{FE} 值。

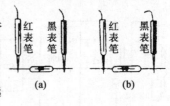

图 6-28　二极管的测量

五、使用注意事项与维护

1. 测量前,应校对量程开关位置及两表笔所接的插孔,无误后再进行测量,严禁在测量高电压或大电流时拨动开关,以防产生电弧、烧毁开关触点。

2. 对无法估计的待测量,应选择最高量程档测量,然后根据显示结果选择合适的量程。

3. 严禁带电测电阻。用低档(200Ω 档)测电阻,可先将两表笔短接,测出表笔引线电阻,据此修正测量结果。用高阻档测电阻时,应防止人体电阻并入待测电阻而引起测量误差。

4. 数字万用表的频率特性较差,测交流电量的频率范围为 45～500 赫,且显示的是正弦波电量的有效值。因此待测电量是其他波形的非正弦电量,或超过其频率范围,测量误差会增大。

5. 仪表保存时应特别注意环境条件,不放置在高温或潮湿的环境。

6. 仪表测量误差增大,常常是因为电源电压不足,测量时应注意欠压指示符号,若显示"◊",应即时更换电池,每次测量结束都应关闭电源,以延长电池使用寿命。

7. 当测电流无显示时,应首先检查熔丝管是否接入插座,熔丝是否烧断。

第十节　信号发生器的使用

*XD*7 低频信号发生器是一种 RC 正弦波振荡器。它能产生 20Hz～200kHz 非线性失真很小的正弦波信号。本仪器除备有电压输出外,还有功率输出,其最大输出功率是 5W 左右(20Hz～20kHz)。功率输出可配接 8Ω、600Ω、5kΩ 等三种负载,功率输出的最大衰减量能达到 80dB。

*XD*7 低频信号发生器是目前国内最常用的,它是作为调测相应频段的放大器、调制器、传输网络以及电声设备等用的低频信号源。

一、主要技术指标

1. 频率范围:从 20Hz～200Hz 共分为如下四个频段:

第一频段:20Hz～200Hz;

第二频段:200Hz～2000Hz;

116

第三频段:2000Hz～20kHz;

第四频段:20kHz～200kHz。

2. 频率特性

(1)电压输出:以 1kHz 频率、600Ω 负载、输出 5V 时为基准,频率响应 ≤ ±1dB。

(2)功率输出:以 1kHz 频率、输出功率 4W 时为基准,频率响应 ≤ ±1.5dB。

3. 非线性失真

(1)电压输出:输出电压 5V 时,20Hz～20kHz,失真度≤0.3%。

(2)功率输出:输出功率 4W 时,20Hz～20kHz 失真度≤1.5%。

4. 最大信号输出:

(1)电压输出:600Ω 负载,不平衡输出时,20Hz～200kHz≥5V。

(2)功率输出:8Ω 负载,不平衡输出;

　　　　　　600Ω 负载,平衡或不平衡输出;

　　　　　　5kΩ 负载,平衡或不平衡输出;20Hz～20kHz≥5W

5. 功率衰减器:

共分五级:0dB、20dB、40dB、60dB、80dB。

衰减误差:20Hz～20kHz。

6. 功率输出阻抗:

0dB～600Ω、20dB～60Ω、40dB～10Ω、60dB～10Ω、80dB～80Ω。

7. 功率输出指示电压表:

5kΩ 输出时满度为 160V;

600Ω 输出时满度为 70V;

8Ω 输出时满度为 7V。

二、工作原理

XD7 型信号发生器是全晶体管化的低频信号发生器,其原理框图见图 6-29 所示。

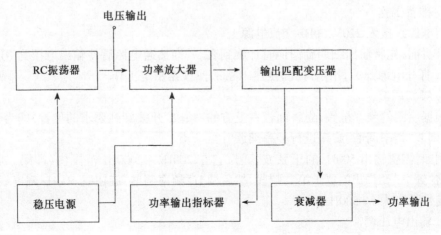

图 6-29　XD7 型信号发生器原理框图

117

XD7 型信号发生器主要由文氏电桥振荡器、功率放大器、匹配变压器、功率输出衰减器、电压表、直流稳压电源组成。

各部分作用如下：

1. 文氏电桥振荡器

本电路由典型的 RC 文氏电桥、两级放大器和一级射极跟随器组成。

(1) R、C 构成文氏电桥选频网络，其振荡频率（即信号发生器的输出信号频率）为 $f = 1/2\pi RC$。

只要改变选频网络中的参数 RC 数值，就可以改变振荡频率 f。该仪器通过改变电容器的容量来实现频率的细调，用成十倍的改变电阻的阻值来实现频率的粗调，从而达到频率的连续调节。

(2) 两级放大器对选频网络的信号进行放大，稳幅作用。跟随器用来隔离输出衰减器对振荡器的影响，使振荡频率不随衰减器电阻值的变化而变化。

2. 功率放大器及匹配变压器

本电路采用 CE 倒相式无输出单端推挽线路，电路工作在甲类状态，并有较深的负反馈。匹配变压器接在功率放大器输出端，用来与 600Ω、5kΩ 阻抗匹配，以达到最大输出。

3. 输出衰减器

对输出电压进行衰减，以满足各种电压的输出的需要。分粗衰减器和细衰减器，即仪器面板的"输出衰减"和"输出细调"旋钮，其中细衰减器的衰减量由电位器调节，对输出电压进行连续调节，粗衰减器是间隔 20dB 的多档步进式衰减器，其衰减量直接刻在仪器面板"输出衰减"旋钮旁边。在整个频率范围内对输出电压衰减 0~80dB。

由 RC 振荡器产生的正弦波信号经过跟随并经细衰减器和精衰减器后输出。

4. 输出指标电压表

用来指示功率输出电压值（有效值）。

三、仪器的使用方法

1. 准备工作

将电源线接入 220V, 50Hz 交流电源上。

开机前，先将输出细调旋钮逆时针旋到底。（即接通电源后使输出电压为 0）。

2. 打开电源开关，指示灯亮，预热 10min，使仪器稳定工作。

3. 频率调节

根据使用的频率范围，先将面板右上方的"频段"开关旋到要求的位置，即为频率粗调，再调节"频率调谐"旋钮进行频率细调。

例如：需要输出 500Hz 的正弦波信号，它在 200Hz~2000Hz 范围内（即第二频段），因此将"频率范围"开关置于第二频段，然后调节"频率调谐"旋钮置 500Hz 刻度线上，即输出信号频率为 f = 500Hz。

4. 输出电压调节

本仪器上有电压输出和功率输出两组端钮，这两种输出共用一个"输出细调"旋钮。"电压输出"0~5V 连续可调，"输出衰减"旋钮，用来作每步 20dB 的衰减，如需小信号时,可调节粗衰减器进行适当衰减,这时的实际输出电压应用交流毫伏表测量。

5. 功率输出级的使用

阻抗匹配:功率级共设有三种负载值,8Ω、600Ω、5kΩ。要想使输出为最大,应该选取上面三种负载值的其中之一,以求匹配,如果做不到,一般来说也应该使实际使用的负载值大于所选用的负载值,否则失真增大。

第十一节　晶体管毫伏表的使用

晶体管毫伏表是用来测量正弦电压有效值的仪表,它与一般交流电压表相比,具有以下优点:测量电压范围宽(从几百 μV 到 300V);输入阻抗高(可达 1MΩ);对被测电路影响小;测量频率范围宽(几十 Hz 到 1MHz);以及灵敏度比较高等优点。因此常用来测量频带宽,功率小的正弦波交流电压的有效值。

一、DA—16 型晶体管毫伏表的工作原理

1. 方框图如 6-30 所示。

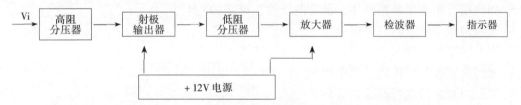

图 6-30　DA—16 型晶体管毫伏表的工作原理方框图

2. 原理简介

射极输出器:毫伏表输入阻抗以高为佳,输入高阻抗、输出低阻抗是射极跟随器的特点,本电路使用二个晶体管串接,使输入阻抗更高,由于高阻分压器频率响应不易做好,故此电路将 0.3V 以下信号变换成低阻抗电压进行分压,对大于 0.3V 的信号,为避免输出失真及烧坏管子,而在前级衰减后进入跟随器。

放大器:是由五个三级管组成,电压增益约 60dB 左右。

检波器:其电路为桥式全波整流。

稳压电源:输出直流电压为 +12V,作为射极跟随器和放大器的偏置。

3. 主要技术指标

(1)测量电压范围:100μV ~ 300V。

量程为 1、3、10、30、100、300μV、1、3、10、30、300V,共十一档级。

(2)测量频率范围:20Hz ~ 1MHz。

(3)测量电平范围:−72dB ~ +32dB。

(4)输入阻抗:在 1kHz 时输入电阻大于 1MΩ。输入电容小于 70PF。

(5)使用电源:220V ± 10%。

4. 使用方法

(1)通电前调节机械调零螺丝使指针为零。

(2)将输入端短接,接通电源预热 5min,将仪表量程转换开关拨到所需要的测量范围,再调节以上"调零"旋钮,使表针指零点,然后将输入端断开,即可进行测量。

(3)当使用较高的灵敏度档(毫伏级)时,应先接上地端,然后接另一输入端子。

(4)读表:量程开关置 10mV、100mV、1V……等档时,从满刻度为 10 的上刻度盘读数。刻度盘的最大值为量程开关所处档级的指示值。量程开关置 30mV、300mV、3V……等档时,从满刻度为 30 的下刻度盘读数。

(5)测量完某处电压后,应先将量程开关旋到高电压档,再取掉测量线。暂时不测量时,应将测量线短接,以避免人体感应电压加到表头,使指针打断。

(6)使用完毕关掉开关电源。

习题二

1. 电工仪表可分为哪四大类? 各具有哪些特点?

2. 常用的电子仪器有哪些?

3. 万用表具有哪些特点? 简述万用表的结构?

4. 使用万用表时应注意哪些事项?

5. 如何用万用表来判别晶体二极管的极性? 好坏的判断?

6. 如何判断三极管的三个电极?

7. 用万用表如何来判别晶体管是硅管还是锗管?

8. 如何判断场效应管的三个电极?

9. 用万用表来检测可控硅的好坏?

10. 用万用表来检测单结晶体管的好坏?

11. 如何正确使用兆欧表?

12. 简述用 QJ23 型直流以单臂电桥测量电阻的步骤?

13. 简述 QJ42 型双臂电桥的使用方法?

14. 试述 UJ36 型直流电位差计使用过程中的注意事项是什么?

15. 直流电阻箱在使用中应注意什么?

16. 标准电池在使用中应注意什么?

17. 用 ST16 示波器测量 JF—12 型放大器各级输出电压波形?

18. 试述低频信号发生器的使用方法?

19. 简述晶体管毫伏表的使用方法?

20. 用 QT2 型晶体管特性图示仪测试三极管的输出特性曲线? 测出三极管的直流放大倍数? 测试反向击穿电压值?

21. 什么是万用表的欧姆中心值,它有什么特殊意义?

22. 数字万用表测电阻用什么方法?

23. 为什么数字万用表测交流电要用线性 AC/DC 转换器?

24. DT—84 型数字万用表有哪些测量功能?

25. 使用数字万用表时应注意哪些问题?

第二篇　测量转换技术

第七章　测量基础知识

第一节　电路分析基础

电路分析这一技术在各个方面得到很广泛的应用,我们每天所接触到的电就是电路技术应用的结果,才能使电能得到充分、合理、高效的输送。可以说电路分析是通讯、计算机、电力和尖端科学技术的基础。

一、电压源和电流源

电源是电路中提供能量的元件,只有电阻而没有电源的电路中就不可能有电流存在,也就没有能量的转换发生。电源一般分为独立电源和受控电源两大类型。

我们先讨论电压源。电压源的定义是:如果一个二端元件接入任一电路后,其两端的电压总能保持规定值 u_s,而与通过它的电流大小无关,则该两端元件称为电压源。

电压源的电压 u_s 可以是常数,也可以是某一个随时间 t 而变化的函数。电压源的符号如图 7-1(a)所示。其中" + "、" − "号表示电压的参考极性,当 u_s 为常数时,就称为直流电压源,用 U_s 表示,有时也用图 7-1(b)的符号表示,其中细长线表示参考极性的高电位端,短粗线表示低电位端。图 7-1(c)表示出直流电压源的伏安特性曲线。

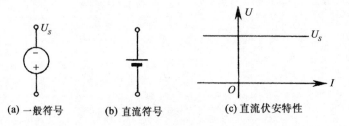

(a) 一般符号　　　(b) 直流符号　　　(c) 直流伏安特性

图 7-1　电压源符号、特性

由定义可知,电压源有两个基本特性:

(1)它的端电压 u_s 是一定的,与流过它的电流大小无关,也就是端电压 u_s 不因与电压源相联接的外电路不同而变化。例如,一个端电压为 5V 电源,当它和任何外电路相联接时,不论流过它的电流是多少,其两端的电压总是 10V,与相联的外电路无关。

(2)电压源本身不能确定流过它的电流是多少,而是要取决于电压源相联的外电路。流过电压源的电流可以是任意的。例如,一个端电压为 10V 的电压源,当它的两个端钮不接外电路时,也就是电压源的两端开路时,流过它的电流为零;当它外接一个 10 欧姆的电阻时,由欧姆定律可算得流过它的电流为 1A;当它与一个 1 欧姆的电阻连接时,则流过的电流就是 10A;当用一根导线把它电压源两端相联(既短路)时,则流过的电流将无限大。

当电压源的电压 $us = 0$ 时,该电压源就相当于一根短路线。显然,实际上不存在具有上述特性的这种电压源。电压源允许流过任意大小的电流,意味着它可以提供无限大的功率,而任何一个实际电压源提供的功率都是有限的。而且实际电压源的两端是不允许用导线相联的(短路)。

另一种在电路中常常出现的独立源就是电流源。电流源的定义是:如果一个二端元件接入任一电路后,由该元件流入电路的电流总能保持规定的值 i_s,而与其两端的电压无关,则此二端的元件称为电流源。

i_s 可以是常数,用 i_s 表示,也可以是某个随时间 t 而变化的函数,图 7-2 表示出电流源的符号及直流源的伏安特性。图中圆圈内的箭头表示出电流 i_s 的参考方向。

由定义可知电流源有二个基本特性:

(1)它的电流是一定的,与它两端的电压无关,不论与它相联接的外电路如何不同,它总是对外电路提供同样的电流 i_s。例如:一个 2A 的电流源两端接一个 5Ω 的电阻时,流过 5Ω 电阻的电流就是 2A;当它接一个 50Ω 的电阻时,流过 50Ω 电阻的电流仍然是 2A。

(2)电流本身不能确定它两端的电压,而是取决于与它相联的外电路,电流源两端的电压可以是任意的。例如:一个 1A 的电流源与不同的外电路相联时它的端电压 U 的大小和极性也不同。如图 7-3 中各图所示。其中电流源的电压、电流采用了非关联的参考方向。

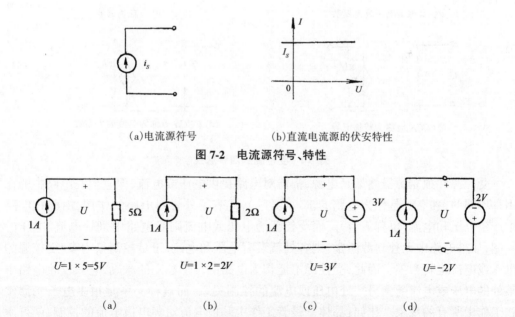

(a)电流源符号　　　　　　(b)直流电流源的伏安特性

图 7-2　电流源符号、特性

$U=1×5=5V$　　　$U=1×2=2V$　　　$U=3V$　　　$U=-2V$

(a)　　　　　(b)　　　　　(c)　　　　　(d)

图 7-3　电流源和不同的外电路相联接

当电流源的电流 $i_s = 0$ 时,则该电路相当于开路。电流源只是一种理想化的模型。但是,一些实际电源在一定条件下可近似地用电流源来作为模型。

电流源也和电压源一样,电流源有时对电路提供功率,有时也从电路吸收功率。同

123

样,我们可以根据其电压、电流的参考方向以及电压、电流乘积的正负来判定电流源是产生功率还是在吸收功率。

二、受控源

随着电子技术的发展,出现了众多的电子器件,由独立源和电阻元件组成的模型远远不能反映这些电子器件工作时的性能,因此需要引入新的理想元件——受控源。受控源也是一种电源,它分为受控电压源和受控电流源两种类型,他们是组成半导体电路模型的主要元件。独立源可以独立地对外电路提供能量,受控源则不能独立地对外电路提供能量,因此受控源又称为非独立源。

受控源的特点是:它的电压或电流受电路中其它支路的电压或电流的控制。因此,受控源有两个端口:一对是对外提供向受控源输入电压或电流的端口;一对是用来输出端口上电压或电流的大小。根据控制量是电流还是电压,受控源输出是电流还是电压,受控源可分为四种形式:即电压控制电流、电压控制电压、电流控制电流、电流控制电压。如图 7-4 所示,为了与独立源相区别,用菱形表示受控源。图中" + "、" − "符号表示电压和电流的方向,u、g、r 和 a 称为控制系数,受控源还分为线性和非线性两大类。

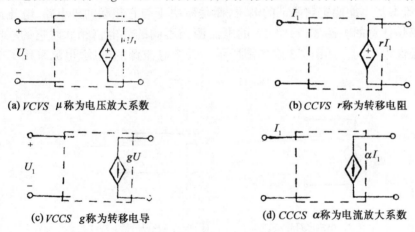

(a) VCVS μ 称为电压放大系数   (b) CCVS r 称为转移电阻

(c) VCCS g 称为转移电导   (d) CCCS α 称为电流放大系数

图 7-4 受控源的四种形式

受控源和独立源虽然都是电源,都能对电路提供电压或电流,但它们在电路中的作用是不同的,独立源是作为电路的输入(激励),代表了外界对电路的作用,由此在电路中产生电压和电流(也称响应)。而受控源的电压或电流则受电路中别处电流、电压的控制,如果电路中无独立源激励,则各处就没有电压和电流,于是控制量为零,受控源的电压或电流也就为零。因此,受控源不能作为电路的一个独立的激励,它只反映电路中某处的电压或电流受到另一处电压或电流的控制关系,而这种关系是很多电子元器件在工作中所有的现象。比如:晶体三极管工作中基极电流对集电极电流的控制,就可用一个电流控制电流源的模型来表现。

在有些图中受控源并不一定画成图 7-5(a),而画成图 7-5(b)的形式,在分析受控源的电路时,可将受控源直接按独立源去处理分析。

124

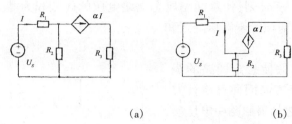

（a）   （b）

图 7-5　受控源常用画法

三、基尔霍夫定律

在第一章中介绍了电阻电路中的伏安关系。在电路分析中,我们把元件的伏安关系式称为元件的约束方程,这是元件电压、电流所必须遵守的规律,它表示了元件本身的性质。当各元件联接成一个电路后,电路中的电压、电流满足元件本身的约束方程外,还必须同时满足电路结构加给各元件的电压和电流的约束关系,这种约束被称为结构约束,这种来自结构的约束体现为基尔霍夫的两大定律,既基尔霍夫电流和基尔霍夫电压定律。

电路中的各个电压、电流要受到两个方面约束:一方面是来自元件性质的约束,这与电路结构无关;另一方面是来自电路结构的约束,这同电路中的元件无关。基尔霍夫定律是德国物理学家 G.R. 基尔霍夫所发现的二个电路的重要定律,电流和电压定律。

1. 基尔霍夫电流定律:任一时刻,任一接点上的所有支路电流的代数和等于零。即任一时刻、任一节点上流入的电流总和等于该节点上流出的电流总和。用数学表达式为

$$\sum i = 0 \qquad\qquad (7-1)$$

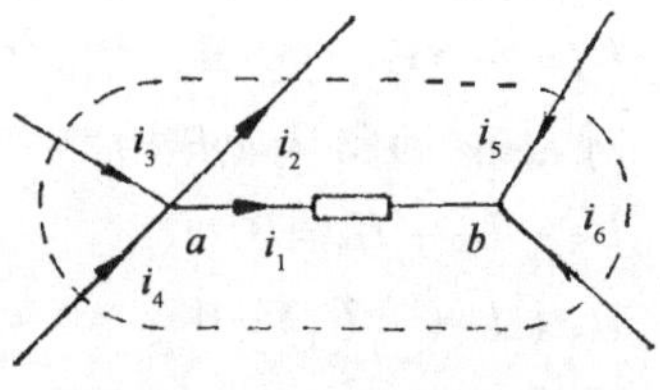

如果对图 7-6(a)点进行分析,通常假定电流流出节点为正,流入节点为负,就可以得到以方程式

图 7-6

$$i_1 + i_2 - i_2 - i_4 = 0$$

或按电流方向流入节点的电流总和等于流出节点的电流总和,可直接写出方程

$$i_3 + i_4 = i_1 + i_2$$

如果不知道电路中实际电流方向,可在分析时假设电流的方向,然后代入方程式,解出的方程结果是负数说明与原来设定的电流方向相反。另外在用基尔霍夫电流定律代数方程时各支路电流必须用统一的电流单位。

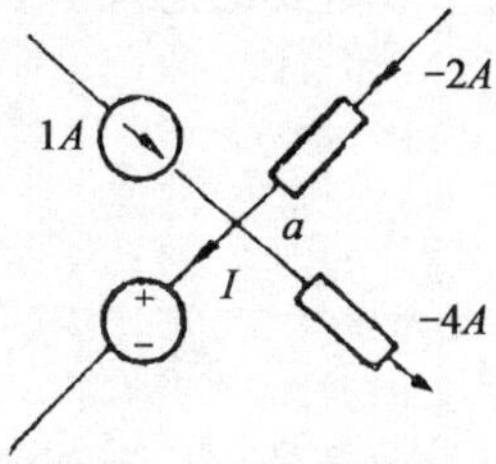

举例　流入、流出一个节点的电流如图 7-7,求 I 的值。

解:设流出节点的电流为负,流入的电流为正,则根据基尔霍夫电流定律代数方程为

图 7-7

$$1 + (-2) - (-4) - I = 0$$

解得上式　$I = 3A$

2. 基尔霍夫电压定律:任意时刻,任意回路所有支路电压的代数和为零。即任一时刻,任一回路的电压升之和应该等于电压降之和。

用数学表达式为:$\sum u = 0$ （7-2）

如果对图 7-8 进行分析,假使设定回路的绕行方向,当回路中的电压参考方向同回路绕行方向一致时,该电压取正号;反之如果回路中电压参考方向同回路绕行方向相反时电压取负号。可写出代数方程式

$$U_1 - U_2 - U_3 + U_4 = 0$$

解出电压如果是负值,说明原来的电压方向同加设的方向相反。

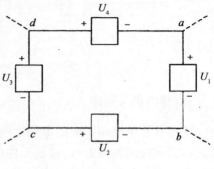

图 7-8

举例 求图 7-9 中的 U_1 和 U_2。

解:对 abcda 和 aefba 两个回路取顺时针方向绕行时。

1. 对 abcda 回路从 a 开始

$$U_1 + U_2 + U_3 + U_4 = 0$$
$$U_1 + (-U_2) + (-U_3) + U_4 = 0$$
$$U_1 - 10V - 5V + 20V = 0$$
$$U_1 = -5V$$

2. 对 aefba 回路从 a 开始

$$U_5 + U_2 + U_1 = 0$$
$$U_5 + U_2(-U_1) = 0$$
$$-5V + U_2 + 5V = 0$$
$$U_2 = 0$$

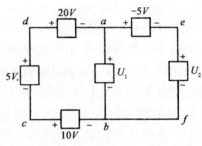

图 7-9

基尔霍夫电流、电压定律与电路中的元件无关,故无论是线性电路还是非线性电路都是这两大定律实验中得出的理论,是各种电路分析的基础知识。掌握好这门技术具有十分重要的意义。

第八章　电量的测量

第一节　电压的测量

在工业自动化领域中,常见的电压测量有:直流电压、交流电压、脉冲电压和一些缓变幅值较低的电压等。这里主要介绍直流电压和交流电压的测量。

一、直流电压的测量

一般最常见的直流电压测量方法是用万用表的直流电压档去测量直流电压,它的基本原理是将被测电压通过已知的电阻网络(包含有磁电式电流表的线圈内阻)转换成电流,再通过磁电式电流表显示出来。但是这种测量方法有很大的局限性,当被测电压的电路内阻较高,或被测电压值较低时,这种测量方法就不能满足测量要求。如需准确的测量就必须通过应用电子技术,借助于合适的电压放大电路,将被测电压放大到足以用普通的磁电式电压表显示的程度。但是在设计这种电压放大电路时要求电压放大电路的输入阻抗足够高才能满足低电压的测量要求。

带有电子放大电路的磁电式电压表我们通常称它为电子电压表,图 8-1 所示。它的输入阻抗一般可高达 $10^7\Omega$ 的数量级。

图 8-1　直流放大式电子电压表原理方框图

采用数字技术来测量低电压,随着数字电子技术和集成电路技术的发展,采用 A/D 转换电路可以将放大到一定程度的电压量转换为数字量,实现数字化显示。采用这一技术做成的电压表称为数字式电压表,一般数字式电压表的分辩率可达 $10^{-6}—10^{-7}$V 数量级。由于 A/D 电路结构简单,成本低,显示清晰直观,因此近几年得到了很广泛的推广应用。

采用电位差计测量低直流电压,这一方法已应用了很长的时间,图 8-2 是直流电位差计的原理图。图中 U_X 为被测电压,E 为电池,R_0 为可变电阻器,电流表 A 与电阻器 R 构成回路。调节 R_0 可使回路电流 I 达到某一个设定值 I_S,调节 R 的滑动触点 F,即调节 r 值可使检流计 G 为零,这时被测电压 U_x 和 r 上的压降 $I_s r$ 平衡,由于 I_s 为已知定值,而通过可变器 R 的动触点位置的刻度可读出 r 示值,即 $I_s r$ 为已知,根据平衡原理有 $U_X = I_s r$,便可知道 U_X 的值。

显然,电位差计的精确度和 I_S、r 的精确度以及检流计 G 的分辩率有关,为了提高测量精度,通常采用图 8-2 所示的电路接线。图中 R_{01}、R_{02} 是调节回路工作电流的可变电阻器,R 是由十五个标准阻值(2Ω)的电阻串联组成的分压盘,R' 是滑动式可变电阻(2Ω),E_S 是标准电池的电动势,测量时先将开关 K 合向"1"标准电池便接到电滑动触头 b 所连接的分压盘以及可动触头 a 所连的 R' 上。当 a、b 两可动触头调节在预先设定的位置(当工作电流为规定值 I_S 时,在设定的 a、b 两触点位置之间的电阻 R_S 上的压降,等于标准电池的电势)时,调节 R_{01}、R_{02} 使检流计 G 为零,这时 $I = I_S$。然后将开关 K 合向"2",将被测电压 U_X 接入电路,调节 a、b 两触点直到直流检流计 G 指示值为零,a、b 两点间的电阻值 R_X,可求得被测电压为

$$U_X = R_X \times E_S / R_X$$

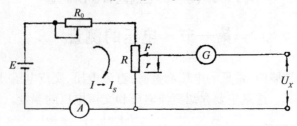

图 8-2 直流电位差计原理图

用电位差计测量直流电压时,它并不消耗被测电路的能量,这是一个十分重要的优点,高性能的电位差计的测量精度可达 10^{-5} 数量级,比一般的数字式电压表精度还高。

二、交流电压的测量

在各个领域中,除了测量纯正弦电压外,还需要测量一些包含有直流分量、谐波分量等非正弦的周期性交变电量。周期性交变电量的大小,一般是将交流电转换成直流以后再进行测量,交流—直流的变换,通常由检波电路来完成。检波电路可按其响应于输入交流电量的特性分为均值检波、峰值检波和有效值检波。

由于大多数测量对象是正弦波,而且正弦波的平均值、峰值和有效值之间有着一定的比例关系,因此对那些非有效值响应的仪表用有效值定度时,只需以正弦波的这种比例关系进行折算。例如:用峰值响应的仪表测得交流电压的峰值为 14.14V 时,仪表的有效值示值定度应该为 10V。反之如果用有效值响应的仪表测得一个交流电压为 10V,那么它的峰值应是 14.14V,平均值应是 0.9V。

1. 峰值:交流电量在一周期内所出现的最大瞬时值称为峰值。以 U 表示。峰值分正峰值和负峰值,两者可能相等(指绝对值)。图 8-3 其正峰值 $U+$ 和负峰值 $U-$ 都是以纵轴为零计算的。

2. 平均值:任意电量 $U(t)$ 在一段时间 T 内随时间匀密地逐点测得的电压值 U_k 的平均,即数学上的平均值可表示为

$$\overline{U} = \frac{1}{n} \sum_{K=1}^{n} U_K$$

对连续变化的电量,其平均值在数学上定义为

$$\overline{U} = \frac{1}{T} \int_0^T U(t) \, dt$$

3. 有效值:有效值(也称均方根值),是应用最普遍的表征交流电量大小的量值。其定义为(交流电量的有效值,就是与它热效应相等的直流值)。

$$U = \sqrt{\frac{1}{T} \int_0^T U^2(t) \, dt}$$

128

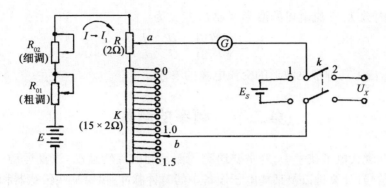

图 8-3　采用标准电池和标准电阻的电位差计

表 8-1　几种交流电量(或具有交流分量)的参数

序号	名　称	波　　形	峰值	有效值	全部整流(平均值)	波形因数 K_y	波峰因数 K_p
1	正弦波		A	$A/\sqrt{2}\approx$ 0.707A	$2A/\pi\approx$ 0.637A	$\pi/2\sqrt{2}\approx$ 1.11	$\sqrt{2}\approx1.414$
2	半波整流后的正弦波		A	$A/2$	$A/\pi\approx$ 0.318A	$\pi/2\approx$ 1.57	2
3	全波整流后的正弦波		A	$A/\sqrt{2}\approx$ 0.707A	$2A/\pi\approx$ 0.637A	$\pi/2\sqrt{2}\approx$ 1.11	$\sqrt{2}\approx1.414$
4	三角波		A	$A/\sqrt{3}\approx$ 0.577A	$A/2=$ 0.5A	$2/\sqrt{3}\approx$ 1.15	$\sqrt{3}\approx1.732$
5	方波		A	A	A	1	1
6	脉冲波		A	$\sqrt{T/\tau}$	τ/TA	$\sqrt{T/\tau}$	$\sqrt{T/\tau}$

129

4. 波形因数 K_f 交流电量的波形因数 K_f 定义为

$$K_f = \frac{\text{有效值}}{\text{平均值}} = \frac{U}{\overline{U}} = \frac{I}{\overline{I}}$$

表 8-1 示出了几种常见波形的交流电量的参数。

第二节　频率的测量

在工业和现代电子技术中,经常要遇到周而复始的旋转运动、往复运动;周期变化的电信号的信号;计算机以及某些电子设备中的时钟脉冲;供给某些传感器和测量电路的交变电源;超声波检测、探伤;无线电遥测、遥控等交变电信号以及周期性脉冲等等。通常,人们关心的是各种周期性现象每重复一次所需要的时间"周期",以及每单位时间内重复进行的次数"频率"。周期和频率,是描述同一周期现象的两个参数,它们之间具有如下的关系:

$f = 1/T$　　f 为频率(单位:Hz)　　T 为周期(单位:S)

频率及周期参数的测量是一个很重要的测量技术,也很普遍。

一、计数法测频率的工作原理

根据频率是周期性现象,是单位时间内重复出现的次数这一定义,可得到:

$$f = \frac{N}{T_{\smile}}$$

式中:N——为周期性出现的次数;

　　$T_{\smile}$——为出现 N 次周期现象的时间(单位:s)

因此在测量交变电信号时先将所测的信号整形为脉冲波,然后用电子计数器在一定的时间间隔 T 内对脉冲重复出现的次数计数。由于 T 是规定的,并且在测量中脉冲也没有丢失,因此从计数器的累计值便可知道被测信号的频率 f_x。

利用上述原理构成的测频仪器称电子计数式频率计。一般以数字式显示频率,因此也常常被称为电子数字式频率计。图 8-4 为计数式频率计的原理方框图。仪器由计数器和门控电路两个主要部分组成,当被测信号输入时,先通过整形电路将任意波形变换成窄脉冲波形送入门控电路的输入端。门控电路实际上是一个与门的功能相同的电路,当控制端为低电平时,将门关上,禁止脉冲进入计数器。而当控制端为高电平时,将门打开,允许脉冲进入计数器。这个门控电路是由高精度的石英晶体振荡器的振荡信号经整形和通过多级分频后形成的。因此门控信号是一个宽度为 $T_{cn} = t_1 - t_2$ 的矩形脉冲,在 T_{cn} 时间内,由被测信号变换成的窄脉冲列,通过门控电路输入计数器计数。假设设计数值为 N_X,那么便可按下式求出频率 f_x

$$f_x = \frac{N_X}{T_{cn}}$$

由式可知,计数式测频法的准确度主要取决于门控时间 T_{cn} 和计数值 N_X 这两个值的准确度,当计数值相当大时,测频的准确度可近似等于时间基数 T_{cn} 的精度,按目前

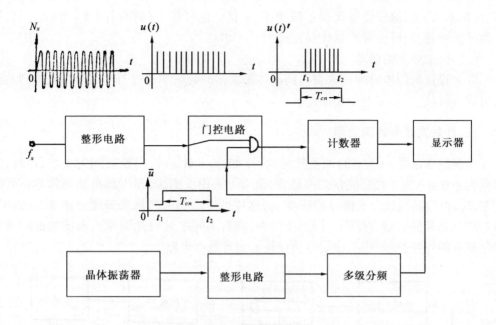

图 8-4　计数式频率计原理方框图

水平已可达 10^{-9} 量级。

二、计数式频率计测频的误差

(一)量化误差

频率和周期都属于数字量,因此用计数式频率计测频实际上是一个量化的过程。量化的最小单位是数码的一个字。当门控时间 T_{cn} 和被测频率 f_x 都一定时,由计数器计得的脉冲个数可能有一个字(一个脉冲)的误差。见图 8-5,可看出在 t_1 的上升沿开始通过 T_{cn} 时间计数器累计了 8 个脉冲,但是在 t_2 的上升沿开始通过 T_{cn} 时间计数器累计了 7 个脉冲。可见同一个被测量在计数测频时得到了二个不相同的结果。两者相差 1 个字。被测频率值 f_x 介于 7—8 之间。

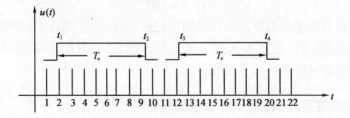

图 8-5　产生量化误差的示意图

这样的误差,是数字测量和模拟量转换成数字量的量化过程中出现的误差,是数字测量仪表中必然存在的误差,也称量化误差。而且量化误差的特点是无论被测频率多少或计数值的多少,它的量化误差始终是 ±1。因此为了减少量化误差对测量值精度的影响,通常可增加计数时间以减少量化误差。比如:通过倍频技术将被测频率倍频 m

131

倍,使频率为mf$_x$,这样使量化误差减少了 m 倍。也可扩大门控时间 T_{cn} 为 kT_{cn}。增加计数的脉冲数,同样也可使量化误差减少了 k 倍。

(二)标准频率的误差

以上提到的门控时间是来自石英晶体振荡器的高频率通过若干级分频而得到的标准时间,同样它也存在着量化误差。

三、计数式频率计测周期

被测频率越低,±1 字的误差就越大,比如:f_x = 1Hz 时,门控时间为 1 秒(s)时,其误差为 100%。为了提高测量的准确度,通常可采用反测法,即先测出被测脉冲信号的周期 T_X,再以其倒数来求得被测频率 f_x,这样可提高它的测量准确度。图 8-6 所示为计数式测周期的原理方框图。同测频法相比较,不同之处只是原来整形后的被测频率替代原来的门控信号,将晶振信号直接输入至计数器电路。

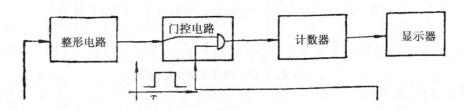

图 8-6 计数式频率计测周期的原理方框图

$$T_x = \frac{N}{f_c} = NT_C$$

在上式中 T_X 为被测频率的周期、N 所计标准脉冲的个数 f_c 为标准频率。如果 f_c = 100000Hz,T_C = $10\mu s$,N = 100 时,T_X = $50\mu s$,根据 f_x 与 T_X 到数关系可得:

$$f_x = \frac{1}{NT_C} = \frac{1}{10^{-5} \times 100} = 1kHz$$

测频时门控信号是通过高频脉冲分频而得到的,所以精度很高。但在测周期时,被测脉冲整形作为门控信号,由于被测信号的电平、波形陡峭程度都会影响到整形后的 T_X 值,所以测周期比测频率时误差大的多。

四、直接测频和直接测周期之间中介频率的确定

前面所述,直接测频时,±1 个字的量化误差影响随频率的降低而增大,直接测周期时则刚好相反,图 8-7 示出了 $|\frac{\triangle N}{N}|$ 与被测频率 f_x 之间的关系,可见当被测频率 f_x 等于 f_0 时,无论测频还是测周期,其 $|\frac{\triangle N}{N}|$ 是相等的。因此 f_0 是测频和测周期的分界点,被称为中介频率 ± f_x > f_0 时宜采用直接测频法,当 f_x < f_0 时宜采用直接测周期法。

根据当 f_x 等于中介频率 f_0 时 $|\frac{\triangle N}{N}|$ 相等

可求得 f_0 $\qquad f_0 = \sqrt{\dfrac{f_c}{T_{cn}}}$

有时,为了减少量化误差,在测频时将门控时间 T_{cn} 扩大 k 倍,或者在测周期时将 T_X 扩大 P 倍,则:

$$f_0 = \sqrt{\dfrac{Pf_c}{kT_{cn}}}$$

由于测频时的门控时间 T_{cn} 也是晶振频率 f_c 分频而得,设分频系数为 n,所以上式可写成

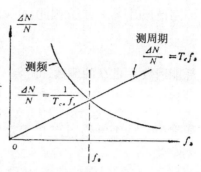

图 8-7 $|\frac{\triangle N}{N}|$ 与 f_x 的关系

$$f_0 = \sqrt{\dfrac{P}{krn}}f_c$$

由上式可知,中介频率 f_0 取决于测频时晶振信号周期 T_C 扩大的倍数 kn 及测周期时,被测信号周期 T_X 扩大的倍数 P,同时也取决于作为标准时基的晶振 f_c 的数值。

第三节　阻抗的测量

多数传感器元件是将被测工业参数量,例如温度、流量、压力、液位等转换成各种电量参数,比如电阻、电感、电容、感抗、容抗、阻抗、品质因数 Q 等。因此阻抗的测量在工业检测技术中有着及其重要的意义。

由于在基础篇中对 R、C、L 及 X_L、X_C 和 Z 都作了介绍,因此在这里就不在重复,在这里只介绍品质因数 Q 作一个简单的介绍。Q 是表征电感 L、电容 C 和 R、L、C 回路品质的一种参数,它定义为

$$Q = 2\pi \frac{W_m}{W_o}$$

式中:W_m——最大储能;

$\quad W_o$——一个周期内的能量损耗。

如图 8-8 是一个 L、R 的串联谐振电路

$$W_m = \frac{1}{2} Im^2 L = I^2 L$$

$$W_o = I^2 rT = I^2 r \frac{2\pi}{W}$$

所以　$\qquad Q = 2\pi \dfrac{I^2 L}{I^2 r \frac{2\pi}{W}} = \dfrac{WL}{r} = \dfrac{X_L}{r}$

式中:I——是回路中的电流有效值;

$\quad r$——是等效损耗电阻;

$\quad w$——交流电的角频率。

133

回路谐振时 $X_L = X_C$。因此，Q 又可表示为：

$$Q = \frac{X_C}{r} = \frac{1}{rwc}$$

耗能因数 d 是 Q 的倒数，即：

$$d = \frac{1}{Q}$$

通常用 Q 表征电感、电容的等效损耗(耗能因数)，以图 8-9 所示电路为例：

$$d = \frac{r}{X_C} = \tau g\delta$$

式中：δ——电容器的介质损耗角；

r——电容器的串联等效损耗电阻。

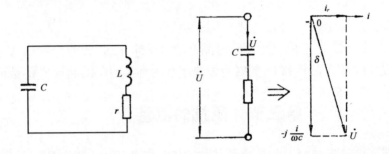

图 8-8 LC 串联谐振电路   图 8-9 电容器的损耗角 δ

一、电桥法测量阻抗

四臂电桥的基本工作原理和平衡条件在电工基础等课程中已介绍过,因此在这里着重介绍用电桥测量阻抗的基本原理和方法。根据电桥使用电源的性质不同,电桥有直流电桥和交流电桥之分。直流电桥只能测量电阻 R_X,确切地说只能测理想的直流电阻。而交流电桥则可测量包括电阻在内的各种电阻的阻抗,如 X_C、X_L 和 Z 等。而且,采用交流电桥时还可测电阻的交流特性。和直流电桥测量法相比交流电桥测量法还具备以下特点：

1. 可免除测量电路中热电势、接触电势等属于直流电流和电压等所造成的影响。

2. 可采用具有选频特性和相敏检波特性的指示、灵敏度高、稳定性好和抗干扰能力强。所以适应工业现场的信息的检测。

3. 由于交流指示器的灵敏度高,所以在保证一定分辩率的条件下,电桥电源可以选用较低的值,从而减小了非线性元件因热耗而引起的温度变化、漂移等因素。

根据电桥工作状态的不同,电桥有平衡电桥和不平衡电桥之分。平衡电桥用来测量固定的电阻、电感和电容,在工业检测中常用来对成品元件的测量。不平衡电桥用来测量连续变化着的电阻、电感和电容,在工业检测中主要用作阻抗式传感器的测量电路,为工业参数量的自动检测,自动控制服务。表 8-2 例出了一些常用电桥的电路和性能及适用测量范围。这些测量电桥是以后章节非电量测量转换技术中经常要用到的基本电路。是测量技术的基础。

表8-2　几种家用电桥的电路及性能

电桥类型	电桥名称	序号	被测元件值	被测阻抗 $|Z_x|=$	阻抗角 $\varphi_x=$	电桥电路	性能及适用范围
交流电阻电桥		1	$R_x=\dfrac{R_1}{R_2}R_0$	$\dfrac{R_1}{R_2}R_0$	0		测低频电阻,热电阻式传感器
测电容电桥	串联电阻式	2	$C_x=\dfrac{R_2}{R_1}C_0$　$R_x=\dfrac{R_1}{R_2}R_0$	$\dfrac{R_1}{R_2}\sqrt{R_0^2+\left(\dfrac{1}{\omega C_0}\right)^2}$	$tg^{-1}\dfrac{1}{\omega C_0 R_0}$		测损耗小的电容,变面积,变间距的电容传感器
	并联电阻式	3	$C_x=\dfrac{R_2}{R_1}C_0$　$R_x=\dfrac{R_1}{R_2}R_0$	$\dfrac{R_1}{R_2}\dfrac{R_0}{\sqrt{1+\omega^2 C_0^2 R_0^2}}$	$tg^{-1}(\omega C_0 R_0)$		测损耗大的电容,变介质的电容传感器(测电阻的交流特性)
测电感电桥	并联RC式	4	$L_x=R_1R_2C_0$　$R_x=\dfrac{R_1R_2}{R_0}$	$R_1R_2\sqrt{\dfrac{1}{R_0^2}+(\omega C_0)^2}$	$tg^{-1}(\omega C_0 R_0)$		测Q值低的电感,电感式传感器(测电阻的交流电桥)(马氏电桥)
	串联RC式	5	$L_x=\dfrac{C_0R_1R_2}{1+(\omega C_0R)^2}$　$R_x=\dfrac{R_0R_1R_2C_0^2\omega^2}{1+(\omega C_0R_0)^2}$	$\sqrt{(\omega Lx)^2+R_x^2}$	$tg^{-1}\dfrac{1}{\omega C_0 R_0}$		测Q值高的电感,电感式传感器(海氏电桥)
	电感比较式	6	$L_x=\dfrac{R_1}{R_2}L_0$　$R_x=\dfrac{R_1}{R_2}R_0$	$\dfrac{R_1}{R_2}\sqrt{R^2+\omega^2 L_0^2}$	$tg^{-1}\dfrac{\omega L_0}{R_0}$		测一般电感

第九章　非电量的测量

第一节　电阻应变式传感器

电阻应变式传感器的基本原理是将被测量转换成电阻值,然后通过对电阻值的测量达到非电量检测之目的。利用它可测量力、位移、形变、加速度等参数,电阻应变传感器由电阻应变片和测量线路两部分组成。

一、电阻丝的应变效应

电阻式应变片,是用直径约为 0.025mm 的具有高电阻率的电阻丝制成,如图 9-1 所示。为了获得高的电阻值,电阻丝排列成栅网状,并粘贴在绝缘基片上,线栅上面粘贴有覆盖层(保护用),电阻丝两端焊有引出线,图中,l 称应变片的标距或工作基长,b 称为应变片的基宽。$b \times l$ 称为应变片的使用面积,应变片的规格一般以使用面积和电阻值来表示,如 $3 \times 10mm^2$ 或 120Ω。

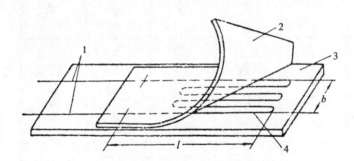

图 9-1　电阻丝应变片结构示意图

1—引出线　2—覆盖层　3—基底　4—电阻丝

导体或半导体材料在外界力的作用下,会产生机械变形,其电阻值也将随发生变化,这种现象称为应变效应。下面以金属丝应变片为例分析这种效应。

设有一长度为 l,截面积为 A,半径为 r,电阻率为 ρ 的金属单丝,它的电阻值 R 可表示为:

$$R = \rho \frac{l}{A} = \rho \frac{l}{\pi r^2}$$

当沿金属丝的长度方向作用均匀力时,上式中 ρ、r、l 都将发生变化,从而导致电阻值 R 发生变化。

$\varepsilon_x = \dfrac{\triangle l}{l}$ 为电阻丝的纵向应变,$\varepsilon_y = \dfrac{\triangle r}{r}$ 为电阻丝的横向应变,且 ε_y 与 ε_x 的关系可

136

表示为 $\varepsilon_y = -U_{ex}$。

实验证明,电阻应变片的电阻相对变化 $\triangle R/R$ 与 ε_x 的关系在很大范围内是线性的,即

$$\frac{\triangle R}{R} = k\varepsilon_x \tag{9-1}$$

式中:k 受两个因素影响:一是电阻丝几何尺寸形变所引起的变化;另一个是材料的电阻率 ρ 随应变所引起的变化。

对于不同的金属材料,k 是不同的,一般为 2 左右。

用应变片测试时,将应变片粘贴在试件表面,当试件受力变形后,应变片上的电阻丝也随之变形,从而使应变片电阻值发生变化,通过转换电路最终转换成电压或电流的变化。

应变片具有灵敏度高、精度高、测量范围大、能适应各种环境、便于记录和处理等一系列优点,因而被广泛应用于工程测量及科学实验中。

二、电阻应变片的种类结构和粘贴

1. 应变片的类型与结构

应变片可分为金属应变片及半导体应变片二大类。前者可分成金属丝式、箔式、薄膜式三种。

金属丝式应变片使用最早,有纸基、胶基之分。

金属箔式应变片是通过光刻、腐蚀等工艺所制成的一种箔栅,箔的厚度一般为 0.003 ~ 0.01mm。金属箔式电阻应变片由于它有散热好,允许通过较大电流,横向效应小,疲劳寿命长,柔性好,并可作成基长很短或任意形状,在工艺上适于大批生产等优点,因此在各方面都得到广泛应用,具有逐渐代替丝式应变片的趋势。

金属薄膜应变片主要是采用真空蒸镀技术,在薄的绝缘基片上蒸镀上金属材料薄膜,最后加保护层形成,它是近年来薄膜技术的产物。

半导体应变片是用半导体材料作敏感栅而制成的。它的主要优点是灵敏度高,横向效应小。主要缺点是灵敏度的热稳定性差,电阻与应变间非线性严重。在使用时,需采用温度补偿及非线性补偿措施。

2. 应变片的粘贴

应变片是通过粘合剂粘贴到试件上的,粘合剂的种类很多,选用时要根据基片材料、工作温度、潮湿程度、稳定性、是否加温加压、粘贴时间等多种因素合理选择粘合剂。

应变片的粘贴质量直接影响应变测量的精度,必须十分注意。应变片的粘贴工艺简述如下:

(1)试件的表面处理:为了保证一定的粘合强度,必须将试件表面处理干净,清除杂质、油污及表面氧化层等。粘贴表面应保持平整,表面光滑。最好在表面打光后,采用喷砂处理。

(2)确定贴片位置:在应变片上标出敏感栅的纵、横向中心线,在试件上按照测量要求划出中心线。

(3)粘贴:首先用甲苯、四氢化碳等溶剂清洗试件表面。如果条件允许,也可采用超声清洗。应变片的底面也要用溶剂清洗干净,然后在试件表面和应变片的底面各涂一层薄面均匀的粘合剂,将应变片贴在划线位置处。贴片后,在应变片上盖上一张玻璃纸并加压,将多余的胶水和气泡排出,加压时要防止应变片错位。

(4)固化:贴好后,根据所使用的粘合剂的固化工艺要求进行固化处理。

(5)粘贴质量检查:检查粘贴位置是否正确,粘合层是否有气泡和漏贴,敏感栅是否有短路或断路现象,以及敏感栅的绝缘性能等。

(6)引线的焊接与防护:检查合格后即可焊接引出线。引出线要适当地加以固定,以防止导线摆动时折断应变片的引线,然后在应变片上涂上一层防护层,以防止大气对应变片的侵蚀,保证应变片长期工作的稳定性。

三、转换电路

常规应变片的电阻变化范围很小,而转换电路能精确地将电阻的变化转换成电压或电流输出。在应变式传感器中最常用的转换电路是桥式电路。按电源性质不同可有交流电桥、直流电桥二类。下面以直流电桥为例分析其工作原理及特性。

图 9-2 是桥式转换电路。为了使电桥在测量前的输出为零,应使 $R_1 R_3 = R_2 R_4$,电桥的一个对角线输入电压 U_i,另一个对角线为输出电压 U_0,通常采用全等臂形式工作,即 $R_1 = R_2 = R_3 = R_4$,当每个桥臂电阻变化值 $\triangle R_i \ll R_i$,电桥负载电阻为无限大时,电桥输出电压可近以用下式表示:

$$U_0 = \frac{U_i}{4}\left(\frac{\triangle R_1}{R_1} - \frac{\triangle R_2}{R_21} + \frac{\triangle R_3}{R_3} - \frac{\triangle R_4}{R_4}\right)$$

$$(9\text{-}2)$$

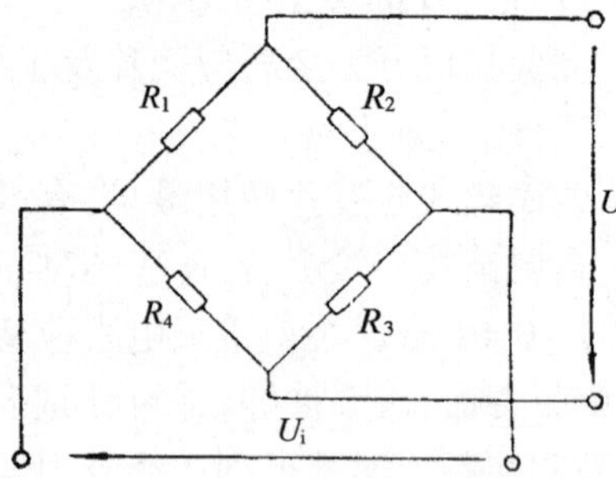

图 9-2　桥式转换电路

当各桥臂应变片的灵敏度 K 都相等时

$$U_0 = \frac{U_i}{4}K(\varepsilon_1 - \varepsilon_2 + \varepsilon_3 - \varepsilon_4) \tag{9-3}$$

根据不同的要求,有不同的工作方式。下面讨论几种较为典型的工作方式:

(1)半桥、单臂工作方式:即 R_1 为应变片,其余各臂为固定电阻,则式(9-2)变为

$$U_0 = \frac{U_i}{4}\ \frac{\triangle R_1}{R_1} = \frac{U_i}{4}K\varepsilon_1 \tag{9-4}$$

(2)半桥、双臂工作方式:即 R_1、R_2 为应变片,R_3、R_4 为固定电阻,则式(9-2)变为

$$U_0 = \frac{U_i}{4}\left(\frac{\triangle R_1}{R_1} - \frac{\triangle R_2}{R_2}\right) = \frac{U_i}{4}K(\varepsilon_1 - \varepsilon_2) \tag{9-5}$$

(3)全桥、四臂工作方式:即电桥的四个桥臂为应变片,此时电桥输出电压就是式(9-2)。

上面讨论的三种工作方式中的 ε_1、ε_2、ε_3、ε_4 可以是试件的纵向应变,也可是试件的横向应变,取决于应变片的粘贴方向。若是压应变,ε 应以负值代入;若是拉应变,ε 应以正值代入。

对于单臂电桥,实际输出 U_0 与电阻变化值及应变之间存在一定的非线性。当应变较小时,非线性可忽略,对于双臂半桥不存在非线性问题,上述三种工作方式中,全桥四臂工作方式灵敏度最高。

四、温度补偿

在实际应用中,除了应变会导致应变片电阻变化外,温度变化也会导致应变片电阻变化。而后者是我们所不需要的,它会给测量带来误差。因此有必要进行温度补偿以消除误差。下面介绍较为常用的二个实例。

〔例1〕半桥测量时进行温度补偿。测量如图 9-3 所示的试件时,采用二片型号、初始电阻值和灵敏度都相同的应变片 R_1 和 R_2。R_1 贴在试件的测试点上,R_2 贴在试件的应变为零处,或贴在与试件材质相同的不受力的补偿块上。R_1 和 R_2 处于相同的温度场中,并按图 9-4 接成半桥、双臂形式。当试件受力并有温度变化时,应变片 R_1 的电阻变化,桥路的输出电压为:

$$U_0 = \frac{U_i}{4}\left(\frac{\triangle R_1}{R_1}\right)_\varepsilon$$

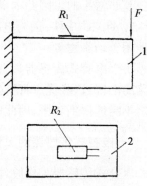

图 9-3 半桥测量时进行温度补偿
1—试件 2—补偿块

式中:$\frac{\triangle R_1}{R_1}$ 是由应变引起的电阻变化率。

结果消除了温度的影响,减小了测量误差。

〔例2〕在全桥测量中提高灵敏度并实现温度补偿。测量如图 9-4 所示的纯弯曲试件时,四片相同的应变片中 R_1 和 R_3 贴在一面,R_2 和 R_4 贴在对称于中性层的另一面。桥路的输出电压为:

$$U_0 = U_i\left(\frac{\triangle R}{R}\right)_\varepsilon$$

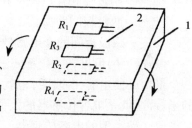

图 9-4 用补偿块实现温度补偿
1—试件 2—补偿块

结果不仅实现了温度补偿,而且使电桥的输出为单片测量时的四倍,大大地提高了测量的灵敏度。

第二节 电容式传感器

电容式传感器是以各种类型的电容器作为传感元件,通过电容传感元件将被测物理量的变化转换为电容量的变化,再经过转换电路转换为电压,电流或频率。它可以用来测量厚度,加速度,温度等参数。

电容式传感器具有如下优点:

1. 需要的作用能量小:由于带电极板间的静电吸引力很小,因此,只需较小的作用力就可得到较大的电容变化量。

2. 可获得较大的相对变化量:用应变片测量时,一般得到电阻的相对变化量小于 1%。当使用高线性电路时,电容式传感器的相对变化量可达到 100% 或更大些。

3. 能在恶劣的环境条件下工作:如它能在高温、低温和强辐射等环境中工作,其原因在于这种传感器通常不需要使用有机材料或磁性材料,而那些材料是不能用于上述恶劣环境中的。

4. 本身发热的影响小:电容传感器用真空、空气或其它气体作为绝缘介质时,介质损失是非常小的。因此本身发热的问题对这种传感器实际上可不考虑。

5. 动态响应快:因为电容传感器具有较小的可动质量,动片的谐振频率较高。所以能用于动态测量。

由于电容式传感器具有一系列突出的优点,随着电子技术的迅速发展,特别是集成电路的出现,这些优点将得到进一步的发扬,而它所存在的分布电容,非线性的缺点也随之不断地得到克服,因此电容式传感器在自动检测中得到越来越广泛的应用。

一、电容式传感器的工作原理及结构形式

电容式传感器工作原理可以用图 9-5 所示的平板电容器来说明,若忽略其边缘效应,其电容量为

$$C = \frac{\varepsilon A}{d} \qquad (9-6)$$

式中:A——两极板相互遮盖面积;

　　d——两极板间距离;

　　ε——两极板间的介电常数。

由式(9-6)可见,在 A、d、ε 三个参量中,改变其中任意一个量均可使电容 C 改变,也就是说,电容量 C 是 A、d、ε 的函数,这就是电容传感器的工作原理。根据此原理,一般可做成三种类型的电容传感器。

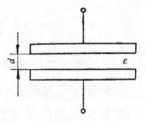

图 9-5　平板电容器

1. 变面积式

这种传感器的工作原理,可用图 9-6 所示的原理图来说明,图 9-6(a)是直线位移型结构。设两极板遮盖面积为 A,当动极板随被测物体移动 x 后,A 值发生变化,电容量 C 也随之改变。

$$C_x = C_o\left(1 - \frac{x}{Q}\right) \qquad (9-7)$$

式中:C_o——初始电容值。

此传感器的灵敏度为

$$k = -\frac{\varepsilon b}{d} \qquad (9-8)$$

可见增大 b,减小 d 可使灵敏度提高。

图 9-6(b)是一个角位移型的结构,当被测物常动电容器的动片有一角位移 θ 时,两极板的遮盖面积 A 就改变,因而改变了电容量。

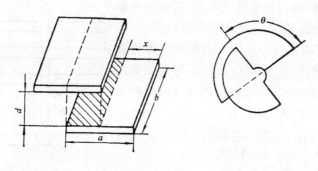

(a)直线位移型　　　　　　(b)角位移型

图9-6　变面积式电容传感器

当 $\theta = 0$ 时，$C_\theta = \dfrac{\varepsilon A_0}{d}$

当 $\theta \neq 0$ 时，$C_\theta = C_0(1 - \dfrac{\theta}{\pi})$ $\hspace{4cm}$ (9-9)

由式(9-9)可见，这种形式的传感器，电容 C_θ 与角位移成线性关系。

变面积式的电容传感器还可以做成其它形式。这一类型的传感器多用来检测位移，尺寸等参数量。

2. 变极距式

变极距式电容传感器原理如图9-7所示。图中极板 1 是固定不变的，极板 2 为可动的，一般称为动极板。当动极板受被测物作用引起位移时，就改变了两极板之间的距离 d，从而使电容量发生变化。

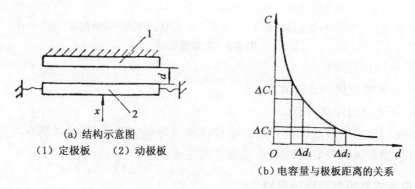

(a) 结构示意图

（1）定极板　　（2）动极板

(b)电容量与极板距离的关系

图9-7　变极距式电容传感器

在实际应用中，为了提高传感器的灵敏度，减小非线性，常常把传感器做成差动形式，如图9-8所示，中间的极板为动极板，上下两块为定极板。当动极板向上移动 x 距离后，上边的极距变为 $d_0 - x$，而下边的极距则为 $d_0 + x$。电容 C_1 和 C_2 成差动变化，即其中一个电容量增加，而另一个电容量则相应减小。将 C_1、C_2 差接后，能使灵敏度提高一倍。

3. 变介电常数式

因为各种介质的介电常数不同，在两极板间加以空气以外的其它介质，当它们之间的介电常数发生变化时,电容量也随之改变,这种传感器常用作检测容器中的液面高度、片状材料的厚度等。

图9-9所示为电容液位计原理图。当被测液体的液面在电容式传感元件的内、外两同心圆柱形电极间变化时,引起极间不同介质的高度发生变化,因而导致电容变化,其电容量与液面高度的关系为

$$C = \frac{2\pi h\varepsilon_0}{l_n(R/r)} + \frac{2\pi(\varepsilon_1 - \varepsilon_0)}{l_n(R/r)}h_1 \qquad (9\text{-}10)$$

式中:h——电容器极板高度;

$\quad\ r$——内圆柱形电极的外半径;

$\quad R$——外圆柱形电极的内半径;

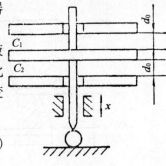

图 9-8 差动式电容传感器结构示意图

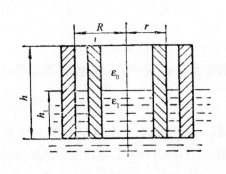

(a)同轴双金属管式

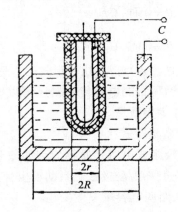

(b)金属管外套聚四氟乙烯套管式

图 9-9 电容液位计

$\quad h_1$——液面高度;

$\quad \varepsilon_1$——被测液体的介电常数;

$\quad \varepsilon_0$——真空的介电常数。

图9-9(b)所示的液位计的外电极是直接利用导电容器壁,有时被测介质是导电的,则内电极采用金属管外套聚四氟乙烯套管式电极。

二、电容式传感器的转换电路

电容式传感器将被测物理量转换为电容变化后,必须采用转换电路将其转换为电压,电流或频率信号。电容式传感器的转换电路种类很多,下面介绍一些常用的转换电路。

1. 桥式电路

图9-10所示为桥式转换电路。图9-10(a)为单臂接法的桥式测量电路,高频电源经变压器接到电容桥的一个对角线上,电容 C_1、C_2、C_3、C_x 构成电桥的四臂,C_x 为电容传感器,交流电桥平衡时

$$\frac{C_1}{C_2} = \frac{C_x}{C_8} \qquad , \dot{U}_0 = 0$$

142

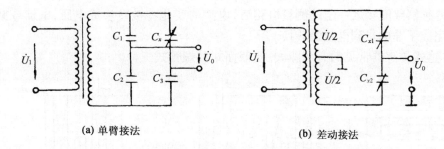

(a) 单臂接法　　　　　　　　　　**(b) 差动接法**

图 9-10　电容传感器的桥式转换电路

当 C_x 改变时，$U_0 \neq 0$，有输出电压，此种电路常用于自动料位测量仪中。

图 9-10(b)中，接有差动电容传感器，其空载输出电压可用下式表示

$$U_0 = \pm \frac{\triangle C}{C_0} \cdot \frac{\dot{U}}{2} \qquad (9-11)$$

式中：C_0——传感器的初始电容值；

　　　$\triangle C$——传感器电容的变化值。

此种线路常用于尺寸自动控制系统中。

2．调频电路

这种电路是将电容式传感器作为 LC 振荡器谐振的一部分，当电容传感器工作时，电容 C_X 发生变化，就使振荡器的频率 f 发生相应的变化，这样就实现了 C/f 的变换，图 9-11 为 LC 振荡器电路方框路。调频振荡器的频率可由下式决定

$$f = \frac{1}{2\pi \sqrt{LC}} \qquad (9-12)$$

式中：L——振荡回路电感；

　　　C——振荡回路总电容。

C 包括传感器电容 C_X、谐振回路中的微调电容 C_1 和传感器电缆分布电容 C_C，即 $C = C_x + C_1 + C_c$。

振荡器输出的高频电压是一个受被测量控制的调频波，频率的变化在鉴频器中变换为电压幅度的变化，经过放大器放大后就可用仪表来指示。

这样的电路有很高的灵敏度，电容传感器稍有输入时，就会使输出电压发生急剧变化。

第三节　电感式传感器

电感式传感器是利用线圈自感或互感系数的变化来实现的非电量检测的一种装置。它能对位移、压力、振动、应变、流量等参数进行测量。它具有结构简单、分辩率及测量精度高等一系列优点，缺点是响应较慢，不宜对快速动态的测量。

一、自感式传感器

自感式传感器的结构示意图如图 9-11 所示。它主要由线圈、铁心、衔铁及测杆等组成。工作时，衔铁通过测杆与被测物体相接触，被测物体的位移将引起电感值的变

化,当传感器线圈接入一定的测量电路后,电感的变化将被转换成电压、电流或频率的变化,完成了非电量到电量的转换。

自感式传感器常见的有变隙式、变截面式和螺管式三种。

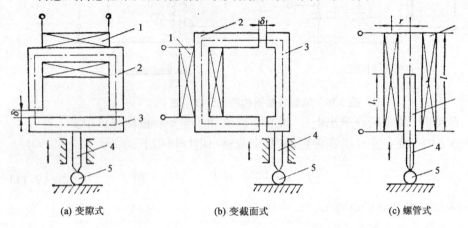

(a) 变隙式　　　　　　(b) 变截面式　　　　　　(c) 螺管式

图 9-11　自感式电感传感器示意图
1—线圈　2—铁心　3—衔铁　4—测杆　5—工作

1. 变隙式电感传感器

变隙式电感传感器的结构示意图如图 9-12(a)所示。

电感线圈的电感量为

$$L \approx \frac{N^2 U_0 A}{2\delta} \tag{9-13}$$

式中:N——线圈匝数;

　　　δ——气隙厚度;

　　　A——气隙的有效截面积;

　　　U_0——真空磁导率。

由上式可见,在线圈匝数 N 确定以后,若保持气隙截面积 A 为常数,则 $L = f(\delta)$,即电感 L 是气隙厚度 δ 的函数。故称这种传感器为变隙式电感传感器。

由式(9-13)可知,对于变隙式电感传感器,电感量 L 与气隙厚度成反比,其输出特性如图 9-12(a)所示,输入与输出是非线性关系。为了保证一定的线性度,变隙式电感器只能工作在一段很小的区域内,因而只能用于微小位移的测量。

2. 变面积式电感传感器

由式(9-13)可知,在线圈匝数 N 确定后,若保持气隙厚度 δ 的常数,则电感 L 是气隙截面积 A 的函数,这种传感器为变面积式电感传感器,其结构示意图见图 9-12(b)。

对于变截面积式电感传感器,电感量 L 与气隙截面积 A 成正比,输入、输出呈线性关系,如图 9-13 所示。

3. 螺管式电感传感器

单线圈螺管式电感传感器的结构见图 9-11(c),主要元件是一只螺管线圈和一根柱形衔铁。传感器工作时,衔铁在线圈中伸入长度的变化将引起螺管线圈电感量的变化。

144

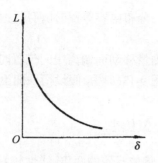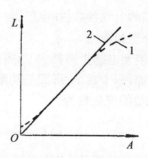

(a)L—δ 特性曲线　　　　(b)L—A 特性曲线

图 9-12　电感式传感器的输出特性
1—实际输出特性　　2—理想输出特性

对于长螺管线圈$(l \gg r)$,且衔铁工作在螺管的中部时,可以认为线圈内磁场强度是均匀的。此时线圈电感量 L 衔铁插入 l_1 大致上成正比。

这种传感器结构简单,制作容易,但灵敏度较低,且衔铁在螺管中间部分工作时,才有希望获得较好线性关系。螺管式电感传感器适用于测量比较大的位移。

4. 差动式电感传感器

上述三种电感传感器使用时,由于线圈中的电流不可能等于零,因而衔铁始终承受电磁吸力,会引起附加误差,而且非线性误差较大;另外,外界的干扰如电源电压频率的变化,温度的变化都会使输出产生误差。所以在实际工作中常采用差动形式,既可以提高传感器的灵敏度,又可以减小测量误差。

(1)结构特点

差动式电感传感器结构如图 9-13 所示。两个完全相同的单个线圈的电感传感器共用一个活动衔铁就构成了差动式电感传感器。

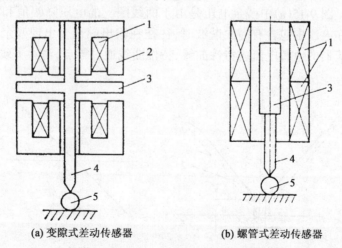

(a) 变隙式差动传感器　　　　(b) 螺管式差动传感器

图 9-13　差动式电感传感器
1—线圈　2—铁心　3—衔铁　4—测杆　5—工件

差动式电感传感器的结构要求是两个导磁体的几何尺寸完全相同,材料性能完全

145

相同;两个线圈的电气参数(如电感、匝数、电阻、分布电容等)和几何尺寸也完全相同。

(2)工作原理和特性

在变隙式差动电感传感器中,当衔铁随被测量移动而偏离中间位置时,两个线圈的电感量一个增加,一个减小,形成差动形式,在图9-13(a)中,假设衔铁向上移动$\triangle\delta$ 且 δ $\gg\triangle\delta$,则电感量的变化量为

$$\triangle L = L_1 - L_2 \approx 2 \times \frac{N^2 U_0 A}{2\delta^2}\triangle\delta \tag{9-14}$$

差动式电感传感器灵敏度约为非差动式电感传感器的两倍,线性较好,此外对外界的影响,如温度的变化、电源频率的变化等也基本上可以相互抵消,衔铁承受的电磁吸力也较小,从而减小了测量误差。

5. 转换电路

电感式传感器的转换电路一般采用电桥电路。转换电路的作用是将电感量的变化转换成电压或电流信号,以便送入放大器进行放大,然后用仪表指示出来或记录下来。

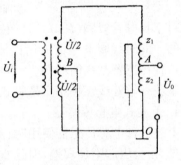

图 9-14　变压器电桥电路

变压器电桥如图 9-14 所示,相邻两工作臂 Z_1、Z_2 是差动电感传感器的两个线圈阻抗。另两臂为变压器的二次侧线圈,输出电压取自 A、B 两点。假定 O 点为零电位,且线圈直流电阻远小于其感抗,则向下、向上移动衔铁时其输出电压为

$$\dot{U}_0 = \pm \frac{\triangle L}{2L}\dot{U} \tag{9-15}$$

比较上述两种情况,可知幅值相等,极性相反。图 9-15 中绘出了电桥电路整流器输出特性曲线。图 9-15(a)中残余电压是由于两线圈上的电压降幅值和相位不完全相等所致。当工作电压中包含有高次谐波时,往往在输出端也会出现残余电压。图 9-15是带有相敏整流器的电桥电流的特性曲线,特性曲线通过零点,消除了残余电压。

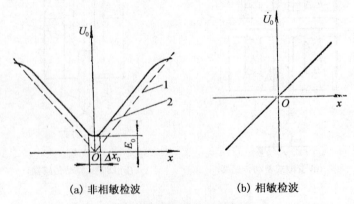

(a) 非相敏检波　　　　　　　　(b) 相敏检波

图 9-15　输出特性曲线

1—理想特性曲线　2—实际特性曲线

146

二、差动变压器式传感器

前面介绍的自感式传感器是把被测位移量转换为线圈的自感变化,下面将讨论的互感传感器则是把被测位移量转换为线圈间的互感变化,当一次侧线圈接入电源后,二次侧线圈就将产生感应电动势,当互感变化时,感应电动势也产生相应变化。

1. 工作原理

差动变压器的结构原理如图 9-16 所示。在线框上绕有一组输入线圈,在同一线框上另绕两组完全对称的线圈,它们反向串联组成差动输出形式。理想差动变压器的原理如图 9-17 所示。

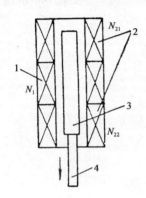 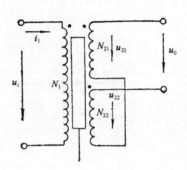

图 9-16　差动变压器结构示意图　　　图 9-17　差动变压器原理图

1—一次侧线圈;2—二次侧线圈;3—衔铁;4—测杆

当一次侧线圈加入激励电源后,其二次侧线圈 N_{21}、N_{22} 产生感应电动势 $\dot{U}_{21}$、$\dot{U}_{22}$。

二次侧线圈空载时的输出电压 $\dot{U}_0$ 为

$$\dot{U}_0 = \dot{U}_{21} - \dot{U}_{22} = -jw(M_1 - M_2)\dot{I}_1 = jw(M_2 - M_1)\dot{I}_1 \tag{9-16}$$

差动变压器的输出特性如图 9-18 所示,图中 x 表示衔铁的位移量。当差动变压器的结构及电源电压一定时,互感系数 M_1、M_2 的大小与衔铁的位置有关。

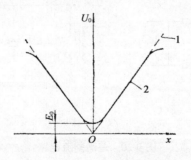

图 9-18　差动变压器输出特性

1—理想特性　2—实际特性

当衔铁处于中间位置时,$M_1 = M_2 = M$,所以 $U_0 = 0$

当衔铁偏离位置向上移动时，$M_1 = M + \triangle M$，$M_2 = M - \triangle M$，所以

$$\dot{U}_0 = -2jw\triangle M \dot{I}_1 \tag{9-17}$$

同理，当衔铁偏离中间位置向下移动时，可得

$$\dot{U}_0 = 2jw\triangle M \dot{I}_1 \tag{9-18}$$

综合式(9-17)、(9-18)可得

$$\dot{U}_0 = \pm 2jw\triangle M \dot{I}_1 \tag{9-19}$$

2. 测量电路

为反映铁芯移动的方向，在差动测量电路中常采用相敏整流电路，采用相敏整流器时的特性曲线如图 9-19 所示。

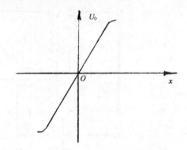

图 9-19　采用相敏整流时的特性曲线

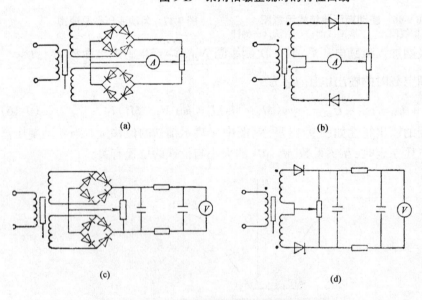

图 9-20　差动整流电路

(a)全波电流输出　(b)半波电流输出　(c)全波电压输出　(d)半波电压输出

差动整流电路是差动变压器常用的测量电路。把差动变压器两个二次侧电压分别整流后，以它们的差作为输出。这样二次侧电压的零点残余电压不影响测量结果。几种典型电路如图 9-20 所示，其中图 a、图 b 用在连接低阻抗负载的场合，是电流输出型。

图 c、图 d 用在连接高阻抗负载的场合,是电压输出型。

第四节　光电传感器

光电传感器是将光信号转换为电信号的一种传感器。使用这种传感器测量其它非电量时,只要将这些非电量的变化转换成光信号的变化即可。此种测量方法具有结构简单、精确度高、反应快、非接触等优点,故广泛应用于检测技术中。

光电元件的理论基础是光电效应。光可以认为是由一定能量的粒子(光子)所构成,每个光子具有的能量 hv 正比于光的频率 v(h 为普朗克常数),用光照射某一物体,可以看做物体受到一连串能量为 hv 的光子所轰击,光子与物质间的联接体是电子,光电效应就是组成这物体的材料吸收光子能量而发生相应电效应的物理现象。通常把光电效应分为三类:

(1)在光线作用下能使电子逸出物体表面的现象称为外光电效应,基于外光电效应的光电元件有光电管、光电倍增管等。

(2)在光线作用下能使物体的电阻率改变的现象有称为内光电效应,基于内光电效应的光电元件有光敏电阻、光敏二极管、光敏三极管及光敏晶闸管等。

(3)在光线作用下,物体产生一定方向电动势的现象称为光生伏特效应,基于光生伏特效应的光电元件有光电池等。

第一类光电元件属于真空管元件,第二、三类属于半导体元件。

一、光电管、光电倍增管

1. 光电管

光电管的外形如图 9-21 所示。金属阳极 A 和阴极 K 封装在一个玻璃壳内,当入射光照射在阴极上时,光子的能量传递给阴极表面的电子,当电子获得的能量足够大时,就有可能克服金属表面对电子的束缚(称为逸出功)而逸出金属表面形成电子发射,这种电子称为光电子。电子逸出金属表面的初速度 v 可由能量守恒定律确定。

当材料选定后,要使金属表面有电子逸出,入射光的频率 γ 有一最低的限度。

当光电管阳极上的电压比阴极高时,从阴极表面逸出的电子被具有正电压的阳极所吸引,在光电管中形成电流,称为光电流。

由于材料的逸出功不同,所以不同材料的光电阴极对不同频率的入射光有不同的灵敏度,人们可以根据检测对象是红外光、紫外光或可见光而选择阴极材料不同的光电管。光电管的图形符号及测量电路如图 9-22 所示。目前光电管在工业检测中用得不多,对于它的特性参数不作详细介绍。

2. 光电倍增管

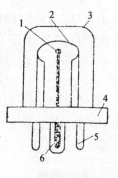

图 9-21　一种常见
的光电管外形

1—阳极 A;2—阴极 K;
3—玻璃外壳;4—管座;
5—电极引脚;6—定位销

149

光电倍增管有放大光电流的作用,灵敏度非常高,信噪比大,线性好,多用于微光测量。图 9-23 是光电倍增管结构示意图。从图中可以看到光电倍增管也有一个阴极 K。一个阳极 A。与光电管不同的是,在它的阴极和阳极间设置许多二次发射电级 D_1、D_2、D_3……,它们又称为第一倍增极、第二倍增极……,相邻电极间通常加上 100V 左右的电压,其电位逐级升高,阴极电位最低,阳极电位最高,两者之差一般在 600 ~ 1200V 左右。

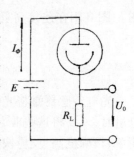

图 9-22 光电管符号及测量电路

当微光照射阴极 K 时,从阴极 K 上逸出的光电子被第一倍增极 D_1 所加速,以高速轰击 D_1。入射光电子的能量传递

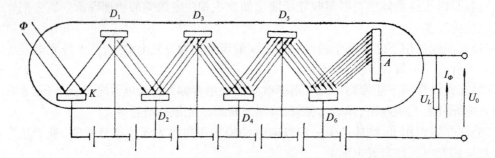

图 9-23 光电倍增管结构及工作原理示意图

给 D_1 表面的电子使它们由 D_1 表面逸出,这些电子称为二次电子,一个入射光电子可以产生多个二次电子。D_1 发射出来的二次电子被 D_1、D_2 间的电场加速,射向 D_2,并再次产生二次电子发射,得到更多的二次电子,这样逐级前进,一直到最后到达阳极 A 为止。

光电倍增管的光电特性如图 9-24 所示。从图中可知,在光通量不太大时,光电特性基本上是一条直线。

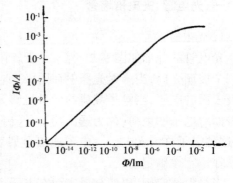

图 9-24 光电倍增管的光电特性

二、光敏电阻

1. 工作原理

光敏电阻的工作原理是基于内光电效应。在半导体光敏材料两端装上电极引线,将其封装在带有透明窗的管壳里就构成光敏电阻,如图 9-25 所示。

构成光敏电阻的材料有金属的硫化物、硒化物、碲化物等半导体。半导体的导电能力完全取决于半导体内载流子数目的多少。当光敏电阻受到光照时,若光子能量 hv 大于该半导体材料的禁带宽度,则价带中的电子吸收一个光子能量后跃迁到导带,产生一个电子-空穴对,使电阻率变小。光照愈强,阻值愈低。入射光消失,电子-空穴对逐渐

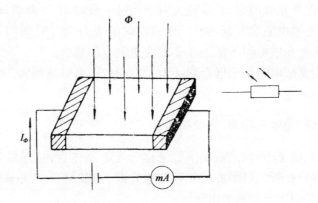

图 9-25　光敏电阻结构示意图及图形符号

复合,电阻也逐渐复原值。

2. 光敏电阻的特性和参数

(1)暗电阻:置于室温、全暗条件下测得的稳定电阻值称为暗电阻,此时流过电阻的电流称为暗电流。

(2)亮电阻:置于室温和一定光照条件下测得的稳定电阻值称为亮电阻,此时流过电阻的电流称为亮电流。

(3)伏安特性:光敏电阻两端所加电压和流过光敏电阻的电流之间的关系称为伏安特性,如图 9-26 所示。从图中可知,伏安特性近似直线,但使用时应限制光敏电阻两端的电压,以免超过虚线所示的功耗区。

(4)光电特性:在光敏电阻两极间电压固定不变时,光照度与亮电流间的关系称为光电特性,如图 9-27 所示。光敏电阻的光电特性呈非线性,这是光敏电阻的主要缺点之一。

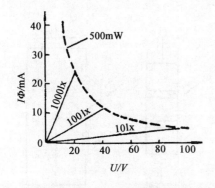

图 9-26　光敏电阻的伏安特性

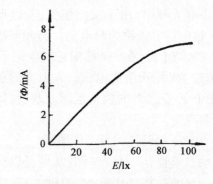

图 9-27　光敏电阻的光电特性

(5)光谱特性:入射光波长不同时,光敏电阻的灵敏度也不同。入射光波长与光敏器件相对灵敏度间的关系称为光谱特性。使用时可根据被测光的波长范围,选择不同材料的光敏电阻。

(6)响应时间:光敏电阻受光照后,光电流需要经过一段时间(上升时间)才能达到其稳定值。同样,在停止光照后,光电流也需要经过一段时间(下降时间)才能恢复到其暗电流值,这就是光敏电阻的时延特性。光敏电阻的上升响应时间和下降响应时间约为 $10^{-1} \sim 10^{-3}$ s,可见光敏电阻不能用在要求快速响应的场合。

(7)温度特性:光敏电阻受温度影响甚大,温度上升,暗电流增大,灵敏度下降,这也是光敏电阻的一大缺点。

三、光敏二极管、光敏三极管、光敏晶闸管

光敏二极管、光敏三极管、光敏晶闸管统称为光敏晶体管,它们的工作原理是基于内光电效应。光敏三极管的灵敏度比光敏二极管高,但频率特性较差。目前还研制出光敏晶闸管,它主要用于光控开关电路。

1. 光敏二极管结构及工作原理

光敏二极管结构与一般二极管不同之处在于它的 PN 结装在透明管壳的顶部,可以直接受到光的照射。图 9-28 是其结构示意图,它在电路中处于反向偏置状态,如图 9-28(b)

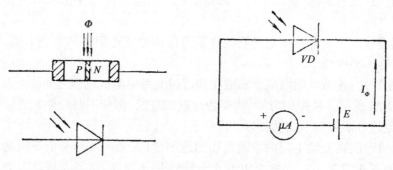

(a)结构示意图及图形符号　　　　(b)基本应用电路

图 9-28　光敏二极管

在没有光照时,由于反向偏置,所以反向电流很小,这时的电流称为暗电流。当光照射在二极管的 PN 结上时,在 PN 结附近产生电子-空穴对,并越过 PN 结产生光电流。入射光的照度改变,光生电子-空穴对的数量也随之改变,光电流也随之而改变。

2. 光敏三极管结构及工作原理

光敏三极管有二个 PN 结,从而可以获得电流增益。它的结构如图 9-29(a)所示,光线通过透明窗口落在集电结上。当电路按 9-29(b)连接时,集电结反偏,发射结正偏。与光敏二极管相似,入射光子在集电结附近产生电子-空穴对,电

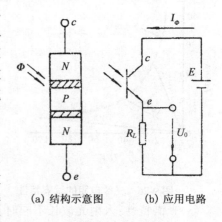

(a) 结构示意图　　　(b) 应用电路

图 9-29　光敏三极管

子受集电结电场的吸引流向集电区,基区中留下的空穴构成"纯正电荷",使基区电压提高,致使电子从发射区流向基区,由于基区很薄,所以只有一小部分从发射区来的电子

152

与基区的空穴结合,而大部分电子穿过基区流向集电区,这一段过程与普通三极管的电流放大作用相似,集电极电流 I_C 是原始光电流的 β 倍,因此光敏三极管比光敏二极管的灵敏度高。

3. 光敏晶闸管的结构及工作原理

光敏晶闸管它由 PNPN 四层半导体构成,如图 9-30(a)所示。它有三个引出电极,即阳极 A、阴极 K 和控制极 G。有三个 PN 结,即 J_1、J_2、J_3。与普通晶闸管不同之处是,光敏晶闸管的顶部有一个玻璃透镜,它能把光线集中照射到 J_2 上。图 9-30(b)是它的典型应用电路,光敏晶闸管的阳极接正极,阴极接负极,控制极通过电阻 R 与阴极相连接,这时,J_1、J_3 正偏,J_2 反偏,晶闸管处于正向阻断状态。当有一定照度的光信号通过玻璃窗口照射到 J_2 上时,在光能激发下,J_2 附近产生大量电子-空穴对,它们在外电压作用下,穿过 J_2

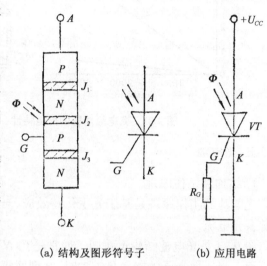

(a) 结构及图形符号子   (b) 应用电路

图 9-30   光敏晶闸管

阻挡层,产生控制极电流,从而使光敏晶闸管从阻断状态变为导通状态。电阻 R_G 为光敏晶闸管的灵敏度调节电阻,调节 R_G 的大小可使晶闸管在设定的照度下导通。

光敏晶闸管的特点是,导通电流比光敏三极管大得多,工作电压可达数百伏,因此输出功率大,在工业自动检测控制和日常生活中得到越来越广泛的应用。

4. 光敏晶体管的基本特性

(1)光谱特性:不同材料的光敏晶体管对不同波长的入射光,其相对灵敏度 K_r 是不同的,即使是同一材料(如硅光敏晶体管)只要控制其 PN 结的厚度,也能得不同的光谱特性。

(2)伏安特性:光敏三极管在不同照度下的伏安特性与一般三极管在不同基极电流下的输出特性相似,如图 9-31 所示。

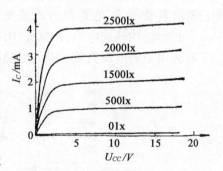

图 9-31   光敏三极管的伏安特性

(3)光电特性:图 9-32 中的曲线 1、曲线 2 分别是某种型号光敏二极管、三极管的光电特性,从图上可看出,光电流与光照度成线性关系,光敏三极管的光电特性曲线斜率较大,说明其灵敏度较高。

(4)温度特性:温度变化对亮电流影响不大,但对暗电流的影响非常大,并且是非线性的,将给微光测量带来误差。由于硅管的暗电流比锗管小几个数量级,所以在微光测量中应采用硅管,并用差动的办法来减小温度的影响。

(5)响应时间:硅和锗光敏二极管的响应时间分别为 10^{-6}s 和 10^{-4}s 左右,光敏三极管的响应时间比相应的二极管约慢一个数量级,因此在要求快速响应或入射光调制频率较高时应选用硅光敏二极管。

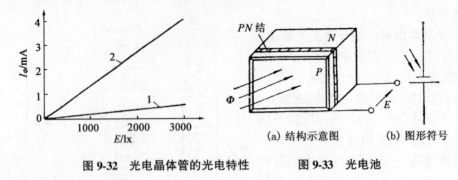

图 9-32 光电晶体管的光电特性   图 9-33 光电池

五、光电池

1. 结构及工作原理

光电池的工作原理是基于光生伏特效应,当光照射到光电池上时,可以直接输出电动势及光电流。

图 9-33 是光电池结构示意图。通常是在 N 型衬底上制造一薄层 P 型层作为光照敏感面。当入射光子的能量足够大时,P 型区每吸收一个光子就产生一对光生电子-空穴对,光生电子-空穴对的浓度从表面向内部迅速下降,形成由表及里扩散的自然趋势。PN 结内电场使扩散到 PN 结附近的电子-空穴对分离,电子被拉到 N 型区,空穴则留在 P 型区,故 N 型区带负电,P 型区带正电。如果光照是连续的,经短暂的时间,新的平衡状态建立后,PN 结两侧就有一个稳定的光生电动势输出。

2. 光电池的基本特性

(1)光谱特性:图 9-34 出硒、硅、锗光电池的光谱特性。随着制造工艺的进步,硅光电池已具有蓝紫-可见光-近红外的宽光谱特性。目前许多厂家已生产出峰值波长为 $0.64\mu m$(可见光)的硅光电池,在紫光($0.4\mu m$)附近仍有 $65 \sim 70\%$ 的相对灵敏度,这大大扩展了硅光电池的应用领域。硒光电池和锗光电池由于稳定性较差,目前应用较少。

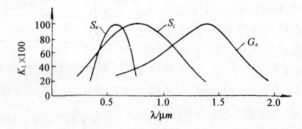

图 9-34 光电池的光谱特性

(2)光电池的光电特性:硅光电池的负载电阻不同,输出电压和电流也不同。图 9-35 中的曲线 1 是负载开路时的"开路电压"特性曲线,曲线 2 是负载短路时的"短路电流"特性曲线。开路电压与光照度的关系是非线性的,而短路电流在很大程度上与照度成线性关系,因此,当测量与光照度成正比的其它非电量时,应把光电池作为电流源来使用,当被测非电量是开关量时,可以把光电池作为电压源来使用。

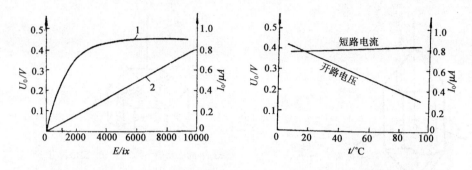

图 9-35　硅光电池的光电特性　　　　　图 9-36　光电池的温度特性

(3)光电池的温度特性:光电池的温度特性是描述光电池的开路电压 U_0 及短路电流 I_0 随温度变化的特性。从图 9-36 可以看出,开路电压随温度增加而下降,短路电流随温度上升缓慢增加,电流温度系数较小。当光电池作为检测元件时,应考虑温度漂移的影响,采取相应措施进行补偿。

(4)频率特性:频率特性是描述入射光的调制频率与光电池输出电流间的关系。由于光电池受光照射产生电子-空穴对需要一定的时间,当光照消失后电子-空穴对复合也需要一定的时间,因此当入射光的调制频率太高时,光电池输出的光电流将下降。

第五节　压电传感器

压电传感器以某些电介质的压电效应为基础,在外力作用下,在电介质表面产生电荷,从而实现非电量电测的目的,压电传感器可以测量最终能变换为力的那些非电物理量。例如力、压力、加速度等。

压电式传感器具有使用频率宽、灵敏度高、信噪比高、结构简单、工作可靠、重量轻等优点。

一、压电式传感器的工作原理

1. 压电效应

某些电介质在沿一定方向上受到外力的作用变形时,内部会产生极化现象,同时在其表面上产生电荷,当外力去掉后,又重新回到不带电的状态。这种状态称为压电效应。具有压电效应的物质很多,如天然形成的石英晶体,人工制造的压电陶瓷等。现以石英晶体为例,简要说明压电效应的原理。

天然结构的石英晶体呈六角晶柱,如图 9-37(a)所示。在晶体学中可用三根相互垂直的轴来表示。其中纵向轴称为光轴,也称 z 轴;经过正六面体棱线并垂直于光轴的轴线称为电轴,也称 x 轴;经过正六面体的棱面且垂直于光轴的轴线称为机械轴,也称 y 轴。如果从石英晶体中,切割一个平行六面体的切片,如图 9-37(b)所示,使切片的六面分别垂直于光轴、电轴、机械轴。通常把沿电轴 x 方向的力作用下产生电荷的压电效应称为"纵向压电效应";而把沿机械轴 y 方向的力作用下产生电荷效应称为"横向压电

155

效应";光轴 z 方向受力时不产生压电效应。

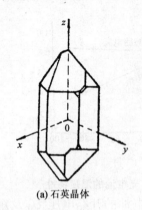

(a) 石英晶体

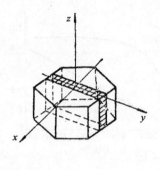

(b) 石英晶体的剖面

图 9-37　石英晶体的压电效应原理

2. 压电材料

应用于电压式传感器中的压电元件材料一般有三类：一类是压电晶体；另一类是经过极化处理的压电陶瓷(前者为单晶体,而后者为多晶体)；第三类是高分子压电材料。

(1)压电晶体

压电晶体是一种性能良好的压电晶体。它的突出优点是性能非常稳定。当温度达到 575℃ 时,石英晶体就完全丧失了压电性质,这是它的居里点。石英的熔点为 1750℃,密度为 $2.65g/cm^3$,有很大的机械强度和稳定的性质,石英晶体的不足之处是压电常数较小。因此石英晶体大多只在标准传感器、高精度传感器或使用温度较高的传感器中用作压电元件。而在一般要求测量用的压电式传感器中,则基本上采用压电陶瓷。

(2)压电陶瓷

压电陶瓷是人工制造的多晶压电材料。它由无数细微的电畴组成。这些电畴实际上是分子自发极化的小区域。在无外电场作用时,各个电畴在晶体中杂乱分布,它们的极化效应被相互抵消了,因此原始的压电陶瓷呈中性,不具有压电性质。为了使压电陶瓷具有压电效应,必须在一定温度下做极化处理,即在 $100 \sim 170℃$ 温度下,对两个烧渗上银电极的极化面加以高压电场($1 \sim 4kV/mm$)极化,使电畴的极化方向发生转动,趋向于按外电场方向场排列。极化处理之后,陶瓷材料内部仍存在有很强的剩余极化强度,当压电陶瓷受外力作用时,电畴的界限发生移动,因此剩余极化强度将发生变化,压电陶瓷就呈现出压电效应。

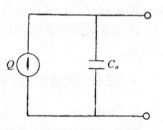

图 9-38　压电元件的等效电路

压电陶瓷制造工艺的成熟,通过改变配方或掺杂极性可使材料的技术性能有较大改变,以适

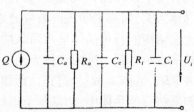

图 9-39　压电传感器实际的等效电路

156

应要求。它还具有良好的工艺性,可以方便地加工成各种所需要的形状,在通常情况下,它比石英晶体的压电系数高得多,而制造成本大约是石英晶体的百分之一至百分之十;目前国内外压电元件绝大多数都采用压电陶瓷。

常用的压电陶瓷材料主要有钛酸钡、锆钛酸铅系列压电陶瓷、铌镁酸铅压电陶瓷、高分子压电材料等。

二、压电式传感器的测量电路

1. 压电元件的等效电路

压电元件在承受沿其敏感轴方向的外力作用时,就产生电荷,因此它相当于一个电荷发生器,当压电元件表面聚集电荷时,它又相当于一个以压电材料为介质的电容器。

因此,可以把压电元件等效为一个电荷源与一个电容相并联的电荷等效电路,如图9-38所示。压电元件也可以等效为一个电压源和一个串联电容表示的电压等效电路。

如果压电式传感器与二次仪表配套使用时,还应考虑到连接电缆的等效电容 C_C。若放大器的输入电阻为 R_i,输入电容为 C_i,那么完整的等效电路如图9-39所示。图中 R_a 是压电元件的漏电阻。

压电式传感器不能用于静态测量,只适用于动态测量。

2. 测量电路

压电式传感器的输出信号非常微弱,一般需将电信号放大后才能检测出来,它的输出可以是电荷信号也可以是电压信号,目前多采用电荷放大器形式。由于电压前置放大器的输出电压与电缆电容有关,故目前多采用电荷放大器。

电荷放大器实际上是一个具有反馈电容 C_f 的高增益运算放大器电路,如图9-40。当放大器开环增益(A)和输入电阻、反馈电阻相当大时,放大器的输出电压 U_0 正比于输入电荷 Q,

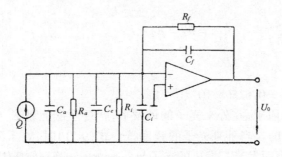

图9-40 电荷放大器等效电路

$$U_o \approx \frac{-AQ}{(1+A)C_f} \approx -\frac{Q}{C_f} \qquad (9-20)$$

由式(9-20)可见,电荷放大器的输出电压仅与输入电荷量和反馈电容有关,电缆电容等其它因素的影响可忽略不计。

三、压电式传感器结构

在压电式传感器中,压电片通常是二片(或两片以上)粘结在一起。由于压电片上的电荷是有极性的,因此有串联和并联两种接法。一般常用的是并联接法,如图 9-41 所示。其输出电容 C' 是单片电容 C 的两倍,但输出电压 U' 等于单片电压 U,极板上的电荷量 Q' 为单片电荷量 Q 的两倍,即

$$C' = 2C,\ U' = U,\ Q' = 2Q$$

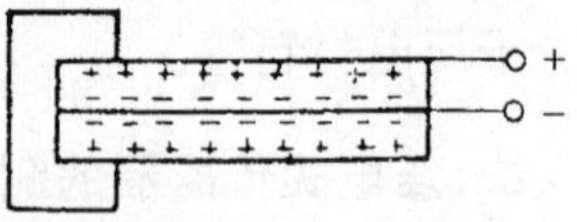

图 9-41　压电片的并联接法

压电片在传感器中必须有一定的预紧力。因为这样首先可以保证压电片在受力时,始终受到压力,其次能消除两压电片之间因接触不良而引起的非线性误差,保证输出与输入作用力之间的线性关系,但是这个预紧力也不能太大,否则将会影响其灵敏度。

第六节　激光、红外辐射、光纤在测量技术中的应用

一、激光检测

激光技术是二十世纪六十年代初发展起来的一门新兴技术。激光技术发展很快,在生产和科研等许多方面都已有很多应用,这里简单介绍一下激光的产生、特点以及其在检测方面的应用。

1. 激光的形成

原子在正常分布状态下,多处于稳定的低能级 E_1。在外界光子作用下给原子一定能量 hr,原子就相应的从低能级跃迁到高能级 E_2,这个过程称为激发图 9-42(a)。在激发过程中有在下列关系:

$$\varepsilon = h\gamma = E_2 - E_1 \tag{9-21}$$

式中:ε——光子的能量

γ——光的频率

h——普朗克常数($= 0.6256 \times 10^{-34}$J·S)

处在高能级 E_2 上的原子,在外来光子的诱发下,跃迁至低能级 E_1 而发光,这个现象叫做受激辐射图 9-42(b)。当外来光子的频率符合式(9-21)时,处于激发能级 E_2 的原子在外来光子的激励下而发光。发出的光子与外来光子频率、传播方向、振动方向相同。一个光子放大为两个光子。

2. 激光的特点

(1)高方向性:高方向性就是高平行度,即光束的发射角小。激光束的发射角已达到几分甚至可小到 1s,所以通常称激光是平行光。

(2)高亮度:高亮度的激光束会聚后能产生几百万度的高温。在这样的高温下,就是最难熔的金属,在这一瞬也会熔化,这是由于激光器发出的光束发射角小,光能在空间高度集中,从而提高了亮度。

158

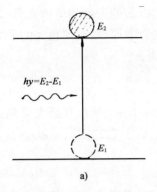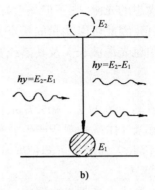

a)   b)

图 9-42　激发与受激辐射过程

(3)高单色性:从光的色数知道,太阳光等复色光能分解为红、橙、黄、绿、青、蓝、紫等单色光,不同颜色的光,只是波长不同,单色光是指谱线宽度很宽的一段光波。激光光谱单纯,与普通光源比提高了几万倍。

(4)高相干性:相干性就是相干波在叠加区得到稳定的干涉光波所表现的性质,一般说普通光源是非相干光波,而激光是极好的相干光源。

综合所述,激光是目前最亮的光源,而且是颜色最纯、射得最远、会聚最小、光束最准直、相干性最好的光源。

3．激光器

(1)激光器的分类

激光器的分类方法很多,按工作物质不同分类,有以下几种:

气体激光器:工作物质是气体,如各种气体原子、离子、金属蒸气、气体分子激光器。其外形小巧,能连续工作,使用寿命长,输出稳定,单色性好。

固体激光器:有红宝石激光器,掺钕铝石榴激光器,钕玻璃激光器等,其结构大致相同,其特点是小而坚固,功率高。

半导体激光器:效率最高,体积最小,一般是脉冲工作方式。砷镓半导体激光器结构,常做成二极管形式,主要部分为 PN 结,用大电流通过 PN 结从而产生激光。

染料激光器:是以有机染料溶液作激光的工作物质,它的最大特点是激光波长连续可调,目前多采用氮分子激光或脉氙灯激励,由于它的波长可调,因此它能起着其它激光器不能起的作用。

(2)激光检测

利用激光可对不同的物理量进行检测,如长度、位移、转角、速度、方向、探伤、物质成分等。

总的来说,激光检测有下列优点:精度高,测量范围大,检测时间短,没有机械和电的接触,易数字化等。因此,激光检测得到非常迅速的发展。

4．激光检测应用举例

(1)激光测长

精密测长是精密机械制造工业和光学加工工业的重要技术。现代长度计量都是利用光波的干涉现象来进行的,而计量的精确度主要取决于光的单色性好坏。

激光是理想的光源,它不但亮度好,方向性极好,比以前的最好的单色光源(氮—86灯)还纯十万倍,因此可以测量的长度大,精度高。根据光学原理,某单色光的最大可测长度 L 与该单色光源波长 λ 及其谱线宽度△间的关系是:

$$L = \frac{\lambda^2}{\triangle}$$

我们知道氮—86 的 $\lambda = 605.7$nm,谱线宽度$\triangle = 0.00047$nm,所以其最大可测长度 L $= 38.5$cm。氦氖气体激光器所产生的激光 $\lambda = 63.28$nm,由于它的谱线宽度小于一千万分之一纳米,因此它的最大可测长度可以有几十千米。

(2)激光测速

利用激光测速也是激光检测中一个较为重要的方面,用得多的是激光多普勒流速计,它可以测量风洞气流速度,火箭燃料的流速,飞行器喷射气流的流速,大气风速,化学反应中粒子的大小及汇聚速度等。

图 9-43 为一激光多普勒流速计的原理图,从激光器泼射出来的单色平行光,经聚集透镜 2 聚焦到被测流体区域内。由于流体中存在着运动着的粒子,一些光被散射,散射光(信号光)的频率与未散射光(参比光)之间发生频移,它与流体速度成正比,散射光由接收透镜 4 收集和对准,未散射光通过流体由透镜 3 对准,并由平面镜 5 和分光镜 6 重合到散射光上,两光在光电倍增管中进行混频后输出一个交流信号,该信号输入到频率跟踪器内进行处理,获得与多普勒频率 f_D 相应的模拟信号。从测得的 f_D 值,即可得到运动粒子的速度值,从而获得流体的流速。

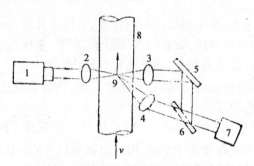

图 9-43　激光多普勒流速计原理图
1—激光器;2—聚焦透镜;3、4—接收透镜;5—平面镜;
6—分光镜;7—光电倍增管;8—测量管道;9—粒子

二、红外辐射

红外辐射技术现是一门发展的科学技术,它已被广泛地应用于生产、科研、军事、医学等各个领域。

1. 红外辐射的基本定律

红外辐射又称红外光,它是太阳光谱红光外面的不可见光。红外光和所有电磁波一样,具有反射、折射、散射、干涉、吸收等性质。它在真空中的传播速度 $C = 3 \times 10^8$m/s。红外辐射在介质传播时,会产生衰减,其原因主要是由于介质的吸收和散射的作用。

160

金属对红外辐射衰减非常大,多数半导体及一些塑料能透过红外辐射;大多数液体对红外辐射的吸收非常大;气体对于红外辐射也有不同程度的吸收。介质不均匀,品质不完整,有杂质或有悬浮小颗粒等,则会引起红外辐射的散射。大气中构成大气的一些分子对红外辐射存在着不同程度的吸收带,所以大气对不同波长红外辐射的穿透程度不同。

除了太阳能辐射红外线外,自然界中任何物体,只要它本身具有一定的温度(高于绝对零度,即高于－273.16℃),都能辐射红外光。

红外辐射检测有三个基本定律:

(1)基尔霍夫定律:一个物体向周围发射热辐射时,同时也吸收周围物体所发射的辐射能。如几个物体处于同一温度下,各物体的发射本领正比于它的吸收本领。

(2)斯忒藩—玻尔兹曼定律:物体温度越高,它辐射出来的能量越多。

(3)维恩位移定律:热辐射发射的电磁波中包含着各种波长。

2. 红外温度检测

任何物体只要它的温度不是绝对零度,都不断地发射出红外线,物体的温度越高,辐射功率就越大,只要知道物体的温度和它的比辐射率,就可算出它所发射的辐射功率,反之,如果量出物体所发射的辐射功率,则可确定它的温度。

红外测温装置的原理图如图9-44所示。它由光学系统、调制器、红外检测元件、电子放大器和指示器几部分组成。

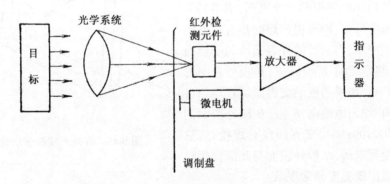

图 9-44　红外测温装置示意图

红外测温一般有以下两种情况:

第一,在某些情况下,不一定需要知道目标温度的绝对值,只要了解温度的相对变化即可。比如,检测火车热轴的温度,一般只要查出比正常轴箱温度高出许多的过热轴箱就行了。

第二,要求确知目标的温度,目标必须充满检测元件的预场,装置中必须包括一个标准黑体。

具体测量方法有下面两种:

(1)亮度测温:在测量过程中,检测元件的预场要轮流地对准目标和标准黑体,随时校正装置的灵敏度,以免检测装置性能改变影响检测结果。这样则得的温度称亮度温度。亮度温度比一般物体的实际温度小。要得到物体的真实温度,还必须对比辐射率

161

进行校正。各种物体的比辐射率都各有不同。影响它的因素除了物体材料性质之外，还有物体的表面形状，温度高低等。因此，在进行红外测温时就必须根据目标的具体情况进行比辐射率的校正。

（2）比色测温：所谓比色法，就是采用具有双道光路的测量装置，每条光路带有适当的滤光片，分别测量目标辐射和标准黑体辐射中的一个单色辐射功率，用两者之比来代替上述方法中的辐射功率，进行温度定标并确定温度。运用比色测温，能避免目标辐射在测量路径上的大气吸收，烟雾灰尘散射所引起的衰减，环境温度的影响等等。

红外辐射检测温度有下列特点：

（1）非接触检测：不影响被测目标的温度分布。这样，对远距离、带电以及其他不可接触的目标都可用红外辐射检测温度。

（2）反应速度快：检测装置的响应时间一般在十分之几秒之内。

（3）灵敏度高：只要目标有微小的温度差异就能分辩出来。

（4）测温范围广：可测量 $-10 \sim 1300℃$ 的温度范围。

3. 红外无损探伤

利用红外辐射能检查加工件内部的缺陷。例如有 A、B 两块金属板压焊在一起，红外测温可检查交界面是否焊接良好；有无漏焊的部位。这就是所谓红外无损探伤，见图 9-45 所示。

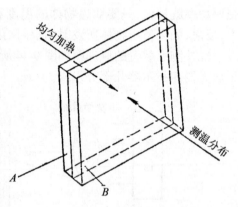

只要均匀地加热平板的一个表面，测量另一个表面上的温度分布，即可得到焊面是否良好的信息。道理很简单，当面板的外表面均匀受热而升高温度时，热量就向 B 板流去，B 板外表面的温度也随之升高，如果两板的交界面焊接均匀良好，热流就分布均匀地流向 B 板，B 板外表面的温度应当是均匀的；如果交界面没有焊接好，热流流到这里受到阻碍，B 板外表面与此部位相对应的位置上就出现温度异常现象。

图 9-45　红外无损探伤示意图

红外探伤的特点是：加热与探伤设备比较简单，能针对各种特殊的需要设计出合适的检测方案。

4. 红外气体分析

气体分析仪可以根据不同的原理设计成各种形式。这里所要介绍的一种是根据气体的红外辐射吸收带的不同这样一个原理所构成的气体分析仪。

二氧化碳气体的透射光谱图中可知，在 $2.7\mu m$、$4.33\mu m$ 和 $14.5\mu m$ 处有强烈的吸收，这些吸收是由于 CO_2 内部原子相对振动引起的，吸收带处的光子能量反映了振动频率的大小。

如欲设计一个 CO_2 红外气体分析仪，由于 CO_2 气体在红外波段有三个吸收带，但是 $2.7\mu m$ 和 $14.5\mu m$ 两个吸收带都受到水汽吸收的影响，只有 $4.35\mu m$ 吸收带不受大气中其它成份影响，选择这个吸收带中的一个窄波段进行吸收检测。

CO_2 红外气体分析仪的原理图如图 9-46 所示。应用此装置同样可以分析其他单一气体的含量及其变化。

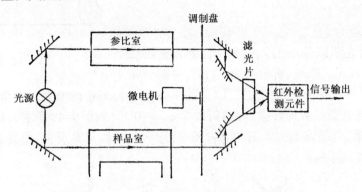

图 9-46 CO_2 红外气体分析仪示意图

CO_2 红外气体分析仪的工作原理如下:

使被测量的大气连续地流过样品室,参比室里充满没有 CO_2 的大气或含有一定量的 CO_2 气体的大气。从光源发出的红外辐射分成两束,被反射镜反射后分别通过样品室和参比室,再经过反射镜系统投射到红外检测元件上。检测元件的前面是一块滤光片。只让中心波长为 $4.35\mu m$ 的一个窄波段的红外辐射通过。如果参比室没有 CO_2,流过样品室的气体中也没有 CO_2,调节仪器使两束辐射完全相等,那么检测元件所接收到的就是通量恒定不变的辐射。检测元件后的放大器输出为零。如果进入样品室的气体中含有 CO_2 气体对 $4.35\mu m$ 的辐射就有吸收,那么两束辐射的通量不等,则检测元件所接收到的就是高变辐射。这时放大器的输出信号就不再为零,经过适当的定标,就可以从输出信号的大小来推测 CO_2 的含量。

CO_2 气体分析仪有如下优点:

(1)分析对象广泛,在红外波段范围内有窄吸收带的任何物质,都可用气体分析仪来分析。

(2)灵敏度高,量程广,分析的最小浓度为百万分之一,满量程最大浓度为百分之百。

(3)反应速度快,从样品进入仪器到指示器给出读数,仅需 $0.1\sim0.5s$。

(4)精度高,一般仪表可做成 2~3 级精度,如有必要还可做成 0.5~1 级精度。

(5)连续分析和自动控制。

三、光纤传感器(简称 FOS)是 70 年代迅速发展起来的一种新型传感器。它具有灵敏度高、电绝缘性能好、抗电磁干扰、耐腐蚀、耐高温、体积小、重量轻等优点,可广泛应用于位移、速度、加速度、压力、温度、液位、流量、水声、电流、磁场、放射性射线等物理量的测量。

(一)光纤

1. 光纤的结构

光纤的结构很简单,由纤芯和包层组成,见图 9-47 所示。纤芯位于光纤的中心部位。它是由玻璃或塑料制成的圆柱体,直径约为 $5\sim100\mu m$。光主要在这纤芯中传输。围绕着纤芯的那一部分称为包层,材料也是玻璃或塑料,但两者材料的折射率不同。纤

163

芯的折射率 n_1 稍大于包层的折射率 n_2。由于纤芯和包层构成一个同心圆层结构,所以光纤具有使光功率封闭在里面传输的功能。

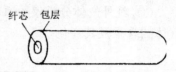

2. 传光的原理

在光学中,当光线以较小的入射角 φ_1,由光密媒质(折射率为 n_1)射入光疏媒质(折射率为 n_2)时,一部分光线被反射,另一部分光线折射入光疏媒质(如图 9-48 所示),当逐渐增大入射角 φ_1,一直到 φ_C,此时折射光就会沿界面传播,此时折射角 $\varphi_2 = 90°$角(如图 9-48 所示),这时 $\varphi_1 = \varphi_C$,φ_C 称为临界角,当继续加大入射角 φ_1,光不再产生折射,只有反射,形成光的全反射现象(如图 9-49 所示)。

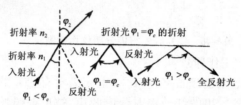

图 9-48　光线入角小于、等于和大于
临界角时界面上产生的内反射

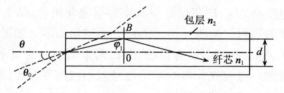

图 9-49　阶跃型多模光纤中子午光线的传播

阶跃型多模光纤的基本结构如图 9-49 所示,设纤芯的折射率为 n_1,包层的折射率为 n_2($n_1 > n_2$)。当光线从空气(折射率 n_1)中射入光纤的一个端面,并与其轴线的夹角为 θ_0 时,在光纤内折成 θ_1 角。然后以 φ_1($\varphi_1 = 90° - \theta_1$)角入射到纤芯与包层的界面上。若入射 φ_1 大于临界角 φ_C,则入射的光线就能在界面上产生全反射,并在光纤内部以同样的角度反复逐次全反射向前传播,直至从光纤的另一端射出。

3. 光纤的种类

光纤按纤芯和包层材料性质分类,有玻璃光纤及塑料光纤两大类;按折射率分布分类,有阶跃折射率型和梯度折射率型两种。

阶跃型光纤如图 9-50(a)所示,在纤芯内,中心光线沿光纤轴线传播,通过轴线平面的不同方向入射的光线呈锯齿形轨迹传播。

梯度型光纤如图 9-50(b)所示,光在传播中会自动地从折射率小的界面处向中心汇聚,光线偏离中心轴线越远,则传播路程越长,传播的轨迹类似正弦波曲线。

光纤还有另一种分类法,即按光纤的传播方式分类,可以分为多模光纤和单模光纤两类。

164

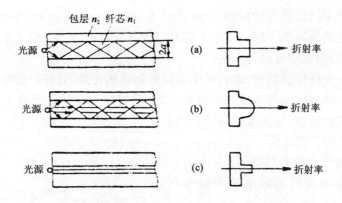

图 9-50　光纤的种类和光传播形式
(a)阶跃型多模光纤　(b)梯度型多模光纤　(c)单模光纤

在纤芯内传播的光波,可以分解为沿轴向传播的平面波和沿垂直方向(剖面方向)传播的平面波。沿剖面方向传播的平面波在纤芯与包层的界面上产生反射并会形成驻波,那些以特定角度入射光纤的驻波在光纤内传播这些光波就称为模。通常,纤芯直径较粗的,能传播几百个以上的模,称为多模光纤,纤芯很细,只能传播一个模的,称为单模光纤。

(二)光纤传感器的分类

按照光纤在传感器中的作用,通常可将光纤传感器分为两种类型:功能型和非功能型。

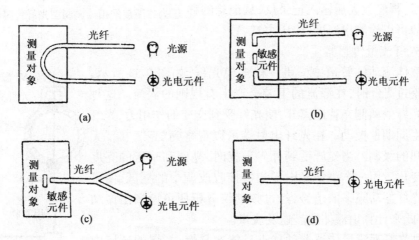

图 9-51　光纤传感器的基本结构原理

功能型光纤传感器,如图 9-51(a),主要使用单模光纤。光纤不仅起传光作用,而且是敏感元件,它的特点是由于光纤本身是敏感元件,因此加长光纤的长度,可以得到很高的灵敏度。

非功能型光纤传感器,如图 9-51(b)所示,光纤不是敏感元件,它是利用在光纤的端

165

面或在两根光纤中间放置光学材料、机械式或光学式的敏感元件感受被测物理量的变化。它的特点是结构简单、可靠、技术上容易实现,便于推广应用,但灵敏度一般比功能型光纤传感器低,测量精度也差一些。

在非功能型光纤传感器中,也有并不需要外加敏感元件的情况,如图 9-51(c)所示,光纤把测量对象辐射的光信号或测量对象反射、散射的光信号传播到光电元件。它的特点是非接触式测量,而且具有较高的精度。

(三)光纤传感器的应用

1. 光纤压力和温度传感器

光纤压力和温度传感器原理图如图 9-52 所示。

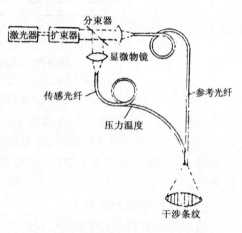

He – Ne 激光器发出的一束相干光经过扩束以后,被分束棱镜分成两束光,并分别耦合到传感光纤和参考光纤中。传感光纤置于被测对象的环境中,感受压力(或温度)的信号;参考光纤不感受被测物理量。这两根光纤(单模光纤)构成干涉仪的两个臂。当两臂的光程长大致相等(在光源相干长度内),那么来自两根光纤的光束经过准直和合成后将会产生干涉,并形成一系列明暗相间的干涉条纹。在两光纤的输出端用光电元件来扫描干涉条纹的移动,并变换成电信号,再经放大后输入记录仪,从记录的移动条纹数可以检测出温度(或压力)信号。

图 9-52　用马赫—泽德干涉仪测量压力或温度的相位调制型光纤传感器原理图

2. 光纤流量传感器

在液体流动的管道中横贯一根多模光纤,如图 9-53 所示,当液体流过光纤时,在液流的下游会产生有规则的涡流。这种涡流在光纤的两侧交替地离开,使光纤受到交变的作用力,光纤就会产生周期性振动。在光纤出射端可以观察到"亮"、"暗"无规则相间的级调。当光纤受到外界干扰时,亮区和暗区的亮度将不断变化。用一个小型光电探测器接收改调中的亮区,便可接受到光纤振动频率的信号,经过频谱仪分析便可检测出振动频率,由此来计算出液体的流速及流量。

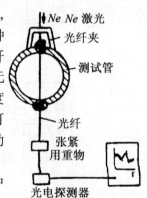

这种光纤涡流量传感器的优点是能在易燃、易爆的环境中安全可靠地工作。

以上是功能型的光纤涡轮流量计,还有一种非功能型的光纤涡轮流量计,如图 9-54 所示。

图 9-53　光纤涡流流量传感器原理图

涡轮叶片上贴一小块具有高反射率的薄片或镀有一层反射膜,当入射光通过多模光纤把光照射到涡轮叶片上,每当反射片经过光纤入射孔径时,出射光被反射回来,通过另一路光纤接收反射光并送到探测器上,再经整形电路转变成电脉冲,最后送入频率计数器,便可知道叶片的转速,并算出流量。

这种涡轮流量传感器具有重复性好、精度高、动态范围大、不受电磁、温度等环境因素干扰等特点。

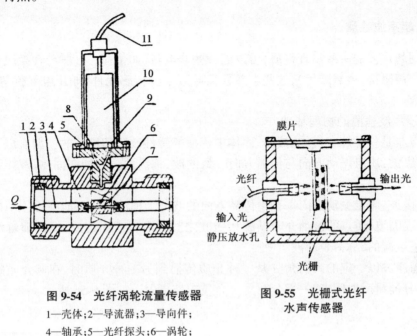

图9-54　光纤涡轮流量传感器

1—壳体;2—导流器;3—导向件;

4—轴承;5—光纤探头;6—涡轮;

7—轴;8—光源(LED);9—光探测器;

10—印刷电路板;11—电缆

图9-55　光栅式光纤
水声传感器

3. 光栅式水声传感器

如图9-55所示为光栅式水声传感器原理图。在两根大芯多模光纤之间放置一对线光栅。其中一个光栅固定在传感器底板上,另一个光栅与弹性膜片相连。当两光栅相对平行移动时,透射光强度发生变化。输入光经透镜准直后射到一对光栅上,如果两光栅所处的相对位置正好是全透过与不透过部分重合,这时没有光透过光栅,输出光强为零。如果两光栅所处的相对位置是全透过部分与全透过部分重合,这时输出光强达到最大。输出光经另一个透镜聚焦到输出光纤中,膜片工作在小挠度情况下,膜片中心位移与压力成正比,输出光经光电探测器转换成电信号,再经过放大就可以检测出压力信号。

光栅式光纤传感器的结构简单,工艺要求并不严格,灵敏度相当高,可检测出小至$1\mu Pa$的压力,而且具有较好的长时间稳定性和可靠性,因此这种光纤传感器是非常有实用价值。

第七节 超声波和微波在测量技术中的应用

一、超声波检测

利用超声波的一些物理性质,可以把一些非电量(如位移、速度等)转换成声学参数(如声速、声阻抗、声衰减等),这些声参数又通过某些传感元件(如压电元件等)转换成为电参数。

1. 超声波检测的物理基础

超声波是一种能在气体、液体、固体中传播的弹性波。超声波的波型有以下几种:

(1)纵波:质点振动方向与传播方向一致的波,称纵波。它能在固体、液体和气体中传播。

(2)横波:质点振动方向垂直于传播方向的波称为横波。它只能在固体中传播。

(3)表面波:质点的振动介于纵波和横波之间。沿着表面传播,振幅随着深度的增加而迅速衰减的,称为表面波。

当超声波以一定的入射角 α 从一种介质传播到另一种介质时,在两介质的分界面上,一部分能量反射回来,一部分在另一介质内被折射。如图 9-56 所示。

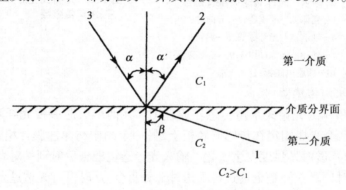

图 9-56 波的反射与折射

1 – 放射波;2 – 反射波;3 – 折射波

超声波有如下几个定律:

(1)反射定律:

入射角 α 的正弦与反射角 α' 的正弦之比等于入射波所处介质的波速 C 与反射波所处介质的波速 C_1 之比,即 $\sin\alpha/\sin\alpha' = C/C_1$,入射角等于反射角。

(2)折射定律:

入射角 α 的正弦与折射角 β 的正弦之比等于超声波在入射波及折射波所处介质中的传播速度 C 与 C_2 之比,即 $\sin\alpha/\sin\beta = C/C_2$。

(3)透射率与反射率:

超声波从第一介质垂直入射到第二介质中时,透射声压与入射声压之比称为透射率。而反射声压与入射声压之比称为反射率。超声波从密度小的介质入射到密度大的介质时,透射率较大,反射率也较大。

(4)超声波在介质中的衰减:

超声波在介质中传播时,由于声波的散射或漫射及吸收等会导致能量的衰减。随传播距离的增加,声波的强度逐渐减弱。介质中的能量衰减程度与频率及介质密度有很大关系。气体的密度很小,因此衰减较快,尤其在频率高时衰减更快。因此在空气中采用的超声波频率较低,而在固体、液体中则频率用得较高。

2. 超声波换能器

在超声波检测技术中,利用超声波的物理性质,把超声波发射出去,然后把超声波接收回来,变换成电信号,完成这一部分的工作装置,就是超声波传感器,习惯上,把这个发射部分和接收部分均称为超声波换能器,有时也称超声波探头。

超声波换能器根据其作用原理有压电式、磁致伸缩式、电磁式等数种。在检测技术中主要采用压电式。换能器由于其结构不同又分为直探头、斜探头、双探头、表面波探头等。直探头、斜探头的结构图如图 9-57 所示。

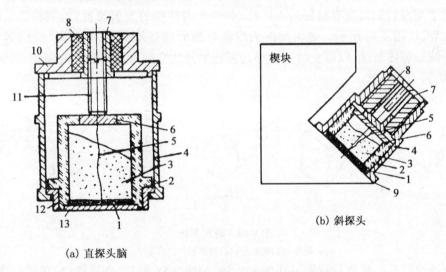

图 9-57 超声波直探头、斜探头结构示意图

1—压电晶片;2—晶片座;3—吸收块;4—金属壳;5—导线;6—接线片;7—接线座;
8—绝缘柱;9—接地铜箔;10—盖;11—导电螺杆;12—接地铜环;13—保护膜

超声波探头主要由压电片组成。压电片两面敷有银层作为导电的极板,压电片底面接地线,上面接导线引至电路中。当将超音频的脉冲电压加在压电片上时,由于电致伸缩效应,探头向介质发射超声波。超声波在工作中传播。在传播过程中,超声波如遇到缺陷,或到达工作底面,便产生反射。当从介质中反射回来的超声波到达探头时,又利用压电效应将其转换成电信号,并通过电子开关送到后级电路中进行放大和显示。因此,超声波换能器可作为"发射"、"接收"兼用。

3. 超声波传感器的应用

当超声发射器与接收器分别置于被测物两测时,这种类型称为透射型。透射型可用于遥控器、防盗报警器、接近开关等。当超声发射器与接收器置于同侧的属于反射

169

型、反射型可用于接近开关、测距、测液位或斜位、金属探伤以及测厚等。

二、微波检测

微波主要用于通讯,现在已应用到检测技术中了,在介绍微波检测的基本原理之前,先介绍一些有关微波的基本知识。

1. 微波检测的基本知识

无线电波的波长在 1m 到 1mm 范围内,统称为微波。微波有下列特点:

(1)微波在各种障碍物上能产生良好的反射;

(2)微波具有良好的空间辐射特性;

(3)微波的传输特性好,在传输过程中受烟、火焰、灰尘、强光等的影响小;

(4)微波绕射本领小,亦即绕过障碍物的本领较小;

(5)介质对微波的吸收与介质的介电常数成比例,其中水对微波的吸收最大。

根据微波以上的特点,可利用它来检测物位、厚度、距离等参数。

为了使发射的微波有良好的方向性,必须采用特殊的发射装置,如喇叭形天线、介质天线等,如图 9-58 所示。喇叭形的天线具有圆形或矩形截面,有扇形、锥形等,它实际上是波导管的延续,以避免波从波导过渡到敞开的空间时传播条件的剧变,其最佳张角,一般为 40° ~ 60°。

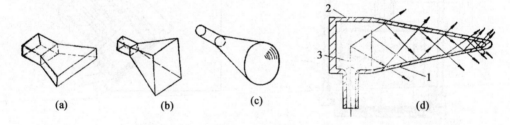

图 9-58 微波天线

(a)扇形;(b)角锥形;(c)圆锥形;(d)介质天线

介质天线是一根直径逐渐减小的介质棒,如图 9-58 所示,介质棒(1)细的一端做成匀滑的半球形,另一端则插入反射器的金属杯中,馈送能量给天线的同轴线的耦合针(3)也插入这个杯中。

为了改善微波发射的方向性,就象光学凹面镜产生平行光一样,也可用反馈镜来形成一束无线电波,但它的方向性没有光波好。用图 9-59 所示为两种微波反射镜,其中图(a)为抛物面式,图(b)为抛物柱面式的反射镜。

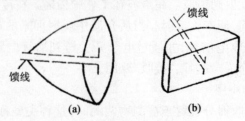

图 9-59 微波反射镜

170

2. 微波检测的基本原理

微波检测传感器一般分遮断式与反射式两种。

(1)遮断式

这一种传感器的基本原理是由一发射天线发射出定向性很好的微波束,在无物体阻档时,此微波为接收天线所接收,然后通过检波、放大,指示出来。如果在发射天线与接收天线间有被测物时,接收到的微波就减弱了,因此可用接收信号的大小来确定待测物的位置。

遮断式微波物位计如图 9-60 所示。由微波振荡器经发射天线发射出的微波束,在物位较低时,此微波全为接收天线所接收。当物位升高遮断微波时(微波被反射或吸收),接收天线接收的微波信号就相应地减弱。

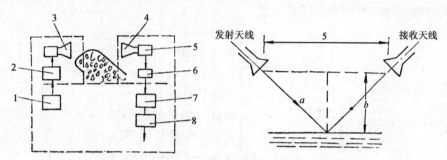

图 9-60　微波物位计的原理图
　　1—电源;2—振荡器;3—发射天线;
　　4—接收天线;5—检波器;6—前置放大器;
　　7—放大器;8—电压比较器

图 9-61　微波液位计原理图

反射式的原理是把微波发射到被测物上,再反射回来为接收天线所接收,由于天线与被测物间的距离不同,接收天线接收到的微波功率也不一样,因此可以用接收的功率来表达被测物间的参数(如位置、厚度等)。

反射式液位计如图 9-61 所示。它的发射天线与接收天线成一定角度,微波从被测液面经反射进入接收天线,并接收到功率,测出功率 P 就可知道 d 值,这样就能测得液位的高低。

思考题

1. 试说明电阻应变片有哪些用途?

2. 电阻丝应变片与半导体应变片在工作原理上有什么不同?

3. 电容式传感器有什么主要特点? 可用于哪些方面的检测?

4. 自感式传感器有哪几种,各有何特点?

5. 光电效应有哪几种? 与之对应的光电元件各是哪些? 请简述其特点?

6. 什么是压电效应? 以石英晶体为例说明压电晶体是怎样产生压电效应的?

7. 常用的压电材料有哪些? 各有什么特点?

8. 激光有什么特点?

9. 激光器可分为哪几类?

10. 红外辐射的基本定律是什么?

11. 举例说明红外辐射有哪些用途？

12. 光纤传感器可分为哪几类？各有何特点？

13. 超声波的波型有哪几种,各有何特点？

14. 超声波有何定律？

15. 微波有何特点？能测什么参数？

第八节 热电传感器

通常可把测温元件分为接触式与非接触式两大类。前者感温元件与被测介质直接接触,后者感温元件不与被测介质相接触。

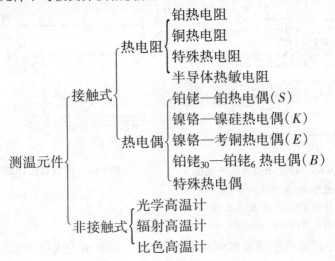

一、热电偶

1. 热电偶的用途

热电偶是工业上目前应用最广泛的感温元件之一,一般用于测量 500℃ 以上的温度,普通热电偶的测温上限可达 1300℃,短时间使用测温上限可达 1600℃,特殊材料制成的热电偶可测量 2000℃ 至 2800℃ 的高温,它是一种发电型感温元件,它将温度信号转换成电势信号,配以测量电势信号的仪表或变送器,便可以实现温度的测量或温度信号的变换。

2. 热电偶的特点

热电偶之所以应用广泛,因为它有如下特点：

(1)精度高：热电偶的测温精度优于热电阻,因热电偶具有良好的复现性和稳定性,所以国际实用温标中规定热电偶作为复现 630.74～1064.43℃ 范围的标准仪表。

(2)结构简单：热电偶结构简单,制造方便。

(3)用途广泛：热电偶的用途非常广泛,除了用来测量各种流体的温度以外,还常用来测量固体表面温度,热电偶的测温范围为 -270℃ 至 2800℃,热电偶可直接反映平均温度或温差。

3. 热电偶测温的基本原理

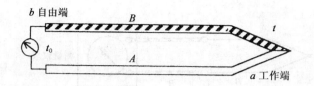

图 9-62　热电偶原理示意图

将两根性质不同的金属丝或合金丝 A 与 B 的一个端头焊接在一起,就构成了热电偶,如图 9-62 所示。A、B 叫做热偶丝,也叫热电极,放置在被测介质中的一端,即 a 端称为工作端,或称测量端,热电偶一般用于测量高温,所以工作端是置于高温介质中,所以有时也称 a 端为热端,另一端 b 则称为参比端,也可称为自由端。通常用热电偶测温时,b 端用来接测量仪表,其温度 t_0 通常是环境温度,或某个恒定的温度(如 50℃、0℃),它一般低于工作端温度。所以也称为冷端。

如果把热电偶的自由端焊在一起,在热电偶组成的闭合回路中,放置一个小磁针,如图 9-63 所示。当 $t = t_0$ 时,磁针不动,当 $t \neq t_0$ 时,磁针就会发生偏转,其偏转方向和热电偶两端温度的高低及两电极性质有关,上述现象说明,当热电偶两端温度 $t \neq t_0$ 时,回路中产生了电流,这电流称为热电流,产生热电流的电势称为热电势,并把这种物理现象称为热电现象,当自由端的温度 t_0 保持一定时,热电势的方向及大小仅与热电极的材料和工作端的温度有关,即热电势是工作端 t 的温度函数,这就是热电偶测温的物理基础。

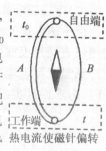

热电流使磁针偏转

图 9-63
热电流使磁针偏转

4. 热电偶自由端温度的补偿

由热电偶测温原理已经知道,只有当热电偶的冷端温度保持不变时,热电势才是被测温度的单值函数,在实际应用时,由于热电偶的工作端与冷端离得很近,冷端又暴露于空间,容易受到周围环境温度波动的影响,因而冷端温度难以保持恒定,为此采用下述几种方法补偿。

(1)补偿导线法

为了使热电偶的冷端温度保持恒定(最好为 0℃),当然可以把热电偶做得很长,使冷端远离工作端,并连同测量仪表一起放置到恒温或温度波动较小的地方,但这种方法一方面使安装使用不方便,另一方面也要多耗费许多贵重的材料,因此,一般选用一种导线(称补偿导线),将热电偶的冷端延伸出来,如图 9-64 所示,这种导线在一定温度范围内(0~100℃)又具有和所连接的热电偶相同的热电性能,其材料又是廉价金属,常用热电偶的补偿导线列表如下:

表 9-1　常用热电偶的补偿导线

热电偶名称	补　偿　导　线				工作端为 100℃ 冷端为 0℃时的标准 热电势(mV)
	正　　极		负　　极		
	材料	颜色	材料	颜色	
铂铑—铂(S)	铜	红	铜镍合金	白	0.54 ± 0.03
镍铬—镍硅(K)	铜	红	康铜	白	4.10 ± 0.15
镍铬—考铜(E)	镍铬	紫	考铜	白	6.95 ± 0.35

热电偶与补偿导线连接时,要注意正负极性。即补偿导线的正极与热电偶的正极

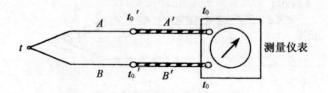

热电偶电极　A′、B′. 补偿导线　t′₀. 热电偶原冷端温度　t₀. 新冷端温度

图 9-64　补偿导线在测温回路中的连接

相接,补偿导线负极与热电偶的负极相接,由于补偿导线的热电性质要求与所配热电偶热电性质相同,所以各种型号的热电偶都要求用与它相对应的补偿导线。

此外,热电偶和补偿导线连接端所处的温度不应超出 100℃,否则也会由于热电特性不同而带来新的误差。

(2)冷端温度修正法

由于热电偶的温度—热电势关系曲线是在冷端温度保持为 0℃情况下得与它配套使用仪表又是根据这一关系曲线进行刻度的,因此,尽管已采用补偿导线使热电偶冷端延伸到温度恒定地方,但只要冷端温度不等于 0℃,就还必须对仪表指示值加以修正,此时,为求得真实温度可利用下式进行修正:

$$E(T.0^\circ) = E(T, t_0) + E(t_0, 0)$$

例:K 分度号热电偶在工作时冷端温度 $t_0 = 30℃$,测得热电势 $E(T, t_0) = 39.17\text{mV}$,求被测介质实际温度。

由 K 分度号表查出 $E(30℃, 0℃) = 1.20\text{mV}$,则

$$E(T, 0^\circ) = E(T, 30^\circ) + E(30^\circ, 0^\circ) = 39.17 + 1.20 = 40.37\text{mV}$$

再由 K 分度号表查出与其对应实际温度为 977℃。

(3)冰点槽恒温法

为避免经常校正的麻烦,可采用冰点槽恒温法使冷端温度保持为恒定的 0℃,在实验室条件下采用此法,通常是把冷端放在盛有绝缘油的试管中,然后再将其放入装满冰水混合物的容器中,使冷端温度保持为℃。这是一种精度很高的自由端温度补偿办法,由于冷点槽恒温在使用时比较麻烦,只限于实验室使用,现场不宜采用。

(4)补偿电桥法

补偿电桥法是利用不平衡电桥产生的电势来补偿热电偶因冷端温度变化而引起的热电势变化值,如图 9-65 所示。不平衡电桥由电阻 r_1、r_2、r_3(锰铜线绕制),r_{cu}(铜线绕制),四个桥臂和桥路稳压源所组成,串联在热电偶测量回路中,热电偶的冷端与电阻 r_{cu}感受相同的温度,电桥通常取在 20℃时处于平衡($r_1 = r_2 = r_3 = r_{cu}^{20℃}$)此时对角线 a、b 两点电位相等(即 $V_{ab} = 0$),电桥对仪表流数无影响,当周围环境温度高于 20℃,热电偶因冷端温度升高而使热电势减弱,电桥则由于 r_{cu}值的增加而出现不平衡,a 点电位高于 b 点电位,在对角线输出一个不平衡电压 V_{ab},并与热电偶的热电势相迭加一起送入测量仪表,如适当选择桥臂电阻和电流数值,可以使电桥产生的不平衡电 V_{ab}正好补偿由于冷端温度变化而引起热电势变化值,仪表即可指示正确的温度,由于电桥是在 20℃时平衡,所以采用这种补偿电桥时须把仪表机械零位调到 20℃处。

174

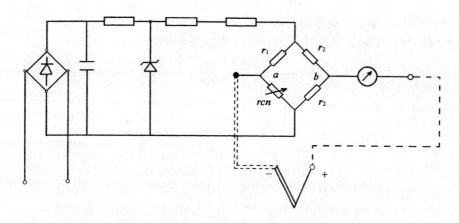

图 9-65　具有补偿电桥的热电偶测量线路

　　在上述四种方法中,补偿导线法是最基本的,它常被单独地或与其它三种方法中的任一种一起使用。

　　5. 常用热电偶

　　(1)铂铑—铂热电偶:分度号为 S,正极是由 90% 的铂和 10% 的铑制成的合金丝,负极是纯铂丝,这种热电偶优点是较容易得到纯度极高的铂和铂铑合金,因此便于复制,测温精度高,物理化学稳定性高,宜在氧化性及中性气氛中使用。熔点较高,因而测量上限要较高,在工业测量中一般用它测量 1000℃ 以上温度,在 1300℃ 以下可长期连续使用,短期测量可达 1600℃,铂铑—铂热电偶的缺点是价格贵,热电势较小,在还原性气体金属蒸汽、金属氧化物以及氧化硅和氧化硫等气氛中使用,会很快受到沾污而变质,故在这些气氛中工作必须加装保护管,另外,热电性质非线性较大,热电极在高温下会升华,使分子渗透到铂极中去沾污铂极,导致热电势不稳定。

　　(2)镍铬—镍硅热电偶:分度号为 K,正极成份为 9% ~ 10% 铬,0.4% 硅,其余为镍,负极成份为 2.5% ~ 3% 硅,≤ 0.6% 钴,其余成份为镍,这种热电偶优点是具有较强的抗氧化性和抗腐蚀性,化学稳定性好,热电势较大,热电势与温度间线性关系好,热电极材料价格较便宜,在 1000℃ 以下可长期连续使用,短期测温可达 1300℃,缺点是在 500℃ 以上的温度下和在还原性介质以及硫,硫化物的气氛中使用,容易被腐蚀,所以,在这种气氛中工作,必须加保护套管,另外,它的测温精度比铂铑—铂热电偶低。

　　(3)镍铬—考铜热电偶:分度号为 E,正极镍铬成分为 9% ~ 10% 铬,0.4% 硅,其余为镍;负极考铜成份为 56% 铜,44% 镍、最大的的优点是热电势大,价格便宜,这种热电偶的缺点是不能用于测高温,测量上限为 800℃,长期使用时,只限于 500℃ 以下,另外,由于考铜合金易受氧化而变质,使用时必须加装保护套管。

　　(4)铂铑$_{30}$—铂铑$_6$ 热电偶:简称双铂铑热电偶,分度号为 B,这种热电偶正负极都是铂铑合金,区别仅在于合金含量的比例不同,正极含铑为 30%,负极含铑为 6%,双铂铑热电偶的抗沾污能力强,在测量 1800℃ 的温度时还具有很好的稳定性,测温精度较高,适用于氧化性、中性介质,可用于长期测量 1400 ~ 1600℃ 的高温,短期测量可用到 1800℃,双铂铑热电偶灵敏度较低,所以需要配用灵敏度较高的显示仪表,由于在室温时温度对热电势影响极小,因此在使用时自由端一般不需要进行温度补偿。

175

6. 热电偶的故障分析及排除措施

热电偶在使用中可能发生的故障及排除措施见表9-2。

表 9-2

故　障	原　因	修　复　方　法
热电势比实际应有的小(仪表指示值偏低)	①热电偶内部电极漏电 ②热电偶内部潮湿 ③热电偶接线盒内接线短路 ④补偿线短路 ⑤热电偶电极变质或工作端霉坏 ⑥补偿导线和热电偶不一致 ⑦补偿导线与热电偶的极性接反 ⑧热电偶安装位置不当 ⑨热电偶与仪表分度不一致	①将热电极取出,检查漏电原因,若是因潮湿引起,应将电极烘干,若是绝缘管绝缘不良引起,则应予更换 ②将热电极取出,把热电极和保护管分别烘干,并检查保护管是否有渗漏现象,质量不合格,则应予更换 ③打开接线盒,清洗接线板,消除造成短路的原因 ④将短路处重新绝缘或更换补偿线 ⑤把变质部分剪去,重新焊接工作端或更换新电极 ⑥换成与热电偶配套的补偿导线 ⑦重新改接 ⑧选取适当的安装位置 ⑨换成与仪表分度一致的热电偶
热电势比实际应有的大(仪表指示值偏高)	①热电偶与仪表分度不一致 ②补偿导线和热电偶不一致 ③热电偶安装位置不当	①更换热电偶,使其与仪表一致 ②换成与热电偶配套的补偿导线 ③选取正确的安装位置
仪表指示值不稳定(仪表本身无故障的情况下)	①接线盒内热电极和补偿导线接触不良 ②热电极有断续短路和断续接地现象 ③热电极似断非断现象 ④热电偶安装不牢而发生摆动 ⑤补偿导线有接地、断续短路或断路现象	①打开接线盒,重新接好并固紧 ②取出热电极,找出断续短路和接地的部位,并加以排除 ③取出热电极,重焊好电极,经校验合格后使用,否则应更换新的 ④将热电偶牢固安装 ⑤找出接地和断续的部位,加以修复或更换补偿导线

7. 热电偶的安装和使用方法要点

(1)热电偶和仪表的分度号必须一致。

(2)热电偶的补偿导线安装位置应尽量避开大功率的电源线,并应远离强磁场,强电场,以免干扰,通常是将补偿导线穿在单独铁管中,予以屏蔽。

(3)热电偶不应装在太靠近炉门和发热源处。

(4)热电偶插入炉内深度可按实际情况而定,工作端应尽量靠近被测物体,以保证测量正确。

(5)热电偶应尽可能垂直安装,以免保护管在高温下变形。在需要水平安装时,应使用耐热合金支架支撑。

(6)热电偶保护管和炉壁之间的空隙,用绝热物质堵塞,以免冷热空气对流而影响测温准确性。

(7)安装瓷或氧化铝这一类保护管的热电偶时,选择位置应适当,不致因加热工件移动而损坏保护管,在插入或取出热电偶时,应避免急冷急热,以防保护管破裂。

(8)热电偶的工作端安装位置应尽可能避开强磁场和强电场,以免干扰。

(9)除特殊情况外,一般不允许将热电偶从保护管中抽出,而直接与被测介质接触,同时在使用时应经常检查保护管情况,发现其表面侵蚀严重应予更换。

（10）为保证测量准确,热电偶应定期校验。

二、热电阻

在工业上广泛应用热电阻温度计测量 $-200 \sim +500℃$ 范围的温度,热电阻温度计的特点是精度高,适于测低温。

热电阻的作用原理是根据导体(或半导体)的电阻值随温度变化而变化的性质,将电阻值的变化用显示仪表反映出来,从而达到测温的目的。

热电阻是由电阻体,绝缘套管和接线盒等主要部件所组成,其中电阻体是热电阻最主要部分要求也最高,因此,对热电阻丝的材料与绕热电阻丝的支架均有一定的要求。

1. 热电阻的测温原理

电阻温度计是基于金属导体或半导体电阻与本身温度呈一定函数关系的原理实现温度测量的,实验证明,大系数金属电阻当温度上升 $1℃$ 时,其电阻值约增大 $0.4\% \sim 0.6\%$,而半导体电阻当温度上升℃时,电阻值下降 $3\% \sim 6\%$。

金属导体电阻与温度的关系一般可表示为:

$$R_t = Rt_0[1 + \alpha(t - t_0)]$$

式中: R_t ——温度为 t 时的电阻值

Rt_0 ——温度为 t_0 时的电阻值

α ——电阻温度系数,即温度每升高 $1℃$ 时的电阻相对变化量

由于一般金属材料的电阻与温度关系并非线性故 α 值也随温度而变化,并非常数。

金属或半导体的电阻—温度函数关系一旦确定之后,就可以通过测量置于测温对象之中并与测温对象达到热平衡的热电阻的阻值而求得被测对象的温度。

2. 常用的金属热电阻

作为电阻温度计感温部件的热电阻,分为金属热电阻和半导体热电阻两类,其中以金属热电阻应用较多,一般对测温热电阻的要求如下:

（一）电阻温度系数大,即灵敏度高。

（二）物理化学性质稳定,以能长时期适应较恶劣的测温环境。

（三）电阻率要大,以使电阻体积较小,减小测温的热惯性。

（四）电阻—温度关系近于线性关系。

（五）价格低廉,便于复制。

目前,使用金属热电阻实际应用最广的有铜、铂两种材料,并已列入标准化生产。

①铂热电阻

铂热电阻是由纯铂电阻丝绕制而成,使用温度范围为 $-200 \sim +500℃$,特点是精度高,稳定性好,性能可靠,这是因为铂在氧化性介质中,甚至在高温下的物理、化学性质都非常稳定,但它的不足之处是在还原性介质中,特别是在高温下很容易被从氧化物中还原出来的蒸气所沾污容易使铂丝变脆,并改变它的电阻与温度间的关系,而且价格较贵。

177

目前应用较多的三种铂热电阻,其分度号分度为 P_{t50}、P_{t100}、P_{t300},相应 0℃时的电阻值分别为 $R_0 = 50\Omega$、$R_0 = 100\Omega$、$R_0 = 300\Omega$。

②铜热电阻

铜热电阻一般用于 $-50 \sim +150℃$ 的测温范围,其优点是电阻温度系数大,电阻值与温度基本呈线性关系,价格便宜,缺点是易氧化,所以只能用于不超过 150℃ 温度且无腐蚀性的介质中,铜的电阻率小,因此电阻体积较大,动态特性较差。

目前应用较多的两种铜热电阻分度号分别为 C_{u100},C_{u50},其 R_0 值分别为 100Ω 和 50Ω。

3.热电阻的故障与修理

热电阻较多出现故障是断路或短路,而前者又较后者为多,断路和短路一般易于检查。

(1)铜电阻体断路的修理方法

打开电阻体之后,首先检查铜线是否产生"绿锈",如有"绿锈"说明此电阻体铜线已不能用,应予全部调换,如没有"绿锈",则可予以修复。修理方法是先找出外层线头,用烙铁将线头熔开,拆开线圈直至断线处为止,再从断线处到内层线头用万用表量其阻值是否正常,如仍有断路现象,则将已发现的断线处焊好后,再继续找出其它断线处,直到完全接通为止,最后把铜线重新绕好调整阻值,予以校验到合格为止,并进行绝缘处理。

(2)铂电阻体断路的修理方法

由于电阻丝很细,(一般为 φ0.03 ~ 0.07mm),所以修理铂电阻时首先将铂电阻体从保护管中轻轻取出,打开扎线后先检查云母片是否损坏,再检查铂丝与引出线连接处是否良好,如是铂丝断路,可用电压 6 ~ 8V 电弧焊焊好,是铂丝与银引出线连接处断开,可用电压为 10 ~ 14V 的电弧焊焊接,若是银引出线本身断开,则用电压为 14 ~ 16V 的电弧焊焊接,焊好后应予以检查焊接是否良好,并将无用导线部分剪去,以免产生阻值变化影响测量准确性。

电阻体短路故障发生较少,发生后也较易处理,只要寻找出短路点,用耐热绝缘材料加以垫衬绝缘,并用少量漆片胶固即可。

电阻体修理时的注意点:

(一)如要改变电阻体长度时,只准改变引出线长度,不允许改变电阻部分长度。

(二)如用电桥调整电阻值,发现阻值不对,应从下部端点铂丝交叉处增减铂丝,不应从其它处调整,完全调整好后,应将铂丝排列整齐,不能相碰,仍按原样包扎好,焊接时不要把好线都打开,因铂丝过细,容易折断。

(三)修复后的电阻体均须经过校验合格后,才能正式使用。

第九节　电化学传感器

利用电化学原理,把被测的非电量转化为电量的传感器,称为电化学传感器。电化学传感器能测出被测物体中迅速、准确、定量地测出离子或中性分子的浓度,因此在化工、制药、食品等生产过程和其它各领域中得到广泛应用。

一、电化学传感器基础知识

在化学传感器中,将化学量转化为电量的过程是利用了化学原电池原理。电化学传感器的核心组成部分就是一个内部充有电解质的化学电池,它至少有二个电极接入测量电路中,利用这个原理可制成酸度计、浓度计。

电化学传感器按其工作原理可分为电位型、电导型及电流型的类型。

(一)电极电位

根据奈恩斯特理论,如果把金属电极放在盐溶液中,则将会发生两种趋向:金属表面上的正离子溶解到溶液中去的趋向和溶液中的金属离子沉积到金属表面的趋向。这种趋势的强弱,取决于金属的活泼程度和溶液中金属离子的浓度大小。当这两种方向相反的过程进行的速度相等时,达到动态平衡,造成金属表面和金属相接触的溶液表面层聚集了相反极性的电荷。这样,就在溶液和金属的接触界面间形成了双电层,在界面间相应地存在着电位差。在实际应用中,经常需要知道单个电极与溶液界面间的电位差,然而这个数值是不能由实验直接测出的。为了解决这一问题,在电化学测量中采用测量两个电极间的相对电位差方法。这时需要选择一个测量的基准电极。一般以氢电极作为基准电极。

(二)扩散电位

除了电极电位,在两种溶液的界面上还可能形成另一种电位差,称做扩散电位。扩散电位的存在将会引起待测电极电位的误差,所以应当设法减小或避免。扩散电位可以是由溶液中离子的不同迁移造成的。当两种组成或浓度不同的电解质溶液相接触的,由于浓度梯度的存在,将发生扩散过程。

扩散电位还发生在用半透气隔膜分开的两种溶液的界面上(有时又称为隔膜电位),这是由于隔膜放行一种离子而束缚另一种离子通过的缘故。

(三)电池电动势

电池电动势是在通过电池的电流趋于零的情况下两极间的电位差,它等于构成电池的各相间的各界面上所产生的电位差的代数和。在计算电池电动势时,通常认为扩散电位已设法消除到可略程度。

二、电化学传感器的基本组成

电化学传感器的核心组成部分就是一个化学电池。化学电池分为原电池和电解电池两种。原电池能够自发地将化学能转换电能,并能向外部供给电能,而电解电池则从外电源施加电能促使电流流过电池。无论是原电池还是电解电池,其基本的组成部分至少有两个电极,以及为实现化学能与电能相互转化所需借助的物质——电解质。

(一)电化学传感器中的电极专指与电解质相接触的电子导体,有时也指电子导体与离子导体组的整个体系。化学电池中的两个电极可以根据电极电位的高低区分为正极和负极。电位较高电极是正极,电位较低的则为负极。此外,也可以根据电极反应的性质将区分为阳极和阴极。阳极上发生氧化反应,而阴极上发生还原反应。原电池的负极发生氧化反应,故为阳极,而正极发生还原反应,故为阴极。电解电池的正极就是阳极,负极就是阴极。

在选择电极时,一般要求响应快、内阻低、灵敏度高的电极。

1. 按电极的材料分类

(1)金属电极

金属电极有铂、金、银、铜、镉、钨等。在电化学传感器中,往往用贵金属制成阴极,而用铅、镉等做阳极。

(2)非金属电极

非金属如碳、石墨等也能做为电极。气体如氢电极。

除上述两大类之外,某些半导体材料也能作为电极(如类琉玻璃)。

2. 按电极的功能分类

(1)参比电极

上述提到的,测量单电极的电位是不可能的,而需要测量这个电极与另一个电极(基准电极)的电位差。这个基准电极就称为参比电极,它的电极电位是已知恒定不变的,并且不受被测溶液组成成分的影响。但是不变是在一定的时间内,所以在应用中必须参照说明书上的有效时间里使用。甘汞电极也是一种参比电极,在 PH 测量计中使用甘汞电极很普遍。

三、电位型化学传感器

(一)电位型电化学传感器是通过奈恩斯特方程将电位与被测离子的活度联系起来,二个电极,一个是电极电位能指示被离子活度变化的电极,而另一个是电极电位不受试液组成影响的参比电极。将二个电极一起放入待测溶液中就构成一个原电池,通过测量原电池的电势就可得到被测溶液的浓度。称为电位直接测量法。但必须注意不能用一般的伏特极并接在原电池二端直接去测量电势,一定要用高阻抗输入的测量电路去测量。

(二)电位型电化学传感器测量溶液参数时,测量的误差主要受到温度变化的影响、界面电位、电极污染等的影响。因此在使用时必须考虑这些因素。

四、电流型电化学传感器

(一)利用待测物质同电解质溶液和测量电极产生电化学反应,并以所产生的电池电流作为输出信号的传感器称为电流型电化学传感器。极限电流型电化学传感器是利用极限扩散电流与待测物质组成的浓度成正比的关系进行测量的。在化学电池中,将反应物质带到电极表面的物质传递过程有三种:

(1)扩散作用;

(2)离子在电场作用下的迁移;

(3)由于溶液或电极运动形成的对流传递作用。测量中扩散电流是起主要的作用,而其它二种可以忽略不计。

(二)极限电流型气体传感器根据工作时是否外加电压,可分为原电池式和电解电池式两种。原电池式气体传感器在发酵、制药、化工等应用比较广泛,特别是在氧气和溶液中溶解氧的检测应用很广泛,电解电池气体传感器和原电池式气体传感器一样,也是将流过外电路的电流作为传感器的输出,所不同的是在测量电流时,须先在电极二端加上一定的外电压,以至产生电化反应。

1. 隔膜极谱式气体传感器

这类传感器借用了电分析化学中的极谱原理,其外加电压值是根据气体的电流—电压曲线(极谱图)来选定的。在极谱分析中,利用不同离子的极谱具用不同的半波电位这一特点,来检出不同性质的离子。在隔膜极谱式气体传感器中,则利用气体的极谱图来选择不同的外加电压,便于测出不同的气体。因此在测量不同的气体时须根据气体的极谱图外加不同的电压。

2. 恒电位电解式气体传感器

这种传感器的特点是在保持电极和电解质溶液的界面为一恒定电位时,将气体直接氧化、还原。再将流过外电路的电流作为传感器的输出。应用中只要通过选择合适的恒定电压以及合适的电极和电解质的种类等便可灵敏地测出待测气体。

五、电化学传感器应用中的问题

上述简单介绍了电化学传感器的种类和工作原理,因此用电化学原理制成的仪器在使用中必须要注意以下几点:

1. 在溶液测量中必须注意使用电极的有效周期,一定要按仪器说明书上的电极使用时间定期更换。

2. 使电极与被测溶液充分接触,因此保持电极表面清洁很重要。所以对仪器的测量电极要周期清洗。目前国外进口分析仪器采用了超声波定时自动清洗装置,但仪器的销售价格也相应昂贵一些。

3. 如果测量动态溶液时,溶液的流速最好稳定一些。不要有起伏很大的波动。

4. 测量仪器安放的周围环境温度应比较稳定,因为温度的变化对测量值的影响较大。

第十章　电信号的放大和转换

第一节　信号的放大处理

在自动控制和非电测量系统中,常用各种传感器将非电量(如温度、压力、应变等)的变化变换为电压信号,而后输入系统。但这种非电量的变化是缓慢的,电信号的变化量常常很小(一般只有几毫伏到几十毫伏),所以要将电信号加以放大,常用的测量放大器(或称数据放大器)的原理电路如图 10-1 所示,电路有两个放大级;第一级由 A_1、A_2组成,它们都是同相输入,输入电阻很高,并且由于电路结构对称,可抑制零点漂移,第二级由 A_3 组成差动放大电路。

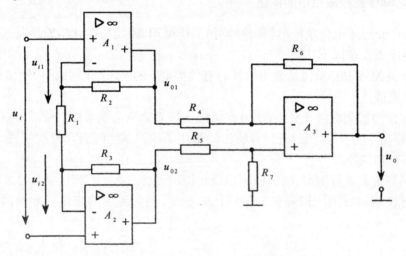

图 10-1　测量放大器的原理电路

输入信号电压为 U_i,如果 $R_2 = R_3$,则 R_1 的中点是"地"电位,于是得出 A_1 和 A_2 的输出电压,它们分别为

$$U_{01} = \left(1 + \frac{R_2}{\frac{R_1}{2}}\right)U_{i1} = \left(1 + \frac{2R_2}{R_1}\right)U_{i1}$$

$$U_{02} = \left(1 + \frac{2R_2}{R_1}\right)U_{i2}$$

由此可得

$$U_{01} - U_{02} = \left(1 + \frac{2R_2}{R_1}\right)(U_{i1} - U_{i2})$$

第一放大级的闭环电压放大倍数为

$$A_{Uf1} = \frac{U_{01} - U_{02}}{U_{i1} - U_{i2}} = \frac{U_{01} - U_{02}}{U_i} = (1 + \frac{2R_2}{R_1}) \tag{10-1}$$

只要改变 R_1 的阻值,即可调节放大倍数

对第二放大级,如果 $R_4 = R_5$,$R_6 = R_7$,则由式 $A_{uf} = \frac{U_O}{U_{i2} - U_{i1}} = \frac{R_F}{R_1}$

已知

$$A_{uf2} = \frac{U_0}{U_{02} - U_{01}} = \frac{R_6}{R_4}$$

或

$$A_{uf2} = \frac{U_0}{U_{01} - U_{02}} = -\frac{R_6}{R_4}$$

因此,两极总的放大倍数为:

$$A_{uf} = \frac{U_0}{U_i} = A_{uf1} \cdot A_{uf2} = -\frac{R_6}{R_4}(1 + \frac{2R_2}{R_1}) \tag{10-2}$$

为了提高测量精度,测量放大器必须具有很高的共模抑制比,要求电阻元件的精度很高。

第二节　数—模转换(D/A 转换)电路

一、数—模(D/A)转换的基本方法

1. 倒置的 $R—2R$ 梯形网络 D/A 转换原理

数字量是用代码数位组合起来表示的,对于有权码,每位代码都有一定的权,为了将数字量转换成模拟量,必须将每一位的代码按其权的大小转换成相应的模拟量,然后将代表各位的模拟量相加,所得的总模拟量就与数字量成正比,这样便实现了数字—模拟的转换,下面介绍一种常用的倒置的 $R—2R$ 梯形 D/A 转换器。

一个四位二进制数 D/A 转换器的原理电路如图 10-2 所示,它包括由数码控制的双掷开关和由电阻构成的分流网络二部分,输入两进制数的每一位对应一个 $2R$ 电阻和一个由该位数码控制的开关,为了建立输出电流,在电阻分流网络的输入端接入参考电压 V_{REF},当某位输入数码为 0 时,相应的被控开关接通右边触点,电流 I_i($i = 0$、1、2、3)流入地;输入数码为 1 时,开关接通左边触点,电流 I_i 则流入外接的比例放大器。

根据运算放大器的虚地概念不难看出,分别从虚线 A、B、C、D 处向右看的二端网络等效电阻都是 $2R$,所以 $I_3 = I'_3 = I_{REF}/2$,$I_2 = I'_2 = I'_3/2$,$I_1 = I'_1 = I'_2/2$,$I_0 = I'_0 = I'_1/2$,假设所有开关都接通左触点,则有

$$I_\Sigma = I_0 + I_1 + I_2 + I_3 = I_{REF}(\frac{1}{16} + \frac{1}{8} + \frac{1}{4} + \frac{1}{2})$$

从网络中的 P 点到运放虚地点的等效电阻为 R,利用虚地概念可得:

$$I_\Sigma = \frac{V_{REF}}{R}(\frac{S_0}{2^4} + \frac{S_1}{2^3} + \frac{S_2}{2^2} + \frac{S_1}{2^1}) \tag{10-3}$$

将数码推广到有 n 位的情况,可得输出模拟量与输入数字量之间的关系的一般表达式

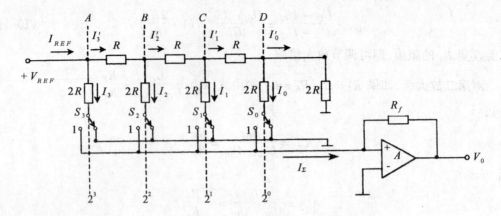

图 10-2　倒置的 R—2R 梯形 D/A 转换器原理图

$$I_\Sigma = \frac{V_{REF}}{R}\left(\frac{S_0}{2^n} + \frac{S_1}{2^{n-1}} + \cdots\cdots + \frac{S_n - 1}{2^1}\right)$$

$$= \frac{V_{REF}}{R}\left(S_{n-1}2^{n-1} + S_{n-2}2^{n-2} + \cdots\cdots + S_0 2^0\right) \tag{10-4}$$

比例放大器的输出

$$U_0 = -R_f I_\Sigma = -\frac{V_{REF}R_f}{2^n R}\left(S_{n-1}2^{n-1} + S_{n-2}2^{n-2} + \cdots\cdots + S_0 2^0\right) \tag{10-5}$$

上述表明,输入数字量被转换成模拟电压 V_0,它们之间存在一定的比例关系,其比例系数为 $V_{REF}R_f/2^n R$,当 $R_f = R$ 时,系数为 $V_{REF}/2^n$,式(10-5)括号内为 n 位的二进制数,可用 N_B 表示,式(10-5)可改写为

$$U_0 = -\frac{V_{REF}}{2^n}N_B \tag{10-6}$$

下面介绍两种带电子开关的倒置的 $R—2R$ 梯形网络 D/A 转换器。

2.CMOS 开关 D/A 转换器

简化的 CMOSD/A 转换电路如图 10-3 所示。其中图 10-3(a)为梯形电阻网络,其结构和分流原理如前所述,通常构成比例放大器的反馈电阻 R_f 已经包括在这网络中,梯形网路有两个电流输出端,可根据需要,灵活地接成双极性或单极性输出方式,在单极性输出时,只要将 I_{Σ_2} 端接地即可。

图 10-3(b)为图 10-3(a)中的一个开关 S_i 及其控制网络的实际电路,$T_1 \sim T_7$ 构成两个互为倒相的 CMOS 反相器,两个反相器的输出分别控制 T_8 和 T_9 的栅极,T_8 和 T_9 的漏极同时接电阻网络中的一个 2R 电阻,而源极分别接两个电流输出端 I_{Σ_2} 和 I_{Σ_1}。

当输入端 D_i 为高电平时,T_4 和 T_5 组成的反相器输出高电平,T_7 和 T_6 组成的反相器输出低电平,结果可使 T_9 导通,T_8 截止,由 T_8 将电流引向 I_{Σ_1},而当 D_i 为低电平时,则 T_9 截止,T_8 导通,将电流引向 I_{Σ_2}。

为保证 D/A 转换的精度,电阻网络中的 R 和 $2R$ 电阻值之比的精度要高,同时,每个开关上的电压降要尽量相等,由于从高位到低位的电流按 2 的整数倍递减,要求对应的开关导通电阻要按 2 的整数倍递增,如果图 10-3(a)中的 $V_{REF} = 10V$,那么流过开关 S_3 的电流为

184

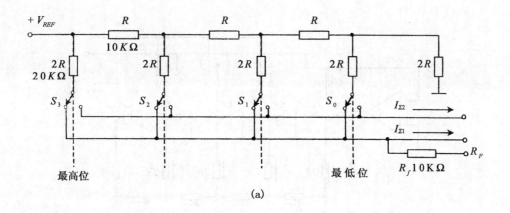

(a)

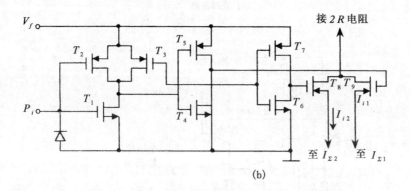

(b)

图 10-3　COMS 开关倒置的 *R—2R* 梯形网络 *D/A* 转换器

(a)梯形电阻网络；(b)CMOS 开关电路

0.5mA,流过开关 S_2 的电流为 0.25mA,若要求每个开关的电压降为 10mV,则 S_3 的导通电阻 $R_{ON3} = 20\Omega$, S_2 的导通电阻 $R_{ON2} = 40\Omega$,其它开关的导通电阻可依此类推。

3. 双极型开关 *D/A* 转换器

双极型开关 *D/A* 转换器的原理电路如图 10-4(a)所示,在该电路中,由恒流管 T_{REF}、T_2、T_1、T_0 和 T_D 与梯形电阻网络组成的电路产生参考电流 I_{REF}、I_2、I_1 和 I_0,$I_2 \sim I_0$ 依次按 2 的整数倍递减,当开关 S_i 接通右触点时,将 I_i($i = 0,1,2$)引向 I_Σ,接通左触点时,则将 I_i 引向地,由运放电路 A,T_{REF},R_C 和 R_e 构成电流负反馈电路,产生恒定电流 $I_C \approx I_{REF}$,根据运放电路的虚地概念,可知 $I_C = V_{REF}/R_{CO}$,由图可知,所有三极管的基极都与运放电路 A 的输出端连接,由运放 A 提供基极电流,因各三极管基极电位相同,所以在发射区压降一致的条件下,它们的发射极电位亦相同,不难看出,$I'_{REF} = I_{REF}$,$I_2 = I'_{REF}/2$,$I_1 = I_2/2$,$I_0 = I_1/2$。

图 10-4 (*a*) 中的电流开关图如图 10-4 (*b*) 所示,T_5 和 T_6 组成的差动式电路,T_5 的基极接一位数字输入 D_i,T_6 基极外接逻辑阈值电压 $V_{th} = + 1.4V$,T_7,R_3 和 E 组成恒流源,产生恒定电流 I_{C7}。差动电路对两个基极电平进行比较,当 D_i 为高电平 (3.6V) 时,T_5 截止,T_6 导通,I_{C7} 流向 T_6 发射极,这时 R_2 上产生一电压降,使 T_4 导

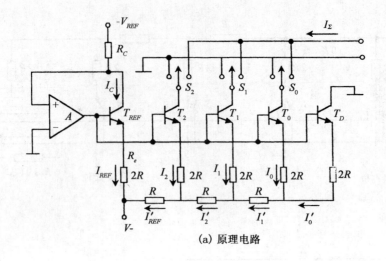

(a) 原理电路

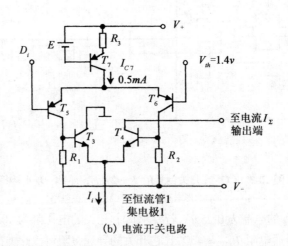

(b) 电流开关电路

图 10-4 双极型电流开关梯形电阻网络 D/A 转换器

通，T_3 截止，这时 I_i 流向 I_Σ 的支路，若 D_i 为低电平，则 T_5 和 T_3 导通，T_6 和 T_4 截止，I_i 流往接地端。

常用单片集成 D/A 转换器属双极型的有 $AD1408$、$DAC100$ 等。

二、D/A 转换器的输出方式

常用 D/A 转换器绝大部分是数字电流转换器，即输出量是电流，因此，实际应用时还需要将电流转换成电压，为了正确使用 D/A 转换器，选择和设计输出电路是非常重要的。

1. 数字码与模拟量的基本关系

D/A 转换器的输出方式有单极性和双极性两种，单极性输出的电压范围从 $0V$ 到满度值，双极性输出的电压范围则从负满度值到正满度值。

D/A 转换器采用单极性输出方式时，数字输入量采用自然二进制码，根据式(10-6)得出八位($n=8$) D/A 转换器的数字输入量与模拟电压输出量之间的关系，如表 10-1 所示。

186

表 10-1　单极性二进制码

数　字　量		模　拟　量
MSB	LSB	
1　1　1　1　1　1　1　1		$\pm V_{REF}(\frac{255}{256})$
…		…
1　0　0　0　0　0　0　1		$\pm V_{REF}(\frac{129}{256})$
1　0　0　0　0　0　0　0		$\pm V_{REF}(\frac{128}{256})$
0　1　1　1　1　1　1　1		$\pm V_{REF}(\frac{127}{256})$
…		…
0　0　0　0　0　0　0　1		$\pm V_{REF}(\frac{1}{256})$
0　0　0　0　0　0　0　0		$\pm V_{REF}(\frac{0}{256})$

对于双极性模拟输出信号,其对应的输入是带有符号位的数字代码,由一位数字码作为符号位,在双极性转换中,常用的编码有:符号—数值码(符号位加数值码)、偏移二进制码、2 的补码和 *BCD* 码,表 10-2 和表 10-3 分别列出了八位的符号—数值码和偏移二进制码的数字量—模拟量之间的对应关系。

表 10-2　符号—数值双极性码

数　字　量	模　拟　量
0　1　1　1　1　1　1　1	$+ V_{REF}(\frac{127}{128})$
…	…
0　0　0　0　0　0　0　1	$+ V_{REF}(\frac{1}{128})$
0　0　0　0　0　0　0　0	$+0$
1　0　0　0　0　0　0　0	-0
1　0　0　0　0　0　0　1	$- V_{REF}(\frac{1}{128})$
…	…
1　1　1　1　1　1　1　1	$- V_{REF}(\frac{127}{128})$

表 10-3　偏移二进制双极性码

数　字　量	模　拟　量
1　1　1　1　1　1　1　1	$\pm V_{REF}(\frac{127}{128})$
…	…
1　0　0　0　0　0　0　1	$\pm V_{REF}(\frac{1}{128})$
1　0　0　0　0　0　0　0	0
0　1　1　1　1　1　1　1	$\mp V_{REF}(\frac{1}{128})$
…	…
0　0　0　0　0　0　0　1	$\mp V_{REF}(\frac{127}{128})$
0　0　0　0　0　0　0　0	$\mp V_{REF}(\frac{128}{128})$

下面对这几种编码进行简要的讨论：

(1)由表 10-1 可知，最低位的数字码对应的模拟量的绝对值为 $V_{REF}/256$，即 $1LSB = V_{REF}/256 = 2^{-8}V_{REF}$，而在表 10-2 和表 10-3 中，$1LSB = V_{REF}/128 = 2^{-7}V_{REF}$，由此可见，相同位数的双极性输出较单极性输出的精度降低一倍。

(2)比较表 10-1 和表 10-3 可以看出，偏移二进制码实际上是将自然二进制码对应的模拟量平移后得到的，它将模拟量的零值移到与数字量 $80H$ 相对应，根据表 10-3 的规律，可得偏移二进制码模拟输出量与数字量的关系为：

$$V_0 = (\frac{N_B}{2^{n-1}} - 1)V_{REF} = -(-2\frac{N_B}{2^n}V_{REF} + V_{REF}) \tag{10-7}$$

将式 10-7 与式 10-6 比较可知，只要将单极性输出放大二倍，再将单极性输出与 V_{REF} 进行反相求和就可获得偏移二进制码双极性输出，这种编码的优点是实现电路比较简单，但由于从零值转到负值时，每位数码都要改变，因此容易产生误差，这是该编码方法的缺点。

(3)符号—数值编码由零值变化到正值或负值时，都只有一位数码发生变化，这说明在零值附近较小的正负电压过渡比较平滑，线性较好，这种编码的缺点是零值有两个代码，进行数字处理时，需要附加硬件或软件转换器电路较复杂。

2.D/A 转换器的基本输出电路

单极性反相电压输出电路图 10-5(a)所示，输出电压 $V_0 = -I_\sum R_f$，图 10-5(b)是同相电压输出 $V_0 = I_\sum R(1 + R_2/R_1)$。

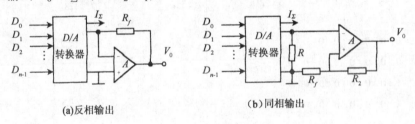

(a)反相输出　　　　　　　　　(b)同相输出

图 10-5　*D/A* 转换器的单极性电压输出

典型的偏移二进制码输出电路和图 10-6 所示。D/A 转换器内部的反绕电阻为 $10k\Omega$，A_1 实现单极性输出，由于 $R_{f2} = R_2 = 2R_1$ 因此，A_2 实现将单极性输出 D_1 放大两倍并和 V_{REF} 进行反相求和由图可得

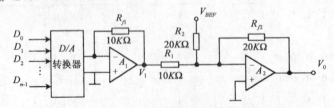

图 10-6　*D/A* 转换器的偏移二进制码输出电路

$$V_0 = -(2V_1 + V_{REF}) = -[2(-\frac{N_B}{2^n}V_{REF}) + V_{REF}] \tag{10-8}$$

与式 10-7 一致,从而说明该电路实现了双极性偏移二进制码转换。

三、D/A 转换器的主要技术参数

1. 绝对精度(或绝对误差)是指输入端加有对应满刻度数字量时,D/A 转换电路理论值与实际输出值之差,该值一般应低于 1LSB/2 的权值,例如,由表 10-1 可知,对应满刻度数字量 FFH 的模拟理论输出值为 $\pm V_{REF}\left(\dfrac{255}{256}\right)$,转换电路的实际值不应超过 $\pm V_{REF}$ $\left(\dfrac{510}{512}\pm\dfrac{1}{512}\right)$。

2. 分辩率:一个 n 位转换器的额定分辩率就是最低位的相对值,即 2^{-n},由于该参数是由转换器的数字量的位数 n 所决定,故常用位数表示,如 8 位、10 位等。

3. 非线性度:每两个相邻数码对应的模拟量之差都是 2^{-n},即为理想的线性特性,在满刻度范围内,偏离理想的转换特性的最大值称非线性误差,有时又将它与满度值之比称为线性度。

4. 建立时间:转换器的输入变化为满度值时,其输出达到稳定值所需的时间为建立时间或稳定时间,也称转换时间。

不同制造厂家所给出的 D/A 转换器的技术参数以及对某些参数的定义有所不同,以上只是一些共同采用的主要参数。

四、集成 D/A 转换器的举例

现以国产集成 D/A 转换器 5G7520 为例,讨论集成 D/A 转换器的电路结构和应用方面的一些问题。

5G7520 是 10 位 CMOS 电流开关 D/A 转换器,其电阻梯形网络如图 10-7 所示,CMOS 电流开关与图 10-3(b)所示电路完全相同,由于反馈电阻 R_f(10kΩ)已经包括在电路中,因此只要外接运放电路(虚线内),就构成了单极性电压输出电路。例如,当最高位开关控制输入为 1 时,则 0.5mA 支路电流($+V_{REF}$ 为 $+10V$)流向反馈电阻,经外接运放电路转换成电压 $V_0 = -I_{\Sigma_1}R_f = -0.5mA\times10kΩ = -5V$,若开关输入为 0,则支路电流流入地端,对输出电压不起作用,当所有开关控制输入均为 1 时,输出电压 $V_0 = -9.99V$,所有开关输入均为 0 时,输出电压 $U_0 = 0V$,数字输入量和模拟输出电压的关系如表 10-4 所示,它与式(10-6)一致。

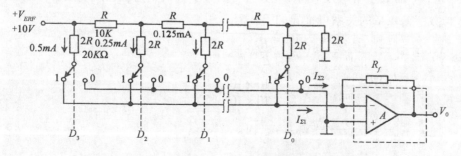

图 10-7 5G7520 的原理电路

表 10-4　5G7520 单极性输出的输入输出关系

数　字　输　入	模　拟　输　出
1　1　1　1　1　1　1　1　1　1	$-\dfrac{1023}{1024}V_{REF}$
…	…
1　0　0　0　0　0　0　0　0　1	$-\dfrac{513}{1024}V_{REF}$
1　0　0　0　0　0　0　0　0　0	$-\dfrac{512}{1024}V_{REF}$
0　1　1　1　1　1　1　1　1　1	$-\dfrac{511}{1024}V_{REF}$
…	…
0　0　0　0　0　0　0　0　0　1	$-\dfrac{1}{1024}V_{REF}$
0　0　0　0　0　0　0　0　0　0	0

实际应用中,还必须进行零点调节和满量程调节,调节电路如图 10-7 所示。调节步骤如下:

(1)将所有数字输入按低电平(地)调节运算放大器的调零电位器 R_3,使输出电压 $V_0 = 0 \pm 1mA$。

(2)若要增加输出电压,则要增加反馈电阻,可在运算放大器的输出端和 D/A 转换器的反馈电阻端串联一个 $0 \sim 500\Omega$ 的可调电阻 R_1,将所有数据输入端接电源 $V+$,调节 R_1,使 V_0 达到预定的满量程值。

(3)若要减少输出电压,则可采取减少基准电流的方法,即在基准电压源和它的基准电压输入端串联一个 $0 \sim 500\Omega$ 的可调电阻 R_2,将所有输入端接到电源 $V+$ 调节电阻 R_2,使输出电压降到预定的满量程值。

若将 5G7520 用作双极性转换时,则数字输入和模拟输出的关系如表 10-5 所示,对照式(10-7)可得满足表 10-5 所列输出输入关系的表达式

$$V_0 = -\left(\frac{N_B}{2^{10-1}} - 1\right)V_{REF} = -\left(\frac{N_B}{512} - 1\right)V_{REF} \tag{10-9}$$

实现式(10-9)转换关系的电路如图 10-8 所示,由图可以看出,I_{Σ_2} 先经 A_1 反相放大后加到 A_2 的输入,而 I_{Σ_1} 是直接加到 A_2 的反相输入端,因此它们对第二级放大(A_2)的作用是互补关系。

设对应 I_{Σ_1} 的数字输入为 N_B,则对应 I_{Σ_2} 的数字输入则为 $(2^{10}-1) - N_B$。

V_0 与数字输入量的关系可推导如下:

$$V_i = -\left[\frac{(2^{10}-1) - N_B}{2^{10}}V_{REF} + \frac{R_f}{R_1}V_{REF}\right]$$

$$= -\left[\frac{(2^{10}-1) - N_B}{2^{10}}V_{REF} + \frac{10 \times 10^3}{10 \times 10^6}V_{REF}\right]$$

$$\approx -\left[\frac{(2^{10}-1) - N_B}{2^{10}}V_{REF} + \frac{1}{2^{10}}V_{REF}\right]$$

$$= -\left(1 - \frac{N_B}{2^{10}}\right)V_{REF}$$

190

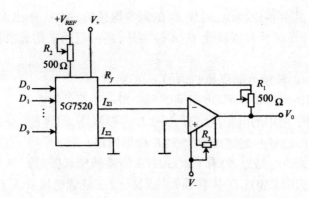

图 10-8　5G7520 的零点和满度调节电路

于是，$V_0 = -(V_1 + I_{\Sigma_1} R_f) = -\left[\left(\dfrac{N_B}{2^{10}} - 1\right)V_{REF} + \dfrac{N_B}{2^{10}}V_{REF}\right]$

$$= -\left(\dfrac{N_B}{512} - 1\right)V_{REF}$$

上式与表 10-5 和式(10-9)完全一致。

表 10-5　5G7520 双极性转换输入输出关系

数　字　输　入	模　拟　输　出
1 1 1 1 1 1 1 1 1 1	$-\dfrac{511}{512}V_{REF}$
…	…
1 0 0 0 0 0 0 0 0 1	$-\dfrac{1}{512}V_{REF}$
1 0 0 0 0 0 0 0 0 0	0
0 1 1 1 1 1 1 1 1 1	$+\dfrac{1}{512}V_{REF}$
…	…
0 0 0 0 0 0 0 0 0 1	$+\dfrac{511}{512}V_{REF}$
0 0 0 0 0 0 0 0 0 0	$+\dfrac{512}{512}V_{REF}$

下面介绍如何调整如图 10-9 所示的双极性 D/A 转换器：

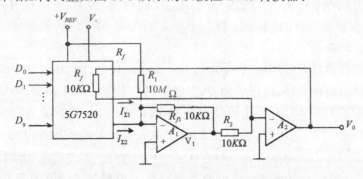

图 10-9　5G7520 的双极性转换电路

(1)满量程调整与单极性输出相同。

(2)将所有数字输入端接 V_+，调节 A_1 的调零电位器，使 A_1 输出 $V_1 = 0V$；然后将最

191

高输入位 D_9 接 V_+，其余各位接地，调节 A_2 的调零电位器，使 A_2 输出 $V_0 = 0V$。

5G7520 除了用作单极性和双极性 D/A 转换外，还可以用来构成阶梯波产生器，模拟除法器等。

综上分析，对 D/A 转换可简要地归纳如下几点：

(1) D/A 转换器由参考电压源、电阻网络和一组电子开关组成。

(2) D/A 转换器中采用的电阻网络有 $R—2R$ 梯形网络，倒置的 $2—2R$ 梯形网络和权电阻网络，实际采用最多的是倒置的 $R—2R$ 梯形网络。

(3) 根据电子开关的电路形式，有 CMOS D/A 转换器和双极型 D/A 转换器，在速度要求不高的场合，可选用 CMOS D/A 转换器或双极型三极管电流开关 D/A 转换器，速度要求很高的场合则要选择 ECL 电流开关型 D/A 转换器如 MC10101。

第三节　模—数转换（A/D 转换）电路

根据不同的要求，常用的 A/D 转换器有：并行 A/D 转换器，逐次逼近 A/D 转换器和双积分 A/D 转换器。

一、并行 A/D 转换器

在如图 10-10 所示的电路中，V_{REF} 为已知的参考电压，比较器的输出电压为

$$V_0 = \begin{cases} V_0 max & V_I > V_{REF} \\ V_0 min & V_I > V_{REF} \end{cases} \tag{10-10}$$

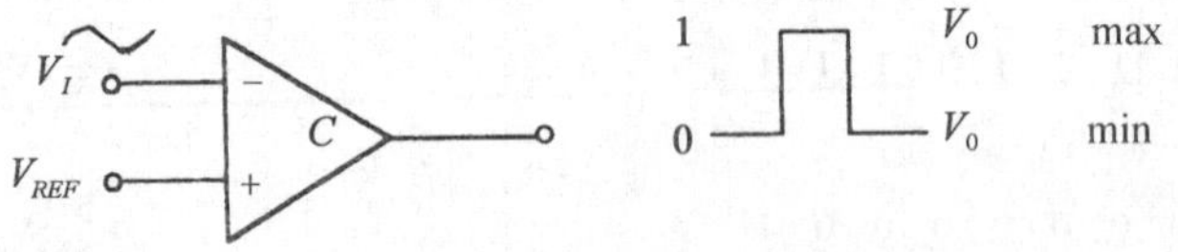

图 10-10　输出为一位的 A/D 转换器

随时间连续变化的 V_I 经一比较器 C 与 V_{REF} 比较后，输出 V_0 为只有两种数值的离散值，若用二元常量来表示，$V_0 max$ 定为 1，$V_0 min$ 定为 0，则可以认为该比较器就是输出为一位的 A/D 转换器。

为使 A/D 转换器具有实用性，必须增加数字输出的位数，图 10-11 表示输出为三位的并行 A/D 转换的原理电路，由图可知，八个电阻将一参考电压 V_{REF} 分成八个等级，其中七个等级的电压分别作为七个比较器 $C_1 \sim C_7$ 的参考电压，其数值分别为 $V_{REF}/14$、$3V_{REF}/14, \cdots 13V_{REF}/14$ 输入电压为 V_I，它的大小决定各比较器的输出状态，例如，当 $0 \leqslant V_I < V_{REF}/14$ 时，$C_7 \sim C_1$ 的输出状态都为 0，当 $3V_{REF}/14 \leqslant V_I < 5V_{REF}/14$ 时，比较器 C_6 和 C_7 的输出 $C_{o6} = C_{o7} = 1$，其余各比较器的状态均为 0，根据各比较器的参考电压值，可以确定输入模拟电压值与各比较器输出状态的关系，数字输出与模拟输入及比较器输出状态的关系，如表 10-6。

在上述 A/D 转换器中，输入电压同时加到所有比较器的输入端，从加入 V_I 到三位数字

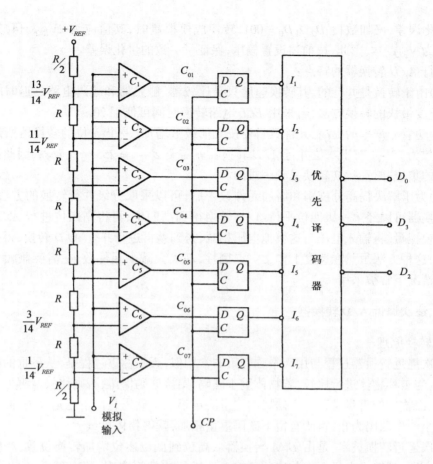

图 10-11　三位并行 A/D 转换器

量的稳定输出所经历的时间为比较器,D 触发器和编码器延迟时间之和,在不考虑各器件延迟误差的条件下,可以认为三位数字量为同时获得,因此称之为并行 A/D 转换器。

表 10-6　三位并行 A/D 转换器输入与输出关系对照表

模拟输入	比较器输出状态							数字输出		
	C_{01}	C_{02}	C_{03}	C_{04}	C_{05}	C_{06}	C_{07}	D_2	D_1	D_0
$0 \leqslant V_I < \frac{1}{14}V_{REF}$	0	0	0	0	0	0	0	0	0	0
$\frac{1}{14}V_{REF} \leqslant V_I < \frac{3}{14}V_{REF}$	0	0	0	0	0	0	1	0	0	1
$\frac{3}{14}V_{REF} \leqslant V_I < \frac{5}{14}V_{REF}$	0	0	0	0	0	1	1	0	1	0
$\frac{5}{14}V_{REF} \leqslant V_I < \frac{7}{14}V_{REF}$	0	0	0	0	1	1	1	0	1	1
$\frac{7}{14}V_{REF} \leqslant V_I < \frac{9}{14}V_{REF}$	0	0	0	1	1	1	1	1	0	0
$\frac{9}{14}V_{REF} \leqslant V_I < \frac{11}{14}V_{REF}$	0	0	1	1	1	1	1	1	0	1
$\frac{11}{14}V_{REF} \leqslant V_I < \frac{13}{14}V_{REF}$	0	1	1	1	1	1	1	1	1	0
$\frac{13}{14}V_{REF} \leqslant V_I < V_{REF}$	1	1	1	1	1	1	1	1	1	1

　　八级合压网络中最上面与最下面两个电阻两端的电压值设置为 $V_{REF}/14$,其它六段为 $2V_{REF}/14$,这样设置的理由可作如下解释:如果把数字输出量 $D_2D_1D_0 = 000$ 再转换成模拟量,其值应为 0V,从表 10-6 可知,实际上存在一误差,其最大值为 $V_{REF}/14$,称

193

之为量化误差,又如数检 $D_2D_1D_0 = 001$,转换成模拟量时,其值应为 $2V_{REF}/14$,其量化误差亦为 $V_{REF}/14$,因此,按前述设置偏压,保证了一致的量化误差。

并行 A/D 转换器的特点:

(1)由于转换是并行的,其转换速度只受比较器、触发器和编码电路延迟时间的限制,是速度最快的转换方法,若采用 ECL 电路转换时间可低于 $20ns$。

(2)随着分辨率的提高,元件数目要按几何级数增加,一个 n 位的转换器所用比较器的个数为 $2^n - 1$ 对于八位并行 A/D 转换器就需要 $2^8 - 1 = 255$ 个比较器,因此制成分辨率高的集成并行 A/D 转换是较困难的。

(3)为了解决提高分辨率和增加元件数矛盾,可以采取分级并行转换的方法,例如八位转换器可以经第一级四位平行 A/D 转换得到高四位,再将高四位进行 A/D 转换得到一模拟量,将输入电压与这模拟电压相减,得到差再进行并行 A/D 转换,得到低四位输出,这种方法虽然在速度上作了一点牺牲,却大大减少元件数,在需要兼顾分辨率和速度情况下常被采用

二、逐次逼近 A/D 转换器

1. 转换原理

逐次逼近转换器过程与用天平称物重非常相似,天平称重过程是,从最重的砝码开始试放,与被称物体进行比较,若物体重于砝码,则该砝码保留,否则移去。再加上下一个砝码,由物体的重量是否大于砝码的重量决定第二个砝码是留下还是移去,照此一直加到最小一个砝码为止,将所有留下砝码重量相加,就得物体重量。

逐次逼近转换技术,是由 D/A 转换器从高位到低位逐位增加转换位数,产生不同的已知电压,把输入电压逐次与这些已知电压进行比较而实现,逐次逼近 A/D 转换器原理框图如图 10-12 所示,D/A 转换器产生已知电压,比较器 C 对输入电压和已知电压进行比较,输出寄存器存放转换结果并提供 D/A 转换的输入量,移位寄存器的作用是把数字量从高位到低位逐位送到输出寄存器,相当于从最大到最小逐个加放砝码。

输出为四位的逐次逼近 A/D 转换过程如图 10-13 所示,t_0 时刻发出启动信号,并在时钟脉冲作用下使移位寄存器的状态为 1000,这时,输出寄存器的状态 B_4、B_3、B_2、B_1 和 D/A 转换器的输入补为 1000,此时,经 D/A 转换得到一模拟电压进行比较,结果输入信号大于这一模拟电压,C 的状态为 1,输出寄存器的状态 $B_4 = 1$,并加以保留,当 $t = t_1$ 时,时钟脉冲使移位寄存器的状态为 0100,输出寄存器的状态和 D/A 转换器输入则为 1100,经 D/A 转换后得到的模拟电压($12V_{REF}/16$)与输入电压 V_I 经 C 比较,结果 V_I 小于这一电压,C 的状态为 0,输出寄存器的次高位 B_3 被置 0,如此进行,直到最低位为止,四个脉冲周期后,输出寄存器的状态 B_4、B_3、B_2、$B_1 = 1001$。

2. 转换电路举例

图 10-14 是图 10-12 所示方案的一种四位 A/D 转换器的逻辑图,其中采用五位移位寄存器,它可进行并入/并出或串入/串出操作,输出寄存器由 D 边沿触发器组成,数字量从 $Q_4 \sim Q_1$ 输出,该电路的工作过程是:在转换指令的上升沿,移位寄存器的输入端 G 由 0 变 1,使 Q_A、Q_B、Q_C、Q_D、$Q_E = 01111$,它的最高位 Q_A 预置成 0 后,立即将输出

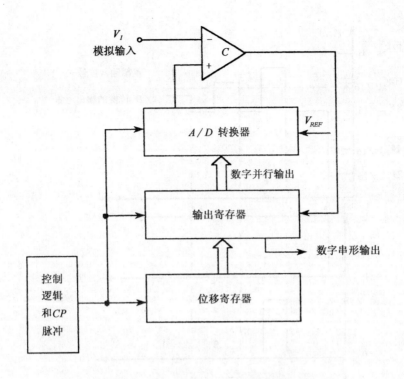

图 10-12 逐次逼近 A/D 转换器原理框图

寄存器的最高位 Q_4 置 1,其它各位在转换指令上升沿被置 0,即 Q_4、Q_3、Q_2、Q_1、Q_0 = 10000, D/A 转换器将数字量 10000 转换成模拟电压 V'_0,比较器 C 将该模拟电压与输入电压进行比较,若输入电压 $V_I > V'_0$,则比较器 C 输出为 1,否则为 0。比较结果送到 $D_4 \sim D_1$,由于在转换指令的下降沿 Q_5 置 1,G_2 打开,因此,在下一个时钟脉冲来到时,移位寄存器的最高位 Q_A 的 0 移到次高位 Q_B,而由于串联输入端 sin 为高电平,Q_A 由 0 变 1,于是输出寄存器的 Q_3 由 0 变 1,这个正跳变信号加入到 CP_4,使 V_0 的高电平得以在 Q_4 保存下来,此时,由于其它触发器的 CP 输入端无正跳变脉冲,V_0 的信号对它们不起作用,从图中可以看出,每个触发器的 CP 端都和比它低一位的触发器 Q 端相连,(CP_0 例外)。因此,在整个转换过程中,输出寄存器每位的 CP 端都只在该位向低位移位时才由低位 Q 端输入一个正跳变脉冲,故每位只接收一次数据,且在该位参与 D/A 转换和比较后进行,下一个 CP 脉冲使 Q_A 中的 0 移入 Q_B 且使 Q_3 为 1,建立了新的 D/A 转换数据,转换后再比较,将比较结果存入输出寄存器,如此进行,直到 Q_E 由 1 变 0,使 Q_5 由 1 变 0 将 G_2 封锁,转换完毕。

逐次逼近 A/D 转换器精度高,速度快,转换时间固定,易与微机接口,所以应用非常广泛。

采用这种转换方式的单片集成 A/D 转换器有:AD7574,ADC0809 和 AD5770,TDC10135 等。

三、双积分式 A/D 转换器

1. 基本原理和电路图

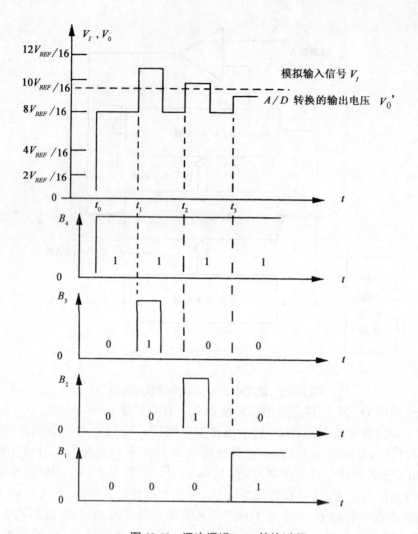

图 10-13 逐次逼近 A/D 转换过程

双积分 A/D 转换器又称为双斜率 A/D 转换器,它的基本原理是对输入模拟电压和参考电压进行两次积分,变换成与输入电压平均值成正比的时间间隔,利用时钟脉冲和计数器测出此时间间隔,由于它是取输入电压的平均值进行变换,因此,这种转换器具有很强的抗工频干扰能力,在数字测量中得到广泛应用。

图 10-15 是这种转换器的原理电路。

2. 各组成部分作用

(1)积分器:由集成运放 A 和 RC 积分环节所组成积分器是转换器的核心部分,输入端接开关 S_1,S_1 由定时信号控制,以便将极性相反的被测电压 V_I 和参考电压 V_{REF} 定时地加到积分器输入端,进行两次方向相反的积分,积分时间常数 $\tau = RC$,积分器输出接检零比较器输入端。

(2)检零比较器:比较器接在积分器之后,用来检查积分器输出电压 V_O 过零时刻,当 $V_0 \geq 0$ 时,比较器输出 $V_C = 0$,当 $V_0 < 0$ 时,$V_C = 1$,比较器输出信号接在时钟控制门 G 的一个输入端,作为关门和开关信号。

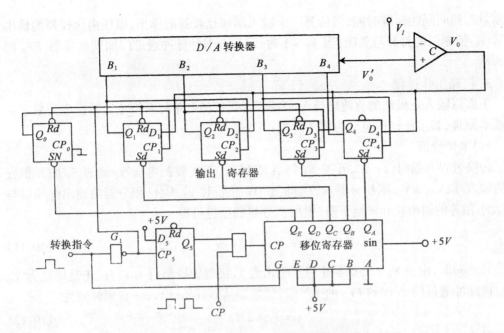

图 10-14　逐次逼近 A/D 转换器逻辑图

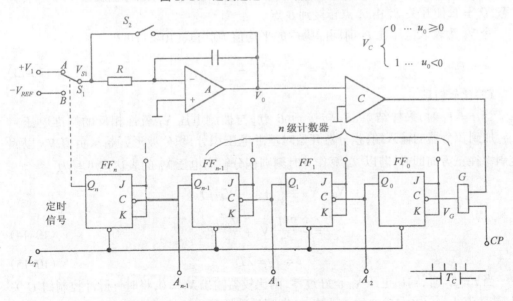

图 10-15　双积分 A/D 转换器

(3)计数器和定时器:它由 $n+1$ 个接成计数型的触发器 $FF_0 \sim FF_n$ 串联组成,当计数到 2^n 个时钟脉冲时,$FF_0 \sim FF_{n-1}$ 均回到 0 态,而 FF_n 翻转到 1 态,$Q_n = 1$,发出定时信号使开关 S_1 从位置 A 转接到 B,其中触发器 $FF_0 \sim FF_{n-1}$ 组成 n 级计数器,担负计数任务,以便把与输入电压平均值成正比的时间间隔变成脉冲的个数保存下来,供显示用。

(4)时钟脉冲控制门:具有标准周期 T_C 的时钟脉冲源,接在门 G 的一个输入端,作

197

为测量时间间隔的标准时间,门的另一个输入端接比较器的输出,以便由比较器的输出信号 V_C 控制门的打开与关闭,当 $V_C = 1$ 时,门打开时钟脉冲通过门加到触发器 FF_0 的输入端。

3. 电路工作过程

下面以输入正极性的直流电压 V_I 为例,说明这种电路将模拟电压转换成为数字量的基本原理,其工作过程可分为两个阶段:

(1)采样阶段

转换过程开始时($t = 0$),开关 S_1 与 A 点接通,正在被测电压 V_I 通过 S_1 加到积分器的输入端,$V_{S1} = V_I$,则积分器从原始状态 0V 开始对 V_I 积分,积分器的输出电压以与 V_I 大小相等的斜率从 0 开始下降,根据积分器的原理可得

$$V_0 = -\frac{1}{\tau} \int_0^t V_I dt \tag{10-11}$$

与此同时,由于 $V_0 < 0$,检零比较器输出为 1,将时钟控制门 G 打开,于是周期为 T_C 的时钟脉冲通过门 G 加到 FF_0 的 CP 端,计数器从 0 开始计数,一直到时间为

$$t = T_1 = 2^n T_C \tag{10-12}$$

触发器 $FF_0 \sim FF_{n-1}$ 都翻转到 0 态,$Q_0 = Q_1 = \cdots\cdots = Q_{n-1} = 0$,这时触发器 FF_n 翻转到 1 态,$Q_n = 1$,使开关 S_1 由 A 点转接到 B 点。

令 V_I 为输入电压在 T_1 时间间隔内的平均值,则由式(10-11)可得

$$V_P = -\frac{T_1}{\tau} V_I = -\frac{2^n T_C}{\tau} V_I \tag{10-13}$$

(2)比较阶段

当 $t = T_1$ 时,采样结束,S_1 转接到 B 点,与被测电压 V_I 极性相反的基准电压 $-V_{REF}$ 加到积分器的输入端,积分器开始对基准电压积分,积分波形开始从负值 V_P 以固定斜率往正方向回升,若以 T_1 算作 0 时刻则积分输出电压 V_0 的表达式可写为

$$V_0 = V_P - \frac{1}{\tau} \int_0^t (-V_{REF}) dt$$

$$= -\frac{2^n T_C}{\tau} V_I + \frac{V_{REF}}{\tau} t \tag{10-14}$$

$$t = T_2 = \lambda T_C \tag{10-15}$$

当 $t = T_2$ 时,输出电压 V_0 正好过零,则比较器输出 $V_C = 0$,将时钟脉冲控制门 G 关闭,计数停止,式(10-15)中的 λ 为在 T_2 期间计数器所累计的时钟脉冲个数。

在经过积分时间 $t = T_1 + T_2$ 后,V_0 又重新回到 0V,因此据式(10-14)和式(10-15)有

$$\frac{V_{REF}}{\tau} T_2 = \frac{2^n T_C}{\tau} V_I$$

考虑式(10-12)的关系,可得时间间隔 T_2 为

$$T_2 = \frac{T_1}{V_{REF}} V_I \tag{10-16}$$

由上式可以看出,第二次积分的时间间隔 T_2 与输入电压在 T_1 时间间隔内的平均

值 V_I 成正比,即将输入电压的平均值转变成了时间间隔。

从上述分析可知,由 $FF_0 \sim FF_{n-1}$ 组成的 n 级计数器,在 $t = T_1$ 从 0 开始计数到 $t = T_1 + T_2$ 时计数停止,在 T_2 时间间隔内存到计数器的时钟脉冲个数 λ 可从式(10-12)(10-15)(10-16)求得

$$\lambda = \frac{T_2}{T_C} = \frac{2^n}{V_{REF}} V_I \tag{10-17}$$

至此说明,在计数器中所计的数 $\lambda = Q_{n-1} \cdots\cdots Q_1 、 Q_0$,是与输入电压在取样时间 T_1 内的平均值 V_I 成正比的,只要 $V_I < V_{REF}$,转换器就能正常地将输入模拟电压转换为数字量,并能从计数器读取转换的结果,如果取 $V_{REF} = 2^n V$,则 $\lambda = V_I$,计数器所计的数在数值上就等于被测电压。

由于双积分 A/D 转换器采用了测量输入电压在采样时间 T_1 内的平均值的原理,因此,具有很强的抗工频干扰的能力。

最后必须指出,在比较阶段结束后,计数停止,此时开关 S_2 闭合,使电容 C 放电,积分器回零,积分进入休止状态,等待下一次测量,在下一次测量开始时,必须对所有触发器置 0,另外,输入电压不仅可以为正,也可以为负。当输入电压为负时,则比较阶段需对正的基准电压进行积分,这些任务都要通过另外的控制电路来完成。

四、几种 A/D 转换器的比较:

对于 A/D 转换器可以总结如下两点:

(1)A/D 转换都是把输入电压与已知电压进行比较而进行的,并行 A/D 转换是用固定等级的电压去比较输入电压,确定输入电压所在的等级,属于多层次的比较,一次比较一个字,逐次逼近 A/D 转换是与一组已知电压逐个比较,属于多次比较,一次比较一位,双积分 A/D 转换是将输入电压与已知电压转换成脉冲数(即时间)进行比较。

(2)并行 A/D 转换的优点是转换速度快,缺点是难以提高分辨力,逐次逼近 A/D 转换速度较快,转换时间固定,易于微机接口,双积分 A/D 转换的特点是抗工频能力强,由于两次积分比较是相对比较,对器件的稳定性要求不高,容易实现高精度转换。

五、A/D 转换器的主要技术参数

1. 绝对精度

绝对精度(或绝对误差)是指对应于某个数字量的理论模拟输入值与实际模拟输入值之差,实际模拟输入值不是固定的单一值,而是一个范围,因此还必须对实际模拟输入值作出定义,通常规定,对应于某一数字量的模拟输入量范围的中间值为实际输入值。

2. 转换时间和转换率

完成一次 A/D 转换所需的时间为转换时间,通常转换率是转换时间的倒数,例如转换时间是 100ns,则转换率为 10MHz。

第四节　数据线性化处理

一、热电特性的线性化问题

热电偶的热电势与被测温度之间的关系是非线性的,如将这个信号传送集成运算放大器放大,其输出的信号与温度的关系仍为非线性的,若将这个信号送到数字电压表去显示,显示温度误差是不允许。为了减少误差,提高测量精度,在数显仪表内必须设置线性化电路或非线性校正网络。

1. 简单非线性校正网络

图 10-16 是一种模拟信号非线性校正网络,输入信号 V_i 为前置电平放大电路输出的信号电压,经校正后的输出信号为 V_x,可以直接送至数显电路的信号输入端,以显示温度数值。

它的工作原理是这样的,当输入信号 V_i 很小时,稳压管 DW 截止着,稳压管支路无电流流过,这时网络的传递函数为 1,当网络的输入电压达到一定值以后,DW 导通,网络就具有了分压作用,并随着 V_i 的增大,稳压管 DW 的内阻逐渐下降,网络的分压作用增大,从而可将热电特性中非线性误差单调上升的部分给予线性化。调

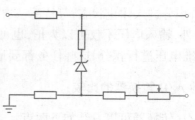

图 10-16　简单非线性校正网络

节电位器 W 可以改变 DW 的负端电位,从而决定稳压管何时导通进入分流状态,一级校正网络不够用时,可以采用多级进行多次分级线性化。

用这种校正网络可以校正如 T、K、EA、K(小于 800℃时)等分度号的热电偶的热电特性,因为它们的非线性误差是单调上升的,而用小电流稳压管组成的非线性校正网络的传递系数正好是单调衰减的,能达到线性化的目的,这种网络适用于小的仪表量程。

2. 折点线性化电路

要想在较大的测量范围内获较理想的线性化补偿精度,采用上述的校正网络是有一定困难,用折点线性化 电路来分段逼近被复制的"直线"。

用图 10-17 来分析折点电路的基本工作原理。电路中最关键的元件是二极管,由于它的单向导电性能,使整个电路的传输特性因之而发生转折。

电路的输入信号 V_i 是从热电偶信号补偿放大电路来的,此值一般取负值,即温度越高,此值越负,V_B 为基准电压,其值取正值,这样使 V_i 与 V_B 通过电阻在集成运放 A_1 的反相输入端进行代数相加,因此,当 $|\frac{V_i}{R_2}| < |\frac{V_B}{R_3}|$ 时,A_1 的输出 $V_a < 0$,二极管 D_2 截止,补偿信号加不到 A_2,总输出 V_0 不发生转折,当 $|\frac{V_i}{R_2}| > |\frac{V_B}{R_3}|$ 时,$V_a > 0$,二极

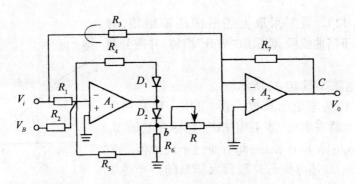

图 10-17　折点电路基本原理图

管 D_2 即导通,补偿信号通过 R_7 到 A_2 的反相输入端与 V_i 信号在此叠加,从而使输出 V_0 发生转折,改变 R_7 就可调整 V_0 转折后的斜率,转折点发生在 $V_i = -\dfrac{R_2}{R_3}V_B$ 点上,见图 10-18。

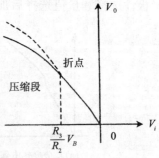

图 10-18　折点电路的特性曲线

我们进一步分析图 10-17 可知,输入信号 V_i 与补偿信号 V_B 极性相反,又在同一点迭加,故转折后的直线对原曲线起"压缩"作用,这样,可解决非线性单调上升的区域的线性化问题,如补偿信号 V_B 从 A_2 的同相输入端单独输入而 V_i 仍从反相端输入,如图 10-19 所示,这样转折后的 V_0 直线对原曲线起"提升"作用,见图 10-19,它有两种作用:一是可用来解决热电特性中非线性单调衰减区域的线性化问题,二是提升被压缩过头曲线,以便提高直线化程度。

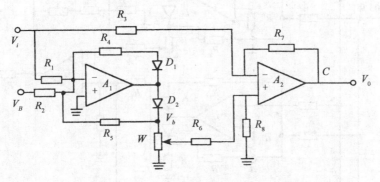

图 10-19　具有提升作用的折点电路

在实际使用的折点线性化电路,对于测量范围较大的仪表可采用三折点线性化电路,下面来分析 K 分度号 0—1300℃量程仪表所用三折点线性化电路。

K 分度号镍铬—镍硅热电偶热电特性如图 10-21(a)所示,希望复制成热电关系如图 10-21(b),比较两曲线可知,0～400℃段基本相符,这里所复制的直线斜率为 $K = \dfrac{dV}{dt} = 0041mV/℃$,如不进行任何校正,误差不大于 ±2℃,而400℃～1100℃段曲线上凸,最大非

201

线性误差高达 12℃，需要采取上述所谓压缩措施，对 1100℃～1300℃下落曲线段，就采取"提升"措施，并需分两次进行。

实际应用电路如图 10-22 所示。

图中 $A_1 \sim A_4$ 为集成运算放大器，可用一块高精度低功耗运算放大器来实现，如采用 $LM324$，标准电压 V_B 由基准电压集成电路 1403 提供，而后通过不同数值三个电阻 R_{12}、R_{14}、R_{16} 与热电信号补偿放大器来的信号叠加后，分别加到了 A_1、A_2、A_3 反相输入端，它们的输出分别经极性选择和量值选择后加到 A_4 的反相输入端或同相

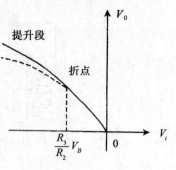

图 10-20 提升特性

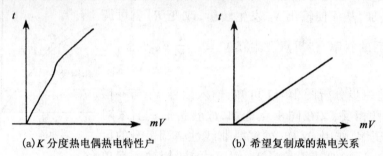

(a) K 分度热电偶热电特性户   (b) 希望复制成的热电关系

图 10-21 K 分度号镍铬—镍硅热电偶热电特性

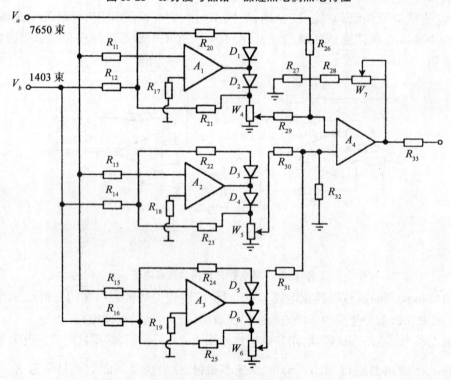

图 10-22   实际应用三折点电路

202

输入端,与7650来的信号经由A_4综合后,输出可直接接数显器的输入端IN_+,这里从A_3取出的正信号接A_4的反相输入端综合后起"压缩"作用,用于纠正400~800℃段非线性误差,而从A_2、A_3取出的正信号接到A_4的同相输入端。综合后起"提升"作用,用于提取900~1100℃被压缩过头的部分及1200℃、1300℃下落的非线性误差,调节W_4、W_5、W_6、W_7使整机在0~1300℃测量范围内误差不大于±2℃。

二、铂热电阻的线性化问题

被广泛采用分度号为P_{t100}的铂热电阻与被测温度t之间的关系是非线性的。在0~500℃范围内曲线呈上凸弓形,如图10-23所示。若它非线性度用η表示,则:

$$\eta = \frac{CD}{AB} \times 100\%$$

$$= \frac{195.06 - \dfrac{282.8 - 100}{2}}{282.8 - 100} \times 100\%$$

$$= 2\%$$

2%的非线性误差如果在测温过程中不设想克服它,引起温度误差是可观,为了提高仪表精度,就必须考虑铂热电阻线性化问题。

对于这个弓形函数曲线的线性化,我们可以采用一个比较简单的办法使之直线化。

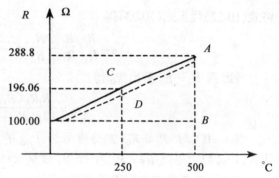

图10-23　$R_t - t$关系曲线(P_{t100})

图10-24(a)是一个由集成运放CC7650构成的电桥放大器,铂电阻R_t作为一个桥臂其余三个桥臂电阻R_1、R_2、R_3均为固定精密电阻,R_f为反馈电阻,用于确定运算放大器的闭环放大系数。运算放大器的输入是测温电桥的不平衡电势,V_0是它的输出,电路中R_f是运算放大器的正反馈电阻,是寻求非线性补偿的关键性元件,与铂电阻Rt一起构成正反馈回路。

从图10-24(b)可以看出,铂电阻的阻值Rt与温度的关系是非线性的,随着温度的升高及R_t阻值的变大,灵敏度$\dfrac{\triangle R}{\triangle t}$反而下降,如果不采取措施,即不引入正反馈,被测温度t与输出电压V_0之间的关系必然是非线性的,随着温度的升高,灵敏度$\dfrac{\triangle V_0}{\triangle t}$也逐渐下降,送至数显电压表显示数值将逐渐偏低,误差增大。

当电路引入正反馈电阻R_f之后,如图10-24(a)中,可得

$$V_a = \frac{R_3 \cdot E}{R_2 + R_3} + \frac{R_3 V_0}{R_1 + R_3} \tag{10-18}$$

$$V_b = \frac{Rt \cdot E}{R_1 + R_t} + \frac{R_t V_0}{R_F + R_t} \tag{10-19}$$

设计时,一般考虑$R_2 \gg R_3$,($R_2 = 5\text{k}\Omega$,$R_3 = 100\Omega$)$R_f \gg R_3$、$R_4 \gg Rt$($R_1 = 5\text{k}\Omega$,R_t为

热电阻)，$R_F \gg R_t$（R_F 为 $100\Omega \sim 30k\Omega$)故可进一步简化式(10-18)式(10-19)：

$$V_a = \frac{R_3}{R_2}E + \frac{R_3}{R_f} \tag{10-20}$$

$$V_b = \frac{Rt}{R_1}E + \frac{R_t}{R_F}V_0 \tag{10-21}$$

在此种情况下，运放输入为差动信号：

$$V_b - V_a = \left(\frac{R_t}{R_1} - \frac{R_3}{R_2}\right)E + \left(\frac{R_t}{R_F} - \frac{R_3}{R_f}\right)V_0 \tag{10-22}$$

又由于

$$V_0 = \frac{R_f}{R_3}(V_b - V_a) \tag{10-23}$$

将式(10-22)代入式(10-23)得

$$V_0 = \frac{R_f}{R_3}\left(\frac{R_t}{R_1} - \frac{R_1}{R_2}\right)E + \frac{R_f}{R_3}\left(\frac{R_t}{R_F} - \frac{R_3}{R_f}\right)V_0$$

考虑到 $R_1 = R_2$ 解出 V_0 得：

$$V_0 = \frac{R_f R_F(R_t - R_3)E}{(2R_F R_3 - R_t R_f)R_1} \tag{10-24}$$

当 $t = 0℃$时，$R_t = R_0$（如分度号为 P_{t100}的铂电阻，$R_0 = 100\Omega$)，此时要求 $V_0 = 0$，故从式(10-24)中得到 $R_3 = R_0$，桥臂 R_3 就是这样确定的，因此式(10-24)中($R_t - R_3$)即表示为随着温度变化铂电阻阻值变量：

$$\triangle R_t = R_t - R_0 = R_t - R_3 \tag{10-25}$$

将式(10-25)代入式(10-24)得

$$V_0 = \frac{R_f R_F \triangle R_t \cdot E}{2R_F R_1 R_3 - R_f R_1 R_t} \tag{10-26}$$

当放大器参数确定后，R_1、R_F、R_t、R_3、E 均为常数，唯一的变量为 R_t（包括$\triangle R_t$)，此时，从式(10-26)可以看出，电桥放大器的输出 V_0 不仅与$\triangle R_t$ 成正比，还与包括 R_t 在内的因子($2R_F R_1 R_3 - R_f R_1 R_t$)成正比，也就是说，当被测温度逐渐升高时，$R_t$ 变大，因子($2R_F R_1 R_3 - R_f R_1 R_t$)逐渐变小，$\triangle V_0$ 将逐渐增大，从而对于温度升高铂电阻 R_t 的灵敏度$\frac{\triangle R}{\triangle t}$的下降引起$\frac{\triangle F}{\triangle t}$的下降起到补偿作用，并且这种补偿作用能根据被测温度的高低自动调节，补偿情况见图 10-24(c)(d)所示。

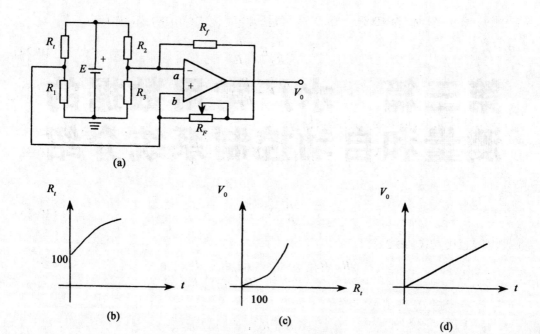

图 10-24 铂热电阻放大器特性曲线
(a)正反馈电桥放大器;(b)R_t – t 关系曲线;(c)R_t – V_0 关系曲线;(d)V_0 – t 关系曲线

205

第三篇　水厂常用数据的
测量和自动控制系统介绍

第十一章 水厂常用参数的测量

第一节 压力测量仪表

一、压力测量仪表的概述

压力是热工生产过程中的重要参数之一,压力测量是保证生产工艺过程正常地进行,达到优质、高产、低消耗所必须的手段。压力测量仪表(简称压力表或压力计),它根据生产工艺过程的不同要求,可以有指示、记录和带有远传变送、报警、调节装置等,被测压力的显示方式一般多采用指针机械位移式,也有采用数字显示形式。

(一)压力的定义及其表示方法   压力是作用在一定面积上的力,可用单位面积上的力来表示,也可用相当的液柱高度来表示,它等于液柱高度乘以液体的重度,如图 11-1 所示,里面装有水、水柱高度为 h,容积底面积为 S,水的重度为 r,则作用于容积底面上的力 $F = h \times S \times r$,作用于表面上的压力为 $P = \dfrac{F}{S} = h \times r$,即压力等于液柱的高度与液体重度的乘积。

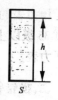

图 11-1
压力的概念

大气压力是大气的重量加在地面单位面积上的力,工业上所用的压力指示值大多为表压,即压力的指示值是绝对压力和大气压力之差,所以,绝对压力为表压和大气压力之和,如果被测压力低于大气压力,称为负压或真空,大气压力、表压力、真空度和绝对压力之间的关系如图 **11-2** 所示,它们之间关系式为

$$P_表 = P_{绝1} - P_{大气} \qquad P_{绝1} = P_表 + P_{大气}$$

$$P_真 = P_{大气} - P_{绝2} \qquad P_{绝2} = P_{大气} - P_真$$

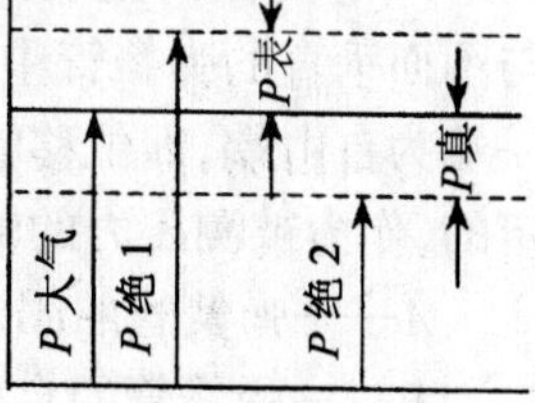

生产现场使用的有压力表,真空表和压力—真空两用表。

(二)压力的单位

压力可用以垂直作用于每平方厘米面积上的公斤数作为计量单位,即工程大气压力,用公斤力/厘米²(kgf/cm^2)表示,也可用以垂直作用在底面积上的水银柱或水柱的高度作为计量单位,以毫米汞柱(mmHg),毫米水柱(mmH_2O)表示,760mmHg 是一个物理大气压,也称标准大气压,国际单位制中的压力单位是牛顿/米²(N/m^2),专有名称叫"帕斯卡"(Pa),它是以 1 千克质量的物体,产生 1 米/秒²(m/s^2)加速度的力,均匀而垂直地作用在 $1m^2$(平方米)面积上所产生的压力做为计量压力值的单位,各压力单位可以互相换算,换算关

图 11-2
大气压、表压、真空度和
绝对压力之间的关系

系如下表所列：

表 11-1　各压力单位换算表

压力单位	物理大气压	工程大气压	毫米水银柱	米水柱	帕斯卡
1 物理大气压	1	1.0333	760	10.333	1.01325×10^3
1 工程大气压	0.9678	1	735.56	10.000	9.80665×10^4
1 毫米水银柱	0.00131	0.00136	1	0.0136	133.32
1 米水柱	0.0968	0.1	73.556	1	9.80665×10^3
1 帕斯卡	0.9869×10^{-5}	1.0197×10^{-1}	0.0075	1.0197×10^{-4}	1

（三）压力计的分类

测量压力的仪表按照其转换原理的不同，大致可以分为四大类：

1. 液柱式压力计：将被测压力转换成液柱高度差进行压力测量。

2. 弹性式压力计：将被测压力转换成弹性元件，弹性变形的位移进行测量。

3. 活塞式压力计：将被测压力转换成活塞上所加平衡砝码的重量进行测量。

4. 电气式压力计：将被测压力转换成各种电量进行测量。

压力表的精度等级有：0.005、0.02、0.05、0.1、0.2、0.35、0.5、1.0、1.5、2.5、4.0 等，一般 0.35 级以上的作为工厂、实验室用的标准表，生产现场一般采用 1.0、1.5、2.5、4.0 级的压力表。

二、弹簧管式压力表

弹簧管式压力表是工业上应用最广泛的一种测压仪表，并以单圈弹簧管的应用为最多。　（一）弹簧管的测压原理

单圈弹簧管是弯成园弧形的空心管子，如图 11-3 所示，它的截面呈扁园型或椭园形，椭园的长轴 a 与图面垂直的弹簧管中心轴 O 相平行，管子封闭的一端为自由端，即位移输出端，管子的另一端则是固定的，作为被测压力的输入端。图中：

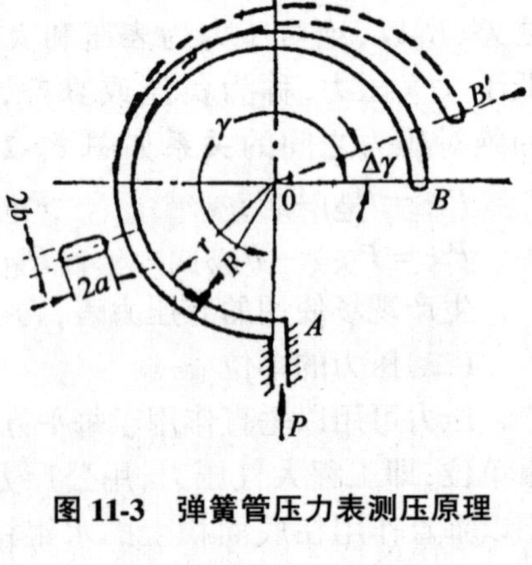

A——弹簧管的固定端。

B——弹簧管的自由端。

O——弹簧管的中心轴。

γ——弹簧管中心角的初始值。

△*γ*——中心角的变化量。

图 11-3　弹簧管压力表测压原理

R，*r*——弹簧管弯曲圆弧的外径和内径。

a、*b*——弹簧管椭圆截面的长半轴和短半轴。

作为压力—位移转换元件的弹簧管，当它的固定端 *A* 通过被测压力 *P* 后，由于椭圆形截面在压力 *P* 的作用下，趋向圆形与成圆弧形的弹簧管随之产生向外挺直的扩张变形，其自由端就由 *B* 移到 *B*′，如图 11-3 上虚线所示，弹簧管的中心角随即减小△*γ*，

208

根据弹性变形原理可知中心角的相对变化值$\frac{\triangle\gamma}{\gamma}$是与被测压力$P$成比例,其关系可用下式表示:

$$\frac{\triangle\gamma}{\gamma} = P\,\frac{1-\mu^2}{E}\cdot\frac{R^2}{bh}\left(1-\frac{b^2}{a^2}\right)\frac{a}{\beta+n^2} \tag{11—1}$$

式中:μ、E——弹簧管材料的泊松系数和弹性模数;

　　　　h——弹簧管的壁厚;

　　　　n——弹簧管的几何参数,$n=\frac{Rh}{a^2}$;

　　　　a、β——与$\frac{a}{b}$比值有关的系数。

上式仅适用于计算厚壁(即$\frac{n}{b}<0.7\sim0.8$)弹簧管。

由式(11—1)可知为要求P与$\frac{\triangle\gamma}{\gamma}$成比例关系,必须使式中其余各参数均为定值,而中心角的变化量$\triangle\gamma$又与中心角的初始值γ成正比(一般取$\gamma=270°$),并随椭圆形短轴b的减小而增大,如果$b=a$,则$\triangle\gamma$将等于零,即具有均匀壁厚的圆形弹簧管不能用作测压元件,此外$\triangle\gamma$的数值尚与弹性材料的性质、几何尺寸等因素有关。

为了增大弹簧管受压变形时的位移量,可采用多圈弹簧管结构,其基本原理与单圈弹簧管相同。

(二)弹簧管压力表的结构　　弹簧管压力表的结构如图11-4所示。

被测压力由接头9通入,迫使弹簧管1的自由端B向右上方扩张,自由端B的弹性变形位移由拉杆2使扇形齿轮3作逆时针偏转,于是指针5通过同轴的中心齿轮4的带动而作顺时针偏转,从而在面板6的刻度标尺上显示出被测压力P的数值,由于自由端的位移与被测压力之间具有比例关系,因此弹簧管压力表的刻度标尺是线性的。

游丝7是用来克服扇形齿轮和中心齿轮的间隙所产生的仪表变差,改变调整螺钉8的位置(即改变机械传动的最大系数),可以实现压力表量程的调整。

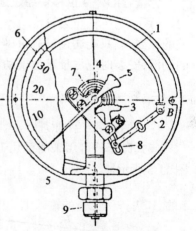

图 11-4　弹簧管压力表结构

弹簧管的材料,因被测介质的性质,被测压力的高低而不同,一般是$P<200\mathrm{kgf/cm^2}$时,采用磷铜,$P>200\mathrm{kgf/cm^2}$时,则采用不锈钢或合金钢,但是,使用压力表时,一定注意被测介质的化学性质,例如,测量氨气压力必须采用不锈钢弹簧管,而不能采用铜质材料,测量氧气压力时,则严禁沾有油脂。

(三)弹簧管压力表的误差

弹簧管压力计的准确性在很大程度上决定于弹簧管的弹性,在使用过程中,如元件的弹性发生变化,就会造成很大的测量误差,一般来说,可能发生如下几个问题。

(四)弹性滞后

这种现象很象磁滞现象,即当被测压力变化后恢复到原来的数值时,弹性元件不能恢复变形前的形状。如图 11-5 所示,这就使仪表的读数有变差,对弹簧管而言有时可达测量范围的 0.25 ~ 0.5% 左右。

(五)弹性衰退

这种现象是在压力表使用过一段时间以后,误差逐渐增大,这是由弹性元件的材质或制造工艺方面的缺欠所致,如果情况不太严重,可在定期校验过程中进行调整。

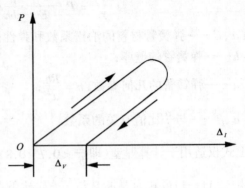

图 11-5　弹性元件的弹性滞后现象的示意图

(六)温度影响

金属材料的弹性模数会随温度而改变,如元件与温度较高的介质接触,弹性就会发生变化,在长期使用下,会使元件发生永久性变形,因此不但注意不要使压力表的弹性元件直接接触高温(不要高于 50℃)介质,如必须用压力表去测量高温介质的压力时,则应加隔离装置或减温装置,如测量蒸汽在加冷凝器等。

(七)传动间隙与摩擦

弹簧管的弹性位移要经过连杆机构,齿轮机构进行传递和放大,然后变成指针的转角进行显示,机械与齿轮传动不可避免要有间隙与摩擦,这些都是使仪表产生变差和误差的原因,它只能通过制造时尽量提高零件的精度与光洁度,使用时应保持清洁及适当的润滑,安装时应尽量避免震动和撞击等来减少由此而产生的误差。

三、膜式微压计

(一)结构和工作原理

膜式微压计可用来测量几千毫米水柱以下的正压或负压,它的结构和工作原理如图 11-6 所示。

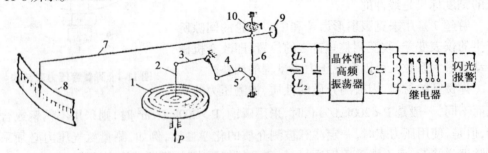

图 11-6　膜式微压计

1—膜盒;2—连杆;3—铰链块;4—拉杆 5—曲柄;6—转轴;7—指针;8—面板;9—金属片;10—游丝

膜式微压计是采用金属膜盒作为压力—位移转换元件,被测压力 P 对膜盒的作用力与膜盒弹性变形的反力所平衡,膜盒 1 在压力 P 作用下所产生的弹性变形位移由连杆 2 输出,使铰链块 3 作顺时针偏转,经拉杆 4 和曲柄 5 拖动转轴 6 及指针 7 作逆时针偏转,在面板8的刻度标尺上显示出被测压力的大小,游丝10可以消除传动间隙的影响,由于膜盒变形位移与被测压力成正比,因此仪表具有线性刻度。

此外,这类微压计还附有被测压力低于下限或高于上限给定值时的声光报警,它的电子线路和装置是一个晶体管高频振荡器,通过压力指示针7尾部的金属片9出入振荡线圈L_1、L_2之间,使得振荡器停振或起振,从而控制下限(或上限)继电器动作,断开或接通声光报警电路,实现下限或上限的报警作用。

这种微压计的精度为2.5级。

(二)测量范围

膜式微压计的测量范围(mmH$_2$O)如表11-2所示。

表 11-2

压　　力	吸　　力	吸力、压力
0～16	0～-16	-8～+8
0～25	0～-25	-12～+12
0～40	0～-40	-20～+20
0～60	0～-60	-30～+30
0～100	0～-100	-50～+50
0～160	0～-160	-80～+80
0～250	0～-250	-120～+120
0～400	0～-400	-200～+200
0～600	0～-600	-300～+300
0～1000	0～-1000	-500～+500
0～1600	0～-1600	-800～+800
0～2500	0～-2500	-1200～+1200
0～4000	0～-4000	-2000～+2000

四、霍尔片式弹簧管远传压力表

弹簧管压力表除就地指示的基型产品外,为适应生产过程中压力信号远距离传送和显示的需要,还有许多附有远传和显示变送装置的变型产品,即远传式弹簧管压力表,一般常见的有:电阻式、电感式、应变片式和霍尔片式四种。此外,为了适应生产中压力上、下限报警或双位调节需要,还有具有电触点式的压力表,本节重点介绍应用霍尔片式弹簧管远传压力表。

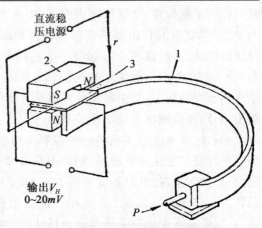

图 11-7　霍尔片式压力变送器结构
1—弹簧管;2—磁钢;3—霍尔片

一、工作原理和结构

(一)霍尔片式弹簧管远传压力表的变

211

送部分结构如图11-7所示。被测压力由弹簧管1的固定端引入,弹簧管的自由端与霍尔片3相连结,在霍尔片的上、下方垂直安放两对磁极,使霍尔片处于两对磁极形成的非均匀磁场之中,霍尔片的四个端面引出四根导线,其中与磁钢2相平行的两根导线和直流稳压电源相连接,另两根导线用来输出信号。

当被测压力引入后,在被测压力作用下,弹簧管自由端产生位移,因而改变了霍尔片在非均匀磁场中的位置,将机械位移量转换成电量—霍尔电势 V_H,以便将压力信号(电量形式)进行远传和显示。

(二)霍尔电势的产生　霍尔片为一半导体(例如锗)材料所制成的薄片,如图11-8所示。在霍尔片的 Z 轴方向加一磁感应强度为 B 的恒定磁场,在 y 轴方向加有外电场(接入直流稳压电源),并有恒定电流沿 y 轴方向通过(电子逆 y 轴方向运动),电子在霍尔片中运动时,由于受电磁力的作用而偏于其所受到的磁感应强度 B 的不同,即可得到与弹簧管自由端位移成比例的霍尔电势。这样就实现了位移—电势的线性转换,磁极极靴间的磁感应强度,由于极靴的特殊几何形状,而形成线性不均匀的分布情况,如图11-9所示。

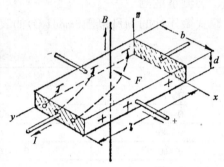

图 11-8　霍尔效应

当霍尔片处于两对极靴间的中央平衡位置时,由于霍尔片两半所通过磁通方向相反,大小相同,而且是对称的,故由两个相反方向磁场作用而产生的霍尔电势大小相等,而极性相反。因此,从霍尔片两端导出的总电势将为零。这时,霍尔片处于电磁对称的平衡位置,变送器输出为零,当压力变送器通入被测压力 P 后,弹簧管的自由端的变形位移带动霍尔片作偏离其平衡位置的移动,这时霍尔片两端所产生的两个极性相反的电势之和就不再为零,由于沿霍尔片的偏移方向上磁感应强度的分布呈线性非均匀状态,故由霍尔片两端所导出的电势(即变送器的输出信号)与被测压力成线性关系。

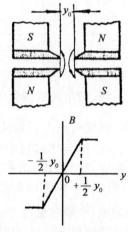

图 11-9　极靴间磁感应强度分布情况

霍尔压力变送器实质是一种位移—电势转换装置,它由于霍尔片对温度变化比较敏感,例如 HZ—1 型锗霍尔片的输入电阻 $R_i = 120\Omega$ 左右,电阻温度系数为 6.5%/℃,霍尔电势的温度系数为 0.05%/℃,因此,需要相应地采取恒温或温度补偿措施,以削弱温度变化对变送器输出特性的影响,霍尔片的外加直流电源应具有恒流特性,以保证通过霍尔片电流的恒定。

除此以外,弹簧管压力表还附带有电阻式变送装置,但将电子的运动轨道发生偏移,造成霍尔片的一个端面上有电子积累,另一个端上正电荷过剩,于是在霍尔片的 X 轴方向出现电位差,这一电位差称为霍尔电势,这样一种物理现象称为霍尔效应。

霍尔电势 V_H 的大小与半导体材料、所通过的电流(一般称为控制电流)I、磁感应强度 B、以及霍尔片的几何尺寸等因素有关,其关系式为:

$$V_H = K_H \frac{IB}{d} f(\frac{l}{b}) = R_H BI \qquad (11\text{-}2)$$

式中:K_H——霍尔系数。

d——霍尔片的厚度。

b——霍尔片的电流通入端宽度。

l——霍尔片的电势导出端长度。

$f(\frac{l}{b})$——霍尔片的形状系数。

R_H——霍尔常数,等于 $\frac{K_H}{d} f(\frac{l}{b})$,其单位为毫伏/毫安—千高斯

由式(11—2)可知,霍尔电势 V_H 与磁感应强度 B、电流 I 成正比,提高 B 和 I 值可增大霍尔电势 V_H,但是有一定限制的,一般 I = 3 ~ 20mA,B 均为几千高斯,所得的霍尔电势 V_H 约为几十毫伏数量级。

必须指出,导体也有霍尔效应,不过它们的霍尔电势远比半导体要小得多。

(三)霍尔效应在压力变送器中的应用

由上述的霍尔电势产生原理的分析可知,霍尔电势仅与 B 和 I 有关,如果磁感应强度 B 在磁极间的分布呈线性的非均匀状态,则当弹簧管的自由端位移使霍尔片处于线性非均匀磁场中的不同位置时,特别是在被测压力经常有脉动的情况下,作为变送用的电阻极易磨损,总之,利用半导体霍尔片结构的压力远传装置,即霍尔压力变送器是目前应用比较多的一种压力远传的典型产品,它的变送精度为 1 级。

五、DDZ—Ⅱ 型压力(差压)变送器

压力是生产过程中必须测量和控制的主要热工参数之一,压力(差压)不但要求就地测量和显示,而且还要求能将压力信号转换成统一的直流电流信号,以便送给调节器或其他控制器,对压力进行调节和集中控制。

(一)压力变压器与差压变送器

压力、差压变送器是用来把压力、差压、流量、液位、负压等参数转换成统一的直流电流信号,然后传输给指示记录仪表,以及调节器或控制器,以实现对上述参数的显示,记录和自动调节。

压力变送器和差压变送器的工作原理和电气线路都是一样的,即都是按力平衡原理来进行工作的,下面以差压变送器为例来说明机械力变送器的组成和工作原理,BDC 型差压变送器原理结构如图 11-10 所示。

从图中可以看出,差压变送器主要由差压敏感元件——膜盒、杠杆系统、电磁反馈装置及高频位移检测放大器等四部分组成,组成方框图如图 11-11 所示。

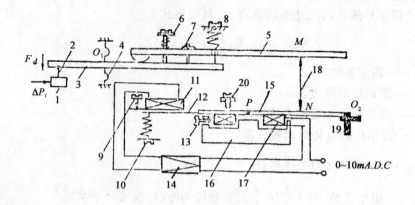

图 11-10 差压变送器原理结构示意图

1—测量元件;2—C形引出簧片;3—出轴;4—轴封膜片;5—主杠杆;6—过载保护机构
7—静压调整机械;8—零点迁移机构;9—粗调零机构;10—细调零机构;11—平面线圈
2—检测铝片;13—测量范围细调机构;14—位移检测放大器;15—副杠杆;16—永久磁钢;
17—反馈动圈;18—测量范围粗调机构;19—十字弹性机架;20—限位机构

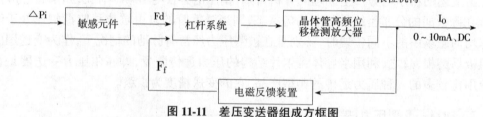

图 11-11 差压变送器组成方框图

（二）BDC 差压变送器的工作原理

BDC 差压变送器工作原理如图 11-12 所示。

差压敏感元件 1 把所测的差压△P 转换成相应的测量力 F_d，作用在主杠杆 2 的 A 点上产生一个力矩，使杠杆 AM 以 O_1 为支点偏转，当 A 点向左偏转时，M 点向右偏转，主杠杆又通过传力簧片 MN 使副杠杆以 O_2 点为支点偏转，当 N 点向右偏转时，P 点也向右偏转，同时带动检测铝片，改变了它和检测线圈之间的距离 S，检测铝片的位移 S 经高频位移检测放大器转换并放大后产生相应的输出电流 I_0，同时 I_0 流经反馈动圈与永久磁钢 9 作用，产生一个反馈力 F_f(吸力)，它作用于副杠杆 4 的 P 点形成一个以 O_2 点为支点的恢复力矩，当 I_0 所产生的反馈力矩刚够等于被测差压△Pi，产生的作用力矩时，整个测量杠杆系统处于力平衡状态，杠杆系统的位置就稳定下来，输出电流 I_0 也就稳定下来，这样就将被测差压△Pi 转换成了一个和它成正比的直流电流输出，由于所采用的位移检测放大器的灵敏度极高，所以才证明铝片只要移动小于 0.1mm 的距离，就能产生 0～10mA、DC 的输出电流。

机械力变送器是按力平衡原理工作的。

差压变送器的输出电流 I_0 与被测差压△Pi 成正比，当△Pi = 0 时，$I_0 = 0$，差压变送器的测量范围(即使仪表输出电流变化 10mA 所对应的被测差压的变化值与 L_X 的大小有关，L_X 越小，则测量范围越大，因此，可以改变 L_X 的大小来调节仪表的测量范围，L_X 的改变是通过量程调整螺钉来实现的)。例如拧动螺钉带动簧片 MN 向下移动，使 L_X 增大，则 I_0 增大，也就是测量范围(量程)变小，反之，量程变大。

为满足变送器在使用和调整时的需要，在杠杆系统中还放置了一些附加机构，如零点迁移机构，静压调整机构，过载保护机构，调零机构，限位机构以及量程调整机构，下面重点介绍零点迁移机构。

在某些情况下，为了提高测量精度和灵敏度，或者为了适应某些被测对象的特点，差压变送器的零点应能正向或负向迁移，在一般情况下，差压变送器输出电流为零时，它所对应的被测差压也为零，但是，有时也需要把一个测量下限不为零的被测参数转换成 0～10mA DC 输出，这时就必

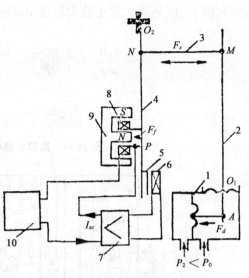

图 11-12 差压变送器工作原理图
1—差压敏感元件；2—主杠杆；3—传力簧片；
4—副杠杆；5—检测铝片；6—检测线圈；
7—位移检测放大器；8—反馈动圈；
9—永久磁钢；10—显示仪表

须借助于零点迁移，所谓零点迁移，就是把变送器零点所对应的被测参数迁移到某一个不为零的数值，如迁移到正值就叫正向迁移，相反，就叫负向迁移。 变送器是怎样实现零点迁移的呢？从图 11-13 可以看出，在主杠杆上附加一个迁移弹簧，它对主杠杆可施一个迁移力 F_0，此时，仪表的输出就不再简单的与测量力矩成正比关系，当迁移弹簧对主杠杆施加的力矩 F_0L_0 为逆时针方向时，在这种情况下，因测量力矩 $F_{do}L_1$ 与迁移力矩的方向相反，显然仪表的输出是正比于测量力矩与迁移力矩之差($F_{do}L_1 - F_0L_0$)，所以，只有当测量力矩平衡了迁移力矩之后，仪表才开始有输出，这就是进行零点正向迁移的原理。

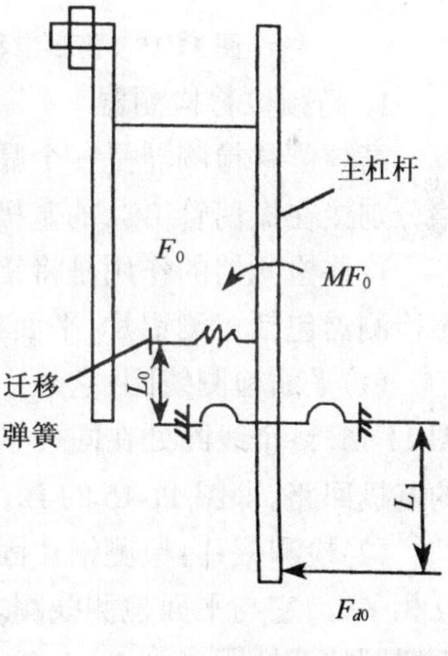

相反，当迁移弹簧对主杠杆施加的力矩为顺时针方向时，则可实现零点的负向迁移。

仪表零点迁移量的大小，取决于迁移力的大小，因此可用迁移弹簧来改变迁移量。

图 11-13 零点迁移

(三)高频位移检测放大器

高频位移检测放大器，是机械变送器的核心部分，它的作用就是将固定的副杠杆下端的检测铝片的位移转换成相应的直流电流输出，因此，它实质上就是一个位移——电流转换器。

在力平衡式变送器中采用的是晶体管位移检测放大器，它的组成和线路分别见图

215

11-14 和图 11-15 所示。整个放大器是由高频位移检测器、功率放大器和电源等部分组成。

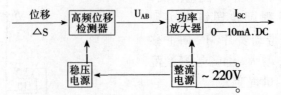

图 11-14　高频位移检测放大器方框图

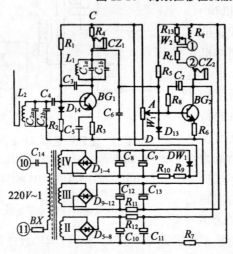

图 11-15　高频位移检测放大器原理线路图

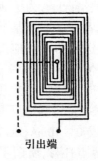

图 11-16

1. 高频位移检测器

高频位移检测器是一个晶体管双调谐回路高频振荡器,因为振荡器的两个调谐回路分别接在振荡管 BG_1 的基极和集电极,所以这种振荡器又称为调基—调集振荡器。

位移检测器的作用是将铝片的位移转换成电信号输出,作为功率放大器的输入,位移检测器包括检测铝片,平面检测线圈,高频振荡器和桥式输出电路等。

(1)平面检测线圈:它是一个用环氧树脂单面铜箔腐蚀而成的环形线圈,其形状如图 11-16,整个线圈处在同一平面内,所以称为平面线圈。平面线圈并接在振荡管 BG_1 的基极回路,即图 11-15 的 L_2,是该振荡器的基极调谐回路的一个组成部分。

(2)检测铝片:检测铝片固定在副杠杆的下端,平面检测线圈就装在它的近旁,而且互相平行,它与平面检测线圈之间有一定的相对距离 S,正常工作时,使检测铝片与平面线圈的初始距离为 1~1.5mm,当被测参数压力或差压增加时,铝片向靠近平面检测线圈方向移动,由于平面检测线圈中通过高频电流,必有高频磁通穿过它近旁的检测铝片,检测铝片相当一个短路线圈,在高频磁通作用下,必然要感应出高频涡流,由于此涡流所产生的磁通在方向上与平面线圈中高频电流磁通正好相反,互感作用的结果,使平面线圈的有效电感量减小,被测参数增加的越大,检测铝片离平面线圈越近,检测铝片中的涡流效应越强,平面线圈的有效电感量也越小,实现了位移—电感的转换。

(3)高频振荡器:高频振荡器是位移检测器的核心,它起着两个作用,一个是对平面

216

检测线圈 L_2 提供高频电流,另一个是将平面检测线圈 L_2 的有效电感量的变化转换成直流电压信号。

高频振荡器是一种晶体管调基—调集式振荡线路,L_1C_1 组成集电极调谐回路,L_2C_2 组成基极调谐回路,集电极与基极之间由电容 C_2 耦合,它使 BG_1 的基极获得电压并联反馈,电阻 R_1、R_2 及二极管 D_1 是用来确定振荡管 BG_1 的初始工作电流的,即初始工作点,C_4 是隔直电容,用来防止 L_2 把直流偏压短路,R_3 是射极反馈电阻,C_5 是射极交流旁路电容,它们组成一个自给偏压回路,振荡器的基极调谐回路采用了两个电容,C_{2a} 是瓷管电容,它的温度系数是负的用于整机温度补偿,C_{2b} 是一个玻璃釉电容,它的温度系数极小,C_9 是一个高频滤波电容,用以防止高频电流进入输出桥路,这种调基—调集式振荡器,实质上是一个电感三点式振荡器,要使高频振荡器能够产生自激振荡,除了满足相位条件外,还必须满足振幅条件,所谓振幅条件就是反馈到输入端的量要足够大,即 $K_0F \geq 1$(K_0 是振荡器的开环放大倍数,F 是反馈系数)。

(4)桥式输出电路:虽然高频振荡器能完成位移—电流的转换,但要得到 $0 \sim 10mA$,或 $4 \sim 20mA$ 等 DC 电流信号,仅靠高频振荡器一级是完不成的,同时变送器应有较强的带负载的能力,因而在高频振荡器后面还要放置功率放大器,根据这一特点,在高频振荡器与直流功率放大器之间采取了桥式电路的耦合方式。

图 11-17 是桥式输出电路,从图示电路的 A、B、C、D 四点不难看出它具有一般单臂电桥的形式,其中 C 和 D 两端接电源,A 和 B 两点作为桥路的输出,电位器 W_1 以滑动点 A 为界分成两部分,作为桥路的两臂,R_4 单独为一桥臂,S 变化时,振荡器的振荡状态不同,集电极平均电流跟着变化所以可把振荡器看成是一个可变电阻 R_X,作为另一桥臂,显然,采取桥式电路,可以很方便地把振荡器的集电极平均电流转换为电压的形式送至直流功率放大器。

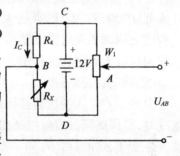

图 11-17 桥路输出

2. 直流功率放大器   直流功率放大器的输入信号就是桥路的输出电压 U_{AB},要把直流电压 U_{AB} 转换成 $0 \sim 10mA$ 电流,根据晶体管的工作原理,利用图 11-18 的电路,从原理上来讲是基本能实现这种转换的,但它存在着一些缺点,例如温度漂移,存在不灵敏区和转移特性曲线的非线性等,因而工作性能不好,为了克服这些缺点,而采取了一些相应的措施,使实际电路要比图 11-18 复杂一些。

图 11-19 是直流功率放大器的实际电路。采用的功率放大器是一种带有电流负反馈的直流放大器,它的输出阻抗较高,具有良好的恒流性能,对这一级功率管的要求是耐压高、漏电流小,为了保证整机的灵敏度,还要求功率管的放大倍数不小于 30,这样才能使功率放大器输出电流变化 $10mA$ 时,位移检测放大器的工作电流变化不大于 $1mA$。

由于功率管存在着一个不灵敏区,如图 11-20 所示,所以当基极输入电压信号 U_{si} 在不灵敏区范围内变化时,它的集电极电流不会改变,为了使功率放大器的工作区选择在管子特性最佳部分,因而用偏置线路将工作点移至 B 点,但是,这样一来又使整个仪

217

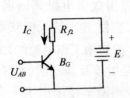

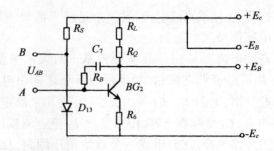

图 11-18 $U_{AB} - I_C$ 转换原理电路　　图 11-19 直流功率放大器

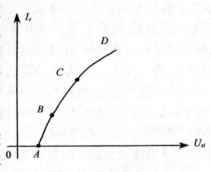

图 11-20 功率管不灵的区

表在输入信号为零时,而输出却不是零,为了使仪表具有真正工作零点,于是放置了一个补偿电源 E_B,它能对负载产生一个反向补偿电流,以抵消由初始偏压所产生的输出电流,从而使仪表在输入信号 U_{si} 为零时,输出电流 I_0 也为零。

R_8 和 C_7 是一个动态校正环节,其主要作用是防止整机振荡,此外,它对进入功率放大器的交流分量,也能起到衰减和抑制作用,在发射板串入直流负反馈电阻 R_5,稳定放大器的工作点,在一定程度上达到了克服零点漂移的目的,二极管 D_B 也起到克服零点漂移的作用。

(四)整机线路分析

力平衡式差压变送器整机线路原理如下,当检测铝片相对于平面线圈的距离 $\triangle S$ 改变时,平面线圈的有效电感量也发生变化,于是引起高频振荡器的振荡频率和振荡强度发生变化,这时,由 R_4 高频振荡管 BG_1 和电位器 W_1 所组成的桥路输出电压也发生变化,这个电压直接送至功率放大管 BG_2 的基极进行功率放大后,即可在负载上获得 $0 \sim 10mA$ 的直流电流输出。

(五)DDZ—Ⅱ型差压变送器的故障分析

差压变送器的整机常见故障及检修要点见表 11-3。

表 11-3　差压变送器常见故障及检修要点

常 见 故 障	检 修 要 点
线性不好	①检查限位装置是否碰到了副杠杆 ②检查敏感件是否有损伤 ③簧片是否扭曲、变形 ④动圈在磁钢中活动受阻 ⑤负载电阻是否大于 1.5kΩ ⑥振荡级灵敏度太低
变差超差	①磁钢中有铁屑、杂物 ②支点与副杠杆脱开 ③机械部分螺钉松动 ④弹性敏感元件线性、回差不好 ⑤主杠杆的支点(膜片)破裂

218

常 见 故 障	检 修 要 点
无输出电流	①电源是否接好 ②反馈动圈开路 ③放大器有故障 ④敏感元件与主杠杆连接不紧
输出电流大于 10mA	①检测线圈 L_1、L_2 有短路或开路现象 ②放大器出现故障
输出电流小于 10mA	①限位装置碰副杠杆 ②副杠杆与支点脱开 ③负向电阻超过 1.5kΩ ④功率管放大倍数不够 ⑤放大器有故障 ⑥电源电压太低
输出电流振荡不稳定	①放大器校正环节开路 ②放大器有元件虚焊 ③放大器中的输出电容开路 ④敏感元件无位移或损坏 ⑤磁钢中有铁屑或污物 ⑥转换机构中螺钉松动 ⑦敏感元件与主杠杆连接处松动 ⑧敏感元件泄漏

六、新型压力变送器

近几年来,一代新型的压力变送器研制应用到工业生产自动化中,使检测技术提高到了一个新的水平,这类压力变送器有:可变电容式,扩散硅式和振弦式,它们的共同特点是精度高,一般为 ±0.2% ~ 0.5%,稳定可靠,温度影响和静压误差小,小型轻量,重量只有力平衡式的三分之一,使用维修方便,统一输出直流电信号 4 ~ 20mA 或 1 ~ 5V.DC 等。

(一)1151 型电容式压力变送器

1151 型电容式差压变送器是美国罗斯蒙特公司研制,该变送器可广泛应用于生产过程的液体、气体、蒸汽压力、差压、流量、液位等测量。

(二)工作原理

电容式变送器的原理基于被测参数变化而引起电容量的变化,通过测量线路,将其电容量的变化转换成直流电流输出信号。

1151 电容式变送器测量部分有一个可变电容测量元件(δ—C_{ell}),该测量元件为对称式焊接结构,被测参数分别作用于高、低压板中的隔离膜片上,通过封入液(硅油或氟油)将力传递到位于中间的测量膜片(又称可动电极),其产生一微小位移(最大位移约为 0.1mm),这样一来,测量膜片与同它构成电容的两个固定电极极间的距离发生改变,从而产生一电容量的变化,这个电容的变化通过引线输送到电子转换部分,转换成 4 ~ 20mA 或 10 ~ 50mA 直流电流信号输出。

变送器的设计基于下列关系式:

$$\triangle P = k \frac{C_1 - C_2}{C_1 + C_2} \tag{11-3}$$

式中:$\triangle P$——被测参数

　　k——常数

　　C_1——高压侧极板与测量膜片之间的电容

　　C_2——低压侧极板与测量膜片之间的电容

电子转换部分线路框图如图 11-21 所示。

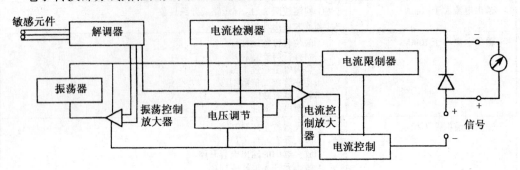

图 11-21　1151 型变送器电路框图

1. 主要技术指标

(1)精度为 ±0.2% ~ ±0.5%(线性、迟滞,重复性综合误差)

　　迟滞为量程的 ±0.05%(最高量程为 ±0.1%)

　　重复性为量程的 ±0.05%

(2)稳定性:六个月内最大量程的 ±0.2%

(3)温度特性:

　　最大量程使用时,容量变化为量程的 ±0.5%/55℃,零点和量程的综合变化,为

　　量程的 ±1.0%/55℃

　　最小量程使用时,零点变化为量程的 ±0.3%/55℃,零点和量程的综合变化为

　　量程的 ±3.5%/55℃

(4)超负荷影响:

零点变化:14000kPa 时,零漂小于最大量程的 ±0.25%(低测量范围小于 ±0.1%)

(5)静压影响:

零点变化:14000kPa 时,零点影响为量程上限的 ±0.25%(低量程为 ±0.5%)

量程变化:0 ~ 1 ±0.25%/7000kPa(低量程范围为 0 ~ 1.5 ±0.25%/7000kPa)

振动影响:在任意一轴向上频率为 200Hz,每个 y 引起误差为量程上限 ±0.05%。

(6)重量:基本型为 5.4kg。

(三)校验和调整

1. 校验接线如图 11-22 所示。

校验所需仪器、仪表设备如下:

稳压电源:24VDC, ±10%

标准电阻:500Ω ±0.01%

五位数字电压表

220

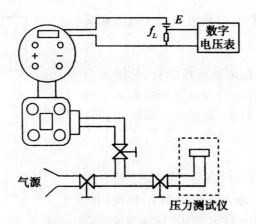

图 11-22　电容式变送器校验接线图

压力测试仪,浮球式标准压力计 0.02%。

2. 电源电压

图 11-23 为 1151 电容式变送器负载特性图,其供电电压为 12VDC～45VDC,由图可知,当负载电阻为零时,电源电压为 12VDC～45VDC,当负载电阻为 500Ω 时,电源电压为 24VDC～45VDC,当负载电阻为 1650Ω 时,要求电源电压为 45VDC,电源电压小于 12VDC 时,变送器启动电压不够,转换电路不能正常工作,当电源电压超过 45VDC 时,电子元件功耗过大易损坏,因此,必须按照图 11-23 所示,根据负载电阻来选择电源电压。

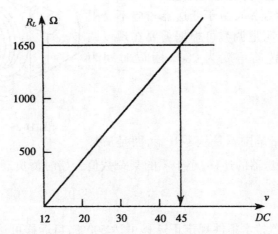

图 11-23　负载特性

3. 零点、量程调整

校验和调整变送器之前,先将阻尼电位器逆时针调到极限位置,按图 11-22 接好电路和压力测试回路。

零点和量程调整螺钉,位于放大器壳体铭牌下面,如图 11-24 所示。上方为调零螺钉,标记为 Z,下方为调量程螺钉,标记为 R,顺时针方向调整,输出增加,反之减小。

221

零点和量程连续可调,量程可在最大量程和最大量程的 $\frac{1}{6}$ 范围内,连续调整。

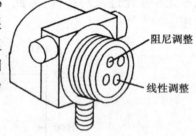

当输入压力为零时,调整零点螺钉,使输出为4mA,然后输入所调量程压力调整量程螺钉输出为20mA,调量程影响零点输出,调零点不影响量程输出,因此,零点、量程须反复调整。

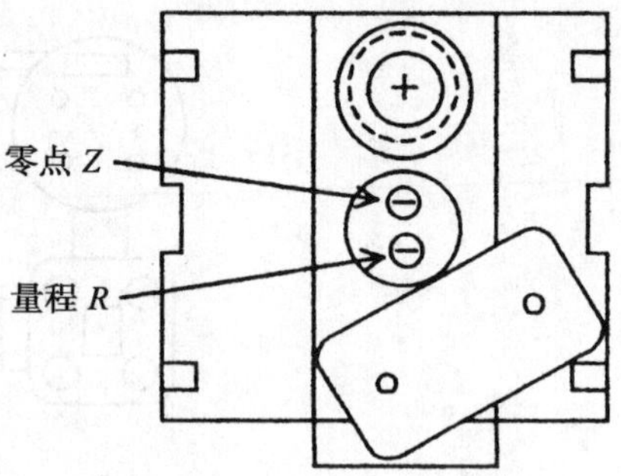

图 11-24　零点和量程调整

4. 线性调整

零点、量程调整好后,检查线性,线性调整已在变送器出厂校验时调好,一般不在现场调整,如现场使用时需量程改动,或在某一特定范围内线性要求较高时,可按下述方法调整。

(1)输入所调量程中的测量范围的压力记下输出信号的理论值和实际值。

(2)输入所调量程压力,调整线性电位器,使输出为

$$实际值 \pm |实际值 - 理论值| \times 6 \times \frac{最高量程}{所调量程}$$

(当实际值 < 理论值时,用"+"号,当实际值 > 理论值时,用"-"号)

(3)重新调整量程和零点。

5. 阻尼调整

放大器板上还装有阻尼调整电位器,如图 11-25 所示,变送器出厂校验时,此电位器逆时针调到极限位置(阻尼时间约为 0.2s),由于变送器校验不受阻尼调整的影响,所以阻尼调整可根据需要在现场调整,此电位器最大转动角度为 280°,阻尼时间为 0.2s ~ 1.67s。

图 11-25　阻尼和线性调整

6. 正、负迁移的调整

(1)正、负迁移

要求变送器测量范围不是从零开始,而是从某一数值开始,称为变送器的迁移,小于零的某一数值开始时为负迁移,从大于零的某一数值开始时为正迁移。

(2)迁移范围

1151 电容变送器技术条件规定正迁移可达 500%,负迁移可达 600%,但被测压力不能超过此量程的测量范围最大极限值的绝对值,也不能压缩到允许最小测量范围的绝对值以下,以 1151DP4 为例:测量范围为 0 ~ 6350Pa ~ 38100Pa,最低量程为 0 ~ 6350Pa,最大正迁移为 31750 ~ 38100Pa,即 $\frac{31750}{38100 - 31750} = 500\%$,最大负迁移为 $-38100Pa ~ -31750Pa$,则

$$\left| \frac{-38100}{-31750 - (-38100)} \right| = 600\%。$$

调整时,当正迁移约 > 300%,将迁移插针插到 S_2 侧,当负迁移约 300% 时,将迁移

222

插针插到 E_2 侧,然后用调零电位器调整,如迁移量小时,可直接用调零电位器调整。

迁移插针装在园形放大板元件侧,调整时须将园型放大板取下来调整。

(四)故障检查

1151 电容式变送器无机械传动部分,敏感元件采用全焊接结构,转换部分的线路板采用波峰焊接,按插式安装,坚固耐用,故障甚少,如果发现变送器工作不正常时,可以从以下几方面检查。

1."现场"故障检查

一次元件(孔板等):堵塞否,安装形式对否。

引压管是否堵塞,阀门是否未完全打开,充液管是否有残存气体,气体管里是否有残存液体,变送器法兰是否有沉积物。

电路连接:接线是否相符,接插件是否清洁,电源电压、极性对否,指示表头是否断路。

安装形式:是否符合技术要求。

2. 变送器电路部分故障检查

现场故障排除后,变送器运行仍不正常时,需把变送器从现场拆下来送到室内检查,1151 电容式变送器电路部分检查可参见转换电路原理图 11-26。

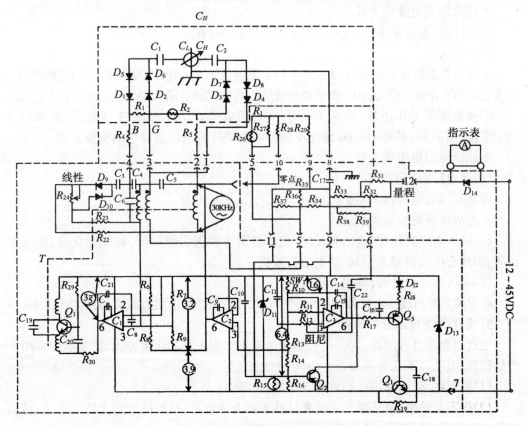

图 11-26   1151 变送器电路图

223

(1)通电后无输出

可能引起的原因和检查方法：

①用数字电压表检查电源端子电压，特别要注意极性，电源端子无电压或极性接反时均无输出。

②检查插针 12—7 电压，无电压，则二极管 D_{14} 断开，这时可用短路线将测试端子短接。

③断电，用欧姆表检查插针 12—9，其阻值约 180Ω，断开时，无输出。

故障排除：更换校验板。

(2)通电后输出很大(大于 20mA)

调整零点螺钉，输出仍很大，输入压力变化时，输出也无反应。

检查方法：

①断电，用万用表欧姆档检查插针 9 与 7，黑笔接 7，红笔接 9，这时阻值应小，反之阻值大，如果正反测试阻值均小，则稳压管 D_{13} 短路，或漏电流大。

②通电，用数字电压表检查插针 9—11 之电压，如 > 6.8V，则 D_{11} 稳压管坏，< 6.8V，D_{11} 管好，再检查 V_{R18} 如 V_{R18} < 2V，D_{13} 漏电，再检查 IC_3 20~7 端电压，当 > 3V 时则 IC_3 或 R_{12} 有故障，6—7 电压小于 2V 时，则晶体管 Q_3 或 Q_4 有故障。

上述故障需更换放大板。

(3)通电后输出很小(小于 4mA)输入压力变化时输出无反应

检查方法：

①通电检查振荡控制部分，IC_1 之 6 与 7 端电压为 3~5VDC，变压器 T_{1-2} 之峰值 V_{P3} 应为 25~35V，频率约为 32kHz，如果这些数值不对时，断电，用万用表检查 Q_1、T、R_{23}、R_{30}。

②如振荡器工作正常，检查 IC_3、Q_3、Q_4，通电检查 IC_3 之 6—7 端电压，如果小于 $2V$，则 IC_3 有故障，另外 Q_3、Q_4 或变压器开始也是造成输出信号小的重要原因。

上述故障需更换放大板。

(4)通电后输出不稳定

通常是因为电容器 C_{22} 漏电，或 IC_3、C_{14}、C_{17} 质量不好。

上述故障需更换放大板。

(5)输入电压变化时，输出有反应，但调整调零调量程螺钉时，输出无反应，主要由调零，调量程电位器损坏引起，需更换校验板。

(6)调线性电位器时，输出无反应

此故障主要由线性电位器 R_{24} 断开引起，此外是调线性电路有故障，需更换放大板。

3. 变送器测量部分的检查

变送器测量部分故障，同样是引起变送器工作不正常的重要原因，测量组件采用全焊接结构，可从以下几方面检查：

(1)拆下法兰，检查传压膜片是否碰坏，或漏电。

(2)拆下补偿板，敏感部件不需要从放大器壳体取下，检查插针对壳体的绝缘电阻，除第 8 针对壳体短接外，其余绝缘电阻 > 100MΩ。

(3)短接插针 1—2，检查此点对壳体的电容约为 150pF，短接 3—4，检查此点，对壳体的电容约 150pF。

如有故障必须更换。

(五)接线与安装

1. 接线

接线端子位于放大器壳体端子侧,见图 11-27 上端子为电源端子,下端子为测试端子,测试端子与电源端子相同的电流信号 4~20mADC,用来连接指示仪表或作为测试端子,电源经测试端子送到变送器内,切记不要将电源接到测试端子上,否则将会使测试端子上并接二极管烧坏,电流线不需要屏蔽,但两股线扭在一起效果更好,变送器的电源线即信号线(二线制传输)不要和其它电力线放在同一导线槽内,也不要从大功率动力设备附近通过,变送器外壳上接线孔应与密封电源线可以不接地,或者在信号网络中任何地方一点接地,变送器可接地,也可不接地。

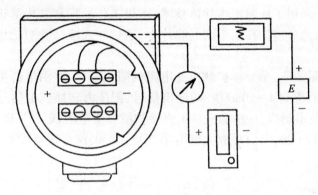

图 11-27 接线图

2. 安装

各种参数的测量精度与变送器以及引压管的正确安装有很大关系,又由于变送器安装在现场,环境恶劣,为保证测量精度,要尽量减少温度梯度和波动的影响,同时要避免振动和冲击。

变送器可直接安装在测量点上,用连接管支撑,也可安装在表盘上或者用安装支架装在 50.8mm 管道上。

七、EPR—75 型扩散硅压力和差压变送器

过去常用压力和差压变送器,多数采用弹性元件和杠杆机构相结合的力平衡结构,可靠性较差,精度一般为 ±0.5~1%,目前出现了一种采用半导体硅片作传感元件的新型变送器,即扩散硅应变式变送器,此变送器具有结构简单,性能可靠,精度较高等优点,扩散硅式变送器的核心部分——传感元件部分,是一种扩散硅应变元件,这种应变元件是采用集成电路的扩散工艺把硼杂质掺入硅片形成压敏电桥而制成,测量原理是基于压阻效应,即受到压力时,电阻发生变化,输出电信号,传感元件部分见图11-28。

硅片是一种理想的弹性元件,这种原件迟滞极小,灵敏度高,分辩能力强,重复性好,因此,使变送器性能大为改善。目前一般精度为 ±0.2~0.25%(满量程),高精度可

达 ±0.1%,并能在 −30 ~ +80℃温度范围内进行温度补偿。

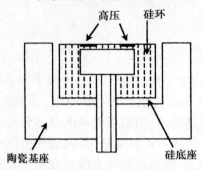

图 11-28　扩散硅应变元件结构

(一)工作原理

本变送器由于采用了最新的半导体技术,所以工作原理和结构都很简单,首先,由流程导入的被测压力分别加在两个密封膜片上,通过封入液(硅油)把压力传递给半导体压力传感器上。

结果,由于压阻效应,半导体扩散应变电阻的阻值变化,并由电桥把电阻变化的信号取出,通过放大器得到 4—20mADC 的输出信号,把压力转换成电信号的压力传感器是利用高度的 IC 技术制成,在单晶硅片上直接扩散应变电阻,形成了极为简单的结构,受压部位结构见图 11-29,电信号放大器方框图见 11-30,该变送器没有机械传动部分,因而可以长期稳定工作。

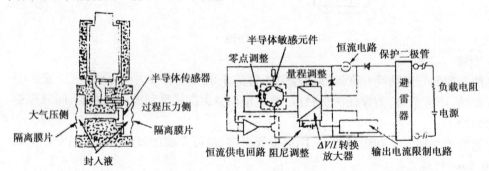

图 11-29　受压部位结构图　　图 11-30　放大器方框图

(二)主要技术指标

型式:EPR—75—2W:二线制,防水型。

　　　EPR—75—2B:二线制,防水,隔爆型。

　　　EPR—75—2H:二线制,防水,安全火花防爆型。

压力范围:

表 11-4　扩散硅变送器压力范围

基 准 量 程	适 用 范 围
147.1kPa	0－14.71～0－147.1kPa
490.3kPa	0－49.03～0－490.3kPa
2.452MPa	0－0.2452～0－2.452MPa
9.807MPa	0－0.9807～0－9.807MPa
49.03MPa	0－4.903～0－49.03MPa

输出信号:4—20mA.DC

基本误差:量程的 ±0.2%(包括线性、变差、重复性)

死区:量程的 0.01%

电源电压:EPR—75—2W:12—50.4V.DC

　　　　　EPR—75—2B:12—50.4V.DC

　　　　　EPR—75—2H:12—30V.DC

电源电压和负载电阻的关系,参见图 11-31。

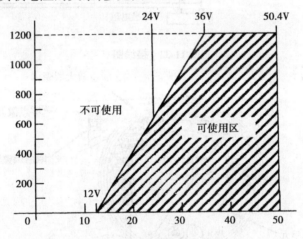

图 11-31　电源电压与负载电阻

环境温度范围: －50～＋90℃,带指示表时, －40～＋60℃。

使用环境相对湿度:0%—95%。

使用压力范围: －98kPa～基准量程。

耐压:基准量程的 1.5 倍。

阻尼特性时间常数约 0.2～1s,可在壳体外部调整(阻尼连续可变)。

(三)校验和调整

必要的测量设备如下:

(1)容量为 50mA 以上的 24V 直流电源。

(2)标准电阻 100Ω。

(3)数字电压表。

(4)压力计。

227

(5)压力源。

1. 校验的接线

电路及电路连接如图 11-32 所示,调整部位如图 11-33 所示。

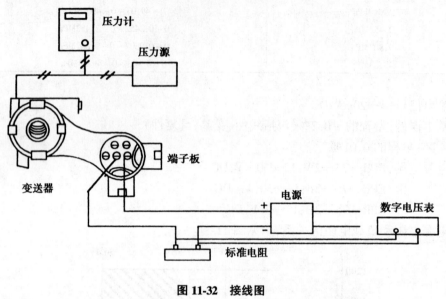

图 11-32　接线图

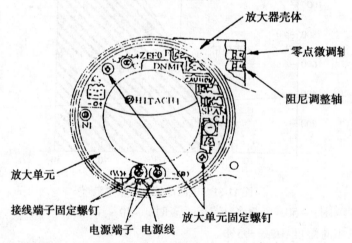

图 11-33　调整部位

(1)按图 11-32 所示将各种仪器及设备连接好,通电预热十分钟。

(2)将相当于测量量程的 0、50、75、100% 的压力加到压力腔体时,对从 0% 向 100% 增加方向的每一点的输出电流,和从 100% 向 0% 减少方向的每一点的输出电流的误差进行计算,要确认它们在允许误差范围内。

(3)如果误差不在精度范围之内,可按零点及量程调整或线性补偿说明进行调整。

2. 零点及量程的调整

(1)调整零点

228

将相当于测量量程的0%的压力加到仪表上在观察数字电压表指示同时利用"－"字形螺丝刀转动零点微调轴,把输出指示调到4.000±0.15mA。

(2)调整量程

加入相当于测量量程100%的压力,输出电流要等于20mA左右,这时可用"－"字螺丝刀将量程粗调切断开关进行切换以求接近这一数值,以后再动量程微调电位器将输出电流,精调到20mA±0.015mA。

(3)反复进行零点和量程的调整直到零点和量程都在基本误差范围内。

(4)将相当于量程的0、25、50、75、100%的压力依次加入仪表,这时应从0%向100%增加方向的每一点的输出电流和从100%向0%减小方向的每一点输出电流值进行误差计算,要确认它们在精度范围之内。

3. 零点迁移调整

将零点按调整零点方法调整后,再以下述步骤进行正向或负向迁移。

(1)为了得到需要迁移量,首先要将零点迁移切换开关$C_1 C_2$的位置按表11-4的状态进行选择调整。

表 11-4　迁移和零位迁移切换开关位置关系

负迁移(零点提升)　零点调整量(最小量程%)　正迁移(零点压缩)

(2)向压力腔加入相当于要求正迁移量的压力,在观察数字电压表指示的同时,用"－"字螺丝刀调零点微调轴,使输出指示为4.000±0.015mA。

(3)零点调好后,按零点及量程的调整项的说明调整量程。

(4)反复进行(2)(3)项的操作,直到零点和量程进入精度范围内为止。

4. 线性补偿

在大幅度变动零点迁移量或变动量程而使线性超过规定值时,请按下述步骤进行调整,可调部分位置参见图11-33所示。

229

〔调整步骤举例〕

(1)按图 11-32 接线,通电预热 10min。

(2)进行调零和量程

　　输入 0%,调输出到 4.000mA

　　输入 100%,调输出到 20.000mA

(3)输入 50%,求误差

　　误差 = 实测值 − 基准值

　　基准值 = 12.000mA

(4)求出输入 50%时的非线性调整值

　　非线性调整值 = 基准值 + 2×〔⊕⊖误差〕

　　基准值 = 12.000mA

(5)进行线性补偿

输入 50%时,利用线性补偿电位器将输出调到上述值。

(6)调量程

输入 100%信号,将输出调到 20.000mA。

(7)调零点

再次输入 6%

将输出调到 4.000mA

(8)调量程

最后再输入到 100%信号

将输出调到 20.000mA

(9)上述调整后,线性仍不在规定范围内时,再重复(3)~(6)调整工作。

5. 阻尼调整

变送器出厂时,已将阻尼调整轴反时针方向转到尽头位置(时间常数约为 0.2 ~ 0.6s),因此在调整阻尼时,要将调整轴顺时针方向转动。

在将阻尼调整轴顺时针方向转到尽头位置时(约转 15 圈)时间常数最大,约 1s 左右。

(四)故障判断及处理

1. 一般检查方法

扩散硅变送器工作不正常时,应先弄清起因的故障点,可据图 11-34 故障地点判断流程图查明故障产生的地点,然后按下列步骤检查:

(1)测量电源电压

打开接线盒盖,将 +V 接线端子的配线拆开,测量该外部配线的 +V 线和 −V 端子间的电压是否在正常范围之内,对于额定电压为 24V 的仪表,不超过 33V,额定电压为 48V 的仪表不超过 50.4V。

(2)测量绝缘电阻

将接线盒内配线全部拆开,用万用表电阻档测量各端子间电阻,测量只有三处,按表 11-5 所示。

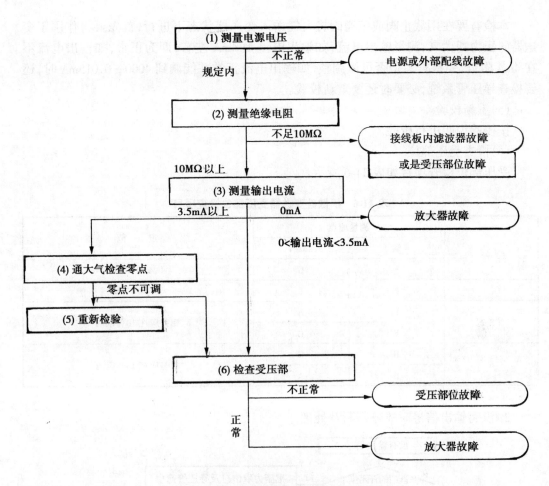

图 11-34　故障地点判断流程图

表 11-5　扩散硅变送器绝缘电阻测量位置

测　量　地　点	
黑测量线(－)	红测量线(＋)
－V	＋V
－V	F
－V	E

绝缘电阻为 10MΩ 以上即为正常,如不到 10MΩ 时,可能是接线板上的滤波器有故障,或受压部位故障。

(3)测量输出电流

将接线盒内－V端子上外部配线接上,将置于测量直流电流状态的万用表接到＋V端子和外部配线＋线上,电流指示值为零时,说明放大器有故障,如不为零,再按下述步骤检查。

(4)通大气检查零点

本检查要在用截止阀或三通阀将大气送入变送器状态下进行,首先要将作用于变送器的压力通大气,测量输出电流,如输出电流为 4mA 左右,即为正常,如输出电流不在 4mA 附近,要检查零是否可以调整,如输出电流正常并能调到 4000 ± 0.015mA 时,还要检查导压管系统,必要时还要重新校验。

(5)重新校验

按校验说明进行校验。

(6)检查受压部位

受压部位检查项目如表 11-6 所示。

表 11-6 扩散硅变送器受压部位检查项目

	测量地点		规 定 范 围
	+ 端子	− 端子	
1	F	G	0.45 ~ 0.9V
2	F	B	2.4 ~ 4.2V
3	F	A	相差应在 10% 以内
	F	C	
4	B	C	相差应在 10% 以内
	B	A	

2. 没有输出信号时故障判断及处理

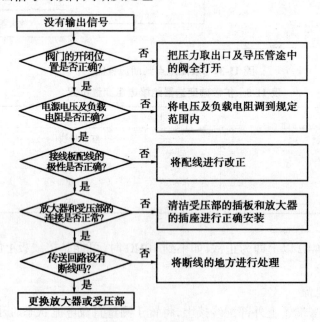

3. 输出信号特大或特小时故障判断及处理

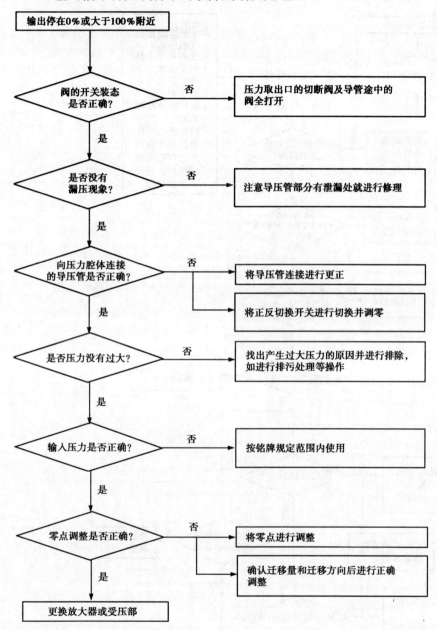

```
输出停在0%或大于100%附近
        │
        ▼
┌─────────────────┐
│ 阀的开关装态      │  否   ┌─────────────────────────────┐
│ 是否正确?        ├──────→│ 压力取出口的切断阀及导管途中的  │
└────────┬────────┘       │ 阀全打开                      │
       是│                └─────────────────────────────┘
        ▼
┌─────────────────┐
│ 是否没有         │  否   ┌─────────────────────────────┐
│ 漏压现象?        ├──────→│ 注意导压管部分有泄漏处就进行修理 │
└────────┬────────┘       └─────────────────────────────┘
       是│
        ▼
┌─────────────────┐
│ 向压力腔体连接    │  否   ┌─────────────────────┐
│ 的导压管是否正确? ├──────→│ 将导压管连接进行更正   │
└────────┬────────┘       └─────────────────────┘
       是│              ┌─────────────────────────┐
        │              │ 将正反切换开关进行切换并调零 │
        │              └─────────────────────────┘
        ▼
┌─────────────────┐
│ 是否压力没有过大?  │ 否   ┌─────────────────────────┐
│                 ├──────→│ 找出产生过大压力的原因并进行排除,│
└────────┬────────┘       │ 如进行排污处理等操作        │
       是│                └─────────────────────────┘
        ▼
┌─────────────────┐
│ 输入压力是否正确?  │ 否   ┌─────────────────┐
│                 ├──────→│ 按铭牌规定范围内使用 │
└────────┬────────┘       └─────────────────┘
       是│
        ▼
┌─────────────────┐
│ 零点调整是否正确?  │ 否   ┌─────────────────┐
│                 ├──────→│ 将零点进行调整    │
└────────┬────────┘       └─────────────────┘
       是│              ┌─────────────────────────┐
        ▼              │ 确认迁移量和迁移方向后进行正确 │
┌─────────────────┐    │ 调整                      │
│ 更换放大器或受压部 │    └─────────────────────────┘
└─────────────────┘
```

233

4. 输出信号不稳定时故障判断及处理

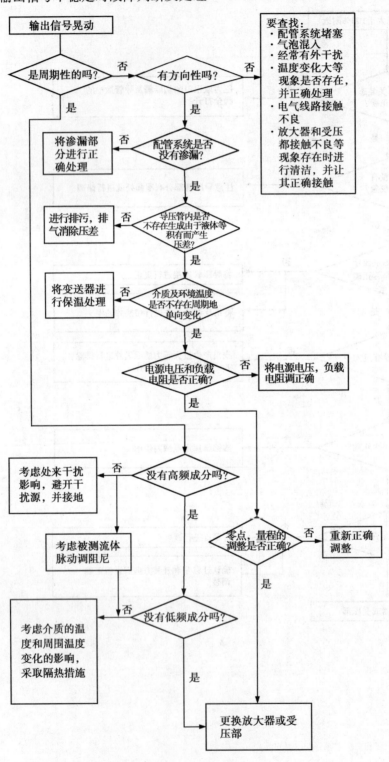

234

八、压力表的选用,校验和安装

正确地选用、校验和安装是保证压力表在生产过程中发挥应有作用的重要环节。

(一)压力表的选用

压力表的选用应根据使用要求,针对具体情况作具体分析,在符合工艺生产过程所提出的技术条件,合理地进行选择种类、型号、量程和精度等级等,有时还需要考虑是否需要带有报警,远传变送等附加装置。

1. 选用的依据主要有:

(1)工艺生产过程对压力测量的要求,例如,压力测量精度,被测压力的高低,测量范围,以及对附加装置的要求等。

(2)被测介质的性质,例如,被测介质温度高低,粘度大小,腐蚀性,脏污程度,易燃易爆等。

(3)现场环境条件,例如,高温、腐蚀、潮湿、振动等。

2. 选用的具体要求

(1)测量范围

为延长压力表的使用寿命,保证弹性元件能在弹性变形的安全范围内可靠地工作,在选择压力表量程时必须考虑到留有足够的余地,一般不允许压力表指针经常指在最大刻度处,因此,选择测量量程时,在被测压力较稳定的情况下,最大压力值应不超过满量程的 $\frac{3}{4}$,在被测压力波动较大情况下,最大压力值应不超过满程的 $\frac{2}{3}$,为保证测量精度,被测压力最小值应不低于全量程的 $\frac{2}{3}$ 为宜。

(2)精度等级

压力表的精度等级有 0.16;0.2;0.25;0.35;0.64;1.0;1.5;2.5 级,其中 0.4 级以上的属于标准压力表,可在实验室中作为校验工业压力表的标准仪器,由于其零件比较精密,一般不适合现场使用,1 级、1.5 级、2.5 级仪表,适合工艺现场使用。

(3)被测介质的性质

可以根据被测介质的物理化学性质(如腐蚀性、粘度、杂质、结晶、温度等),对弹簧管是否有影响,还要考虑流体的流速及压力波动等,如要测量被测介质有脉动压力和冲击负荷,或周围环境具有剧烈振动的情况下的压力,可以选用耐震压力表;用于测量粘度较大,杂质较多的介质的脉动压力,可以选用泥浆压力表,用于测量硫化氢含量较高,有强腐蚀性介质的压力时,则选用抗硫压力表或耐酸压力表,对某些特殊介质如氢气、氧气等,必须选用专用的压力表。

下列表 11-7 所示是压力表被测特殊介质的涂色标记。

表 11-7 压力表涂色标记

适 用 介 质	涂 料 颜 色
氧	天蓝色
氢	深绿色

适　用　介　质	涂　料　颜　色
氨	黄　色
氯	褐　色
乙炔	白　色
其它可燃性气体	红　色
其它惰性气体或液体	黑　色

(4)压力表的外形尺寸

压力表的外形及尺寸主要考虑安装现场的环境条件和安装方式等,一般单圈弹簧管压力表的外形尺寸有 40;60;100;150(160);200;250mm,多圈压力表的外形尺寸比单圈弹簧管压力表的外形尺寸来的比较大,一般可带自动记录或调节装置。

(二)压力表的校验和产生误差的原因

压力表的校验主要是校验其指示值误差,变差和线性,相应地进行零点满度和非线性的调整。

压力表的校验设备主要是活塞式压力计和标准压力表。对于标准压力表的选用应做到:

(1)对量程的选择:标准表的使用,一般不得超过测量上限的 75%(即全量程的 3/4 刻度处),标准表的测量上限应比被检表的测量上限高 1/3,求算公式为

$$标准表的测量上限 = 被检表测量上限 + \frac{1}{3} \times 被检表测量上限$$

或写成

$$标准表的测量上限 = 被检表测量上限 \times (1 + \frac{1}{3})$$

由于求算后所得的数据与标准表量程的测量上限不符,实际工作中一般不进行计算,都选用比被检表大一档量程的标准表。

(2)对精度等级的选择,按校验规程所规定,"标准器基本误差绝对值,不应超过被检压力表基本误差绝对值的 1/3",也就是说标准表的精度应高于被检表的 3 倍,标准的级数应小于被检表的 1/3,求算公式为

$$标准表的级数 \leqslant \frac{1}{3} \times 被检表的级数 \times \frac{被检表测量上限}{标准表测量上限}$$

如求算后所得的数据与标准表所规定精度等级不符,应选用比计算结果小的级数等级,如计算结果为 0.33 级,应选用 0.25 级的标准压力表。

弹簧管压力表造成误差的主要原因是弹性元件的质量变化和传动——放大机构的摩擦、磨损、变形和间隙等,产生误差的主要原因有:

1.元件的弹性滞后现象　　它与磁滞现象相似,当被测压力恢复到原来数值时,变形却不能完全恢复到原来数值,而出现如图 11-35 所示的弹性滞后现象,这种现象对弹簧管特别明显,会造成较大的变差。

2.元件的弹性衰退

压力表在使用一段时间之后,指示值误差会逐渐增大,它主要与弹性元件的热处理

236

质量有关,如该项误差不太大,可以在定期检验时予以调整解决。

3. 元件的温度影响

除了元件材料的内应力之外,金属材料的弹性模数会随温度的升高而降低,如果弹性元件直接与较高温度的介质接触或受到生产设备的热辐射影响,弹性压力计的指示值将随之偏高,造成指示误差,因此,弹性压力计一般应在温度低于50℃的环境下工作,或在采取必要的防温隔离措施情况下使用。

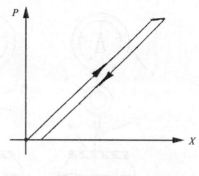

图 11-35　弹性滞后现象

4. 取压点和引压导管安装的不正确

(三)压力表的安装

对流体压力的测量,只有在对流速无任何扰动时,才能正确测出静压力,但在测量过程中,扰动是客观存在的,只能在安装测量仪表时尽量设法减少这种扰动的影响,以得到比较正确的测量结果。

压力安装的一般要求:

(1)测压点:除正确选定生产设备上的具体测取压力的地点外,在安装中应使插入生产设备中的取压管内端面与生产设备连接处的内壁保持平齐,不应有凸出物或毛刺,以保证正确地取得静压力。

(2)安装地点应力求避免振动和高温的影响。

(3)测量蒸汽压力时,应加装凝液管,以防止高温蒸汽与测压元件直接接触,对于有腐蚀性介质,应加装充有中性介质的隔离罐等等,总之,针对被测介质的不同性质(高温、低温、腐蚀、脏污、结晶、沉淀、粘稠等),应采取相应的防温、防腐、防冻、防堵等措施。

(4)取压口到压力表之间还应装有切断阀门,以备检修压力表时使用,切断阀应装在靠近取压口的地方。

(5)需要进行现场校验和经常冲洗引压导管的情况下,切断阀可改用三通开关。

(6)引压导管不宜过长,以减少压力指示的迟缓。

如图 11-36 为压力表安装示例。

在图中(c)所示的情况下,压力表上的指示值要比管道里的实际压力高,这时,应减去从压力表到管道取压口之间的一段液柱压力。

2. 取压口的形状

在被测管壁上沿径向钻一取压小孔,流体经过有开孔的壁面,流速将受到扰动,并在孔内引起涡流,扰动的大小与孔径,形状和加工处理有关,取压孔的轴线方向不垂直于管内壁,也会引起额外误差。

取压孔的处理很重要,孔口应无毛刺和凹凸不平,因为它们能造成扰动而加大测量误差,孔口如有过大的倒角,相当于孔径增大,则流体扰动也增大,所以对取压孔的形式,孔径及加工方法都有一定的要求。

(1)取压口的孔径:取压口孔径不可太大,在保证加工方便和不堵塞的情况下,尽可

237

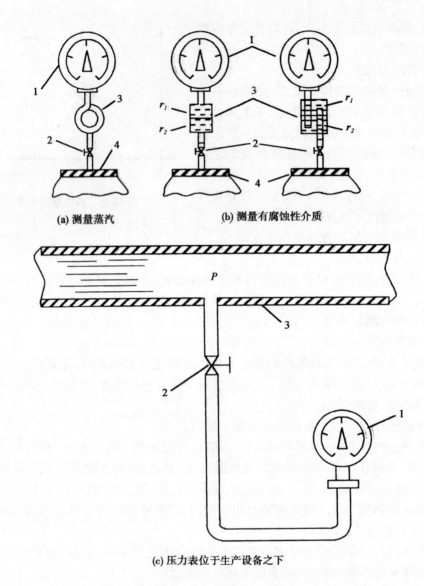

(a) 测量蒸汽　　　　　(b) 测量有腐蚀性介质

(c) 压力表位于生产设备之下

图 11-36　压力表安装示例

1—压力表;2—切断阀门;3—隔离罐;

4—生产设备;r₁、r₂、被测介质和中性隔离液的重度

能小些,但是在压力波动的频率和幅值都比较大的情况下,压力计的容量系数又较大时,取压孔应适当加大,当被测介质的流速较大时,孔径应取得较小一些。

(2)取压孔的轴线方向:取压孔的轴线尽可能垂直于流速,避免倾角对着流速方向,如图 11-37 所示。

(3)取压口的形状:取压口的毛刺应清除,但不应有明显的倒角或扩口,如图 11-38 所示。

(4)不规则的取压口:不允许有不规则的孔口加工,如图 11-39 所示开孔方式。

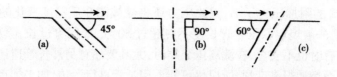

图 11-37 取压孔倾角的影响

(a)倾角对着流速方向,不正确的开孔方式;

(b)取压孔轴线垂直于流速,正确的开孔方式;

(c)取压孔轴线倾角顺着流速方向,也是正确的开孔方式

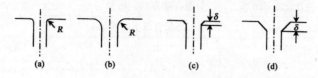

图 11-38 倒角对测量的影响

(a)园角的半径 R 越小越好;(b)园角的半径 R 太大,误差大;

(c)倒角深度 δ 越小越好;(d)倒角深度 δ 太大,引起的误差也大

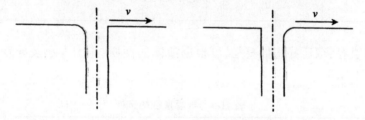

图 11-39 不允许出现的取压孔形状

3. 取压孔的位置

由于流体经过各种局部阻力后会出现涡流,因此在工艺设备上选择取压孔位置时,除了在工艺流程中特别指定的取压点外,应注意以下两点:

(1)取压口的位置应尽量避开各种局部阻力,如阀门、弯头、支管和其它突出物(如温度计套管),尽可能在局部阻力件的上游 2D(D——工艺管道的直径)以外远处开孔,如必须在阻力件下游开孔时,至少要在 3D 以外远处。

(2)取压孔要防止积灰和堵塞:介质为液体时,要防止积气造成气塞取压孔应在管道(指水平管道)的斜下方,被测介质为气体时开口应取在管道上方,以防凝结液形成堵塞。

4. 取压管路

根据密闭容器中静压力的传播原理,传输导管的长度和管径对测量并无影响,这在容器的容积保持不变的情况下是正确的。但由于压力的变化,或多或少地会引起压力表容积的变化,对于气体介质压力变化时必然引起膨胀或压缩,于是取压管路中就会发生介质的流动,为此要消耗一定的能量,消耗能量的多少与传压导管的长度、直径、局部阻力、介质粘度和惯性力等有关,这些条件决定了测量系统的动态特性,所以对导管的长度和管径有一定的要求,另外,取压口到压力表入口如有高度差(H),则应考虑管路

内介质重度 γ 造成的附加压力 γ·H,因此压力还将受被测介质温度变化的影响。

(1)导管长度:一般规定取压导管长度不应超过 50 米,导压管过长,除影响测量系统的动态特性以外,有时也不安全,在测高压介质时,尤其要注意另外长管道还给防冻、隔热及检修、清洗等方面增加很多麻烦,所以尽可能不用长管进行远传,如必须远传时,可用电远传压力表,为了防止高温介质在高温状态下直接进入压力表,导压管路也不能过短,如介质为蒸汽时,一般引压管路应大于 3 米,表 11-8 为导管长及内径与被测液体的关系。

表 11-8 导管直径与导管长度及被测液体的关系

被测介质	导管长度 < 18 米	导管长度为 18 ~ 45 米	导管长度为 45 ~ 90 米
	导压管最小内径(mm)		
水、水蒸汽	7—9	10	13
干气体	7—9	10	13
湿气体	13	13	13
低、中粘度的油	13	19	25
脏液体	25	25	38
脏气体	25	25	38

(2)导管直径:取压导管的直径,可根据液体的性质,压力大小及导管长度来选择,具体选择见表 11-9。

表 11-9 导管直径的选择

被测介质	压力表 (米水柱)	L < 15	L < 30	L > 30
		导管内径		
烟气	$> 5 \times 10^{-3}$	$\frac{3}{4}''$	$\frac{3}{4}''$	$\frac{3}{4}''$
热空气	< 0.8	$\frac{1}{2}''$	$\frac{1}{2}''$	$\frac{1}{2}''$
气粉混合物	< 1	$1''$	$1\frac{1}{2}''$	$1\frac{1}{2}''$
油	< 200	10mm	13mm	15mm
水、蒸汽	< 1250	8mm	10mm	13mm

L——取压导管长度(米)

(3)导管附件:当导管内为液体时,在导管的最高处,应安装集气口及抑气阀门,当导管内正常介质为气体时,在导管的最低处应安装沉降器及排污阀,以保证导管畅通。一般导管不允许水平敷设,至少要有大于 3/100 的坡度,在被测介质中含粉尘时,取压导管应用被测介质处倾斜,并应考虑装除尘和吹洗设备,为了检修与校验方便,应安装检验用三通阀,便于现场校验,一般压力表的弹性元件不准直接与高温介质接触,如要测量高温介质时,应加装冷却装置,使高温介质冷却到 30 ~ 40℃ 以下再进入压力仪表,长的导管可以起到很好的冷却作用,还可以在压力表的入口处作一个 U 形管或环形管存贮一些冷的介质,以增加冷却效果,对于测量压力波动较大的场合,应加装阻尼装置。

复习题

1. 工程上常用哪些压力的单位？
2. 什么是绝对压力？什么是表压力？它们之间有什么关系？
3. 简单叙述弹簧管压力计的测压原理？
4. 弹簧管压力计产生测量误差有哪些原因？
5. 简述压力变送器的工作原理。
6. 如何正确选用弹簧管压力计？
7. 如何正确选择取压孔的位置？
8. 压力表安装中的一般要求是什么？
9. 简述 1151 型电容式差压变送器的工作原理？
10. 扩散硅变送器是根据什么原理制作的,有何特点？
11. 扩散硅变送器故障地点如何判断？

第二节 流量测量

一、流量概述

(一)流量测量的意义

在生产过程中,为了有效地进行生产操作和控制,经常需要测量生产过程中各种介质(液体、气体和蒸汽等)的流量,以便为生产操作和控制提供依据,所以,流量测量也是控制生产过程达到高产优质和安全生产,以及进行能源经济核算所必需的一个重要参数。

(二)流量的定义和单位

流量是指单位时间内所流过管道某一截面的流体数量,通常叫做瞬时流量。常用单位有:m^3/h、kg/h、t/h、l/h、l/min 等。

在某一段时间内所流过的流体流量的总和,即各瞬时流量的累计值,称为总量。常用单位有 m^3,kg,t,l 等。某一段时间可以是一天,一班,一月等。

计量流体的数量可以是体积,也可以是质量,质量流量 Q_m 和体积流量 Q_v 之间的关系为:

$$Q_m = \rho Q_v$$

式中:ρ——被测流体的密度

由于体积流量要受到压力、温度等工况参数变化,对流体的体积流量测量带来影响,为了便于比较不同状态参数下体积流量的大小,往往把所测得的体积流量换算成标准状态下的值,称为标准状态流量 Q_N,标准状态一般指温度为 20℃,压力为 1atm(101325Pa)的状态。

(三)流量仪表的分类

目前工业上所用的流量仪表大致上分为三大类:

1. 速度式流量仪表

以测量流体在管道内的流速 V 作为测量依据,在已知管道截面积 A 的条件下,流体的体积流量 $Q_v = VA$。属于这一类的流量仪表有:差压式流量计,转子流量计,涡轮流量计,超声波流量计,电磁式流量计等。

2. 容积式流量仪表

以单位时间内所排出的流体的固定容积 V 的数目作为测量依据,属于这一类的流量仪表有:椭圆齿轮流量计,腰轮流量计,旋转活塞式流量计等。

3. 质量式流量仪表

测量所流过的流体的质量 M。它具有被测介质流量不受流体的温度、压力、密度、粘度等变化的影响。

二、差压式流量计

差压式流量计是利用流体流经节流装置时产生的压力差实现流量测量的,通常是由能将被测流体的流量转换成压力差信号的孔板,喷嘴等节流装置,以及用来测量压差而显示出流量的差压计所组成。它是目前企业生产中应用广泛的一种流量测量仪表。　　(一)节流装置及流量方程式

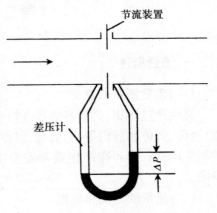

图 11-40　节流装置原理

如图 11-40 所示,在管道中安装一块节流装置或称节流件,当连续流动的流体流经节流装置时,流束发生收缩,流速增加,从而静压力降低,于是在节流装置前后产生差压 $\triangle P$,差压 $\triangle P$ 与流量 Q 有一定的关系,其基本方程式为:

$$Q_v = \alpha\varepsilon A_d\sqrt{2\dfrac{\triangle P}{\rho}} \quad m^3/s \qquad (11\text{-}4)$$

式中:α——流量系数是一个受许多因素影响的综合性系数。

ε——流体膨胀系数

A_d——节流装置开孔面积　m^2

$\triangle P$——节流装置前后的压力差　Pa

ρ——被测流体的密度　kg/m^3

从式(11-4)可知,差压 $\triangle P$ 与流量 Q 有固定的对应关系,即流量 Q 与差压 $\triangle P$ 的平方根成正比,所以用差压计测量出 $\triangle P$ 就可以得到流量 Q 的大小。

流量基本方程式(11-4)中各参数均采用国际单位制,而目前实际工作中一般都是用工程上常用的单位。工程上流量单位常用 m^3/h,kg/h 而不用 m^3/s,kg/s;节流装置的开孔直径 d 和管道直径 D 用 mm 而不用 m,压差 $\triangle P$ 的单位用 Pa,将单位换算的系数和有关常数归并在一起,便可写出实用流量方程式:

$$Q_v = \alpha\varepsilon A_d\sqrt{2\dfrac{\triangle P}{\rho}} \times 3600$$

$$= \alpha\varepsilon \frac{1}{4}\pi d_t^2 \sqrt{2\frac{\triangle P}{\rho}} \times 3600$$

$$= 0.0039986\alpha\varepsilon d_t^2 \sqrt{\triangle P/\rho} \quad \text{m}^3/\text{h} \tag{11-5}$$

$$= 4\times10^{-3}\alpha\varepsilon d_t^2 \sqrt{\triangle P/\rho} \quad \text{m}^3/\text{h} \tag{11-6}$$

式中：d_t——工作状态下温度为 t℃时的节流装置开孔直径 mm

$$Q_m = \rho Q_v$$

$$= 4\times10^{-3}\alpha\varepsilon d_t^2 \sqrt{\triangle P \cdot \rho} \tag{11-7}$$

在实行法定计量单位以前，工程上差压△P的单位多采用 kgf/m²，因为 1kgf/m² = 9.81Pa，故实用流量方程式为：

$$Q_v = 0.01252\alpha\varepsilon d_t^2 \sqrt{\triangle P/\rho} \tag{11-8}$$

$$Q_m = 0.01252\alpha\varepsilon d_t^2 \sqrt{\triangle P \cdot \rho} \tag{11-9}$$

如果差压△P用 20℃时 mmH$_2$O（即 h_{20}）表示，因为 20℃,760mmHg 下的密度 ρ_{20} = 998.2kg/m³，则实用流量方程式为：

$$Q_v = 0.01252\times\sqrt{\frac{998.2}{1000}}\alpha\varepsilon d_t^2 \sqrt{\frac{h_{20}}{\rho}}$$

$$= 0.01251\alpha\varepsilon d_t^2 \sqrt{h_{20}/\rho} \tag{11-10}$$

$$Q_m = 0.01251\alpha\varepsilon d_t^2 \sqrt{h_{20}\rho} \tag{11-11}$$

以上三组公式的区别在于差压△P的单位不同，应用时要注意。

(二)流量和差压的换算关系

当管径、节流装置开孔直径被测介质密度等确定后，式(11-6)中各参数项 α、ε、dt、ρ 均为常数，将其合并为常数 K，即得

$$Q = K\sqrt{\triangle P} \tag{11-12}$$

或者
$$\triangle P = (Q/K)^2 \tag{11-13}$$

这就说明，流量 Q 与差压△P 的开方成正比例关系，或差压△P 与流量 Q 的平方成正比例关系。

例 11-1，有一台差压式流量计，Q_{max} = 125000kg/h，$\triangle P_{max}$ = 6300Pa，试求 Q_1 = 100000kg/h，Q_2 = 75000kg/h，Q_3 = 50000kg/h 时的对应的差压值△P_1、△P_2、△P_3。

解：$\triangle P = (Q/K)^2$ $\triangle P_{max} = (Q_{max}/K)^2$

$$\frac{\triangle P}{\triangle P_{max}} = \frac{(Q/K)^2}{(Q_{max}/K)^2}$$

$$\triangle P = \triangle P_{max}\left(\frac{Q}{Q_{max}}\right)^2$$

$$\triangle P_1 = \triangle P_{max}\left(\frac{Q_1}{Q_{max}}\right)^2 = 6300\times\left(\frac{100000}{125000}\right)^2 = 4032(\text{Pa})$$

$$\triangle P_2 = \triangle P_{max}\left(\frac{Q_2}{Q_{max}}\right)^2 = 6300\times\left(\frac{75000}{125000}\right)^2 = 2268(\text{Pa})$$

$$\triangle P_3 = \triangle P_{max}\left(\frac{Q_3}{Q_{max}}\right)^2 = 6300\times\left(\frac{50000}{125000}\right)^2 = 1008(\text{Pa})$$

同样,也可用 $Q = Q_{max}\sqrt{\dfrac{\triangle P}{\triangle P_{max}}}$ 方便地从已知差压值 $\triangle P$ 来计算出对应的流量值 Q。

（三）节流装置的种类和取压方式

用来造成管道中流体流束产生局部收缩,把流量转换为压力差的装置称为节流装置。其中一部分试验数据完整,已经标准化,称为标准节流装置,如标准孔板,标准喷嘴和标准文丘里管,它们的结构,尺寸和技术条件都有统一标准,有关计算数据都经系统试验而有统一的图表。此外,还有一些节流装置如双重孔板、园缺孔板、偏心孔板、$\frac{1}{4}$ 园喷嘴等,由于形状特殊,缺乏足够的试验数据,故尚未标准化,称为特殊节流装置。

节流装置的取压方式有五种:

(1)角接取压法:角接取压法的取压孔紧靠孔板的前后端面。

(2)法兰取压法:法兰取压法的上下游取压孔中心与孔板前后端面的距离为 25.4mm。

(3)径距取压法:径距取压法的上游取压孔中心与孔板前端面的距离为 1D,下游取压孔中心与孔板后端面的距离为 1/2D。

(4)理论取压法:理论取压法的上游取压孔中心距孔板前端面 1D±0.1D,下游取压孔中心与孔板后端面的距离随 $β(\dfrac{d}{D}$ 直径比) 值的不同而异。

5. 管接取压法:管接取压法的上游取压孔距孔板前端为 2.5D,下游取压孔距孔板后端面为 8D。

目前,我国广泛采用的是角接取压法,其次是法兰取压法。角接取压法比较简便,容易实现环室取压,可提高测量精度;法兰取压法结构较简单,安装方便,但精度较角接取压法低些。

四、差压式流量计的安装

差压式流量计的安装包括节流装置,引压导管和差压计三个部分。

1. 节流装置的安装

(1)在安装前检查节流装置安装点的管道直度,园度,内壁粗糙度及节流件上游侧,下游侧直管段长度是否符合设计技术要求。

(2)检查节流装置及取压口有否堵塞,将表面的油污用软布擦去,要注意保护孔板的尖锐边缘,不得用砂皮和锉刀等进行辅助加工。

(3)正确接好节流装置安装方向,孔板的锐边部分或喷嘴曲面部分应迎着流束方向。

(4)新装管路系统必须在管道冲洗后及试压前进行,以免管道内脏物将节流装置损坏,或者将取压口堵塞。

(5)节流装置用的垫圈材料,根据不同流体介质的性质采用不同的垫圈材料,垫圈的内径不得小于管道内径,可比管道内径略大一些。

(6)节流装置的各管段和管件的连接处不得有任何管径突变。

（7）节流件在管道中的安装应保证与管道轴线垂直，不垂直度不得超过 $\pm 1℃$，并应保证与管道同轴，不同心度不得超过 $0.015 \times D(\frac{D}{d} - 1)$。

（8）节流装置安装于水平或倾斜管道上时，确定取压口的位置，如图 11-41 所示。节流装置安装于垂直管道时，取压口的位置在取压装置的平面上，可以任意选择。

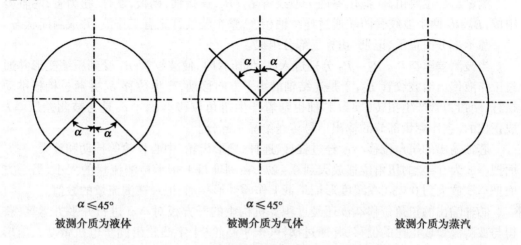

$\alpha \leqslant 45°$　　　　　　　$\alpha \leqslant 45°$

被测介质为液体　　　　被测介质为气体　　　　被测介质为蒸汽

图 11-41　水平或倾斜管道节流装置取压口的位置示意图

2. 引压导管的安装

（1）引压导管应按最短距离敷设，一般情况下它的总长度应不大于 50m，以免阻力过大，反应滞后，但不小于 3m，因为对流量变化太快的场合，指针摆动频繁，对于高温介质可能造成差压计温度过高，管线弯曲处应是均匀的园角。

（2）应设法排除引压导管管路中可能积存有气体、水分、液体或固体微粒等影响压差精确而可靠地传送的其它成份，导压管管路的安装应保持垂直或水平面之间 $\geqslant 1:10$ 的倾斜度，并加装气体、凝液、微粒的收集器和沉降器等，定期进行排放。

（3）导压管应不受外界热源的影响，为防止冻结的可能，应有伴热装置。

（4）对于粘性和有腐蚀性的介质，为了防堵、防腐应加装充有隔离液的隔离罐。

（5）全部导压管管路应保证密封而无渗漏现象。

（6）导压管中应装有必要的切断、冲洗、灌封液、排污等所需要的阀门。

3. 差压计的安装

差压计的安装主要是安装地点环境条件（例如：温度、湿度、腐蚀性、振动等）的选择，如现场周围的安装条件与差压计使用时规定的要求条件有明显差别时，应采取相应的预防措施，否则要重新选择安装地点。其次，当测量液体流量时或导压管内为液体介质时，应使两根导压管路内的液体温度相同，以免由于两边液柱密度差别而引起附加测量误差。

三、差压计

节流装置产生的压差可用各种类型的差压计或差压变送器来检测，我们在这一节

245

主要介绍差压计,差压计主要有双波纹管差压计、膜片式差压计和膜盒式差压计等。

（一）双波纹管差压计

1. 结构与工作原理

双波纹管差压计由测量和显示两部分组成,并且两个部分紧密地组合在一起,构成基地式仪表。

测量部分主要由高、低压室两个波纹管 B_1、B_2,连接轴,档板,摆杆,扭力管,芯轴等组成,B_1、B_2 两个波纹管两端通过连结轴相连,整个波纹管充有工作液,并成封闭状态。

显示部分由指示、记录、积算三部分组成。

当被测差压 $\triangle P = P_1 - P_2$ 分别进入高、低压管时,使波纹管 B_1 受到压缩变形并通过工作液传压给波纹管 B_2,于是连结轴沿水平方向移动,产生位移 δ,并通过档板推动摆杆,使扭力管产生扭转,导致芯轴也随着产生扭角位移 $\triangle\varphi$,$\triangle\varphi$ 是与被测差压 $\triangle P$ 成正比的,它作测量部分的输出信号传送给显示部分。

芯轴输出的扭角位移 $\triangle\varphi$ 经过杠杆、连杆、扇形齿轮、中心齿轮等传动和放大,一方面把 $\triangle\varphi$ 为 $0\sim8°$ 的扭角位移放大到 $0\sim27°$,在刻度盘上指示被测流量的大小,另一方面把 $\triangle\varphi$ 放大到 $0\sim30°$ 在园度形记录纸上作园弧形移动,记录被测流量的数值。

芯轴输出的扭角位移 $\triangle\varphi$ 还经过积算机构中的开方板对 $\triangle\varphi$ 进行开平方运算,获得与被测流量成正比的位移,并通过摆杆、十字凸轮(十字凸轮由同步电机带动)、扇形齿轮、中心齿轮、棘轮、中心轴、计数盘、园锥齿轮、园柱齿轮等一系列传动部件传送到计数器,对被测流量进行累计。

2. 调校

双波纹管差压计的调校,主要是零位、量程、线性、变差和基本误差,一般取仪表标尺的 0%、50%、100% 三点进行调校。

(1)零位调整,可以通过指示针或记录笔上的零位调整装置进行。

(2)量程调整,当高压室通入测量上限的差压值,可通过量程微调器改变杠杆的长度来进行,使指针或记录笔指在上限刻度线上。

(3)线性调整,当高压室通入测量上限的一半差压值,可通过调节、调整螺钉改变连杆的有效长度来达到,使指针或记录笔指在 50% 刻度线上。

积算机构的零位可通过调整开方板与开方板转轴之间的起始夹角和调整杠杆与开方板间的起始位置来达到。调节调整螺钉的位置可以实现积算机构的线性调整。

（二）膜片式差压计

膜片式差压由膜片式差压发送器及电动显示仪表两部分组成,有 CPC—A 型和 CPC—B 型两种。CPC—A 型为膜片式差压发送器与 XCZ 系列动圈毫伏计配套使用,CPC—B 型为膜片式差压发送器与电子差动仪表配套使用。由于膜片式差压发送器的输出为电量信号,故它的流量显示部分的电动仪表可以方便地装于远离生产现场的操作室仪表盘上。

1. 膜片式差压发送器的结构与工作原理

膜片式差压发送器由高、低压室,膜片、连杆、铁芯、差动变压器等组成。

当差压分别由高、低压导管引入高压室和低压室时,膜片在压力差压 $\triangle P = P_1 - P_2$

的作用下而向低压侧移动,通过连杆使差动变压器的铁芯随之移动,差动变压器的次级输出电压 e_{12} 也随之变化,e_{12} 与被测差压 $\triangle P$ 呈线性关系,差动变压器的输出电压传送给动圈式毫伏计或电子差动仪指示,记录被测流量的数值。

2.调校

(1)CPC—A 型膜片式差压计调校

①连接好校验管线,调整好机械零点。

②调零位,当高、低压室差压为零时,调节零位电位器,使指针指在零位上。

③调量程,当高压室输入差压上限值时,调整量程电位器使指针指示在上限值位置。

上述②③需反复进行至符合要求为止,然后进行上下行程的校验,计算误差,并填写校验记录。

(2)CPC—B 型膜片式差压计调校

①将膜片式差压发送器和电子差动仪固定在校验台上,连接好管线,通电。

②调整差动变压器的铁芯位置(也即电气零点)

先将量程电位器调至最大,再调灵敏度电位器,使灵敏度最大,然后调整量程电位器至最小,使差动仪内差动变压器 T_1 的信号被短路,然后调节差压计的调节螺母,使铁芯处在差压计内的差动线圈 T_2 的中心,同时也就改变了差动仪内差动线圈 T_1 的位置至记录笔不再摆动为止,即 T_1 铁芯处在线圈中间位置。

③调上限,通入上限值的差压值,调节量程电位器使记录笔指在上限刻度处,如指针摆动,可调灵敏度电位器减少至摆动三次自动停止即可。

④调扇形板的初始位置,使在零位至满刻度时弯架上下运动的幅度相同再松开扇形板与弯臂的固定螺丝,并使零点差压时记录笔指在零位处,然后紧固扇形板螺丝。

⑤重复③④步骤至符合要求为止,然后进行上、下行程校验,计算误差,并填写校验记录。

四、差压流量变送器

(一)概述

差压流量变送器为电动单元组合仪表中的一个单元,与节流装置配合可测量气体、液体或蒸汽等流体介质的流量,并将被测流量转换成统一标准信号 $0\sim10mA.DC$ 或 $4\sim20mA.DC$ 输出,由于仪表内加入了开平方运算装置,所以输出电流与差压平方根成正比,即与流量成正比。

下面分别介绍 DDZ—Ⅱ型差压流量变送器和电容式差压流量变送器。

(二)DDZ—Ⅱ型差压流量变送器

1.特点

(1)此差压流量变送器是基于力矩平衡的原理工作的,在力矩平衡机构上采用了固定支点的矢量机构,并且采用平衡锤,使其副杠杆的重心与支点相重合,从而提高了仪表的可靠性和稳定性。

(2)由于仪表量程的调整是通过改变矢量板的角度和反馈动圈抽头,所以只需一把螺丝刀就可以连续调整量程,调整量程方便。

(3)变送器的防爆结构有普通型、防爆型、安全火花型等,可适用于各种危险场所。

2. 主要性能指标

(1)输出信号:0~10mA.DC

(2)供电电源:220V 50Hz

(3)精度等级:一般为±0.5%,低差压为±1%

(4)变差:≤基本误差

(5)负载电阻:0—1.5kΩ

(6)使用环境温度:-10℃~+55℃

(7)使用环境湿度:≤95%

3. 结构

DDZ—Ⅱ型差压流量变送器由测量部分、杠杆系统、矢量机构、电磁反馈装置及低频位移检测流量放大器等组成,见图11-42。

(1)测量部分

测量部分由高、低压容室,敏感测量元件(膜盒),膜盒和主杠杆的连接片,轴封膜片以及轴封膜片以下的主杠杆部分等组成,见图11-42 所示。

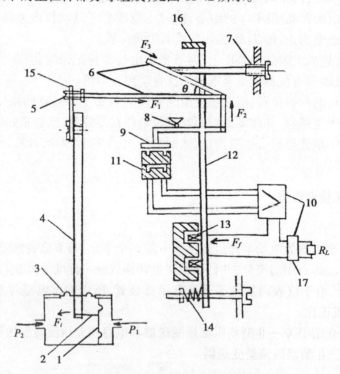

图 11-42　DDZ—Ⅱ型差压流量变送器结构示意原理图

1—测量元件;2—连接片;3—轴封膜片;4—主杠杆;5—静压调整螺钉;6—矢量机构;

7—量程调整螺钉;8—支点;9—检测片;10—放大器;11—差动变压器;12—副杠杆;

13—反馈动圈;14—调零弹簧;15—过载保护簧片;16—平衡锤;17—开方器

(2)杠杆系统

杠杆系统包括主杠杆、副杠杆、调零装置、静压调整装置、过载保护装置和平衡锤等,见图 11-43 所示。

(3)矢量机构

矢量机构主要用来调整变送器的量程,它由推板和矢量板组成,可以调节角度的大小。当主杠杆传来的力 F_1 作用于推板时,可将 F_1 分解为 F_2 和 F_3,$F_2 = F_1 \text{tg} \theta$,由此可见,若在相同的力 F_1 作用下,只要改变矢量角 θ,就可得到不同的力 F_2,就会使变送器输出信号的大小也不相同,即改变矢量角 θ,可实现变送器的量程调整。

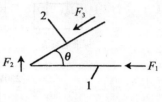

图 11-43
矢量机构原理图
1—推板;2—矢量板

(4)电磁反馈装置

它的作用是把变送器的输出电流 I_0 转换成电磁反馈力 F_f,作用于副杠杆上,产生反馈力矩 M_f 与输入力矩 M_i 相平衡,电磁反馈力 F_f 与输出电流 I_0 的关系为:

$$F_f = K_f I_o \tag{11-14}$$

式中:K_f——反馈装置结构系数。

由式(11-14)可知,改变 K_f,同样可以改变变送器量程,改变 K_f 最简便的方法是改变反馈动圈的匝数。

(5)低频位移检测流量放大器

它由差动变压器、低频振荡器、检波功率放大器、开方器及电源等组成。它的作用是检测固定在副杠杆上的检测片的微小位移,转换放大成 0～10mA 直流信号,并经过开方器,使仪表输出 0～10mA 直流统一信号。

4.工作原理

DDZ—Ⅱ型差压流量变送器是在差压变送器的输出端再加一个开方运算器来实现变送器的输出与流量成正比的。因此,它的工作原理与 DDZ—Ⅱ型差压变送器基本相同,也是根据力平衡原理工作的,如图 11-44 所示,当被测差压($\triangle P = P_1 - P_2$)经测量元件(膜盒或膜片)转换成测量力 Fi,该力使主杠杆以轴封膜片为支点产生偏转位移,该位移经过矢量机构传递给副杠杆,使固定于副杠杆上的检测片产生位移,此时差动变压器的平衡电压产生变化,此电压变化由放大器转换成 0～10mA 直流输出,这一电流经过永久磁场中的反馈动圈,使其产生与测量力 Fi 相平衡的电磁力即反馈力 F_f,此时杠杆处于新的平衡状态,放大器的输出电流同时也作为开方器的输入,因此开方器的输出电流就与被测差压 $\triangle P$ 的平方根成正比,开方器的输出电流也就是变送器的输出电流,它直接与流量成正比。

5.调校

因为变送器在运输过程中或者安装过程中要受到颠振的影响,可能对仪表产生不良作用,所以仪表使用前应根据一些主要技术指标进行调校,才能确保使用质量。

(1)调校连接图

(2)调校步骤

按图连接好管线和电气线路并检查有无漏气。

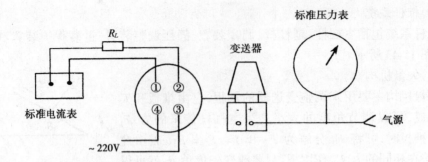

图 11-44　调校连接图

①调零点:使输入差压信号△Pi＝0时,调整调零螺钉,使输出电流 I_0＝0mA。

②调满量程:负压室通大气,向正压室通入压力,缓慢地增加到规定的满量程差压时,调整量程调整螺钉,使输出电流 I_0＝10mA。

以上两步需反复调整,直到零点和满量程都满足要求为止。

③基本误差及变差校验

按表进行上、下行程逐点校验,并记录校验数据。计算误差,基本误差和变差均应不超过最大允许误差。

表 11-10　差压流量变送器校验记录

△Pi(%)		0	9	25	64	100
I_0(标准值)(mA)		0	3	5	8	10
I_0(实际值)(mA)	正向					
	反向					
基本误差(mA)	正向					
	反向					
变　差(mA)						

表中:基本误差＝ I_0(实际值)－ I_0(标准值)

变差＝|同一点基本误差正、反向的值之差|

最大允许基本误差＝(10－0)×精度等级

＝10×精度等级

如精度等级为0.5级时,

最大允许基本误差＝±10×0.5%＝±0.05(mA)

如精度等级为1级时

最大允许基本误差＝±10×1%＝±0.1(mA)

④高、低量程的选择和调整

DDZ—Ⅱ型差压流量变送器高、低量程的选择主要靠改变反馈线圈的匝数多少,也就是改变反馈力的大小来实现的,因反馈动圈抽头引线是焊在端子板上的接线端子,所以,只需要改变接线端子连接片的位置,就可以得到高量程或低量程,这相当于量程粗调。

250

在选择好高或低量程的基础上,再通过调整量程调整螺钉以改变矢量机构的矢量角 θ 的大小来达到所需量程准确的目的,一般矢量角 θ 变化范围 4°~15°,这相当于量程微调。

(三)电容式差压流量变送器

1. 特点

(1)中心检测膜片应用了预张紧技术,整个测量部件为全封闭焊接的固体化结构,电子转换部件采用特殊的接插件,从结构上保证了变送器的高精度、高稳定性及高可靠性。

(2)采用二线制的工作方式。

(3)变送器增加了开方功能,使变送器的输出信号与流量成正比,不需要开方器。

(4)取 20% 流量输出信号(相当于输入差压的 4%)为稳定可靠的起始点,从而解决了趋近于零信号的方根值所固有的不稳定性问题。

(5)采用了结构简单,性能可靠的凹弧面的保护结构,过载性能好。

(6)仪表的零点、量程、反应时间等都是通过电路来实现的,没有机械调整机构,调整方便,并可连续可调量程范围,量程比为 1:6。

(7)小型量轻,约为 5.4kg。

2. 主要性能指标

(1)输出信号:4~20mA.DC(二线制传输)

(2)基本误差:±0.25%(包括变差和重复性在内)

(3)电源电压:12~45V.DC

(4)负载电阻:$R_L \leqslant 50(V-12)\Omega$(V 为供电电源电压)

(5)稳定性:<±0.25/6 个月

(6)静压误差:±0.5%(最大量程时)

(7)环境温度:-25~70℃

(8)环境湿度:<95%

3. 结构

由差动电容式测量部件和电气转换部件组成,两部分用接插件联接。

(1)测量部件由中心测量膜片,高、低压侧弧形电极,硅油,隔离膜片和引出导线等组成。

(2)电气转换部件由解调器、振荡器、振荡控制放大器、电流检测器、电压调节器、电流控制放大器、电流限制器、反极性保护、开方器等组成。

4. 工作原理

被测差压 △P 分别作用于高、低压侧的隔离膜片上,通过硅油将力传递到中心测量膜片,产生一微小位移(<0.1mm),导致测量膜片与同它构成电容的两个弧形固定电极的距离发生改变,从而产生这两个电容一个增加,一个减小,形成差动电容,这个差动电容的变化通过引出线传送到电子转换部分,将微小位移经电子转换部分转换成 4~20mA.DC 信号并经开方运算输出,此输出电流信号 4~20mA.DC 与被测差压成开方关系,与被测流量呈线性关系。

5. 调校

(1)校验连接图,见图 11-45。

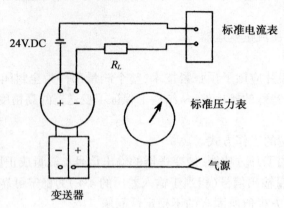

图 11-45　校验连接图

(2)调校步骤

①按图 11-44 连接好管路及电气线路。

②按被测差压范围进行逐点校验(取 5 点,同 DDZ—Ⅱ型差压流量变送器)。

调整量程时影响零点输出,调零点不影响量程输出,零点量程需反复调整,直到符合要求为止。

五、开方器及流量显示积算仪

(一)概述

开方器主要用途是与差压变送器配合使用,使开方器的输出与被测流量成线性关系,再与比例积算器配合使用,可对管道中的流量进行积算,即累计总量。

还有一种开方积算器,与差压变送器配合使用,它的输出与被测流量成线性关系,同时,开方积算器又可对流量进行积算。

(二)DKJ—03 型开方器(DDZ—Ⅱ型)

1. 主要性能指标

(1)输入电流:0～10mA.DC

(2)输出电流:0～10mA.DC

(3)输入电阻:400Ω

(4)负载电阻:0～1.5kΩ

(5)基本误差:$I_i \leq 0.4mA$ 时, ±1%

　　　　　　　$I_i > 0.4mA$ 时, ±0.5%

(6)小信号切除:当 I_0 小于切除电流时,$I_0 = 0$,切除电流允许变化范围 0.6～1mA

(7)供电电源:220V.AC　50Hz

2. 组成和基本工作原理

开方器由间歇振荡器和脉冲电流转换器、平方器(也叫乘法器)及小信号切除电路等组成,见图开方器原理框图。

252

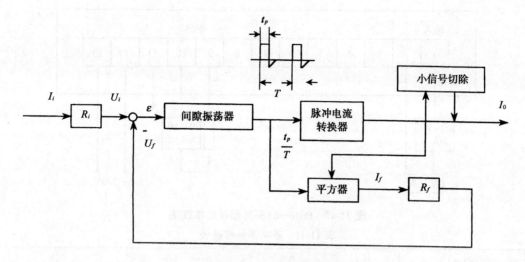

图 11-46　开方器原理框图

从图 11-46 可以看出,输入 I_i 经过 R_i 转换成电压信号 U_i 与反馈电压 U_f(平方器的输出)相比较后,其差值已送到间歇振荡器,将电压 ε 放大并变为脉冲 $\dfrac{tp}{T}$(tp 为脉冲宽度,T 为周期),这个脉冲 $\dfrac{tp}{T}$ 经过脉冲电流转换器变为电流信号 I_0,I_0 就是开方器的输出电流。在开方器中,将脉冲 $\dfrac{tp}{T}$ 与电流 I_0 相乘得到电流信号 I_f,I_f 经电阻 R_f 转换成反馈电压 U_f,与 U_i 相比较后作为间歇振荡器的输入,经过上述的反馈过程,输出电流 I_0 与输入电流 I_i 之间就实现了平方根运算关系,开方器的运算公式为:$I_0 = \sqrt{10 I_i}$

上述过程也可用数学推导得出:

$$Ui = IiRi$$

$$U_f = \frac{tp}{T}I_0 R_f = \frac{I_0}{K_1} \cdot I_0 \cdot K_f = I_0^2 \cdot R_f \cdot \frac{1}{K_1}$$

$$\varepsilon = Ui - U_f$$

当负反馈足够深时,可忽略 ε,即 $Ui = U_f$

$$IiRi = I_0^2 R_f \cdot \frac{1}{K_1}$$

$$I_0 = \sqrt{K_1 \frac{Ri}{R_f} \cdot \sqrt{Ii}} = K\sqrt{Ii}$$

此处,$K = \sqrt{10}$,则 $I_0 = \sqrt{10 Ii}$

3. 调校

(1)校验接线图:

(2)调校步骤

①基本误差校验:按表 11-11,逐步进行校验,若满度不准,可调满变电位器,若 $I_0 = 1\text{mA}$ 不准,可调零点电位器,若中间不准,可调线性电位器,需反复调整多次,直到满足要求为止。校验要记录数据,并计算基本误差,其误差应在允许值范围内。

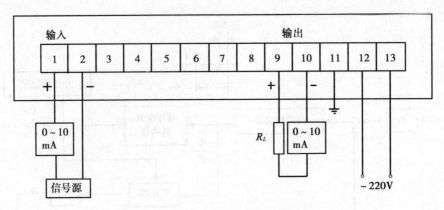

图 11-47　DJK—03 开方器校验接线图

表 11-11　基本误差校验表

Ii(mA)	0.1	0.9	2.5	6.4	10
I_0(标准值 mA)	1	3	5	8	10
I_0(实际值 mA)					
基本误差(mA)					

②小信号切除校验:当 Ii 由零增加至某一值时,输出值应由零瞬时变至切除值。输入信号 $Ii = 0.1mA$,此时 $I_0 = 1mA$,再将输入信号 Ii 逐渐缓慢下降至某一值时,输出电流 I_0 由下降时的切除电流值瞬时变零,下降时的切除电流值需大于 0.6mA,若切除点不准,可调整小信号切除电位器。

(三)DXS-202 开方积算器(DDZ—Ⅱ型)

开方积算器 DXS—202 型是电动单元组合仪表中的一个单元,它一般与差压变送器配合使用,用来累计流量,如果不作开方积算,本仪表也可作为比例积算器。

1. 主要性能指标

(1)输入电流:0 ~ 10mA

(2)输出电流:开方输出电流 0 ~ 10mA,$I_0 = \sqrt{10 Ii}$

(3)输入电阻:400Ω(用作比例积算时 800Ω)

(4)基本误差:$Ii < 0.1mA$,不计误差

$$Ii \leqslant 0.4mA, \quad \pm 1.5\%$$

$$Ii > 0.4mA, \quad \pm 1\%$$

(5)积算速度与位数:$Ii = 10mA$ 时,积算速度 400 字/h ~ 10000 字/h,连续可调;6 位机械计算,并可复位。

(6)开方输出负载:0 ~ 700Ω

(7)小信号切除:当 I_0 < 切除电流值时,开方输出为零,$0.6mA < I_{切除} < 1mA$。

(8)工作条件:环境温度 0 ~ 45℃,相对湿度 < 85%

2. 结构与工作原理

开方积算器由电子开方器及比例积算器两大部分组成。

254

输入信号经过开方后加到比例积算部分,进行对输入信号的开方积算,同时开方器部分取出开方输出 $0 \sim 10mA$。

3. 调校

①按仪表产品使用说明书上的接线图,将信号源、校准电流表($0 \sim 10mA$,0.5级)与仪表连接起来,并将十进频率仪接在仪表机芯的二芯插头上(要注意相位极性)。

②开方器部分

若满度($I_0 = 10mA$)不准,可调整满度电位器。

若 $I_0 = 1mA$ 不准(这时 $I_i = 0.1mA$)可调整零点电位器。

若中间不准(即 $I_i = 2.5mA$,$I_0 = 5mA$),调整精度电位器。

上述都需反复调整,直到满足要求为止。

③小信号切除校验同开方器。

④积算部分:

若满度不准,即 $I_0 = 10mA$ 时,计数周期不准,可调满度电位器。

若 $I_i = 0.1mA$ 时,计数周期不准,可调零点电位器。

若中间不准(即 $I_i = 2.5mA$),可调精度电位器。

上述都需反复调整,都满足要求为止。

四、DDZ—Ⅲ型开方器

1. 主要性能指标

(1)输入信号:U_i $1 \sim 5V.DC$

(2)输出信号:U_o $1 \sim 5V.DC$

$$U_o = 2\sqrt{U_i - 1} + 1$$

(3)供电电源:$24V.DC$

(4)基本误差:$\pm 0.5\%$(输入电压 $U_i = 1.04V$ 时为 $\pm 1\%$)

(5)小信号切除:$U_i < 1.04V$ 时,输出信号被切除,即 $U_o = 1V$(零点)

2. 组成和基本工作原理

DDZ—Ⅲ型开方器由输入电路、开方运算电路、小信号切除和输出电路等组成,见图11-48开方器原理框图。

输入电路对输入信号 U_i 先减去与运算无关的 $1V$ 电压,并进行电平移动,再对 $U_i - 1$ 进行比例运算得到 U_1,U_1 通过开方运算电路运算后得到 U_3,U_3 与 U_1 成开方运算关系。小信号切除电路将 U_3 与 U_L 进行比较,当 $U_3 > U_L$ 时,$U_4 = U_3$,当 $U_3 < U_L$ 时 $U_4 = 0$。U_4 经输出电路进行功率放大和电平移动后,得到以 $0V$ 为基准的 $1 \sim 5V.DC$ 或 $4 \sim 20mA.DC$ 信号输出。

运算关系式:

$$U_0 = 2\sqrt{U_i - 1} + 1$$

3. 调校

(1)校验接线图,见图11-49。

255

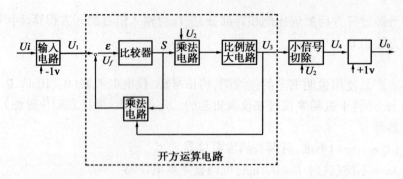

图 11-48　开方器原理框图

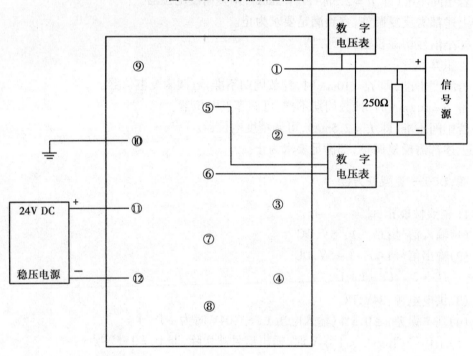

图 11-49　校验接线图

（2）步骤

①调基准电平 U_B，测 U_B 是否为 $10V$，若不是，调基准电压电位器，使 $U_B = 10V$。

②调零点，调节信号源，使 $Ui = 1V$，调整调零电位器，使输出 $U_0 = 1V$。

③调起振点和满量程，此时将小信号切除关掉；

A. 使 $Ui = 1.04V$ 时，调整起振点电位器，使输出 $U_0 = 1.4V$。

B. 使 $Ui = 5V$ 时，调整满量程电位器，使输出 $U_0 = 5V$。

以上两点需反复调整，直到起振点和满量程都满足要求为止。

④调小信号切除，使 $Ui = 1.04V$，此时 $Ue = 1.4V$，再将输入信号 Ui 逐渐减小，使输出 U_0 在 $1.38 \sim 1.32V$ 范围之内，这时调整小信号切除电位器，使输出电压 $U_0 = 1V$，即输入信号 Ui 在 $1.02 \sim 1.04$ 之间能切除 $U_0 = 1V$。

⑤基本误差校验

将输入信号 Ui 按表,从 1V 到 5V 之间逐点变化,测量对应的输出电压 U₀ 的值,与按开方器运算式 $U_0 = 2\sqrt{Ui-1}+1$ 的计算值相比较,其误差不应超过 ±0.5%(当 $Ui = 1.04$ 时,误差为 ±1%)。

表 11-12 基本误差校验表

Ui(V)	1.040	1.360	2.000	3.560	5.000
U₀(V)	1.400	2.200	3.000	4.200	5.000
U₀(V)实测					

五、DDZ—Ⅲ型比例积算器

DDZ—Ⅲ型比例积算器在与流量变送器或差压变送器及开方器配合使用时,可对管道中的被测流量进行流量积算,并以数字显示流量的累计值。

1. 主要性能指标

(1)输入信号:1~5V DC

(2)基本误差:±0.5%(满量程)

(3)显示方式:六位机械数字显示带手动复零

(4)显示速度:慢速 100 字/h、快速 1000 字/h

(5)供电电压:24V DC

2. 组成和基本工作原理

DDZ—Ⅲ比例积算器由输入电路、u/f 转换电路、脉冲整形电路、十分频及单稳态电路、驱动电路和电磁计数器等组成见图 11-50。

图 11-50 DDZ—Ⅲ型比例积算器原理框图

由图 11-51 可见,输入电路先减去输入信号 Ui 中与运算无关的 1V 电压,再进行电平移动和比例运算后得到 U₀₁直流输出信号,U₀₁经 u/f 转换电路将直流变成交流,即得一串锯齿波脉冲信号 U₀₂输出(该脉冲信号的频率与输入直流信号 U₀₁成正比),U₀₂经脉冲整形电路后,变为同频率的矩形方波脉冲 U₀₃输出,U₀₃经十分频及单稳态电路后得到宽度和幅度都较恒定的方波脉冲电压,该方波脉冲经驱动电路功率放大后驱动电磁计数器计数。

3. 调校

(1)校验接线图。

(2)调校步骤

①调基准电平 U_B,测 U_B 是否为 10V,如不是,调节基准电压电位器,使 $U_B = 10V$。

②调零点,调节信号源,使 $Ui = 1.4V$,调整零点电位器,使数字频率仪所显示的时间读 $T = 3600ms$。

③调满度,调节信号源,使 $Ui = 5V$,调整满度电位器,使数字频率仪的读数 $T =$

257

3600ms。

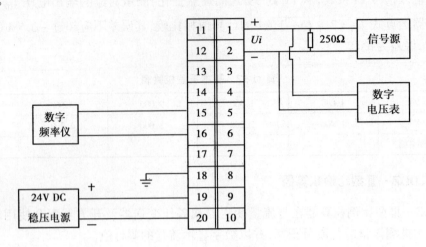

图 11-51　校验接线图

②③两步需反复校验,直到两点都满足要求为止。

六、转子流量计

(一)工作原理

采用节流装置进行流量测量时,通过节流装置的被测介质的流量 Q 与所产生的压力差 $\triangle P = P_1 - P_2$,以及节流装置的流通截面积 A_0 之间存在下列关系:

$$Q = \alpha A_0 \sqrt{\frac{2\triangle P}{\rho}}$$

差压式流量计是在节流装置流通截面积 A_0 为定值下,由测量差压信号 $\triangle P$ 而求得被测介质的流量。而转子流量计也是根据节流现象,然而它是在恒压差(即 $\triangle P = $ 常数)条件下,利用流通截面积 A_0 的变化来测量流量,作为节流元件的转子不是固定地放在管道中,而是浮动在被测介质中。

由图 11-52 可见,转子流量计主要由一段向上扩大的园锥管子和在管子内随被测介质流量大小而作上下浮动的转子所组成。

当被测介质流过转子和锥形管之间的环形缝隙时,由于节流原理所产生的压力差 $\triangle P$ 的作用,使得转子上移,直到压力差 $\triangle P$ 作用在转子上的向上力与转子在被测介质中的重力相平衡为止,并且流量越大,转子的平衡位置越高,即转子在锥形管内平衡位置的高低与被测流量大小相对应。转子所处的平衡位置的高低,也即环形缝隙流通面积的大小可作为流量测量的尺度,所以转子流量也称为变面积流量计。

转子在平衡状态时:

$$\triangle P \cdot A_S = V_S(\rho_S - \rho)$$

$$\triangle P = \frac{V_S(\rho_S - \rho)}{A_S}$$

而环形通道面积 $A_0 = \pi(R^2 - r^2) = \pi(R + r) \cdot (R - r)$
$$= \pi(R + r) \cdot h \cdot tg\varphi$$

258

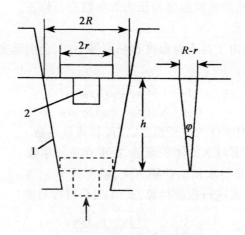

图 11-52 转子流量计原理图

1—锥形管；2—转子(浮子)

则：$Q = \alpha A_0 \sqrt{2 \triangle P / e}$

$$= \alpha \pi (R + r) \cdot h \cdot th\varphi \sqrt{\frac{2 V_S (\rho_S - \rho)}{A_S} / \rho} \qquad (11\text{-}12)$$

式中：A_S——转子的最大截面积

$\rho_S \cdot \rho$——转子与介质密度

V_S——转子体积

对于一个具体的流量计，在雷诺数 R_{eD} 一定的条件下，α，$(R + r)$，V_S，A_S，ρ_S，ρ 及 $tg\varphi$ 均为定值，可以视为一个常数项 K，因此式(11-12)可简化为：

$$Q = K \cdot h \qquad (11\text{-}13)$$

上式表明流体的流量与转子的位移，即转子升降的高度 h 成正比，故可将转子的高度标尺刻成流量。

(二)转子流量计的使用特点

转子流量计主要适用于小流量测量，测量范围从每小时几升到几百立方米(液体)，几千立方米(气体)，且量程比较宽为 10∶1，压力损失较小，转子位移随被测介质流量的应变反应比较快。

转子流量计应安装在垂直管段上，不允许倾斜，被测介质的流向由下而上。

转子(浮子)的材料一般用塑料、铝、铜或不锈钢等园锥管材料，直读式流量计多用玻璃管，远传式流量计则多用不锈钢，特殊的可在内衬涂耐腐蚀材料。

转子(浮子)对沾污比较敏感，如果粘附有污垢或介质结晶析出，会使转子重力、环形缝隙流通截面积发生变化，也会影响到转子沿锥形管轴线作上下垂直浮动，从而引起转子与管壁产生摩擦的可能，这些都会带来较大的测量误差。

(三)转子流量计示值的修正

转子流量计一般是用水或空气在标准状态下(20℃，1atm)标定流量的，它的刻度值是水在 20℃时的流量值或空气在温度为 20℃及压力为 1atm(1.01325×10^5Pa)时的流量值，但在应用时实际状态不同于标准状态，被测介质也不一定是水或空气，因此，流量计

259

的示值须按被测流体介质的密度温度与压力等参数进行修正。

1. 液体介质流量修正

对于各种液体介质,由于其本身温度和粘度等不同,会引起密度 ρ 和流量系数 α 的差别,可按下列公式修正:

$$\frac{Q_L}{Q_{VW}} = \sqrt{\frac{(\rho_S - \rho_L)\rho_W}{(\rho_S - \rho_W)\rho_L}} \cdot \frac{\alpha_L}{\alpha_W} \qquad (11\text{-}14)$$

式中:Q_{VL}、ρ_L、α_L——被测液体的体积流量、密度和流量系数

Q_{VW}、ρ_W、α_W——标定时水的体积流量、密度和流量系数

如果被测液体的粘度与水相比差别不大,就可认为 $\alpha_1 \doteq \alpha_W$,即认为两种介质的流动特性是相似的,这时只需进行密度换算,式(11-14)可改写成:

$$\frac{Q_{VL}}{Q_{VW}} = \sqrt{\frac{(\rho_S - \rho_L)\rho_W}{(\rho_S - \rho_W)\rho_L}} \qquad (11\text{-}15)$$

2. 气体介质的流量修正

对于气体介质流值的换算和修正,除了被测气体的密度不同以外,被测气体的工作压力和温度的影响亦较为明显。

(1)密度修正:对于气体介质,由空气 $\rho_A \ll \rho_S$,被测气体 $\rho_G \ll \rho_S$,故式(11-15),可简化为:

$$\frac{Q_{VG}}{Q_{VA}} = \sqrt{\frac{\rho_A}{\rho_G}} \qquad (11\text{-}16)$$

式中:Q_{VG}、ρ_G——被测气体的体积流量、密度

Q_{VA}、ρ_A——标定时空气的体积流量、密度

(2)温度和压力的修正:气体的体积流量随压力和温度变化,如果需修正到标准状态(20°,1atm)下的流量,可用下式换算:

$$\frac{Q_{V20}}{Q_{VG}} = \sqrt{\frac{P}{P_0}} \cdot \sqrt{\frac{T_{20}}{T}} \qquad (11\text{-}17)$$

式中:Q_{V20}、T、P——气体在标准状态(20°,1atm)下的体积流量,绝对温度和压力

Q_{VG}、T、P——气体在工作状态下的体积流量,绝对温度和压力

(3)量程改变

转子(浮子)本身的重量改变,仪表的量程就不同,增加转子重量则量程扩大,相反则量程减小。转子改变重量后,流量计的标尺须乘一修正系数 K:

$$K = \sqrt{\frac{\rho_S' - \rho}{\rho_S - \rho}} \qquad (11-18)$$

式中:ρ_S、ρ_S'——转子改变重量前后的密度

ρ——被测介质的密度

量程扩大后,灵敏度降低,相反则灵敏度增大。必须注意的是,改变前后的转子(浮子)应满足几何相似条件。

七、涡轮流量计

(一)结构与工作原理

涡轮流量计由涡轮流量变送器和显示仪表两部分组成。涡轮流量变送器由涡轮、支承、永久磁钢、感应线圈、导流器等组成,显示仪表一般由整形电路,频率瞬时指示电路,仪表常数 K 除法运算电路,机械计数和回零电路等组成。

在被测流体冲击下,涡轮沿着管道轴向旋转,其旋转速度随流量的变化而不同,即流量大,涡轮的转速也高,再经磁—电转换装置把涡轮的某一转速转换为相应的频率电脉冲,送入显示仪表进行显示瞬时流量和累积流量。

(二)使用特点

涡轮流量计具有测量精度较高、反应快、压力损失小等特点,但不适于测量脏污介质的流量,适用于测量不带腐蚀性的洁净液体和气体,如水、轻质油及空气等。

变送器的仪表常数 K 在一般情况下除受介质粘度影响外,几乎只与其几何参数有关,因而一台变送器设计、制造完成后,其仪表常数 K 即已确定,而这个值要经过标定才能确切地得出。通常,生产厂用常温下的水对涡轮变送器进行标定,并在校验单上给出仪表常数 K 等有关数据。

由于仪表常数 K 受被测介质粘度变化的影响,因而用户测量粘度不大的液体流量时,若涡轮流量变送器的公称直径 Dg≥25mm,则可直接使用生产厂实流标定的结果,否则要想保证有足够的测量精度时,用户应根据被测介质重新标定仪表常数。

由于变送器在工作时,叶轮要高速旋转,即使润滑情况良好时也仍有磨损产生。这样,在使用一定的时间之后,因磨损而致使涡轮变送器不能正常工作,就应更换轴或轴承,并经重新标定后才能使用。

八、电磁流量计

(一)组成与基本工作原理

电磁流量计由电磁流量变送器和转换器两部分组成,被测介质的流量经变送器换成感应电势后,再经转换器将电势信号转换成 0~10mA 或 4~20mA 的标准直流信号输出,传送到二次仪表指示,记录流量的数值。

电磁流量计的变送器由励磁线圈绕组、磁轭、电极、衬里等组成。

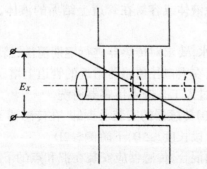

图 11-53　电磁流量计原理图

当被测介质垂直于磁力线方向流动而切割磁力线时,如图 11-53 在与介质流向和与磁力线垂直的方向上产生一感应电势 E_X。

$$E_X = BDV$$

式中:E_X——感应电势,V

B——磁感应强度,T(特斯拉)

D——管道直径,即导体垂直切割磁力线的长度,m

V——垂直于磁力线方向的流体流速,m/s

因为,$Q = \dfrac{1}{4}\pi D^2/V$,即 $V = 4Q/\pi D^2$

所以:
$$
\begin{aligned}
E_X &= BDC \\
&= BD \cdot \dfrac{4Q}{\pi D^2} \\
&= \dfrac{4B}{\pi D} \cdot Q \\
&= KQ
\end{aligned}
$$

式中 $K = 4B/\pi D$ 称为仪表常数,取决于仪表几何尺寸磁感应强度。

显然,感应电势 E_X 与被测量 Q 具有线性关系,在电磁流量变送器中,感应电势由一个与被测介质接触的电极检测,且在电磁流量计中采用的是高变磁场,则 E_X 为交流电势信号,此信号经转换器转换成标准直流信号,送到显示仪表,指示出被测流量的大小。

(二)电磁流量计的使用

1. 安装

(1)变送器的安装

①应选择安装在远离一切磁源(如变压器、大功率电机等)。

②应尽量避免震动,若管道系统有效强的震动,要求在传感器两侧的管道上加支撑。

③二只电极的轴线必须在水平方向上。

④传感器可以倾斜或垂直安装,不管采用何种形式的安装,都要求测量管内保证充满被测介质,不能有非满管或气泡聚集在测量管中的现象。

⑤按传感器上的箭头所指的方向进行安装。

⑥若被测介质是严重污浊液体或容易在管道上结垢的液体,最好把传感器安装在旁通管上,便于清洗。

⑦若被测介质是海水、原水,要求对传感器进行定期清洗,清除测量管壁上的污泥,微生物,特别是在电极区域内,在大口径传感器附近的管道上增设人工孔,管道停水时,能排空剩水,以便清洗人员通过人工孔进入传感器清洗。

⑧为便于大口径(DN≥350)传感器的安装及拆卸,在传感器下游侧安装伸缩节。

⑨在传感器上游侧和直管段长度≥5D,下游侧≥2D。

⑩对于测量不同的液体的混合,传感器应安装在混和点的下游至少 30D 处。

⑪为避免管中聚集空气造成测量误差,以及在管道中形成负压而损坏聚四氟乙烯衬里,在安装时应注意以下几点:(见图)

⑫传感器在安装时应正确接地,传感器的外壳屏蔽线、测量导管及传感的管道均应妥善地单独地在一点接地,不要把接地线与其它带电的电气设备连在一起,避免外界

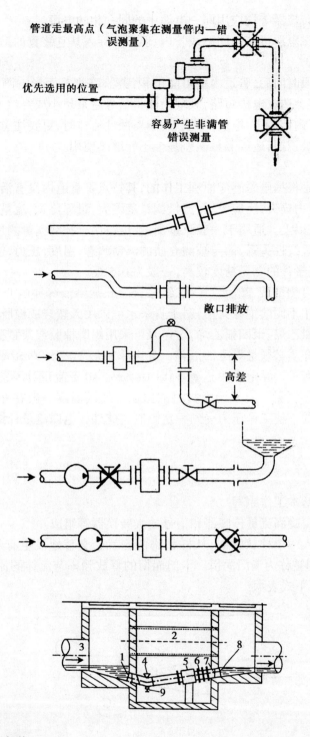

干扰。

(2)转换器的安装

①不要装在强烈震动的地方。

②转换器安装尽量靠近传感器。

③传感器与转换器等均应用同一电源中的同一相的电源。

④信号和励磁电源可穿在同一线管内,但不要穿入其它装置的动力电缆。

(三)使用维护

仪表使用一段时间后,管道内壁可能沉积污泥,脏物等而影响测量精度,特别是垢层的电阻低时,将会造成电极短路,表现为流量信号越来越小或突然下降。因此要定期清洗,保持传感器内部清洁,电极光亮。用于腐蚀性流体时,更要注意清洗维护,以免衬里被蚀坏或电极被锈蚀,造成测量误差甚至不能继续使用。

(四)特点

电磁流量计是根据电磁感应原理工作的,其特点是管道内没有活动部件,压力损失很小,几乎没有压力损失,反应灵敏,流量测量范围大,量程比宽,流量计的管径范围大,从几个 mm 到 dm 以上。适用于一般流量测量,也适用于脉动流量测量。传感器的输出电势与体积流量呈线性关系,而与被测介质的流动状态,温度,压力,密度及粘度等均无关。目前,电磁流量计的测量精度较高,一般为 0.5 级。

电磁流量计可测量酸、碱、水、泥浆、纸浆、矿浆、盐溶液等导电介质的液体流量,流量计的内壁可采用不同的绝缘衬里,对于自来水可采用天然合成橡胶,对于酸、碱、盐溶液可采用聚三氟氯乙烯、聚四氟乙烯,对矿浆可采用耐磨橡胶或聚氟酸橡胶。

被测流体的介质必须是导电的液体, 导电率一般要求 $> 20\mu S/cm$, 目前, 低导电率电磁流量计也有了, 导电率可达到 $> 0.01\mu s/cm$。电磁流量计不能用于气体、蒸汽及石油制品的流量测量, 由于绝缘衬里的限制, 使用温度一般在 $0 \sim 200℃$, 因电极是嵌装在导管上的, 使工作压力受到一定限制, 此外, 电磁流量计结构比较复杂, 成本较高。

九、旋涡流量计

(一)结构和基本工作原理

旋涡流量计由旋涡流量传感器和信号放大转换器等组成。

在流体中插入一个杆状物时,从柱状物两侧就会交替地发生有规则的旋涡,见图11-54,这种旋涡到被称为卡门涡衔。卡门涡衔的释放频率与流体的流动速度及柱状物的宽度有关,可用下式表示:

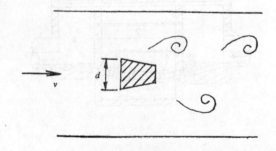

图 11-54　涡衔流量计原理图

264

$$f = S_t \cdot V / d$$

式中:f——卡门涡衔的释放频率

S_t——斯特罗哈系数

V——流速

d——柱状物的宽度

卡门涡衔释放频率 f 和流速 V 成正比,因此通过测量卡门涡衔释放频率就可算出被测介质的流量,旋涡频率可以通过压力、温度等参量间接测得,涡街流量传感器检测出旋涡的频率经放大转换器进行信号放大转换为脉冲信号或 4～20mA DC 直流信号送至显示仪表显示被测流量。

(二)特点

涡街流量计具有测量精度高,测量范围大,工作可靠,压力损失较小,可测量液体、气体和蒸汽的介质流量,由于管道中没有可动部件,运行可靠,安装维护方便,是一种发展迅速和前景广阔的流量测量仪表。

目前,国内外涡街流量计采用的旋涡发生体形状很多,其基本形状有三种,即园柱形、方柱形和三角柱形,它们的特点分别为:园柱形压力损失小,但旋涡偏弱;方柱形形状简单,便于加工,旋涡强烈,但压力损失大;三角柱形旋涡强烈稳定,压力损失适中,很多涡街流量计中,旋涡发生体采用上述三种基本形的组合形状。

(二)旋涡流量计的使用

1. 安装

(1)流量计的前后要求有流场的直管段,一般流量计上游侧直管段的长度 > 20D,下游侧直管段的长度 > 5D(D 为管道内径)。

(2)流量计必须按标明的箭头方向,使之与流体的方向安装,即旋涡发体的三角柱底面必须迎向流体。

(3)流量计与管道法兰连接使用的密封垫圈,其内径应略大于流量计的内径,以免夹紧后突入管内而造成测量误差。

(4)旋涡流量计不宜安装在有强电磁场干扰的地方。

(5)旋涡流量计安装所选择的场地要避免机械振动,如管道振动较大,加装一管道支架。

(6)旋涡流量计可垂直,水平或其它任何角度安装,但流量计管道必须充满流体。垂直安装时,流体流向必须由下向上。

(7)当需测量压力时,测压点设置在下游侧距旋涡发生体≥5D 的位置;当需测量温度时,测温点设置在下游侧距旋涡发生体≥6D 的位置。

2. 使用与维护

(1)投运之前,应检查仪表的密封点是否有泄漏,为此应在安装完毕后先进行试压,试压压力不应超过仪表公称压力的 1.5 倍。

(2)开表之前,应检查接线是否正确,对大地绝缘电阻是否良好。

(3)当管道未通入流体时,仪表输出不为 0%,而是 0% 以上的输出信号,应找出干扰来源,采取措施予以排除。

(4)启用仪表时,应缓慢放入流体,以免因过快而造成气液冲击产生水锤现象,损坏仪表,对测量蒸汽流量的仪表,在送汽前应将管道内的冷凝水排放完,然后慢慢送汽。

(5)运行使用中的仪表要保持清洁,定期巡检。

十、均速管流量计

(一)工作原理

均速管流量计又称为阿牛巴流量计,其结构原理如图 11-55 所示,正对气流方向有四个取压孔,每一个孔测量出对应该环形截面的平均总压头。在总压管内部另安一个取压管,使其开孔正好处于管道轴线上,引出这四个环形截面总压头的平均值,也就是整个管道的平均总压头。静压管取压孔背着气流方向也正好安在管道轴线上,总压头取压管与静压管分别与差压仪表连接,测出平均速度头,根据下列流量公式计算流量:

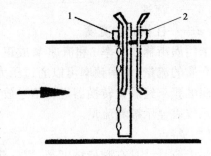

图 11-55 均速管结构原理图
1. 总压管 2. 静压管

$$Q_V = 0.01251 KD^2 \sqrt{\frac{hvme}{\rho}} \quad m^3/h \tag{11-19}$$

或者 $Q_m = 0.01251 KD^2 \sqrt{hvme \cdot \rho} \quad kg/h$ (11-20)

式中:K——均速管系数,取决于均速管结构,由制造厂标定给出

$hvme$——平均速度头,mmH_2o

D——管道内径,mm

ρ——被测流体在工作状态下的密度,kg/m^3

(二)使用特点

均速管流量计在直径小到 12.5mm 大到 4500mm 的管道上都可以使用,不同形状的管道如椭园、矩形或不规则形状均可使用。

均速管也应安装在直线管段内,按局部阻力件形式的不同,上游侧直管段要求 7～24D,下游侧直管段要求 3～4D。

均速管流量计具有结构简单,安装维护方便,压力损失小,可测量气体,液体和蒸汽的流量。其缺点是不适于测量脏污介质、高粘度介质及过热蒸汽等流量,对于流速 <2～3m/s 时,速度头很小,难于检测,一般也不宜采用。

十一、超声波流量计

用超声波方法测量流量,早在 1931 年就有一位科学家在文章中提出采用二个声信号的传播时间差测量流体流速的可能性。但是世界上第一台超声波流量计直到 1955 年才诞生。可由于当时电子技术和电子元件等因素的影响,并没能得到广泛的推广应用。但是这时间许多国家相继开展对这一技术的研究,先后提出了应用声波传播的时差法、频差法、多谱勒法等方法。进入 70 年代,随着电子技术的迅速发展应用,特别是大规模集成电路和微处理器的出现,使得超声波流量计结构简单、体积小、测量精度高等特点更被人们青睐,在工业、农业、国防、医疗等领域都得到了很广泛的应用。

1. 超声流量计的用途和特点

在石油、化工、水电、给排水、天然气和医学等生产和科学实验中,经常遇到如何精确计量和控制流体的流速和流量问题。由于工业及其它领域的流体复杂性和特殊性,传统的机械式流量计已不能满足一些特殊场合的测量要求。因而超声波测量流体的流速和流量的技术在各个领域得到了迅速发展。传统式流量计有着它难以避免的缺点,甚至无法使用。因为这些流量计在安装时都必须断流,一旦有故障也要从管道中取出或断流拆下后才能检修。另外机械式流量计的机械传动部件容易磨损,影响测量精度,并给管道内压力带来损失。而超声波流量计能够克服这些缺点,适用性很强,测量口径从几十个毫米至几千毫米,而且拆装方便。同传统式流量计相比,具有以下优点:

(1)测量时,超声波流量计既能插入被测管壁内也可夹装在管壁外两侧,这样能不同被测液体相接触,这种非接触的测量可对不易接触和观察的强腐蚀液体进行测量,不破坏流体的流场,没有压力损失。

(2)它能直接给出被测流体的瞬时流速、流量。

(3)结构简单,维修标定方便。

从超声波流量计的测量的基本方法大致可分为以下几种:

(1)超声波传播的时间差法(时差法)。

(2)超声波传播相移法(多谱勒法)。

(3)超声波传播循环法(频差法)。

这些流量计的测量原理各有特点,因此在选用超声波流量计时要根据不同测量场合和测量精度合理选择超声波流量计的种类。比如:在测量大江和河流的流速、流量可选择多谱勒超声波流量计,在测量精度要求比较高的场合可选择时差法或频差法超声波流量计。

(一)时差法流量计

时差法超声波流量计测量原理,是根据声波在液体中顺流传播时间与逆流传播时间差,同被测液体的流速之间的相互关系,从而求出液体的流速。图 11-56 是超声波流量计测量流体流速的原理,在流速为 U 的流体内,装有一对超声波换能器,负责超声波的发射和接收。由 C_1 发射超声波、C_2 接收超声波。首先由 C_1 顺流发射超声波向下游传播,以 $C + U$ 的速度由 A 传播至 B。

顺流的传播时间:

$$t_+ = \frac{L}{C + U}$$

接着由 C_2 逆流发射超声波向上游传播,以 $C - U$ 的速度由 B 传播至 A。

逆流的传播时间:

$$t_- = \frac{L}{C - U}$$

式中:C 为超声波在被测液体中的传播速度,U 为液体的流速,由上述 t +、t - 两式可知,超声波顺逆传播的时间差:

267

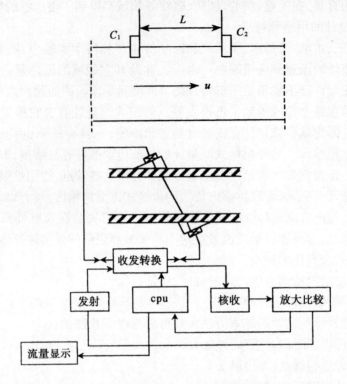

图 11-56 超声波流量计测量流体流速原理

$$\triangle t = t_- - t_+ = \frac{2LU}{C^2 - U^2}$$

通常流体流速均满足 U≪C

则
$$\triangle t = \frac{2LU}{C^2}$$

所以当声速 C 一定时，C_1 与 C_2 的安装距离一定时，只要求出 t 就能求出流体的流速 U。用这种方式测量流体流速就称为时差法。

实际上超声波在液体中的传播速度与被测液体的温度之间有着很密切的关系，随着被测液体温度的上升，流速也在上升。这样就会对流体流速的测量带来误差，因此对测量精度要求比较高的超声波流量计就要进行温度补偿。

为了彻底的冲破以往的流量计安装方法，目前的商品化超声波流量计一般都采用在管道两侧夹装式见图 11-57(a)或带标准管道直插式见图 11-57(b)。根据安装方法顺流传播时间为：

$$t_+ = \frac{D/\cos\theta}{C + U\sin\theta} + \tau_0$$

逆流传播时间为：

$$t_- = \frac{D/\cos\theta}{C - U\sin\theta} + \tau_0$$

正、逆向传播的时间差为：

$$\triangle t = \frac{2Dtg\theta}{C^2}U$$

式中: D——管道内径

L—— $L = D/\cos$

τ—— $\tau_0 =$ 电路及声楔延时总和

θ——超声波的发射方向与被测流体流动方向之间的夹角

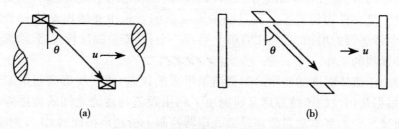

(a)   (b)

图 11-57　超声波流量计安装示意图

    图 11-58 是时差法流量计的原理方框图,微处理器以一定的频率控制收、发转换装置,使两个超声波换能器交替发射或接收超声波脉冲。接收的小信号由接收放大电路放大。顺、逆发射与接收的时间间隔 t + 和 t − 由输出门的输出脉冲获得。然后由微处理器计算出顺流时发射到接收的时间和逆流时发射到接收的时间,再根据 t + 同 t − 之间的时间差求出流体的流速。

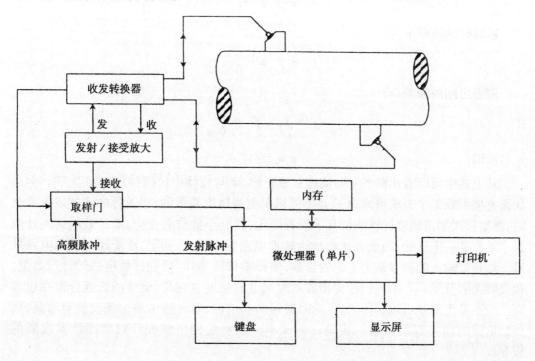

图 11-58　时差法流量计原理方框图

    这两种方法相比较,夹装式超声波流量计成本较低,安装和撤除都比较方便,但第一次对超声波换能器的准确定位工作量较大也有一定难度,而管道直插式超声波流量计制造成本较高。

(二)频差法超声波

上述提到温度对超声波的传播速度有一定的影响。如果要准确测量流体的流速就必须在超声波流量计电路中采取温度补偿。虽然在微处理电路中对流体的温度补偿是一件轻而易举的事,而且在早期电子技术和大规模集成电路不太发达时期,要完成对温度补偿也并不是一件容易的事。而且必须要在被测管道中要增加安装一个温度传感器,由于这个传感器的增加,必须在管道上要开一个孔,安装温度传感器,给流量计的安装带来许多繁琐的工作。

而解决由于流体温度的变化给测量结果带来的误差,进一步提高超声波流量计的测量精度,根据超声波的传播原理又研制出了利用顺流与逆流之间的传播频率差来求出流体的流速。它的基本测量原理是微处理器控制上游超声换能器 C1 发射超声波,下游超声换能器 C2 接收超声波信号后,经过电路放大、整形再触发 C1 发射超声波,这样连续数秒钟 T,然后微处理器控制下游超声换能器 C2 发射超声波,上游超声换能器 C1 接收超声波信号后,经过电路放大、整形再触发 C2 发射超声波,这样同样连续数秒钟 T,由于受到管道内流体的流速影响,f₊ 与 f₋ 有着同流速 u 成一定正比例关系。

顺流时的频率 f_+

$$f_+ = \frac{1}{t_+} = \frac{C + u}{L}$$

逆流时的频率 f_-:

$$f_- = \frac{1}{t_-} = \frac{C - u}{L}$$

两者之间的频差 $\triangle f$:

$$\triangle f = f_+ - f_- = \frac{2u}{L}$$

所以

$$u = \frac{L}{2} \triangle f$$

从上式中可以看出频差 f 与流速 u 成正比,而与流体中传播的声速 C 无关。但是如果直接用频差 f 去求得流速 u,是不能满足测量精度要求的,当流体的流速发生变化时,根据公式知道频差的整数位几乎没有变化,只有小数位有变化,而计数电路的计数最小单位是一个脉冲,因此在接收放大整形电路输出的 f_+ 和 f_- 还要经过倍频电路处理。就是将输入的信号乘上一定的倍数,使得整数位增加,增加计数电路的计数数量,提高频差的分辩率。所以倍频的倍数越大测量的精度也越高,流体的流速分辨率也越高。但不是无限制可以扩频的,因为随着频率的增加,对计数电路的速度就要求高,而计数电路的速度直接关系到流量计的成本。也要受到倍频和计数电路技术发展的限制。

(三)多谱勒流量计

利用多谱勒效应来测量管道中流体的流速,图 11-59 是超声波多谱勒流量计的测量原理图,在管道的两侧或管道上分别安装了发射 $C1$ 和接收 $C2$ 超声换能器,从 $C1$

270

发射一束频率为 Fi 的超声波,超声波进入管道内同流体流速 u 相同的速度和流体中的颗粒及气泡移动。接收换能器 $C2$ 就会接收到一个通过频移的频率为 Fo 的超声波。同通过频移后接收到的超声波频率与发射的超声波频率之间有一个同流体流速成正比的超声波频差 fx,即多谱勒频率,则

$$F_0 = \frac{2V\cos\theta}{C}Fi$$

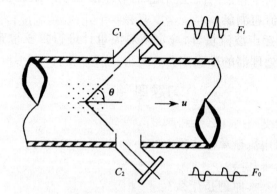

图 11-59　超声波多谱勒流量计测量原理图

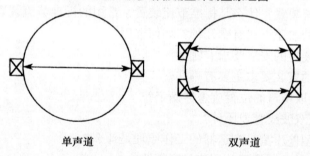

单声道　　　　　　　双声道

图 11-60　超坡波流量声波传播方向

多谱勒超声波流量计的原理同时差法流量计和频差法流量计相比较,电路比较简单对元器件的技术指标也比较低,因此制造成本低廉,但测量的精度相对也比较低。而且需要被测流体中要含有一定的颗粒或气泡,最好是含有量大于 100ppm。

以上介绍了三种超声波流量计的测量原理和测量方法,利用超声波的传播特点还能做成其它类型的超声流量计,比如相位差法、波束位移法等。但商品化的流量计中应用得不多。为了满足测量精度要求高的场合,目前有多声道超声波流量计,它可求得管道不同段面上的流体流速的平均流速。尽管超声波流量计有着很多独特的特点。但是在实际应用中也有着同其它流量计相同的要求。因此在超声波流量计的安装、使用中要注意以下一些问题:

1. 根据管道内流体流速的分布特点,在安装超声波换能器时,使得换能器安装后声波的传播必须是水平传播,因为在管道的顶部免不了有空气,这样将影响声波的传播。如果是多声道流量计的话,才能对流体的不同流速分布求得平均流速,如图 11-60

所示。

2. 安装流量计时,应选择一定的直管段,上游大于 10 倍,下游大于 5 倍。

3. 如果是采用夹装式超声波流量计,必须定期对超声换能器与管道相接触的地方进行清洁,首先对原来的超声波换能器的安装位置准确的做好记号,再拿下换能器,擦净管道接触面和换能器表面,涂上硅脂或凡士林再重按在原来的位置。

4. 根据不同的测量场合选择不同的流量计,多谱勒超声波流量计比较适合于对污或混浊度较高的流体及河流和油的流速测量,而时差法和频差法比较适用于对清水及测量精度比较高流体的流速测量。

5. 带有自校功能的超声波流量计,应定期对流量计进行自校检查,判断仪表的内部时序电路和数据运算处理器的准确性。

习题四

1. 流量测量有何意义?

2. 什么叫流量? 常用流量单位有哪些?

3. 流量仪表可分为哪几类?

4. 差压式流量计的基本原理是什么?

5. 差压式流量计是由哪几部分组成的?

6. 什么是节流装置? 什么是标准节流装置? 常用的标准节流装置有几种?

7. 标准孔板的取压方式有哪几种? 如何选用?

8. 标准节流装置的安装要求有哪些?

9. 引压导管的安装要求主要有哪些?

10. 节流装置取压口的位置应怎样确定?

11. 怎样调校双波纹管差压计?

12. DDZ—Ⅱ型差压流量变送器的工作原理是什么?

13. 怎样调校 DDZ—Ⅱ型差压流量变送器?

14. 电容差压流量变送器的特点是什么?

15. 开方器有何用途?

16. 开方采用小信号切除电路的目的是什么?

17. 比例积算器的作用是什么?

18. 构成比例积算器的关键部件是什么?

19. 开方积算器是由哪几部分组成? 并简述各部分工作原理?

20. 某差压流量计,$Q = 0 \sim 320 kg/h$,$\triangle P = 1.6 kPa$,计算①当 $Q_1 = 80 kg/h$ 时,相应的差压 $\triangle P_1$ 为多少? ②当 $\triangle P_2 = 800 Pa$ 时,相应的流量 Q_2 为多少?

21. 用差压变送器测流量,$\triangle P = 0 \sim 2.5 kPa$,$Q = 0 \sim 200 t/h$,计数器在满量程时每小时走 1000 个字,变送器输出电流为 $4 \sim 20 mA$,计算:①流量为 80t/h 时,对应的差压 $\triangle P_X$ 和变送器的输出电流值为多少? ②在①给的条件下,计数器每小时走的字数和每个字所表示的流量数分别为多少?

22. 转子流量计的工作原理是什么? 转子流量计与差压式流量计有何不同?

23. 怎样对转子流量计的读数进行修正？

24. 使用和安装转子流量计应注意哪些问题？

25. 涡轮流量计由哪几部分组成的？

26. 涡轮流量的特点是什么？

27. 简述电磁流量计的工作原理？

28. 电磁流量计安装应注意哪些问题？

29. 电磁流量计在工作时，发现信号越来越小或突然下降，原因可能有哪些？怎样处理？

30. 电磁流量计有哪些优、缺点？

31. 旋涡流量计由哪几部分组成？它的工作原理是什么？

32. 旋涡流量计有何特点？

33. 旋涡流量计安装中应注意哪些事项？

34. 旋涡流量计使用与维护中应注意事项？

35. 均速管流量计的工作原理是什么？

36. 均速管流量计有哪些特点？

第三节　液位测量

电容式液位计的测量电路实际上是一个电容器的测量电路。测量电容的方法很多，但目前大多数液位计都是采用二极管环形电桥法。因为它具有结构简单、量程大、调试安装方便等优点。

(一)测量原理

图 11-61 是一个最简单的二极管环形电桥电路，它是一个由四个二极管的头尾相串接而成。在 Ain 与地之间加上一个固定的方波，被测电容 C_X 接在 B 点与地之间 C_0 可视为二极管电桥的初始时 C_X 平衡电容。在电桥的 A、C 二端接上一个电流表 G 作为 C 的测量指示表，并在电流表的二端并接一个滤波电容 C_m。它的测量原理是对被测电容 C_X 重复充放电过程。然后测得它的充放电电流的平均值以达到测量 C_X 的数值。只要使液位的变化与电容器的容量成比例，即可达到对液位变化的监测。

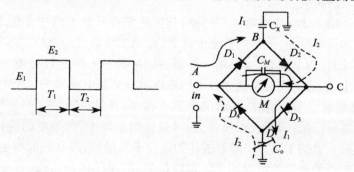

图 11-61　二极管环形电桥电路

273

电容的充放电过程如下:加在 A 点与地之间的方波,在 T_1 时间内,方波对脉冲电平由 E_1 跳至 E_2 经 D_1 对 C_X 充电,同时又经 C 点通过电流表 G 和电容 C_m 与 A 点形成回路,再经 D_3 对 C_0 充电。有足够的时间使电容 C_X 和 C_0 的电压由 E_1 充到 E_2。在 T_1 时间里流过电流表的电荷 $Q = C_0(E_2 - E_1)$。在 T_2 时间内,外加电压由 E_2 变成 E_1,则电容器 C_X 和 C_0 又开始放电。C_X 的放电电流经过 D_2 再经过电流表 G,而 C_0 的放电电流经过 D_4 同样有足够的时间使 C_X 和 C_0 的电压由 E_2 降至 E_1。则在 T_2 这一时间内流过电流表 G 的电荷 $Q = C_X(E_2 - E_1)$,它的方向与充电时相反,在图中 I_1 表示充电电流方向,I_2 表示放电方向。

设方波的频率 $f = 1/T_0$,则由 C 点流向 A 点的平均电流为 $I_2 = C_X(E_2 - E_1)$,而从 A 点流向 C 点的平均电流为 $I_1 = C_0(E_2 - E_1)$,这样流过电流表的瞬时电流平均值为:

$$I = I_2 - I_1 = f \cdot (E_2 - E_1) \cdot (C_X - C_0)$$

当 $C_X = C_0$ 时,$I = 0$,电桥平衡。在液位 $H = 0$ 时,$C_X = C_{X\min}$ 那么 C_0 补偿电容也为 C_X。既 $C_X = C_0$。当液位变化时,引起 C_X 也发生变化则:$I = f(E_2 - E_1)(C_X - C_{X\min}) = f \cdot E \cdot C_X(E = E_2 - E_1)$,$C_X$ 为增量,电流 I 为正值。

图 11-61 中由于输出电流表 G 没有接地端,为了能提供放大电路的输入信号,因此将图 11-61 改为图 11-62。图中 C_d 为隔直作用,L_1 起着旁路直流成分的作用。运算放大器 F 将信号放大并转换成电流信号输出。

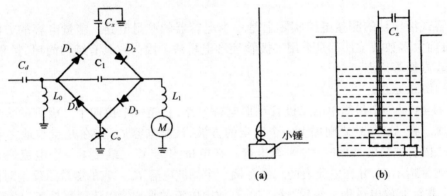

图 11-62　二极管环形电桥电路　　**图 11-63　电容式传感器**

(二)传感器的构成

在第二章中介绍了变介质电容式传感器,其实我们在日常生活中是经常接触到类似的传感器。比如铜轴电缆、平行的护套电线等,在第二章里已经介绍了各种类形的电容式传感器,其中圆柱形电容器,如果用一根塑料铜芯线一头作密封处理,扎一个小锤挂入导电的液体中,那么电线的芯线和导电的液体就分别是电容器的二个电极。见图 11-63(a)随着液体的液位不断增加,并联的电容也越多,容量也越大。但是塑料线的外层的塑料的介电常数很低,即使线很长,它的容量也很小很小,和导电的液体就分别是电容器的二个电极。见图 11-63(b)随着液体的液位不断增加,并联的电容也越多,容量也越大。但是塑铜线的外层的塑料的介电常数很低,即使线很长,它的容量也很小很小,难以得到所需的测量分辩率,而且不适应用来对温度较高和有腐蚀液体的液位测量。

因此常常选用有比较高介电常数和耐高温的聚四氟乙烯导线作为传感器,但注意选用的导线的绝缘层的厚度一定要均匀,否则将给测量结果带来很大影响。圆柱形电容器的容量计算公式为

$$C = \frac{2\pi\varepsilon_0\varepsilon_r L}{L_n\left(\dfrac{R}{r}\right)}$$

(三)图 11-64 是一个比较典型的电容式液位变送器,在安装调试一定要注意导电液体的一个电极一定要引至被测液体容器的底部。首先放空容器里的液体调整零点补偿微调电容器 C_0,使变送器的输出为 4mA 或 0mA。然而后在放满所需测量的最大液位,慢慢调整 W_1 电位器使输出电流为 20mA 或 10mA。这样反复多次调节零点和满度直至无偏差为止。如果现场条件不允许的话,可以自己用一根直径在 80mm 左右的透明有机玻璃做一个模拟的液位调试容器。并在管子的底部按装一个小的阀门用作排放液体。

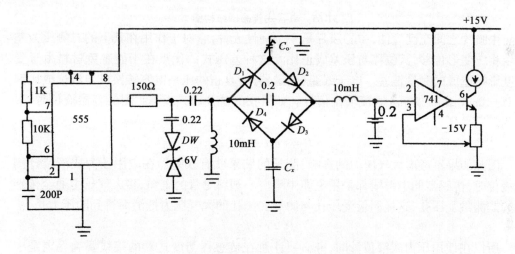

图 11-64 典型电容式液位变送器电路图

二、压力式液位计

通过压力测量达到测量液位是最早的液位测量方法,因为 P = rH。在我国先后出现应变式压力传感器、光刻电阻式压力传感器、电感式压力传感器等,压力通过传感器顶部的膜片将压力通过油传导给应变片,使应变片的造成微弱蠕变而产生阻值或光刻电阻的变化以及电感式传感器的频率的变化。然后在通过各类电子线路将压力转换成电流。但由于种种原因这些传感器都存在着零点飘移。因此没能达到很广泛的推广应用。随着电子技术和新形材料的发展给压力式液位计带来了新的生机,如压力电容式液位计、压力扩散硅液位计等。由于在信号放大上都采用了专用集成电路,因而大大提高了温度和可靠性,并使得结构相当简单。

1. 电容式液位计传感器的结构

图 11-65 是一个电容传感器的结构图,过程压力通过两侧的隔离膜片,在二层膜

275

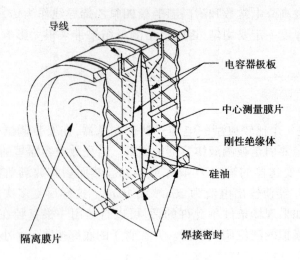

标注：导线、电容器极板、中心测量膜片、刚性绝缘体、硅油、隔离膜片、焊接密封

图 11-65　电容式传感器结构图

片与中膜片之间充满硅油,中心膜片是一个弹性元件,它对于作用在其上的二侧压力差产生相应变形位移,其位移与压差成正比。这种差压式的优点在于能避免材料由于受温度影响造成的测量偏差。电子线路(变送器)将真正的压差电容转换成与液位成比例的 0—10mA 或 4—20mA 直流输出信号。如果在测量开启式或不封闭的容器液位时,根据测量定义压力为

$$P = r \cdot H + P_空$$

因此如果不考虑大气压力的影响,测量的结果就有误差。在应用压力式液位计测量液位时,传感器的电缆线都采用电缆中有空心塑料导管的电缆,将大气压力通至传感器的非测量受压孔,这样测量受压孔与测量受压孔的大气压力抵消而得到的压力是为

$$P = r \cdot H$$

所以在使用压力式液位计时,务必要注意在传感器与变送器的接线要确保电缆中间的空心管同大气相通,不要堵住。

2. 压阻式压力液位计

上述介绍了压力式传感器的种类很多,其中半导体压力传感器由于体积小、重量轻、成本低等优点而得到了广泛的推广应用。过去的传感器是在硅片上用扩散法或离子注入法形成四个阻值相等的电阻,然后再将它们连接成惠斯登电桥形式。没有外加压力作用在硅片上时,理想情况下电桥输出为零。当有外力作用时,电桥平衡被破坏,产生一定的输出电压。从输出的大小即可测得压力或液位的高度。但是这种传感器适用的温度较低,一般小于 150 度左右。进入 80 年代一些传感器制造商开始研制 X 形横向压阻式压力传感器。它用单个 X 型扩散电阻替代过去的四个电阻组成的惠斯登电桥。使它的传感器的零电输出、温漂减小,灵敏度和线性度提高。有的还在硅片上增加了应变电阻网络及温度补偿和零位校准功能,大大提高了用户使用方便。

为了减小变送器的体积,传感器制造商还请集成电路制造商开发研制了用于惠斯登电桥使用的电源和信号放大及 4—20mA 转换的二线制电路。在使用中只要外接二

只零位和满度调整电位器即可。图 11-66 是一个扩散硅压力传感器的外形和接线图。

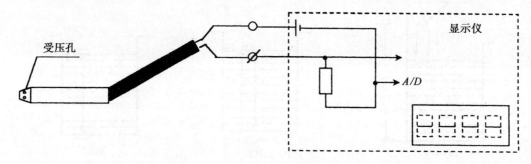

图 11-66　扩散硅压力传感器的外形和接线图

三、超声波液位计

声波是一种机械波能在媒质中传播。频率在 20 千赫以上的声波被称为超声波。超声波液位计就是利用声波能在媒质中传播这一特性做成的一种液位测量仪表。近几年随着大规模集成电路的迅速发展,超声测量技术才得到发展和普及。图 11-67 是超声液位计的测量原理框图。

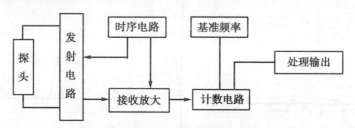

图 11-67　超声波液位计的测量原理框图

(一)测量原理

超声换能器在控制电路的控制下定时发射一个超声波,超声波通过空间传播至水面反射回超声波计数电路通过计数电路计得的定标脉冲的个数可得到超声波从发射到接收超声波的时间 T_1。运数电路在根据 T_1 和设置的常数计算出液位的高度。根据这一原理我们可以用图 11-68 中的几种方法去测量液位的高度。(20 度超声波在空气中传播的速度 C = 340m/s,在水中的传播速度 C = 1480m/s)。

以下为图中的三种测量方法的液位计算公式

图(a)　$h = H - \dfrac{[(t_1 + t_2) \times C]}{2}$

图(b)　$h = \dfrac{(t_1 + t_2) \times C}{2}$

图(c)　$h = t \times C$

1. 超声换能器

超声换能器也是我们通常称之的探头。我们在河边用小石块扔进河里可以看到水面上产生一组水波向外扩散,随着水波的向外扩散而慢慢减弱消失。我们观察当用同

277

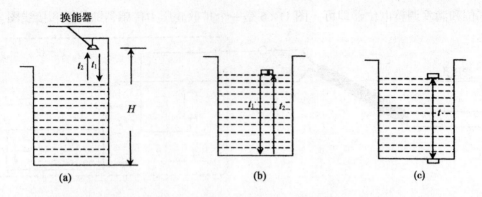

图 11-68　超声波液位计测量液位高度

样大小的石块用不同的力去扔时所产生的水波大小和传播的距离是不相同。超声换能器也有类似的特性,它是用压电陶瓷制成的当在二端加上一定的电压后会发射出它固有频率的超声波。见图 11-69 发射出的超声波强弱与加在二端的电压成正比,电压越高发射出的超声波讯号越强。超声波传播的距离同它发射出的讯号强弱和它的固有频率有关,讯号越强传播的距离越长,超声波的固有频率越高传播的距离越短。

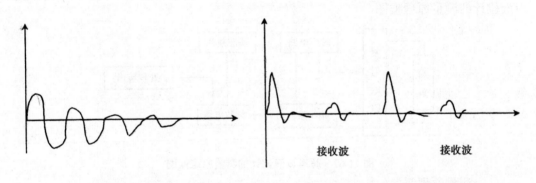

图 11-69　超声波发射波　　　　**图 11-70　超声波接收波**

(二)发射和接收电路

　　见图 11-69 当换能器二端加上一个电压它就能发射出超声波,但是加在换能器二端的电压的时间必须控制在一个很短的时间里,否则无法区分是发射波还是接收波。因此在发射电路中要加微分和阻尼技术。阻尼与发射的超声波幅度是相互矛盾的。阻尼小了,死区就要大。阻尼大了要降低发射的超声波幅度。因此超声波液位计在安装换能器时必须离开最高液位面 20—30cm。

(三)接收放大电路

　　见图 11-70 当来自发射电路的发射、接收波接入放大电路时首先要受到电路中 D_1 和 D_2 的限幅后在进行合适的信号放大。放大以后供带有输入控制的电压比较器。电压比较器根据是否大于可调的比较设定得 A 的电压输出高电平。因此发射超声触发脉冲 T_1 接收脉冲 T_3 有一个随着液位变化而变化的 t,这样处理电路根据设定的换能器安装高度 H_0 计算出液位的实际高度 h。

　　计算公式:

$$h = H_0 - (340\text{m/s} \times t/2)$$

然后处理器再根据设定的最大液位测量距离 H_1 输出一个相应的 4—20mA 恒流电流。图 11-71 是一个完整的发射接收电路。图 11-72 是一组完整的时序图。

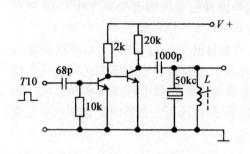

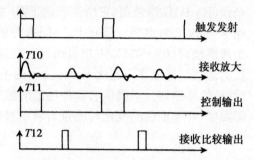

图 11-71 超声波发射接收电路图　　　**图 11-72 超声波发射接收时序图**

(四)常见的故障

1. 测量误差大:

(1)可能是液面表面波动较大,超声波无法正常反射回换能器。

(2)液面表面有杂物,超声波无法正常反射回换能器。

2. 仪表工作不正常:

(1)用耳朵接近换能器,应该能听到"瘩庞瘩"探头的发射超声的声音。或用示波器观察探头接线的发射和接收波形见图 11-73。如果没有"瘩……瘩"声音而在面板上探头接线端子上能见到超声发射脉冲则是接线端子至探头之间的连线有故障或是探头有故障。如果端子上发射脉冲也没有那是面板有故障。

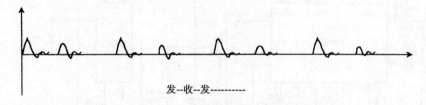

图 11-73 超声波发射和接收波形图

图 11-74 放大比较输出电路,T_{11} 是发射抑制信号,使得输出端 T_{12} 只有接收信号,而在 T_{10} 处能看到发射和接收信号。(波形参照图 11-72)

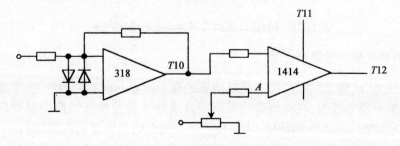

图 11-74 放大比较输出电路

279

五、超声液位变送器介绍

目前市场上的超声变送器的种类很多。目前在市场上占有一定比例的德国恩德斯豪斯(E+H)仪器公司,它所生产的FMU系列超声波液位变送器有交流220/110V和直流9~30V三种电源。带有上、下限报警触点输出和温度补偿功能。而且变送器自带一个通讯接口(RS—485),用户可通过对变送器上的地址开关进行设置,然后将这些液位仪的通讯口连接在一起用E+H公司的手持编程器可对现场安装的液变送器进行参数设置,如果用该公司提供的软件还能对液位变送器测量的数据进行连续实时监视。由于温度、环境温度的变化对测量有着明显的影响,因此在选用变送器时要选用带有温度补偿的产品。

六、一种超声波专用集成电路的介绍

LM1812超声专用集成电路是美国国家半导体公司生产的集成专用电路。在电路的外部加上一些少量的电容器就能替代上面所介绍的发射接收电路,具有简单可靠等特点。再在电路外部设置一个LM555振荡电路就能很简单地组成一个完整的超声测量电路。如果将LM1812的逻辑输出接至微处理电路即可换算出液位的高度。换能器用40KC超声探头测量范围在0~6m。应用方法见图11-75。

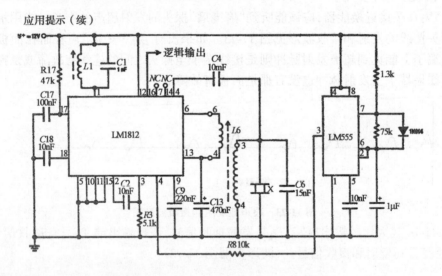

图11-75 LM1812超声专用集成电路应用方法

七、通用数字显示报警仪介绍

无论是压力、流量、温度、液位等测量结果的显示或者一定测量值的上、下限的报警都要应用到显示报警仪表,在将测量结果模拟量或数字量的显示转换中就要应用到模数转换(A/D)和数字技术中的计数、译码技术。下面介绍几种显示报警仪表:

1. 利用 A/D 转换集成电路和模拟电路制成最简单的数字显示报警仪表;图11-76中选用了 3$\frac{1}{2}$ 位 MC14433 转换集成电路,并在外围增接了译码器 MC4511、驱动器

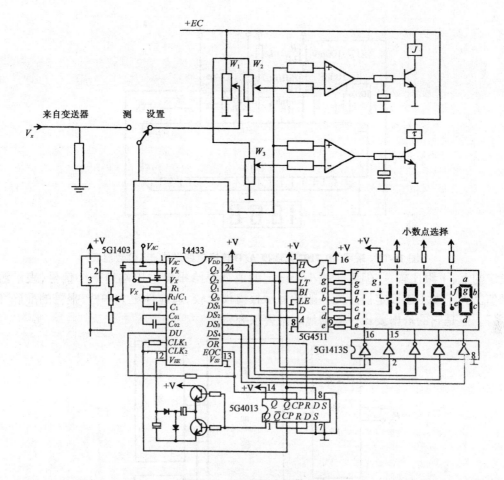

图 11-76　数字显示报警仪表

MC1413、四个七段 LED 数码显示管、MC4558 运算放大器等器件组成显示报警仪。它的最大测量显示范围是 0—1999V,因此根据所显示的单位合理选择小数点位。根据电路手册要求调节 W0 使 V_{REF} 为 2V,设置报警点时,可先将拨动开关放在设置位,慢慢调节 W_1 使数字显示为所需要报警的上限点,然后再慢慢调节 W_2,使报警输出为高电平,即报警继电器吸合。再慢慢调节 W_1,使数字显示为所需要报警的下限点,然后再慢慢调节 W_3,使报警输出为高电平,即报警继电器吸合。图 11-77 使采用 MC7107 大规模 A/D 转换电路做成的 3½ 位数显表,同 MC14433 电路相比外围器件更少了一些,但它所需电源供给的电流也比 MC14433 电路要大一些,因为显示仪表的电流主要是 LED 数码管所消耗,而 MC14433 的 4 位数码管是采用动态扫描方式,数码管的电流消耗只有 MC7107 电路的四分之一。

2. 智能化数显表,图 11-78 是智能化显示报警仪的测量框图,它由 A/D 转换、单片处理器、程序储存器、键盘、数码显示管等组成。键盘主要用来对测量的满量程、报警上、下限的设置。它的工作原理主要是按照用户编辑的程序指令执行,定时采集来自同A/D 转换输出端口相连的输入口,将读入的 BCD 码进行量程转换,然后再进行 BCD 码与七段码转换送至输出端口驱动数码管显示测量结果,同时将量程转换的结果还要同

281

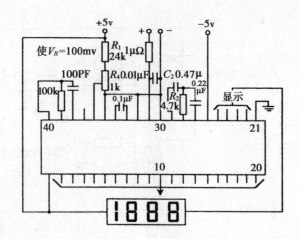

图 11-77 采用 MC7107 大规模 A/D 转换电路做成 3½ 位数显表

设定的上、下限比较,一但大于或小于设定的值就要给报警输出端口一个信号,表示测量值已大于或小于设定值。同一般的显示报警仪比较,适应性更大一些,报警的准确性要好。但是它的价格要比一般的显示报警仪要贵。

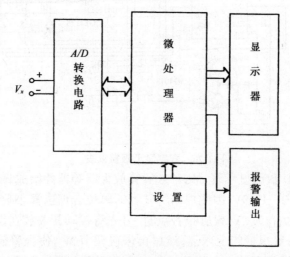

图 11-78 智能化显示报警仪的测量框图

八、几种大规模电路及集成传感器的使用介绍

1. 温度传感器(AD590):AD590 是用半导体材料集成的单片温度传感器,其工作原理是利用电路能产生一个与绝对温度成正比的电流输出,成为温度与电流的转换。它能在 +5V ~ +30V 的电压范围内工作,并产生高阻电流源。在电路制造中还利用激光技术将芯片内部电阻修正到 25℃(298.20K)时产生 298.2μA 的输出电流。它的适用范围 -55℃ ~ 150℃,它的最大优点:是在应用中无需对传感器进行冷端补偿和外围设备。使用方法见图 11-79。国产参照型号:(SL134A/234A/334A)。

2. 单片精密函数波形发生器(ICL8038):它采用肖特基势垒二极管等先进单片工艺

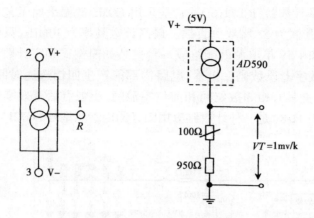

图 11-79 温度传感器接线图

制成,能够在很宽的温度和电源电压范围内取得稳定的输出。只要在此 ICL8038 电路的外围接很少的元件就能组成一个有多种波形输出的振荡器,振荡输出频率可通过外接电阻和电容,能在 0.001Hz ~ 300kHz 范围内任意选择。(国内参照型号 5G8038 等)图 11-80 是 5G8038 的几种典型应用方法。

外引线排列:(双列直插陶瓷封装)

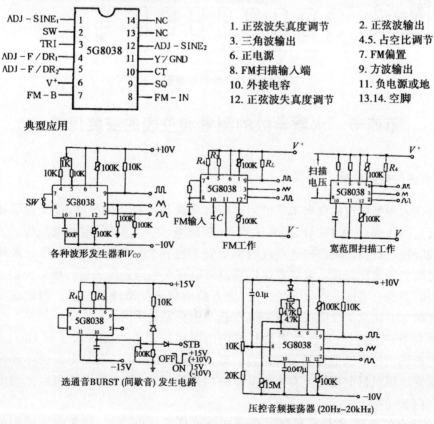

1. 正弦波失真度调节　　2. 正弦波输出
3. 三角波输出　　　　　4.5. 占空比调节
6. 正电源　　　　　　　7. FM偏置
8. FM扫描输入端　　　　9. 方波输出
10. 外接电容　　　　　　11. 负电源或地
12. 正弦波失真度调节　　13.14. 空脚

典型应用

各种波形发生器和 V_{CO}　　FM工作　　宽范围扫描工作

选通音BURST (间歇音) 发生电路

压控音频振荡器 (20Hz~20kHz)

图 11-80　5G8038 振荡器典型应用

283

3．单片八位频率计数器(ICL7216D)：它是采用 COMS 硅栅平面工艺制造大的规模计数集成电路，封装形式为 28 脚双例直插。最高计数频率为 10MHz，只要在电路的外围接上很少的元件和 + 5V 单电源就能组成一台完整的简例式频率计数器。输出可直接多路驱动共阴型数字七段数码二极管，电路内部能产生四档选通时间：0.01s、0.1s、1s、10s，产生小数点，并具有相邻数位间和前位零消隐，小数点后有效零保留以及计数溢出指示等功能。图 11-81 是一种计数器应用图，(国内参照型号 5G7216D)。

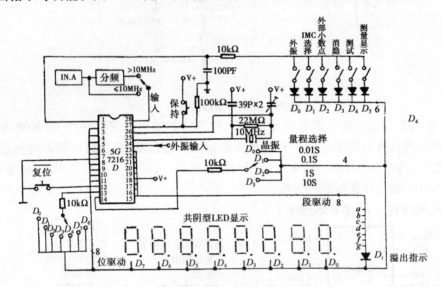

图 11-81　计数器应用图

第四节　水质参数的测量和仪表的安装保养

一、水质仪表的安装

目前在大中型城市的自来水厂里为提高水质及制水自动化程度，都配备了比较先进的连续监测仪表。如：PH 计、原水浊度计、溶解氧、电导、氨氮、游动电流等。为了数据采集和管理一般设计时都将这些仪表集中安装在一个仪表房里，因此往往采样点与仪表房之间的距离比较长。需要敷设排管道将取样水引至到仪表房。所以我们在安装这些仪表时要综合考虑各个仪表的性能，使安装的仪表能准确的测量。因此在安装这些仪表之前务必认真阅读随仪表包装或专业的用户安装手册。

1．取样管道的选择：取样管道最好选用内臂比较光滑的 ABS 管子或 UPVC 管子。因为目前市场上的不锈钢管子的含铬量较低，长期使用会生锈和结垢。更不要使用白铁管和铜管。虽然目前市场上有内部壁涂料白铁管供应，但内部壁涂料后光洁度较差很容易在内壁结垢。

2．取样点的选择：取样孔最好不要开在被取样管道的顶部，避免将管道中的气泡抽进取样管而影响浊度仪的测量准确度。

284

取样方法:水样的提取最好用小型取样泵取样,因为这样能保证取样管内有一定的流速,不容易在管道内壁结垢。取样管的口径不要小于∅25mm。

3. 取样管道口径的选择:口径大小的选择是根据仪表取样水的大小的总需要量决定的。

计算方法可按下列公式进估算。比如:取样点至仪表长度:L = 50m,滞后时间:T < 5 分钟,取样流量 = 10Lit。

取样流量:q = 10Lit = 0.01m³

流量公式:Q = S·L　　　(S 为管道截面积)

根据上述要求应符合:Q/q < 5 分钟;50S/0.01m³/分 < 5 分钟;S < 0.05/50;S < 0.001m²

计算口径:3.14D2/4 < 0.001m²;D < 35mm

4. 根据上述计算管道口径必须选用小于 35mm,我们可以选用口径为 35mm。然后在取样管的末端安装一个阀门适当排去一些样品水,提高管道中的样品水流速,避免在闭环控制中产生滞后现象。见图 11-82。

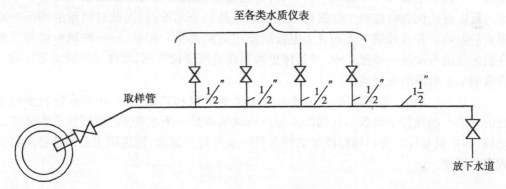

图 11-82　取样管道示意图

二、余氯仪

余氯测量仪主要用来测量滤后水的自由氯或出厂水的总氯,目前的产品中还没有一个公司的产品能直接既能测自由氯又能测总氯,都必须在使用前确定测量的种类,然后根据所确定的测量种类进行药剂配制。如果要变更测量余氯的种类,都必须重新配制药剂。

首先在安装调试之前,认真阅读用户手册,根据选用的余氯测量种类正确配制试剂,根据实际工况合理选择量程和阻尼时间。图 11-83 是首都公司 1870 余氯测量仪结构示意图。测量原理:水样大概以每分钟 500ml 进入采样室,在采样室内壁分别镶有金、铜二个固定电极,小型电机的旋转带动定量泵准确的给出定量的试剂,水样通过时会在二个电极之间产生一个与样品水的余氯含量成正比的电位差。另外由于电机旋转也带动着采样室内的 PVC 小球不断转动对电极表面进行清洁。因此对这样的仪表就不必去定期清洗,只要定期对进水的过滤网清洗就可以了。

要注意 1870 余氯测量分析仪对测量不同的余氯种类和不同的测量量程都有不同的试剂配制方法,因此在使用时切要引起注意。另外如果由于修理等原因断水必须关

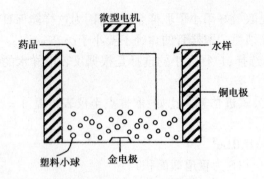

图 11-83　余氯仪结构图

闭仪表的电源,避免电机转动产生热量而损坏。

三、PH 计

PH 计是用来测量原水和出厂水的硬度。由于 PH 计是采用的参比电位测量法,它是由一个甘汞电极和一个玻璃电极组成,在测量中玻璃电极与甘汞电极之间有一个与水的硬度成比例的电位差。在测量中甘汞电极是一个基准点,因此对测量的结果有着很大的影响。并且玻璃电极和甘汞电极的使用时间都是有限的,一般玻璃电极和甘汞电极的使用寿命是一年至二年。(具体更换周期请阅读说明书)取样水的流量要达到仪表说明书上所需的流量值。

在日常使用中,每周清洗一次,小心拉下玻璃电极和甘汞电极,用清水轻轻洗刷电极的外部表面和甘汞电极小孔周围。每月用试纸测量一下水的 PH 值同仪表测量结果比较,如果偏差较大可再用标准值的样品进一步作对照试验,按说明书上调整指南将仪表进行调整。

四、溶解氧

溶解氧测量仪用来测量水中氧气的含量,是评估原水水质的优劣指标之一。它也是电位法测量原理,产生一个与水中溶解氧含量成比例的电位。

在日常使用中,每一个月清洗一次,小心拉出电极探头,不要将探头前面的膜片碰破。用装有 2% 稀盐酸浸泡 20 分钟,达到清洁金属电极表面,然后用水和柔软的布轻轻擦洗电极表面,但是千万要小心,不要碰破膜片。洗完之后可对仪表进行校验,将传感器浸入 5% 硫酸溶液中进行零点调校,取出传感器用纯水彻底的冲洗净,然后小心用软纸将传感器上的水吸干进行满度调校。

五、漏氯和漏氨报警器

确保漏氯和漏氨探测器正常工作,直接危及化学操作人员及水厂周边居民的生命安全。一旦在加氯系统发生泄漏时能自动切断氯源防止事故进一步扩大并起动中和装置并发出报警。为了使漏氯、漏氨探测传感器和中和装置始终处于完好状态,必须周期对使用的探侧传感器进行试验。确认设备处于正常状态。每一个月用次氯酸或漂粉精溶液对漏氯探测器进行试验,将装有以上二种液体任一种的小瓶子慢慢接近传感器表

286

面,并注意报警器上的漏氯浓度显示数字,是否在原来报警的设定值开始报警和起动中和塔设备以及在报警后是否自动关闭氯源的电动阀门。漏氨试验是用装有稀氨水的小瓶接近漏氨探头表面,同样观察报警器上的显示数字,是否在原来报警设置的值开始报警和起动排气扇以及在报警时是否自动关闭氨气气源的电动阀门。如有异常应立即修理,并在修理完毕重新再做一次泄漏试验,直到正常。

六、浊度仪

水的浊度是一个反映水质优劣的十分重要的指标。它既反映水的感官质量,又反映水的内在质量。本节主要对"浊度"的定义、测定的意义、浊度标准、计量单位和浊度仪的原理与操作做一简介。

(一)概述

1. 浊度的定义

水在光照下清彻透明,没有任何悬浮杂质或胶体杂质,浊度为零;反之,即为浑浊。浊度就是水体浑浊程度的度量,也就是水体中存在微细分散的悬浮性粒子,使水透明度降低的程度(参见《科技标准术语词典》,中国标准出版社,1995年11月版)。浊度仪就是测量水体浑浊程度的仪器。主要用于对水质的监测和管理。此外,在酿造工业如麦芽汁处理的各个阶段,高质量啤酒的澄清阶段等也需要用浊度仪进行监控。

2. 浊度测定的意义

自来水厂负责供应居民生活用水和工业用水。供水的质量直接涉及千家万户人民的健康安全和食品、酿造、医药、纺织、印染、电力等各行各业的正常生产和产品质量。水质问题是目前世界各国最为关注的问题之一。

水质处理大致经历三个阶段。第一阶段是致病菌处理,即伤寒、霍乱、痢疾等病菌的介水传染处理。1908年开始采用加氯消毒后,基本得以解决。第二阶段是金属汞、镉等的污染处理。通过治理工业污水得以解决。当前正处于水质处理的第三阶段,世界各国致力于有机物对水的污染处理,也就是浊度处理。有机物杂质以悬浮粒子存在于水中,其中往往含有致害物、致突变物、致畸物、致癌物,特别引人注目,主要通过降低水的浊度来实现。

悬浮杂质包括腐殖质的高分子物质和藻类、原生动物、大多数细菌等有机悬浮杂质和泥沙、矿物废渣等无机悬浮杂质。其大小约在 $1—100\mu m$ 之间,胶体杂质颗粒更小,约在 $1—100nm$ 之间,且表面带有电荷和水化膜。粘土类胶体一般带负电荷。悬浮杂质和胶体杂质对光线具有反射和散射作用,而且散射光的强度与入射光的强度的比值(散射率)与水中杂质微粒的大小和数目多少在一定范围内成正比例,并以此制成浊度仪。

试验表明:浊度由12度降至2.5度,$10\mu m$ 以上的悬浮杂质可去掉88.5%,有机污染物仅去掉29.2%;浊度降至1.5度,$5—10\mu m$ 的悬浮杂质可去掉,悬浮杂质去除率上升到96.1%,有机污染又去掉32.7%,即有机污染去除率达到61.9%;若浊度再降至0.5度,悬浮杂质去除率达99.9%,有机污染物去除率达到79.5%,浊度进一步降低,有机污染物即几乎去除。

另有资料表明:城市供水浊度标准与病毒性传染病发病率有关。如甲城市供水平均浊度 0.1 度,肝炎发病率 4.7/10 万,小儿麻痹症 3.7%/10 万;乙城市供水平均浊度 0.2 度,其发病率:肝炎 8.6/10 万,小儿麻痹症 7.9/10 万;城市丙供水平均浊度 0.66 度,其发病率,肝炎 13/10 万,小儿麻痹症 10.2/10 万。

由此可见降低水的浊度的重要性。不少工业发达国家对自来水的浊度要求降至 0.1 度以下,甚至接近 0 度。

3. 浊度标准和计量单位

作为浊度的标准溶液必须满足光学性质上的同一性、重复性和稳定性。所谓同一性是指溶液的各向均匀。所谓重复性或重现性是指按照标准液的配置方法,同一个人多次操作或不同人、不同地点、不同时间的相同操作,结果相同。稳定性是指标准溶液配成后可以保持一月、一年甚至更长时间其光学性质几乎不变。由于满足这些要求的浊度标准液难于获得,浊度测定越来越受到重视,各国都在研究改进,先后出现高岭土或硅藻土浊度标准、福尔马肼浊度标准、Gelex 浊度标准、浊度玻璃标准。利用它们来标定和校准浊度仪。

(1)零浊度标准水

将蒸馏水 0.2μm 的微孔滤膜过滤 2 次,即得零浊度水。操作中要注意弃去初滤液 200ml,并用滤液清洗容器。

零浊度标准水应该是制备各种浊度标准溶液的母液。

(2)高岭土或硅藻土浊度标准

硅藻土或高岭土浊度标准溶液的制取是将硅藻土粉碎,通过 0.1mm 筛孔,在 105 ~ 110℃下烘 2 小时,按照一定的重量要求配置溶液,并在室温(如 20℃)下沉淀 24 小时,并在 2 个沉降筒内分别按比例取上部和底部溶液,混合而成。我国国家标准 GB5750—85 规定上述溶液中含 1mg/L 硅藻土悬浮液所呈现的浊度为 1 度。稀释配置成系列标准。日本、德国、美国等也曾作过相似的标准,有的国家用高岭土,有的国家用硅藻土。制备工艺也不完全相同,计量单位也不完全相等,如度、PPm、JTU 等。

硅藻土、高岭土是天然矿物,不同产地、不同商品批号,其质量不可能一致,制作中粒径及级配上也不可能一样,故精度较差。一般用丁目视比浊测定。GBS750—85 规定,目视比浊测定浊度可至 1 度。而日本规定 10 度以上。

(3)福尔马肼(Formazin)浊度标准

福乐马肼浊度标准液的制取是用 5.0mL(含 0.0500g)硫酸肼和 0.5ml(含 0.05000g)六次甲基四胺溶液混合后,在 25 ± 3℃下放置 24 小时,缩聚及应生成福尔马肼,获得 4000NTU 浊度液。有效期一年。经稀释 10 倍,得 400NTU 浊度液,但有效期为 1 个月。溶液愈稀,愈不稳定,有效期愈短。

这里所说的浊度单位 NTU,严格讲,是福尔马肼标准液用来校准散射光浊度仪时使用。若该标准液用于校准透射光浊度仪,浊度单位应该是 FTU。NTU 是 Nephelometric Turbidity Unit 的缩写。FTU 是 Formazin Tarbidity Unit 的缩写。由于散射光浊度仪的散射率和浊度之间存在线性关系,而透射光浊度仪的透射率和浊度之间存在的是指数对数关系,各自的浊度单位 NTU 和 FTU、JTU 等,相互间转换不像摄氏温度和华氏温度那样简单线性换算,而是要通过复杂的函数换算,故相互之间的换算还需要做大量工作才能实现。这一点应该引起我们的注意。

由于福尔马肼浊度标准液在同一性、重复性、稳定性方面均较硅藻土或高岭土标准液好,美国从 1971 年开始使用,并在 1992 年停止使用高岭土配制浊度标准液,而且将福尔马肼作为唯一的浊度标准液。NTU 也同时被作为唯一的浊度计量单位。并且得到世界各国的认可。

国际标准化组织 ISO7072—(1984 年 7 月 1 日第一版)中,浊度测定法已经采用福尔马肼标准液作浊度定量标准。1992 年 9 月世界卫生组织公布的《饮用水水质准则》中规定的浊度计量单位为 NTU;即福尔马肼作为浊度标准液,散射光浊度仪作为测定仪器。

我国也已作出相似的规定,浊度采用散射光浊度仪测定,浊度单位采用 NTU。1992 年国家建设部提出的"供水行业 2000 年技术进步发展规划"中的水质目标,已明确规定 1 类水司管网水浊度指标值为 1NTU,2 类水司为 2NTU,3 类和 4 类水司为 3NTU。

(二)浊度仪

浊度仪可分为目视浊度仪和光电浊度仪两大类。光电浊度仪就其用途又可分为工艺监控(连续测定),浊度仪和实验室(包括便携式)浊度仪就其设计原理,光电浊度仪又可分为透射光浊度仪、散射光浊度仪及透射光——散射光浊度仪。

1. 目视浊度仪

目视浊度仪是将分别装有标准浊度液和水样的比色管置于暗箱中,由底部或侧面投入灯光,检测者或从上往下,或从侧面肉眼观察、比较、判断,取得读数。属于主观仪器一类,受观测者的视力、经验等影响较大,试验表明,不同检测者之间的相对误差高达 20%。国家标准 GB5750—85 列有目视比浊法,可用于要求不高的场合。

2. 光电浊度仪

(1)透射光浊度仪

光源发出平行光束射入水试样,其光的强度 $I_入$,试样的浑浊使通过试样的透射光的强度 $I_出$ 减弱了,$I_出 \leqslant I_入$。试验表明 $I_出$ 与 $I_入$ 的比值(透光率)和浊度 D 之间存在如下函数关系。

$$I_出 = I_入 e^{-KLD} \tag{11-21}$$
$$I_出 / I_入 = e^{-KLD}$$

式中:$I_出$——透射光强度

$I_入$——入射光强度

D——试样浊度

K——常数

L——测量槽长度,即光程长

由于对某一浊度仪来说,K、L 都可近似看成常数,透光率($I_出 / I_入$)与试样浊度 D 之间如图 11-84 所示。

当 $I_出 = I_入$,透光率为 1 时,表明水样浊度为零,

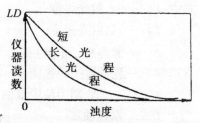

图 11-84
透射光浊度仪特性曲线

289

当水样浊度 D 增大,透光率按指数关系减小。水样浑浊厉害,透光率几乎为零。透射光浊度仪就是根据这个原理设计的。

图 11-85 是连续测定的透射光浊度仪原理图。它的检测器是一个双光束光度计。光源 1 的光束分两边照射,一束光通过测量池 2 射在测量光电管 3 上,另一束光通过参比池 4 射在参比光电管 5 上。光电管是电桥网路的一部分。电桥是与带自动平衡装置的高灵敏补偿系统相连接,系统由放大器推动平衡用的可逆电机驱动电位器进行补偿。6 为透镜,7 为过滤器,8 为控制单元,9 为记录器,10 为溢流器。在预定时间里,仪器停止正常工作,光自动调零和空白补偿。它是通过程序定时器控制电磁阀,将零点标准溶液送入测量池,因而对于组分老化、测量池污染、温度影响造成的误差进行了补偿。

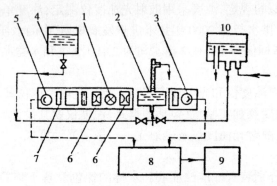

图 11-85 透射光过程浊度仪

1—光源;2—测量池;3—测量光电管;4—参比池;
5—参比光电管;6—透镜;7—过滤器;8—控制单元;
9—记录器;10—溢流器

(2)散射光浊度仪

光源发出的平行光束射入水试样时,由于水试样中的悬浮颗粒的作用,会使光束发生散射。研究表明,当悬浮颗粒的大小远小于或大于等于入射光波长时,分别适用如下关系:

$$I_散 = K'NI_入 \quad D \propto N \tag{11-22}$$

$$I_散 = K''NAI_入 \quad D \propto NA \tag{11-22'}$$

式中:$I_入$——入射光强度

$I_散$——散射光强度

N——悬浮粒子的数目

A——悬浮粒子的表面积

K'、K''——分别为浊度仪的特性常数

D——水样浊度

式(11-22)、(11-22′)表示浊度 D 在悬浮粒子尺寸远小于入射光波长时,浊度 D 只与悬浮粒子的数量 N 成正比;否则浊度 D 与悬浮粒子的数量 N、表面尺寸 A 的积成正比。也就是浊度 D 与散射率($I_散/I_入$)在一定范围内成正比。参见图 11-86。由于水厂无论进水和出水的浊度均在此"一定范围"内(图中低浊度区),故现在浊度仪都采用散

290

射光原理设计。

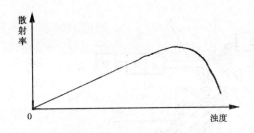

图 11-86　散射光浊度仪特性

从测定的散射光和入射光的角度关系来看,可分为 90°散射方式、向前散射方式和向后散射方式。　　图 11-87 是一种向前散射方式的浊度仪。它是降流式。射入试样流的测定光束 1,因试样中浊质是浮微粒而被散射,其中向前 25°方向的散射光被光电管 2 接收、测定。比较光速 3 通过阻尼器 4 衰减后再到达光电管 2。

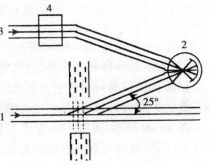

图 11-87　散射光浊度仪(向前式)
1—测定光束;2—光电管;
3—比较光束;4—阻尼器

图 11-88 是一种向后散射方式的浊度仪原理图。试样 1 图的左侧垂直向下流动,从光源 2 发出的光束经过透镜 3 形成平行光束,再通过后窗射入试样流,由于试样中浊质微粒的散射,其中向后的散射光,经上侧窗和透镜被光电管 4 接收、测定。光源的光量由光电管 5 保持恒定不变。

图 11-89 是表面散射光浊度仪。它是将光束

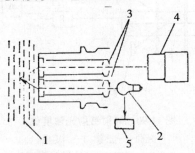

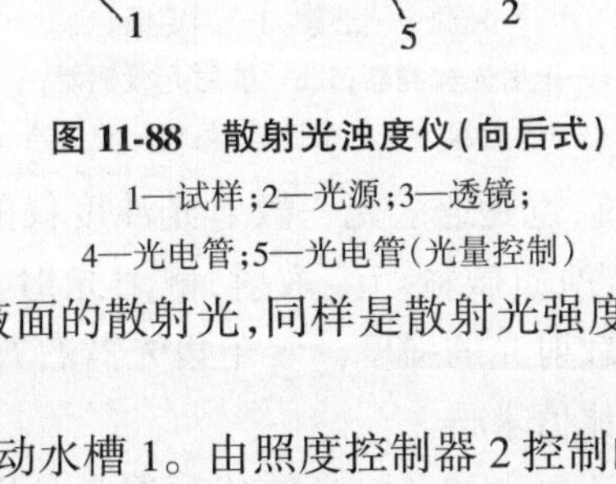

图 11-88　散射光浊度仪(向后式)
1—试样;2—光源;3—透镜;
4—光电管;5—光电管(光量控制)

射在液体表面,测定来自液面的散射光,同样是散射光强度正比于浊度的原理,但防止了窗孔污染引起的误差。

它有一个倾斜式的流动水槽 1。由照度控制器 2 控制的光源 3,经透镜 4,反射镜 5 射在水槽液面上。在液面的垂直方向安装散射光检测器 6 将散射光信号送入电流—电压变换电路 7 和电压—电流变换电路 8,并由指示器 9 直接指示出浊度值。照度控制器

10可以防止光源灯泡老化带来的影响。该仪器可能连续测量和监视水质。

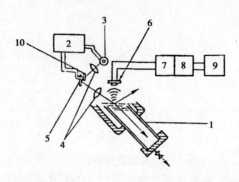

图11-89　表面散射光浊度仪

1—水槽；2—照度控制器；3—光源；4—透镜；5—反射镜；6—检测器

7—电流—电压变换电路；8—电压—电流变换电路；9—指示器；10—照度检测器

(3)透射光—散射光浊度仪(比例式浊度仪)

这种浊度仪是同时测量入射光的透射光和散射光的强度，利用他们的比值与浊度成正比的原理设计，优点是不受光源改变和灯泡老化的影响。

图11-90所示，光源1经透镜2聚成平行光束通过测定液3，然后射在透射光检测器4上，同时两旁有散射光检测器5、6，两种信号分别经过放大器7、8，然后输入比率计算器9，放大器10输出信号到指示器。

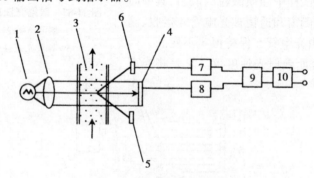

图11-90　散射透射光浊度仪

1—光源；2—透镜；3—测定液；

4—透射光检测器；5、6—散射光检测器；

7、8—放大器；9—比率计算器；10—放大器

图11-91是积分球浊度仪，也是透射光—散射光浊度仪的一种，光源1发出的平行光束射入测定槽2的试样层，浊质微粒产生散射，散射光射入积分球3，安装在积分球上方的散射光检测器4测出散射光的强度。装于集光器右方的透射光检测器5测出透射光强度。浊度即由它们的比值求得。

由于比例法浊度仪接受透射光和散射光的传感器是分别由两个光电器件担任，为了消除不同光电器件老化的影响，又设计出双光源比例式浊度仪(有的称为"双光源四光束"浊度仪)。英国大湖公司(Great Lakes Instruments)最近推出的，即属于此。

292

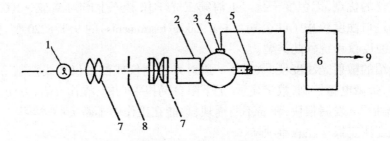

图 11-91 积分球浊度仪

1—光源；2—测定槽；3—积分球；4—散射光检测器；5—透射光检测器；

6—运算放大器；7—透镜；8—针孔；9—信号输出

图 11-92 是双光源比例式浊度仪工作原理图。光源 1、光源 2、传感器 1、传感器 2，互成 90°或 180°排布。一个周期（如 0.5s）分 2 个节拍。节拍 1：只光源 1 发光，传感器 1 接收散射光，传感器 2 接受透射光；节拍 2：只光源 2 发光，传感器 1 接受透射光，传感器 2 接受散射光。一个周期可获得 4 个独立的测量值，再由微机根据数学模型算出水样的强度。由于传感器在两个节拍中角色互换，器件老化影响在分子、分母中同时体现（数学模型保证），对散射光、透射光比例不产生误差影响。

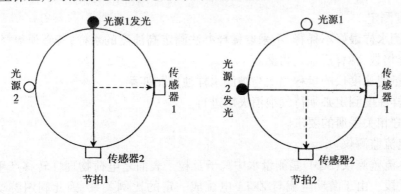

图 11-92 双光源比例式浊度仪

3. 各种浊度仪性能比较

透射光浊度仪，对水的低浊度（正是自来水的水源和给水的要求范围）灵敏度不高，对水的色度显示浑浊度，增加色度误差，且透光率与浊度呈非线性关系，现已不采用，国内水厂原有设备的继续使用属"余热"发挥性质。

散射光浊度仪，对水的低浊度有较高的灵敏度，精度高、相对误差小，重复性好，水的色度不显示浊度（只某些色度产生误差），且散射光强度与入射光强度比可呈正向线性关系（浊度为 0，信号为 0），故 1992 年 9 月世界卫生组织公布的《饮用水水质准则》中规定散射光浊度仪作为测定仪器。

上海市自来水给水设备工程公司与上海大学共同研制的 SZD—2 型浊度仪（带电脑处理）和无锡市日模洪裕浊度仪有限公司生产的浊度仪多属这种类型。进口浊度仪中 HACM 公司的 1720C、SS6 浊度仪系列均属此类型。

透射光—散射光浊度仪较散射光浊度仪有更强的信号，更高的灵敏度，并同时具备

293

散射光浊度仪的优点,无色度干扰。上海第三光学仪器厂生产的 WGZ—100 型浊度仪属此类型。进口浊度仪中 GLI 公司(Great Lakes Instruments)的 95T/8220 型、95T/8224T 稳流 4 光束浊度仪系统属此类型。

以上介绍的散射光浊度仪,散射光—透射光浊度仪或浊度仪在线控制系统均具较高科技含量,带微电脑控制,数字显示,上下限自动报警功能,操作灵活,方便,维护简单甚至"不需维护"。发展很快,新品不断涌现,只能在工作中不断关心、学习。

(三)浊度测定操作注意事项

1. 启动前的工作

(1)认真阅读浊度仪的说明书,检查仪器是否经过检定合格。

(2)检查水样测浊槽或测浊管是否清洁,是否有划痕,无法清洁的测浊槽(管)不应使用。

(3)通电预热 30 分钟,或按有关使用手册要求。

(4)用零浊度水调零。

无悬浮颗粒的纯水,浊度为 0。但实际由于仍有来自水分子的散射光,散射光强度引起 0.015NTU 浊度值,将此设定为浊度 0,可避免产生系统误差(参见 HACH1720C 使用手册)。

2. 浊度测定

(1)被测水样最好不稀释,不采取稀释办法测定高浊度的水样;若必须稀释,应尽量取最小稀释倍数,稀释后摇匀再测。

(2)尽量使浊度仪的量程档次与被测水样浊度相匹配。

(3)水样浊度测定必须待气泡消失后进行。

(4)遵守相关手册的要求。

游动电流监测仪

游动电流监测仪(SCM)是测量水中离子及粒子表面之电荷物理性转移产生游动电流的一种手段。由于游动电流与 ZETA 电位成一定的比例关系,因此利用游动电流的连续监测的特点,实现对原水加了混凝剂后 ZETA 电位的连续监视。然后将测得的游动电流值反馈给计算机或混凝加注机控制混凝剂的投加量,最终达到对混凝剂投加量的闭环控制。

1. SCM 仪的原理介绍

SCM 仪是由传感器、放大电路、调零电路、补偿电路、微处理器和 PID 设置电路等组成。传感器是有镶嵌在水样取样槽内二个金属电极组成,当水样进入取样水槽后二个电极测得游动电流信号送放大电路放大。取样槽内还有一个上下移动的活塞不断把旧的水样压出去进入新水样,保持取样槽内壁和电极表面清洁。微处理器会根据放大后的信号大小和调零设置值以及 PID 的设置参数给出一个 4—20mA 恒流电流或 0—10V 的恒压电压。

2. SCM 取样点的选择

如何确定取样点是 SCM 能否正常测量的关键。取样点选在静态混合器出口岸 10 米左右比较合适。因为取样点离混凝剂投加点太近,混凝剂还没有充分混合测得的样品游动电流波动很大不够稳定,但是取样点离投加点太远颗粒表面电荷转 移比较稳定,而产生的游动电流很小不容易测得。在理想的工况状态下使用 SCM,在投加了适量的混凝剂后反应池的进水游动电流为零。见图 11-93。但由于混合效果和流量的变化及反应的方法不能往往做到像图 11-93 那样的效果。这就需要根据实际工况使用中确定一个最佳的值后利用调零电路来补偿。

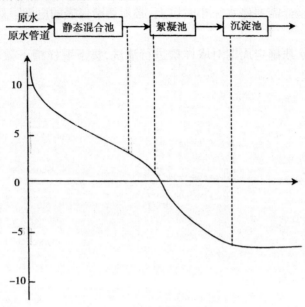

图 11-93　SCM 仪游动电流图

3. 现场调试中注意的几个问题

(1)首先用量杯测量一下 SCM 的取样水是否满足仪表说明书上所需的流量要求,否则要调节进水阀门使进水流量为所需的流量,一般 4—7 升/分。

(2)仔细用量杯多次反复测量取样流量,观察它的流量变化是否在规定的流量范围之内。

(3)取样槽的排水是否畅通,如果样品水中的杂质比较多必须用网隔过滤。并且在 SCM 仪的排水管道上安装一个断水报警装置。万一垃圾堵住了取样槽能及时报警,避免发生水质事故。

(4)建议取样采用取样泵取样。因为这样能保证样管中的样品水有一定的流速,能使取样管内壁不容易结垢。

4. 调试

安装完后,可进行调试。首先在经验投加混凝剂的基础上微量地改变混凝剂的加注量观察矾花凝聚效果或取沉淀池出口的水样测浊度,反复的调节加注量直至沉淀池出口水样浊度符合要求。记录下显示值,控制设定值可以确定在这点也可以将零点补偿开关置在开的位置(ON),旋转调零电位器使显示值为零。这样必须将控制设置点也改为零。一但确定了控制设置点后,如果测得的游动点位置大于设置值,输出电流信号会控制减小混凝剂的加注量,反之会增加混凝剂的加注量。

295

XR 系列游动电流监视仪是由美国一个公司生产的。XR300 带有 PID 调节装置,因此闭环控制时 PROP.BO、REST.MIN、RATE.MIN 三个参数。如果使用 XR200 游动电流监视仪时要注意,该产品不带 PID 调节装置功能,但是可通过使用 PIC 的 PID 指令去实现闭环控制。

5. 日常保养

(1)如果由于检修需要停水一小时以上,必须切断仪表的电源。避免电机过热而损坏。

(2)视原水的水质确定周期对取样槽进行清洗,拔下取样槽下盖旋下活塞,用小刷子清洗取样槽内壁。

第十二章　自动控制理论介绍

第一节　自动调节概述

一、自动调节

自动化系统是依靠仪表与自动化装置模仿人进行重复劳动,包括体力劳动和脑力劳动。

生产过程中的自动调节,是根据生产工艺要求,使生产过程中的某些工艺参数按一定规律变化的一种技术措施。

自动调节是从人工调节发展过来的,自动调节重复地自动地实现人工调节的既有规律,它在精度和快速等方面大大优于人工调节。

为了完成对某些工艺参数的自动调节,按着一定方式组合起来的仪表装置和设备的整体称之为自动调节系统或称为自动控制系统。

二、自动调节系统传递方框图

尽管工业生产过程自动化内容极其丰富,形式极其多样,范围极其广泛,如图 12-1 所示的自动调节系统传递方框图,可以描述出自动调节系统的工作原理。

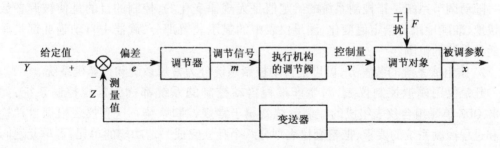

图 12-1　自动控制系统原理框图

要完成加热炉温度的自动控制,控制系统至少要有检测元件和变压器、调节器、执行机构与调节阀三部分组成,每一部分都有独立的功能与用途,可以看成是三个独立的环节,控制系统是这三个基本环节的有机组合体。

在研究自动控制系统时,为了更明显地表示系统的结构特点和工作原理,常将系统的各组成环节用方框表示,环节之间的相互作用关系用带有箭头的短线表示,箭头的方向代表作用方向。

从图中可以看出,自动调节系统中从被调对象的输出信号开始,经过各个环节最后

297

又回到被调对象,从信号角度来看构成了一个闭合回路,又称闭环系统,闭环系统必然是一个反馈系统,我们常用的是负反馈系统。

该控制系统是在偏差信号 e 的作用下工作,即系统在给定值和测量值出现偏差以后,调节器才能发出控制信号,调整被调参数,在液位控制的例子中,控制的目标是保持水位的恒定,对应的给定值是一个稳定不变的量,没有干扰时液位处于一定平衡状态,水位恰好等于给定值,表现为 $e = Y - Z > 0$,调节器不动作,如果干扰破坏了水位的平衡被调参数就会偏离给定值,假设水位降低了,则调节器输入端的偏差 $e = Y - Z > 0$,调节器就会根据这个偏差的大小和变化情况发出相应的控制信号开大进水阀门,反之则关小阀门,可见,偏差是系统工作的依据。另外系统能克服各种各样的干扰,不论干扰来源以及形式如何,只要它们能引起被调参数变化,最终必在 e 上反映出来,因而调节器总能发出一定的控制信号来纠正被调参数的偏差,正是这个特点,使闭环负反馈系统应用极为广泛。

三、自动调节系统的分类

调节系统分类方法很多,按被调参数分为温度、压力、流量调节系统等;按调节规律分为比例、比例积分、比例微分、比例积分微分等;按结构特点分为闭环控制系统,开环控制系统;按给定值形式分及按组织系统的装置分的情况介绍如下:

1. 按给定值形式,自动控制系统可分成三大类:定值调节系统、程序调节系统、随动调节系统。

定值调节系统是指给定值不变或变化缓慢的过程控制系统,这种系统在工业应用中最常见。

程序调节系统是指给定值按一定的时间程序而变化,被调参数也按一定时间程序变化,程序调节系统主要用于工业炉、干燥设备和周期性工作的加热设备。

随动调节系统是指控制系统的给定值是无规律变化的,控制的目的是使被调参数尽快地、准确地跟着给定值变化,测量仪表中的显示装置部分,武器中自动瞄准都是属于随动系统的范围。

2. 按组成系统的装置分,可以把自动控制系统分为常规系统和计算机系统。

凡是仅用模拟控制仪表,对生产过程自动控制的系统都称为常规控制系统,如DDZ、QDZ 单元组合仪表组成的控制系统就属于常规控制系统。这套仪表根据自动检测和过程控制系统的要求,把整套仪表划分八个独立完成一定功能的单元,各单元之间采用统一的标准电流信号联系,使用时可根据需要将仪表单元积木式的组合在一起,构成复杂程序各异的常规控制系统,图 12-2 是用单元组合仪表组成的过程控制系统图。

图中被调参数一般是非电量,如温度、压力、流量等,必须经一定的检测元件转换成易于传递和显示的物理量,但检测元件输出信号的能量很小,即不能远距离传输,也不能驱动显示仪表和调节单元工作,必须要做放大和能量形式的转换,起这种作用的单元就是变送单元,或称变送器,如温度变送器和压力变送器就是这个单元的仪表。

由变送器输出的统一标准信号一方面送显示单元供指示、记录和报警,同时送调节单元与给定值比较,给定值可以由专门的给定单元提供,也可由调节单元之内的给定机

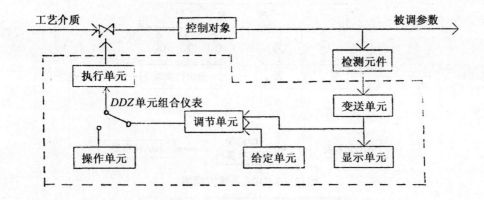

图 12-2　用单元组合仪表组成的过程

构取得,目前多数调节单元都没有给定机构,调节单元又称调节器,它按比较得出的偏差,以一定的规律,如比例、比例积分、比例微分等运算规律,发出调节信号,通过执行单元改变阀门开度,控制进入被调对象的工艺介质,达到自动控制的目的,实际上,除了图中所示的几个基本单元外,还有实现物理量转换的单元,进行加、减、乘、除、开方、乘方运算的运算单元,以及能增加仪表灵活性的辅助单元。

以计算机(包括微型机 A)作为自动化工具的自动控制系统称为计算机控制系统,计算机控制系统也是按闭环方式构成的,按计算机在系统中的作用可分为直接数字控制系统(简称 DDZ 系统)和监督计算机控制系统(简称 SCC 系统),DDC 系统的构成见图12-3,由图可见,计算机通过采样器能够对表征生产过程的多个参数巡回检测,把测量结果按预定的模式进行计算,找出合理的生产方式,然后通过输出扫描以断续方式直接去控制调节阀等执行机构,使生产过程得以正常进行,计算机在 DDC 系统中完全代替了调节器,实现多参数的综合控制,这在经济上是合算的,只要适当更改计算机程序,能实现各种复杂性的控制规律,其缺点是要求计算机的可靠性很高,否则会影响生产过程的正常运行。

SCC 系统的构成见图 12-4 图中的 SCC 用工业计算机的输入是表征生产过程的相关参数,根据机内贮存的数学模型进行计算。同时根据优选的条件求得参数应该保持的数值,最后把这些数字作为给定值,送给后续的闭环系统,由它们对被调参数进行控制,后续闭环系统可以是 DDC 系统,也可以是规定的自动控制系统,这种控制系统较为安全,当 SCC 出现故障时,后续闭环控制系统能独立完成操作,其缺点是系统比较复杂。

最后应该指出,常规控制系统只能满足于"可工作"控制状态,是自动控制的低级形式,计算机控制系统则不然,它不仅能完成常规控制系统能实现和控制的工作,而且还能对生产过程实施最佳控制和自适应控制。

利用计算机组成最佳控制系统时,预先把生产过程的最佳方案输入给计算机,计算机根据生产进程情况按预先规定的最佳方案,计算出当时的最佳工作方式,而后根据这个方式控制生产过程,使之处于最佳工作状态,这种最佳系统对于干扰量为已知的生产过程是行之有效的,对那些无法预知的干扰,就无法考虑最佳方案了,所以最佳自动控

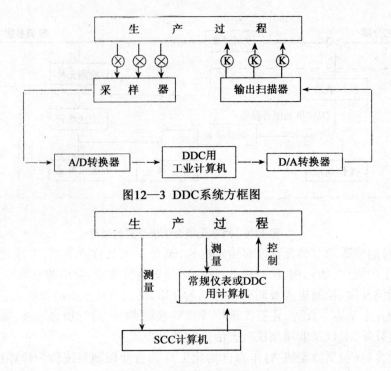

图12—3 DDC系统方框图

图 12-4 SCC 系统方框图

制系统仍然不能保持生产过程始终处于最佳状态,自适应控制系统能解决这个问题,自适应系统在最佳控制的同时,根据外界条件的变化,或系统自身工作特性的变化重新寻找最佳工作方案,以适应变化了的新情况,使生产过程始终保持在最佳状态。

第二节　自动调节系统的过渡过程及品质指标

调节系统中,从扰动发生即系统平衡破坏经调节作用到系统重新建立平衡为止,这段时间内整个系统各个环节和参数都处在变动状态之中,被调参数在这段时间随时间而变化,我们把这段时间称为调节系统的过渡过程或叫动态过程。对过渡过程的要求是稳定、快速、准确。

系统的稳定性是前提,在扰动消失后,被调参数的过渡过程是衰减的,则系统是稳定的,如果是发散的,则系统是不稳定的。

1. 过渡过程的形式

图 12-5 描述了在阶跃扰动下,被调参数 X(t) 的变化曲线,即过渡过程曲线,(b)为衰减振荡,(c)为单调衰减,二者都属于稳定过渡过程,(d)为发散振荡,(e)为单调发散,二者都属于不稳定系统,(f)为等幅振荡系统属于中性系统。

2. 过渡过程的品质指标

系统的控制过程,就是克服干扰影响的过程,控制效果的好坏,在稳定状态下难以判别,只有通过过渡过程才能加以判别,衰减振荡较为理想,自动调节系统过渡过程大多数都采取这种过渡形式,下面从衰减振荡过程来分析过渡过程的品质指标。

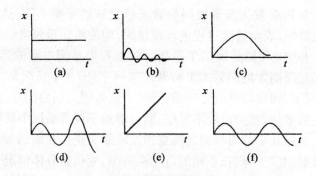

图 12-5　过渡过程基本形式

(a)阶跃扰动　(b)衰减振荡　(c)单调衰减

(d)发散振荡　(e)单调发散　(f)等幅振荡

(1)衰减度 φ：衰减度 φ 表示被调参数衰减程度的大小，衰减度用过渡过程曲线前后两峰值之差与前一峰值之比表示

$$\varphi = \frac{x_1 - x_3}{x_1} = 1 - \frac{x_3}{x_1} \tag{5—1}$$

一般取 $\frac{x_1}{x_3} = n:1$，此曲线叫做 $n:1$ 衰减曲线，经常取 $n = 4 \sim 10$，$\varphi = 0.75 \sim 0.9$，因此，衰减度也可表示为：$\varphi = 1 - \frac{1}{n}$。

衰减度 φ 越小，越接近于等幅振荡过程；衰减度越大，则越接近于非振荡过程。

(2)最大偏差 $\triangle X_{max}$：最大偏差是指过渡过程中被调参数最大值偏离给定值的大小。此偏差越大，表示系统偏离给定值越大，对于一些控制对象，被控参数往往有一个安全范围，超出这个范围发生生产事故，所以常常要限制最大偏差。

(3)静差 $\triangle X_{静}$：静差属于准确性的一个重要指标。静差是指过渡过程终了时，被调参数的稳定值与给定值之差。其值可以是正，也可以是负，其数值大小、生产过程所要求的精度来确定，一般希望静差小些好，图 12-6 中 $\triangle X_{静} = 0$ 为无差调节。

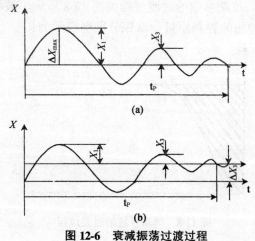

图 12-6　衰减振荡过渡过程

(a)无差调节　(b)有差调节

301

(4)过渡过程 t_p 从扰动发生起至被调参数又建立新的平衡为止,这一段时间称为过渡时间,过渡时间越短,表示过渡过程进行得越快,即使扰动很频繁系统也能适应。

(5)振荡周期 T 和频率 f 振荡周期 T 是指过渡过程中被调参数的第一个波峰到第二个波峰之间的时间,周期 T 的倒数 1/T 叫做振荡频率,即在单位时间内振荡的次数,在衰减度相同的情况下,周期与过渡时间成正比,一般希望周期短些好,但周期太短,频率就越大,即振荡次数增加,使得过渡不平稳,而且增加了调节系统中活动部件的磨损。

在控制系统中,上述几个品质指标之间是相互联系又是相互制约的,如要降低系统的静差,其他指标就要相应下降,在不同的自动调节中,应根据具体情况分清主次,当几个指标发生矛盾时,要有侧重,优先保证主要指标。

上述自动控制系统的品质指标,只是一般性的规定,不是强制性的,对于比较多的、无特殊要求的系统可以采用,对另外一些特殊的控制系统则不适用。这需要重新拟定控制标准。例如在计算机自动控制系统中,常用积分准则来衡量系统的质量。

在计算机进行定值控制时,阶跃扰动常使被控参数表现为图 12-7 所示的过渡过程,其相应的积分准则表示为:

$$I = \int_0^\infty |X_{(t)}| dt \tag{5—2}$$

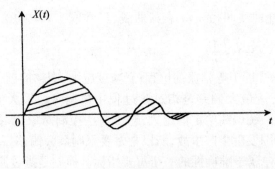

图 12-7　定值系统的过渡过程

在随动系统中,通常用被调参数复现给定值的程度来衡量系统的控制质量。当给定值 Y(t) 发生阶跃变化,被调参数的过渡过程如图 12-8 所示。被调参数如能完全复现给定值,是随动系统最理想的控制质量。而积分准则表示为:

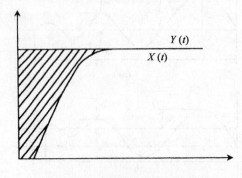

图 12-8　随动系统的过渡过程

$$I = \int_0^\infty |Y_{(t)} - X_{(t)}| dt \tag{5—3}$$

302

计算机控制系统的积分准则，综合反映了控制系统的稳定性，被调参数恢复到定值的快慢，静差的大小等控制质量，I越小表示系统的控制质量越好。

第三节　自动调节对象的动态特性

任一个自动调节系统，都是由调节对象和调节装置所组成，在不同的生产工艺过程中，调节对象千差万别，不同的调节对象要求采用不同类型的调节系统和调节装置，在调节装置投入运行之前，必须根据调节对象的具体特性，对调节装置进行调整，因此必须了解调节对象的动态特性才能做到有的放矢，收到预期的效果，调节对象的动态特性是指调节对象受到扰动作用后，被调参数随时间的变化的情况。

影响调节对象特性的主要有自衡能力、放大系数、加速时间及滞后时间等。

所谓自衡能力，是指对象输入量或输出量有变化时，被调节参数可以自动达到新平衡值能力。

例如：一个水箱的水位是被调参数，当进水量 Q_1 与出水量 Q_2 相等时，水位保持不变，若进水量由水泵打入，而出水量自动流出时，将进水量增加则水位上升，出水量也逐渐增加，一定时间后进出水量相等，水位在新的位置上达到平衡。如上水箱水位变化靠自衡能力来调节，这个水箱就是有自衡能力的对象，若出水量用水泵抽出，出水量为常数，当进水量增加时水位不断上升，最终溢出水箱，这时的水箱为无自衡能力的水箱，显然，有自衡能力且自衡能力越大时，调节越来越易获得良好的效果。

对象的放大系统是指调节对象的输出变化值与输入变化值之比。

调节对象 X 随时间的变化如图 12-9 所示。

放大系数　$K = \dfrac{\triangle X}{\triangle V}$

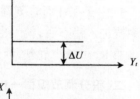

放大系数 K 与对象的输出量的变化无关，只与过程的初始和终结状态有关，在同样大小的扰动作用下，K 大，对象最终的输出变化量也大，反之则亦小，K 大的调节对象，调节起来较灵敏，但稳定性差，从飞开曲线的起始点做一切线，该切线与新的稳定值相交，该点对应的时间 T 即为时间常数。它表示被调参数以开始的最大变化速度直达新稳定值所需时间，见图 12-10。当时间常数过短时，被调参数的

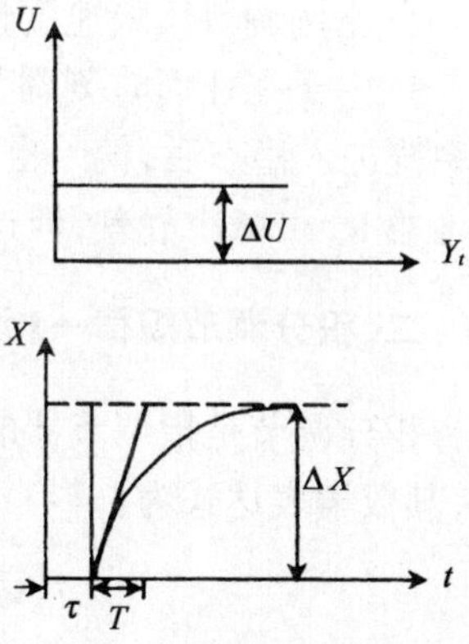

图 12-9　对象的飞开曲线

响应快，不易调节，而时间常数过长，在扰动频繁出现时被调参数响应速度慢，不易获得良好的调节效果。

滞后时间 τ 是指在扰动作用下，被调参数往往不会立刻发生变化，这种被调参数的变化落后于扰动的时间叫滞后时间，滞后时间越长，调节起来越困难。

总之，调节对象一经确定，其特性也就客观存在，调节的目的，就是根据这些特性来选择调节系统的方案，选择调节器的调节规律，以期获得良好的调节效果。

第四节　调节器的调节规律

所谓调节规律,是指调节器在输入偏差信号作用下,其输入信号随时间的变化规律,调节器的基本调节规律有比例、积分及微分三种。在具体的调节系统中,根据调节对象的特性,可将上述几种调节规律组合起来使用,以取得最佳的调节效果。

一、比例调节规律—P 调节

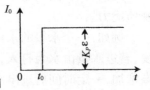

具有比例调节规律的调节器称为比例调节器,这种调节器的输出信号与输入偏差信号成比例关系。其数学表达式为:

$$I_0 = K_p \cdot \varepsilon$$

式中:K_p——可调的比例增益

　　　ε——偏差信号

　　I_0 输出信号

在阶跃偏差信号作用下,比例调节器的输出响应特性如图 12-10,有如下特点:

图 12-10
比例调节器的阶跃响应

1. 调节器的输出信号与输入偏差信号成正比关系,若输入偏差信号越大,则调节器输出信号越大,调节作用越强。

2. 比例调节反映速度快,输出与输入同步,没有时间滞后,动态特性好。

3. 由于在任何时刻调节器的输出信号与偏差信号之间都成比例关系,因此,当自控系统进入稳态后,偏差也无法消除,必然存在静差,这是比例调节的一个缺点,增大比例增益 K_p 可减小静差,但这样会使系统的稳定性变差。

二、积分调节规律—I 调节

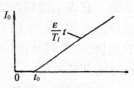

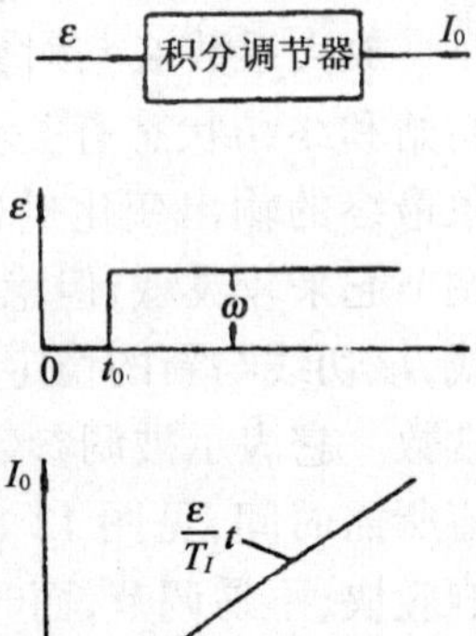

积分调节是指调节器的输出与输入偏差对时间的积分成正比,其数学表达式为:

$$I_0 = \frac{1}{T_I} \int \varepsilon dt = \frac{\varepsilon}{T_I} t$$

式中:I_I——积分时间

$\frac{1}{T_I}$——积分速度

积分调节的输出响应曲线如图 12-11 所示。积分调节器有如下的特点:只要偏差信号 ε 存在,调节器的输出信号将随时间不断变化,只有当偏差信号为零时,输出信号才停止变化并稳定在某一数值上,所以它可用来实现无静差调节。

图 12-11
积分调节器的阶跃响应

积分调节作用是随着时间的推移而逐渐增强的,因此调节动作缓慢,调节不及时,当调节对象惯性较大时,将出现超调而使运态偏差较大,系统难以稳定,因此,在调节系统中不能单独使用,而把积分和比例组合起来构成 PI 调节,采用这种组合调节作用,既能按偏差大小及时有效地进行调节,又能消除静差。

三、微分调节规律—D 调节

对于一些惯性较大的对象,被调参数的变化总是落后于干扰的变化,存在所谓滞后现象。对这类现象,必须根据偏差变化的趋势,即偏差变化的速度来进行调节,具有微分调节规律的调节器,其输出信号与偏差信号变化的速度成正比,其表达式为:

$$I_0 = T_D \frac{d\varepsilon}{dt}$$

式中:T_D——微分时间

$\frac{d\varepsilon}{dt}$——偏差变化的速度

从理论上讲,在微分调节器输入端出现阶跃偏差的 t_0 时刻,偏差变化的速度为无穷大,调节器输出也为无穷大,当过了 t_0 时刻后,调节器输出立即下降到零,而实际上,在 $t = t_0$ 时刻,调节器输出为一有限值,过了 t_0 后,微分的消失需要一定的时间。

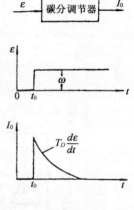

如图 12-12 有微分调节作用的调节系统,只要偏差信号发生变化,不论其值如何,便会立即出现微分输出,偏差变化输出越快,微分项输出愈大,微分作用愈强,因此微分作用具有预测特性,在偏差信号不很大时,提前发出比较大的调节信号,但是微分作用对静止的偏差信号没有反映,即偏差 e 仅仅存在,而不变化,那么不管它多么大,也不管它存在时间多么长,微分作用的输出等于零,因而微分作用不能单独使用,常与比例或比例积分调节规律组合起来,构成 PD 或 PID 调节。

图 12-12
微分调节器的阶跃响应

四、比例调节规律—PI 调节

PI 调节既具有 P 调节快速的特点,又具有 I 调节消除静差的作用,P 作用在前,迅速消除偏差,I 作用稍后,慢慢消除残余静差,其数学表达式为:

$$I_0 = K_p(\varepsilon + \frac{1}{T_I} \int \varepsilon dt)$$

积分项中乘了一个比例增长益 K_p,这是由于在一般 PI 调节器中比例增益不仅影响比例输出,而且影响积分输出。

在阶跃偏差信号作用下,PI 调节器的输出随时间的变化规律如图 12-13 所示。PI 调节器接受阶跃偏差信号 ε 后,其输出立即跳变到某值,这是比例输出部分,然后沿同一方向等速变化,直到调节器的输出达到极限值,这是积分作用。

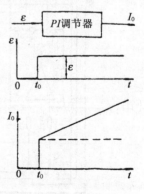

图 12-13
PI 调节器的阶跃响应

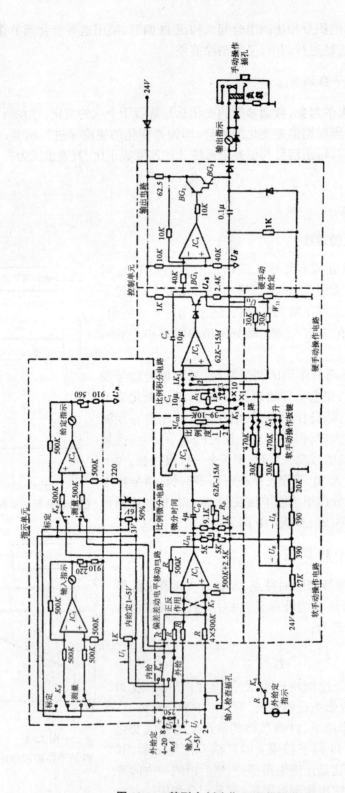

图 12-14　基型全刻度指示调节器原理图

306

PI 调节适用面比较广,当对象滞后比较大,或负荷变动剧烈时,PI 调节作用仍感不够及时,须加入微分调节。

五、比例微分调节规律—PD 调节

比例和比例积分调节特性,都是根据已经出现的偏差信号动作的,它们不能根据偏差的变化趋势发生调节信号,比例微分调节可以解决这一问题,数学表达式为:

$$I_0 = K_p(\varepsilon + T_D \frac{d\varepsilon}{dt})$$

PD 调节器的阶跃响应曲线如图 12-15 所示。由图可见,PD 调节器接受阶跃偏差信号 ε 后,其输出立即跳变到一个较大值,这是比例和微分两种调节作用的综合输出,接着微分作用按指数规律很快下降,经过一段时间,微分作用消失,调节器最终的输出就只剩下比例部分。

六、比例积分微分规律—PID 调节

同时具有比例、积分和微分三种调节作用的调节器叫做 PID 三作用调节器,其数学表达式为:

$$I_0 = K_p(\varepsilon + \frac{1}{T_I} \int \varepsilon dt + T_D \frac{d\varepsilon}{dt})$$

PID 三作用调节器的阶跃响应曲线如图 12-16 所示,在响应曲线的前期,比例和微分起主要作用,而响应曲线的后期,则是比例和积分起主要作用,PID 调节器综合了三种调节作用的优点,它既能迅速有效地进行调节,又能消除静差,还能根据被调参数变化的趋势,进行"超前"调节。

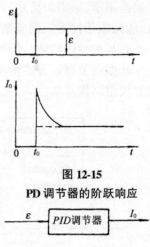

图 12-15
PD 调节器的阶跃响应

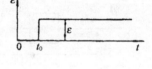

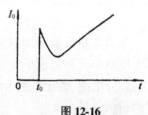

图 12-16
PID 调节器的阶跃响应

第五节　基型调节器

一、Ⅲ型调节器简介

Ⅲ型调节器是 DDZ—Ⅲ型电动单元组合仪表中的一种重要仪表,它接受变送器或运算器的 1 ~ 5V.DC 测量信号,与 1 ~ 5V.DC 给定信号进行比较,并对比较所得的偏差进行 PID 运算,输出 4 ~ 20mA 直流电流信号至执行器。

在Ⅲ型调节器中,由于采用了线性集成电路组件,不仅提高了调节器的技术指标,而且便于扩大仪表功能,在基型调节器的基础上附加若干线路,可以构成各种特种调节器,如前馈调节器、间歇调节器、抗积分饱和调节器、输出跟踪调节器及能与计算机联用的 DDC 后备调节器等,都是由基型调节器变型而成的特种调节器。因此,Ⅲ型调节器

的品种是较多的。

基型调节器除具有 PID 运算功能外,还具有"手动"和"自动"切换,预量值、设定值和偏差指示,输出值指示,内、外设定选择,正、反作用选择等功能,和其它仪表及装置配合,能构成各种常规调节系统。在基型调节器不能胜任的某些复杂调节系统中,就要选用具有某种特殊功能的特种调节器。

基型调节器可分成全刻度指示调节器和偏差指示调节器两个品种,它们的工作原理和线路结构基本相同,仅指示电路不同,本节以全刻度指示调节器为例。

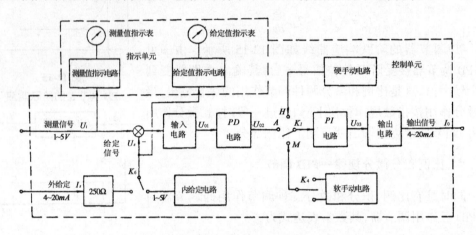

图 12-17　基型调节器组成方框图

全刻度指示基型调节器的组成方框图如图 12-17 所示。由图可知,基型调节器主要由控制单元和指示单元两个部分组成,其中控制单元包括输入电路、比例微分电路、比例积分电路、输出电路和软、硬手动操作电路。指示单元则包括测量值指示电路和给定值指示电路。

调节器的测量信号和内给定信号都是 $1 \sim 5V$ 直流电压信号。外给定信号为 $4 \sim 20mA$ 直流电流信号,经 250Ω 精密电阻转换成 $1 \sim 5V$ 直流电压信号。开关 K_6 可用于选择内给定或外给定测量信号 U_i 和给定信号 U_s 经过各自的指示电路处理后,由动圈表进行全刻度指示。

基型调节器有四种工作状态,用表中 K_1、K_2 联动开关切换。

(1)自动(A):当调节器处于自动工况时,输入信号 U_i 和给定信号 U_s 在输入电路比较得到偏差信号并进行输入处理,然后送 PD 和 PI 电路进行比例微分和比例积分运算,最后经输出电路进行处理后,得到 $4 \sim 20mA$ 直流电流信号,就是调节器输出的自动电流。

(2)硬手动(H):当调节器处于硬手动工况时,调节器的输出电流与硬手动操作杆的位置一一对应。如果移动硬手操作杆,调节器的输出电流将迅速地改变到所需数值。

(3)输出保持和软手动(M):当调节器处于软手动状态时,由扳键 K_4 来决定调节器的实际工作状态。当 K_4 处于中间位置时,PI 电路输入端浮空,调节器输出不变,为输出保持状态。当向右或向左扳动扳键时,调节器的输出按积分方式上升或下降。根据需要,输出电流的变化速度可以选用慢速,也可选用快速。

Ⅲ型调节器的主要技术指标如下:

测量信号:1 ~ 5V.DC;

内给定信号:1 ~ 5V.DC;

外给定信号:4 ~ 20mA.DC;

测量及给定信号指示精度:误差 < ±1%;

输出信号:4 ~ 20mA.DC

输出信号指示精度:误差 ±2.5%

比例带:2% ~ 500%;

积分时间:0.01 ~ 2.5min(×1)和0.1 ~ 25min(×10)两档;

微分时间:0.04 ~ 10min;

精度:±0.5%。

二、输入电路

图 12-18 所示为输入电路原理图,它的作用是将以零伏为基准的测量信号 U_i 和给定信号 U_s 之差转换并放大成以 U_B(10V)为基准的输出信号 U_{01}。

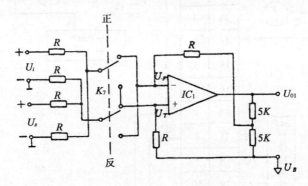

图 12-18　输入电路

设 IC_1 为理想运算放大器,正、反作用开关 K_1 置"正作用"位置,可求得 IC_1 输出信号为:

$$U_{01} = -2(U_i - U_s)$$

若将正反作用开关 K_7 置"反作用"位置,可求得:

$$U_{01} = 2(U_i - U_s)$$

三、基型调节器的校验

新购置或经过检修的调节器在安装使用前应进行检查和校验,以了解其基本性能是否符合技术指标的规定,对某些不符合要求的技术参数可及时进行调整,使之达到要求。

1. 校验设备

(1)通用直流稳压源一台:24V,电流>1A;

(2)通用恒流源一台:规格为0~30mA,内阻≥270kΩ;

(3)直流电流表二台:量程为0~20mA,0.5级;

(4)数字式电压表一台:量程>5V,分辨率≤1mV;

(5)精密电阻一只:250Ω±0.1%(可用相应精度的电阻箱代替);

(6)电阻箱一只:最小可调量0.01Ω;

(7)任意型号小型开关一只:接触电阻<0.1Ω;

(8)秒表一只。

2. 校验接线

基型全刻度指示调节器的校验接线如图 12-19 所示。恒流源的输出电流经精密电阻转换成电压信号后,送至调节器的测量信号输入端子 1 和 2。7 和 8、13 和 14 分别为调节器的电流外给定和输出端子,将这两组端子相连,使外给定信号直接取自调节器的输出信号。图中 R_X 为电阻箱,K 为小型开关。

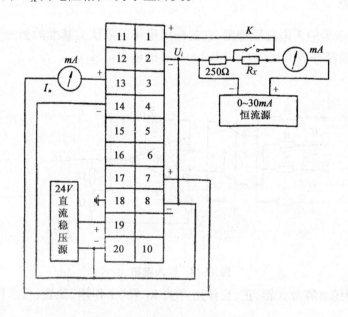

图 12-19 基型调节器校验接线图

3. 调节器初始状态设置及一般功能检查

调节器的初始状态应设置为:"手动—自动"开关置"硬手动","内给—外给"开关置"外给","测量—校正"开关置"校正","正—反"作用开关置"正作用",P 置 100%,T_I 置最小值,T_D 置"0",输入端开关 K 闭合将 R_X 电阻短接。

检查接线无误后接通电源,按以下顺序对调节器作一般功能检查。

(1)拨动"硬手动"操作杆,输出应能在 0~100% 范围内作相应变化。

(2)面板上的外给定指示灯应亮。

(3)双针指示表的红黑两针应同时指在 50% 处,不受输入信号和给定信号变化影响。

(4)将"测量—校正"开关置"测量"位置,则双针指示表应作相应指示,即输入信号作 4~20mA 变化时,红针应在 0~100% 范围内作相应变化,拨动"硬手动"操作杆,输出指示表与双针表中黑针应在 0~100% 范围内作相应变化(因为外给定等于输出值)。

(5)将"内给—外给"开关置"内给",则外给定指示灯灭,双针指示表中黑针指示内给定值。当拨动内给定拨盘时,黑针指示值应作相应变化。

(6)将"手动—自动"开关置"软手动",调节器输出应保持原值,当操作手动按钮(或扳键)时,调节器输出应作相应减小或增大,当操作到一半行程时输出变化慢,当操作到极限位置时输出变化快。

(7)将"内给—外给"开关置回"外给",面板上的外给定指示灯亮。再将"手动、自动"开关置"自动",此时即构成了闭环跟踪状态,调节器输出将跟踪输入信号变化。当改变输入信号时,红针和黑针同时变化且始终重合。

4.指示表指示精度校验

(1)测量信号指示精度校验

将"测量—校正"开关置"测量"位置,其它开关设置方式和初始状态相同。

改变输入信号,即改变恒流源的输出电流,使调节器输入信号指针(红针)分别指示 0%、50% 和 100% 时,用数字电压表在调节器 1、2 输入端子测得的电压信号应分别为 1V、3V 和 5V,其指示误差应小于 ±1%(±40mV)。如不符合要求,则可反复调整测量信号指示表的机械调零装置和指示电路中的量程电位器。指示误差按下式计算:

$$\delta_{PU} = \frac{U_{实} - U_{标}}{4} 100\%$$

式中:$U_{实}$ 和 $U_{标}$ 分别为输入信号的实际值和标称值。

(2)给定信号指示精度校验

将"内给—外给"开关置"内给"位置,其余同上。

拨动内给定拨盘,使调节器给定信号指针(黑针)分别指示 0%、50% 和 100% 时,用数字电压表在调节器的"内给定电压检测端子"上测得的电压应分别为 1V、3V 和 5V,指示误差应小于 ±1%(±40mV)。如不符合要求,则可通过调给定信号指示表的机械调零装置和给定值指示电路中的量程电位器来解决。给定误差按下式计算:

$$\delta_{SU} = \frac{U_{实} - U_{标}}{4} 100\%$$

式中 $U_{实}$ 和 $U_{标}$ 分别为给定信号的实际值和标称值。

(3)校正电压校验

在双针电流表精度调好的前提下,将调节器的"测量—校准"开关置于"校正"位置,此时红黑两针应同时指在 50% 处。如有偏离,可调整"校正电压调整电位器"。

(4)输出信号指示精度校验

调节器开关设置方式同上。移动硬手动拨杆,使调节器输出指示表分别指示在 0%、50% 和 100%。在调节器 7、8 两端子间用数字电压表测得电压相应为 1V、3V 和 5V,其指示误差应小于 ±2.5%(±100mV)。

5.调节器校验

(1)调节器闭环跟踪精度校验

调节器"手动—自动"开关置"自动","测量—校正"开关置"测量",其它开关设置方式和初始状态相同。改变测量输入信号,给定针将跟随测量针移动,平衡时,两针重合。当测量信号分别为 1V、3V 和 5V 时,用数字电压表测量调节器 7、8 两端子间电压也应为 1V、3V 和 5V,其误差应小于 ±0.5%(±20mV)。如不符合要求,先将调节器的比例带 P 置 2% 后,调整"2% 跟踪调整电位器"使跟踪误差进入允许范围内,然后再将比例带 P 置 500%,用同样方法试验,误差仍应小于 ±0.5%(±20mV)。如不符合要求,可调整"500% 跟踪调整电位器",使精度达到要求。

(2)比例带 P 刻度校验

先将调节器各开关分别设置为"硬手动"、"内给定"、"测量"和"正作用",T_1 置"2.5min×10"档,T_D 置"0",K 仍闭合短接电阻 R_X。

A. 校验比例带 500%

a:改变测量输入信号和内给定信号,使其值均为 3V(12mA),偏差为零(双针重合)。

b:用"硬手动"拨杆使调节器输出为 12mA

c:将"手动—自动"开关返回到"自动",输出电流仍保持 12mA 不变。

d:将比例带 P 置被测档即 500% 处。

e:改变输入信号,使之从 3V(12mA)变化到 5V(20mA),调节器的输出信号应从 12mA(3V)变化到 13.6mA(3.4V)。如不符合要求,说明比例带有刻度误差,指标规定该项误差应小于 ±25%。

实际比例带由下式计算:

$$P_实 = \frac{\triangle U_入}{\triangle U_出}100\%$$

式中:$\triangle U_入$——输入电压变化量

$\triangle U_出$——输出电压变化量

比例带刻度误差 δ_P 按下式计算:

$$\delta_P = \frac{P_实 - P_刻}{P_刻}$$

式中:$P_实$ 和 $P_刻$ 分别为比例带的实际值和刻度值。

B. 校验比例带 2%

为了使校验正确起见,每校验一个比例带值,都应根据上述各步骤,从头做起,故校验方法和校验 500% 时相同。但由于 P 为 2% 时的增益比 P 为 500% 的高得多,所以第 e 步应为:改变输入信号,使调节器输出电流从 12mA(3V)上升到 20mA5V)时,读出相应输入信号的变化量,如果比例带不存在刻度误差的话,输入信号应从 3V(12mA)变化到 3.04V(12.16mA)。误差计算公式如上,误差应小于 ±25%。

按标准规定,比例带只需校验上述两点。

(3)积分时间 T_1 刻度校验

调节器各开关位置与校验比例带时相同。

为了减小测试误差,必须真正使 P=100%,具体做法是:先置 P=500%,测量值为

312

内给定值都调到 3V(12mA)，用"硬手动"操作使调节器输出为 12mA，再切换到"自动"，调节器输出电流不变，把测量值由 3V 增加到 5V，使调节器输出从 12mA 上升到 13.6mA；然后调比例带旋钮使 P 逐渐减小，调节器输出电流就随之增加，直到输出电流达 20mA 时停止旋动比例带旋钮，此时的 P 值，就是实际比例带 100%。

按规定，积分时间只需校验 0.1min（×1 档）、2.5min（×1 档）和 25min（×10 档）等三档，具体做法是：

A：改变恒流源输出电流，使调节器的输入信号为 3V(12mA)。

B："手动—自动"开关切回"硬手动"，并移动硬手动拨杆使调节器输出电流为 12mA。

C：将积分时间 T_1 置被测档。

D：取电阻箱电阻 $R_X = 41.67\Omega$，$U_{RX} = 12 \times 10^{-3}A \times 41.67\Omega = 0.5V$。

E："手动—自动"开关返回"自动"，调节器输出保持 12mA 不变。

F：断开开关 K（实际给调节器加了一个 0.5V 的阶跃输入信号），并同时启动秒表计时，当调节器输出电流由 12mA 变化到 16mA 时按停秒表，则所测得时间即为实测积分时间 T_1。

按照以上步骤分别测得各档的实际积分时间后，可按下式求出各校验点上积分时间的刻度误差。

$$\varepsilon_I = \frac{T_{1实} - T_{1刻}}{T_{1刻}}100\%$$

式中：$T_{1实}$ 和 $T_{1刻}$ 分为积分时间的实测值和刻度值。

积分时间刻度误差应小于 $^{+50}_{-25}$%。

(4)微分时间 T_D 刻度校验

调节器各开关的设置方式与校验比例带时相同，校验步骤如下：

A：将比例带 P 的实际值设置为 100%。

B：改变输入信号，使之等于 3V(12mA)。

C：将"手动—自动"开关设置为"硬手动"，操作硬手动拨杆使调节器输出电流为 4mA。

D：将微分时间 T_D 置被测档（T_D 一般仅检验 10min 一档）。

E：将电阻箱电阻取为 $R_X = 33.33\Omega$，电阻压降 $U_{RX} = 12 \times 10^{-3} \times 33.33 = 0.4V$。

F：将"手动—自动"开关切换为"自动"，调节器输出电流保持 4mA 不变。

G：断开开关（实际给调节器加了一个 0.4V 的阶跃输入信号），并同时启动秒表计时。当调节器输出电流由突跳值 20mA 下降到 10.9mA 时按停秒表，则所得时间再乘以微分增益 K_D(= 10)，即为实测微分时间。

微分时间的刻度误差可按下式计算：

$$\delta_D = \frac{T_{D实} - T_{D刻}}{T_{D刻}}100\%$$

式中：$T_{D实}$ 和 $T_{D刻}$ 分别为微分时间的实测值和刻度值。

313

微分时间的刻度误差应小于 $\pm^{50}_{25}\%$。

(5)软手动和输出保持特性检查

调节器"手动—自动"开关置"软手动"位置,其余开关同初始状态。

当轻按右边或左边按钮,调节器输出将在 0～100% 范围内均匀增大或减小,其变化全量程所需时间为100s左右,当重按这两个按钮时,调节器输出变化速度增大,变化全量程所需时间为6s左右。

当调节器处于"软手动"状态而未按左右按钮时,调节器输出应保持不变。但由于各种原因,调节器输出总是有些变化。用软手动操作使调节器输出达 20mA(或在 7、8 端子间测得电压为 5V)时,使它处于保持状态,同时开始计时和记录调节器输出变化,要求每小时变化量小于 1%(40mV)。

(6)硬手动检查

当调节器置"硬手动"工况时,移动"硬手动"拨杆,调节器的输出指示表指针应与拨杆上的红线重合,两者误差应小于 ±0.8mA。

(7)"手动—自动"切换校验

将调节器 P 置 100%,T_1 置 2.5×10 档,T_D 置"关"。

用"硬手动"使调节器输出电流为12mA,再将"硬手动"切换到"软手动",进而切换到"自动",然后由"自动"再切回"软手动",分别观察外接输出电流表,其电流变化量应小于 0.14mA。

将"硬手动"拨杆上红线与调节器输出电流表指针对准,再由"软手动"切换到"硬手动",观察外接电流表的指示,其变化量应不超过 ±0.8mA。

第六节 开方器

一、概述

开方器可对 1～5V 直流电压信号进行开方运算,运算结果以 1～5V 直流电压或 4～20mA 直流电流输出。开方器主要用在气体流量自动检测和自动调节系统中,将差压变送器的输出信号进行开方,使所得信号与被测流量成正比,以便进行流量的记录、积算或调节。

开方器主要性能指标如下:

(1)输入信号:1～5V.DC;

(2)输出信号:1～5V.DC 或 4～20mA.DC;

(3)小信号切除:当输入电压 <1.04V 时,输出信号被切除;

输入电压 ≥1.04V 时,仪表有正常输出;

(4)基本误差:当输入电压 ≥1.09V 时为 ≥ ±0.5%

当输入电压 <1.09V 但 ≥1.04V 时为 ±1%

当输入电压 <1.04V 时不计精度。

Ⅲ型开方器是由Ⅲ型乘除器演变而来的,它的电路图比乘除器简单,为了避免在小信号输入时对误差信号的运算,在开方器中设置了小信号切除电路。开方器电路组成方框图如图 12-20 所示。

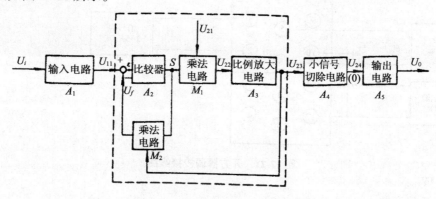

图 12-20　开方器电路组成方框图

图中虚线框内部分为自激振荡时间分割器,由它实现开方运算。它是由比较器 A_2、乘法电路 M_1 和 M_2、比例放大电路 A_3 所组成。U_{11} 为开方运算部分输入信号,它与乘法电路 M_2 的输出信号 U_f 相比较后的差值 ε 输入比较器,由比较器将 ε 放大并转换成相应的脉冲量 S,S 又同时作为两个乘法电路的输入信号。图中的 U_{21} 为一恒定电压,取自表内直流稳压电源,用作乘法电路 M_1 的直流输入信号,U_{21} 与 S 经 M_1 相乘后,再经 A_3 比例放大,所得结果 U_{23} 就是对 U_{11} 开方运算的输出信号。U_{23} 输入乘法电路 M_2,与 S 相乘后所得的积就是反馈信号 U_f,送回开方运算电路输入端,以形成整机负反馈,保证输出信号与输入信号之间具有开方运算关系。

开方器的运算关系式为:

$$U_0 = 2\sqrt{U_i - 1} + 1$$

(3)开方器调校

(1)调校设备

A:24V 直流稳压电源一台;

B:0～5V 直流信号源一台;

C:五位数字电压表一台;

D:示波器一台。

(2)调校接线

调校按图 12-21 所示方式接线。

(3)调校步骤

A. 基准电平 U_B 的调整

接通 24V 直流电源,将数字电压表测量棒正端接 U_B(图 12-22 中的 CH_4),负端接 0V,此时指示应为 10V,如不符合,则可调整电位器 W_1 使之符合要求。

B. 零点调整

调整电位器 W_5,使小信号切除设定电压 $U_L = 0$,切除电路不起作用。

将开方器输入信号 U_i,即信号源输出电压置于 1V。此时仪表输入级输出电压(CH_1 对 U_B)应为 0V,若不符,则调整电位器 W_3;开方器输出电压 U_0 应为 1V,若不符,可调整

315

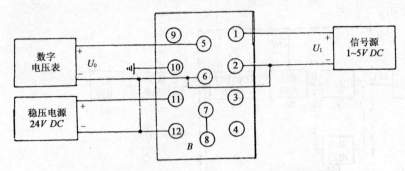

图 12-21　开方器调校接线图

电位器 W_2。

C. 量程调整

将信号源输出信号置于 5V，测量开方器输出电压亦应为 5V。如不符合，可调整电位器 W_4。

D. 调仪表起振点

调整信号源输出信号，使开方器输入信号 $U_i = 1.04V$，则其输出信号应为 $U_0 = 1.54V$，如不符合，应调节电位器 W_3。调好后再次调量程，如此反复直到符合要求为止（起振点调好后，可用示波器观察开方运算部分的振荡波形）。

E. 小信号切除点的调整

改变信号源使开方器输入信号为 $U_i = 1.04V$，此时输出 $U_0 = 1.4V$。再均匀缓慢地改变信号源使 $U_i = 1.036V$ 左右，再调电位器 W_5 改变切除设定电压 U_L，使 U_0 突跌到 1V。

使 U_i 由 1V 开始逐渐增大，观察上升切除点，即输出 U_0 由 1V 突变到 1.4V（或稍小于此）对应的 U_i，再极其缓慢地减小 U_i，观察下降切除点，即输出 U_0 由 1.4V（或稍小于此）突跌到 1V 时的 U_i。切除点电压应在 1.030～1.040V 之间，否则就得重新调整。

F. 仪表基本误差校验

根据表 5-1 规定的各个分点，逐档进行校验，误差不得超过 ±0.5%（即 ±20mA）。如不符合规定，则需重新调整。

表 5-1　开方器校验分点表

输入 U_i	V	1	1.04	1.25	2.00	3.25	5.00
标称输出	V	1	1.40	2.00	3.00	4.00	5.00
U_0	%	0	10	25	50	75	100

第七节　单回路自动调节系统

单回路自动调节系统也称之为简单调节系统，它由一个测量对象、一个测量元件、一个控制器和一个调节机构组成。它是最基本的在工业生产中使用最为广泛的一种调节系统，其他复杂的调节系统是为了适应新的要求而在简单调节系统的基础上发展起

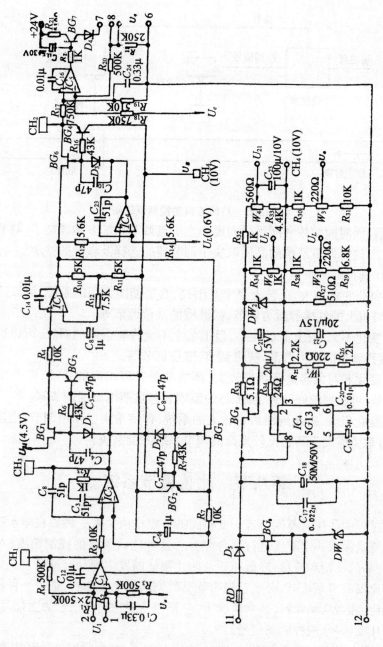

图 12-22　开方器原理电路图

来的。

如图 12-23 所示为单回路自动控制原理图,经过采样并分析以后,分析后输出测量的信号,测量的信号与设定的信号比较后,产生偏差经控制器发生一调节信号,送入自动阀门,从而驱动阀门的开度,假如被测量突然增加或减少,通过循环,最后控制器的输出不变,自动阀也停留在某一位置上,从而完成了自动检测与控制的目的。

要使一个调节系统达到预期的效果,要选择好的调节系统方案,而调节系统方案的选择,要与被调对象的特性分析结合起来。一个好的调节系统,应该使调节对象的静态

317

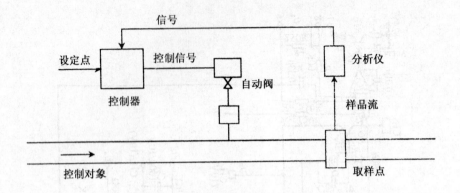

图 12-23　单回路自动控制原理图

放大系数适宜,而时间常数和滞后时间要小。一旦调节系统方案确定了,调节对象的特性也就一定了,这时调节系统的品质取决于调节器的选择及参数的整定。

调节规律选择的原则是:

1. 对于负荷变化不大,工艺上要求又不高,自平衡能力强的系统,可以选用纯比例调节。如压缩机上的气罐的压力调节,贮液槽的液位调节等。

2. 负荷变化不大,对象滞后较小,但工艺上不允许有余差的系统,可以选用比例积分调节,如蒸汽管道的压力调节,流量调节,液位调节等。

3. 负荷变化和对象容量滞后都较大,调节质量又要求高的系统,可以采用比例积分三作用调节,可收到较好效果,倒加热炉温度和过热蒸汽温度调节等。

4. 负荷变化很大,对象纯滞后也较大的系统,即使采用三作用调节,也达不到工艺上要求,这时就要借助于其它比较复杂的调节系统才能解决。

第八节　比值调节系统

在生产过程中往往需要保持若干变量间的一定比值关系。例如在净水过程中加氯加矾和水的流量保持一定配比进行混合等等。这种比值关系的控制精度,对提高自来水的质量,产品的数量和质量,降低消耗及防止事故的发生都具有重要意义。

在设计比值调节系统前,必须首先明确哪种物料为主要物料,则另一种物料就按主要物料来配比,即为从动物料,通常情况下,总是以主要物料的信号为主信号,而从动物料的信号为从动信号(或称随动信号)。

图 12-24 是最简单的比值调节方案,在稳定状态下,两种物料的关系应满足 $G_2 = K \cdot G_1$ 的要求,当主物料 G_1 在某一时刻由于干扰的作用而发生变化时,流量控制器按 G_2 对给定值(即 G_1 的额定流量值)的偏差而动作,并按比例(即两种物料的比例关系)发生信号去改变从动物料的阀门开度,使 G_2 能重新与变化后的 G_1 成比例关系。

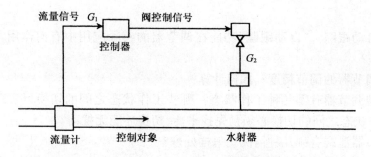

图 12-24 比例调节系统原理图

第九节 复合环自动调节系统

图 12-25 所示是复合环自动调节系统,它是单回路与比例调节系统控制的结合,单回路控制信号用作比例信号控制的修正。在设定的延常时间结束后,开始调整。由于调整值具有累积性,因此单回路控制校正信号可以完全不接受比例信号而强制 100% 或 0% 投药以保证压力到设定值。

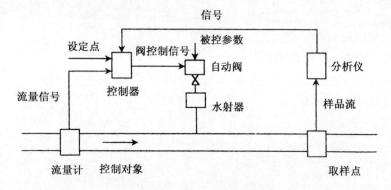

图 12-25 复合环自动调节系统

当调校准确的流量信号能提供接近真实情况初始值时,联合系统的效率最高,这是因为比例流量控制将会迅速对阀门位置或流量调节作业反应,立即进行正确的控制。在延滞时段之后,单回路控制信号随之对阀门位置或泵的流量进行补充修正,使被测量接近设定值的水平。如果延滞时间结束后仍达不到所需的要求,新一轮修正继续进行,经过多次修正直至达到设定值为止。

单回路控制比较准确,但比比例流量控制要慢得多,因此最好用来作为微调或整理调节。

复习题

1. 什么是比例、积分、微分调节规律?各有什么特点?
2. DTL—321 型调节器的输入回路有何作用?
3. DTL—321 型调节器如何实现"自动"、"软手动"和"硬手动"各种工作状态间的无扰动切换?

4. 什么叫自动跟踪? "自动跟踪"功能在调节器的实际应用中有何作用? 怎样才能实现自动跟踪?

5. 什么叫调节器的调节精度? 如何计算?

6. 试述Ⅲ型调节器有哪几种工作状态? 哪些工作状态之间的切换可实现无扰动切换? 哪些工作状态之间的切换必须预先找平衡,切换才能无扰动?

7. 真空调节器泄漏有哪几种情况? 怎样处理?

8. 试述Ⅲ型开方器的构成原理。

9. 单回路、比例和复合环控制的原理是什么? 它们各有何特点?

第十三章　可编程序控制器的介绍

第一节　可编程序器基础知识介绍

一、概述

可编程序控制器首先是由美国通用汽车(GE)公司为适应汽车型号的变更和外型的更新,需要流水线的工艺逐步更改所设计的一种流水线自动控制设备。由于当时设计思路主要是用于顺序控制,因此程序控制只能进行输入和输出之间的逻辑运算。简称可编程序逻辑控制器(programmable Logic Controller)。

随着集成电路的迅猛发展,也推动了 PLC 的发展。世界上各大公司纷纷投入人力和材力研制生产 PLC。模块的种类也由原来单一的数字量输入、输出,发展成有模拟量输入、输出和 PID 以及高速脉冲计数模块等。目前在国内应用比较多的产品由欧姆龙(OMRONO)、三凌（MITSUBISHI)、通用 （GE)、西门子（SIMENS)、爱论布拉理（AB) 等品牌。

各公司的产品之间的模块种类、指令处理时间等都有所不同,但基本构成都大致相同, 见图 13-1。我们在学习时只要能掌握理解 PLC 的工作原理和编程方法后, 对不同的产品只要认真阅读产品手册中的模块特点和指令意义, 就能对其产品进行编程开发。

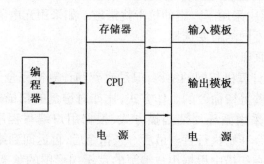

图 13-1　PLC 系统框图

二、可编程序控制器的基本组成和工作原理

(一)PLC 的基本组成

目前 PLC 产品种类虽多,产品结构也各不相同,但基本组成都相同。如图 13-2 所示。由图 13-2 看出它的结构类似于计算机结构,主要由 CPU、RAM、ROM、输入和输出

接口。它们的各自功能如下：

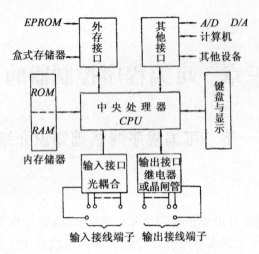

图13-2　PLC逻辑结构示意图

1．CPU

如同单板机和计算机中的微处理器相同，负责执行生产开发商编制好的指令，再执行编辑的指令，用 I/O 端口的状态运算处理后，再通过数据总线至输出端口。

2．存储器

PLC 的存储主要有二种方式用来存储厂方开发和用户开发编写的程序：一种是 RAM 随读随写存储器，它可以由 CPU 随时对它进行读写；另一种是 ROM 只读存储器，它的写入就不象 RAM 那样随便，必须通过特殊手段才能写入。

3．输入、输出设备

它起着 PLC 与外围设备之间传递数据和信息作用。为了保证数据和信息的传递可靠性，制造商在电路中采用了一定的抗干扰措施。如采用光电隔离器、继电器和晶闸管等。供使用者根据不同的需要选择。

(二)PLC 的工作原理

虽然 PLC 有着同计算机相同的结构,但是有着和计算机完全不同的运行方式。比如计算机一般采用一些等待命令的工作方式,比如对键盘的扫描等待和对其它硬件的扫描等待。可 PLC 是采用循环周期扫描方式,根据用户编写程序的顺序进行扫描处理。CPU 从第一条指令开始执行直至最后一条指令后,再返回到第一条指令,开始执行第二周期指令扫描。在扫描中根据用户编写的逻辑梯形图的状态更新输入、输出和内部寄存器状态。由于 PLC 采用循环扫描工作方式,所以它对输入、输出的状态改变,响应速度要受到扫描周期长短影响。而扫描周期一般有这几个因素的牵制:一是 PLC 的 CPU 执行指令的速度,二是编制程序使每条指令所用的时间,三是指令的长短即指令条数的多少。

各公司之间处理相同指令的时间都各不相同,在价格上差异也很大。因此在设计自动控制项目时要统筹考虑这些因素。对响应速度要求不高时,挑选 PLC 种类时尽可能挑选能满足控制设备响应速度即可的 PLC。这样不仅在价格上比较低廉还能提高控制系统的抗干扰性。因为干扰往往是脉冲式的、短时的,处理指令的速度慢了对瞬间干扰的误动作机会响应就少了。

(三)PLC 的技术性能

由于各厂家的 PLC 产品技术性能指标都不相同,各有特色。因此我们无法都去介绍,只能将一些共同的基本性能作一些介绍。

1. 输入、输出点数(I/O 的点数):指 PLC 外部输入、输出的点数。这是 PLC 的一个很重要的指标。

2. 扫描速度:一般以执行 1000 部指令所需要的时间,有时也用执行一条指令的时间来计,如 $\mu s/$步。

3. 内存容量:指能存放多少用户指令,是指用户能扩加后的最大存储容量。

4. 指令的种类:这是衡量一个 PLC 产品软件功能的指标,它具有的指令种类越多,说明其软件处理功能越强。

5. 内部寄存器(内部继电器):它用来给用户暂时存放中间变量和数据的,可以给用户在程序编辑时带来极大的方便。也可说是衡量 PLC 硬件的一个指标。

6. 模块的种类:它能衡量一个公司 PLC 产品水平高低的最主要标志。模块的种类越多就能给设计控制项目带来方便,并能有极大的适用性。目前常用的有以下这些类型的模块:数字量的输入、输出,模拟量的输入、输出和计数模块。

(四)PLC 内存器的分配

因为每个公司的 PLC 产品用的内存寄存器的符号和编程时的书写格式都不一样,所以用户在对 PLC 编程之前必须先认真阅读用户手册。

(五)PLC 的特点和应用

1. PLC 的特点

(1)由于输入、输出都采用光电隔离器和独立的电源,大大提高了抗干扰性。

(2)由于采用了程序周期扫描,提高了 PLC 工作稳定性。

(3)采用了内部自诊断功能,因此极大提高了故障的诊断率。

(4)采用模块式组合硬件,使系统的配置极为方便,可根据实际使用场合能任意组合,实现分散型控制。容易维修。

(5)编程指令和编程方法简单易学。PLC 编程方式面向控制过程的程序编辑,简单、直观、易学、易记。

2. PLC 的应用场合

(1)用于开关的逻辑控制,是 PLC 最基本也是应用最多的。适用于继电器控制,大型机床的控制,电机和电梯的控制。

(2)用于机器人的控制。

(3)用于各类大型流水线的控制。

(4)用于组成多级控制和闭环控制系统。

(六)编程方法

1. 用继电器控制图变换

图 13-3 是一个用继电器控制一个电动机(D_1)正、反转的控制原理图。图中二个按钮 AN_1、AN_2 分别为电机的启动和停止,J_1、J_2 为时间继电器,要求 D_1 启动运转 30 分钟时将电机反向运转 30 分钟后再正转……

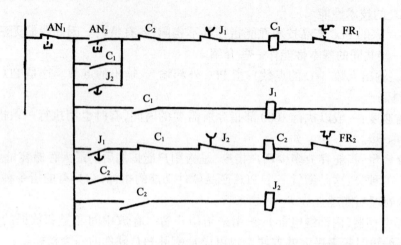

图 13-3 用继电器控制一个电动机正反转控制原理图

下面根据上述的控制图进行更改为 PLC 的控制图。见图 13-4 中 X_1 是接停止按钮的 PLC #1 槽输入模块的 0 接线端子,X_2 是接开按钮的 PLC #1 槽输入模块的 1 接线端子,Y_0 是 PLC #2 槽输出模块的 0 接线端子,Y_1 是 PLC #2 槽输出模块的 1 接线端子,X_8、X_{13} 是 PLC 内部的计数继电器。X_3、X_{10}、X_5、X_{12} 是 Y_0 和 Y_1 的附属接点,X_4、X_6、X_9、X_{11} 是内部计时器 X_8 和 X_{13} 的附属接点。

当然如果对 PLC 的编程方法和规则已比较熟悉,就没有必要去画二张图了,可直接根据被控制逻辑图和 I/O 分配表设计画制程序"T"形图和书写逻辑指令。编完后经仔细校验无误后,用手持编程器的键盘逐条打进 PLC 内存。

用手持编程器进行编程,由于手持编程器的显示屏较小,因此显示的内容很有限,有的只能逐行逐句显示指令,对编辑和调试修改很不方便。所以目前的 PLC 制造商都开发了配套的个人电脑 PLC 编辑和通讯软件,运用个人电脑对 PLC 的程序不仅显示内容多,而且编辑速度快,只要在屏幕上画上"T"图,计算机能自动将所画的"T"图生成 PLC 的逻辑指令代码送入 PLC 内存。如果在 PLC 的输入、输出端子上接上了负载或假负载即可运行 PLC,查看程序运行是否正常。对错误的指令进行修改再运行直到正确为止。

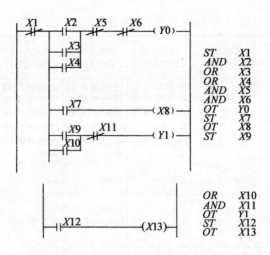

图 13-4　更改后的电动机正反转 PLC 控制图(接点梯形图)

第二节　AB 公司 SLC—500 系列产品介绍

　　Allen‐bradley 公司的可编程序控制器是世界上最大的可编程序控制器生产商之一。AB 公司的 PLC 产品具有灵活的配套模块。丰富指令功能以及网络连接的通讯功能。

　　目前 AB 公司生产的 PLC 产品主要有 PLC—5 系列和 SLC—500 系列,这二种系列相比较,由于 SLC—500 系列具有体积小,价格低,同样具备大型 PLC—5 系列的灵活性和极强的编程功能特点。因此被一些中小型企业采用。从 SLC—500 硬件上又可分为固定式和模块式二种。由于固定式受到 I/O 点数的限制,因此在单一大型机电产品上配套使用较多,而大的系统自动控制及流水线的自动控制则选用模块式比较灵活。

一、基本性能介绍

表 13-1　SLC—500 系列可编程序控制器基本性能表

技术参数	SLC 5/01 (1747-L511)	SLC 5/01 (1747-L514)	SLC 5/02 (1747-L524)	SLC 5/03 (1747-L532)	SLC 5/04 (1747-L541)	SLC 5/04 (1747-L542)	SLC 5/04 (1747-L543)
程序存储器	1K 用户指令或 4K 数据字节	4K 用户指令或 16K 数据字节	4K 用户指令或 16K 数据字节	12K 用户指令或 4K 数据字节	12K 用户指令和 4K 附加数据字节	28K 用户指令和 4K 附加数据字节	60K 用户指令和 4K 附加数据字节
本地 I/O 容量	256 离散型	256 离散型	480 离散型	960 离散型	960 离散型	960 离散型	960 离散型

技术参数	SLC 5/01 (1747-L511)	SLC 5/01 (1747-L514)	SLC 5/02 (1747-L524)	SLC 5/03 (1747-L532)	SLC 5/04 (1747-L541)	SLC 5/04 (1747-L542)	SLC 5/04 (1747-L543)
远程 I/O 容量	不适用	不适用	处理器存储器和机架能力限制,不超过 4000 个输入和 4000 个输出	处理器存储器和机架能力限制,不超过 4000 个输入和 4000 个输出	处理器存储器和机架能力限制,不超过 4000 个输入和 4000 个输出	处理器存储器和机架能力限制,不超过 4000 个输入和 4000 个输出	处理器存储器和机架能力限制,不超过 4000 个输入和 4000 个输出
最大机架数/槽数	3/30	3/30	3/30	3/30	3/30	3/30	3/30
标准 RAM	电容器 2 周数[1],选择锂电池-5 年	锂电池-2 年	锂电池-2 年	锂电池-2 年	锂电池-2 年	锂电池-2 年	锂电池-2 年
存储器后备选择	EEPROM 或 UVPROM	EEPROM 或 UVPROM	EEPROM 或 UVPROM	闪速 EEPROM	闪速 EEPROM	闪速 EEPROM	闪速 EEPROM
LED 指示灯	运行、CPU 故障、强制 I/O、电池输出低	运行、CPU 故障、强制 I/O、电池输出低	运行、CPU 故障、强制 I/O、电池输出低、COMM	运行、CPU 故障、强制 I/O、电池输出低、RS-232、DH-485	运行、CPU 故障、强制 I/O、电池输出低、RS-232、DH+	运行、CPU 故障、强制 I/O、电池输出低、RS-232、DH+	运行、CPU 故障、强制 I/O、电池输出低、RS-232、DH+
典型扫描时间[2]	8 ms/K	8 ms/K	4.8ms/K	1 ms/K	0.9 ms/K	0.9 ms/K	0.9 ms/K
按位执行 XIC	4 μs	4 μs	2.4 μs	0.44 μs	0.37 μs	0.37 μs	0.37 μs
通信	DH484 接收	DH485 接收	DH485 接收或初始化	Ch1:DH-485(DH485 接收或初始化)Ch0:RS-232(DF1,ASCⅡ或 DH485)	Ch1:DH+(DH+)Ch0:RS-232 DF1,ASCⅡ或 DH485)	Ch1:DH+(DH+)Ch0:RS-232 DF1,ASCⅡ或 DH485)	Ch1:DH+(DH+)Ch0:RS-232 DF1,ASCⅡ或 DH485)
电源负载 5V dc	350mA	350mA	350mA	500mA	1A	1A	1A
电源负载 24V dc	105mA	105mA	105mA	175mA	200mA	200mA	200mA

SLC—500 系列具有内部的 RS—232 或 DH—485 或 DH+(Date Hight Way plus)通讯接口,用于编程或远程监控。SLC—500/02 具有处理器处理间的 DH—485 通讯功能。通讯网络上的最大长度为 4000 英尺,大约 1200 米。通讯电缆采用 BELDEN # 9842 电缆,联网方式见图 13-4。SLC—500/03 具有 DH+通讯及编程功能。它的网络上最大长度为 10000 英尺,大约 3000 米,联网方式见图 13-5。

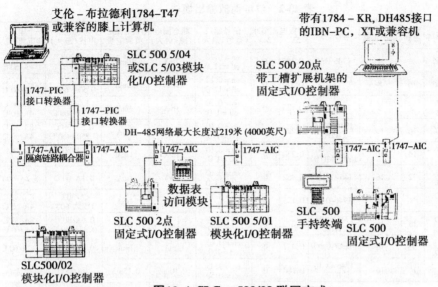

图13-4 SLC—500/02 联网方式

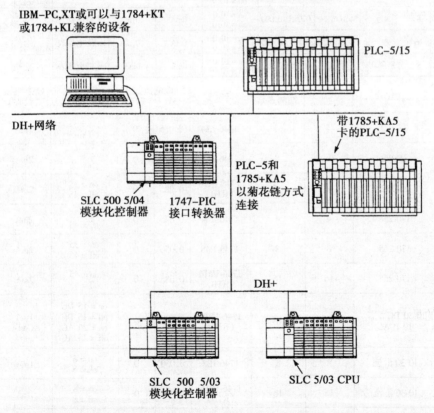

图 13-5 SLC—500/03 联网方式

1746 离散模 I/O 模块见表 13-2。

表 13-2　1746 离散输出模块

电压类型	工作电压	输出点数	每个公共端的点数	目录号	背板电流需求 5V	背板电流需求 24V	信号延尺（毫秒，最大）	断态漏电流（最大）	5VDC 最小负载电流	每点连续电流（最大）	每个模块的连续电流（最大）
120/240 VAC	85-265	8	4	1746-OA8	0.185	0	on = 0.10 off = 11.0	2mA	10mA	1A/30℃ 0.50A/60℃	8A/30℃ 4A/60℃
	85-265	16	8	1746-OA16（RTB）	0.370	0	on = 0.10 off = 11.0	2mA	10mA	1A/30℃ 0.50A/60℃	8A/30℃ 4A/60℃
24VDC	10-50 源流	8	8	1746-OB8	0.135	0	on = 0.10 off = 1.0	1mA	1mA	1A/30℃ 0.50A/60℃	8A/30℃ 4A/60℃
	10-50 源流	16	16	1746-OB16（RTB）	0.280	0	on = 0.10 off = 1.0	1mA	1mA	0.5A/30℃ 0.250A/60℃	8A/30℃ 4A/60℃
	20.4-26.4 源流	16	16	1746-OBP16①②（RTB）	0.250	0	on = 0.10 off = 1.0	1mA	1mA	1.5A/30℃ 1.0A/60℃	6.4A/ 0°～60℃
	5-50 源流	32	16	1746-OB32①	0.452	0	on = 0.10 off = 11.0	1mA	1mA	0.1A/60℃	3.2A/60℃
	10-50 汇流	8	8	1746-OV8	0.135	0	on = 0.10 off = 1.0	1mA	1mA	1A/30℃ 0.50A/60℃	8A/30℃ 4A/60℃
	10-50 汇流	16	16	1746-OV16（RTB）	0.270	0	on = 0.10 off = 1.0	1mA	1mA	0.5A/30℃ 0.25A/60℃	8A/30℃ 4A/60℃
	10-50 泄流	32	16	1746-OV32①	0.452	0	on = 0.10 off = 1.0	1mA	1mA	0.1A/60℃	32A/60℃
5TTL	4.5-5.5 汇流	16	16	1746-OG16（RTB）	0.180		on = 0.25 off = 0.50	0.10mA	0.15mA	0.024A	无
VAC/ VDC 继电器	5-265VAC 5-125VAC	4	4	1746-OW4①	0.045	0.045	on = 10.0 off = 10.0	0.mA	10.mA	见继电器表	0.8A 8.0A/公共端
	5-265VAC 5-125VAC	8	4	1746-OW8①	0.085	0.090	on = 10.0 off = 10.0	0mA	10.mA	见继电器表	16.0A 8.0A/公共端
	5-265VAC 5-125VAC	16	8	1746-OW16①（RTB）	0.170	0.180	on = 10.0 off = 10.0	0mA	10.mA	见继电器表	16.0A 8.0A/公共端
	5-265VAC 5-125VAC	8	分别隔离	1746-OW8①（RTB）	0.085	0.090	on = 10.0 off = 10.0	0mA	0mA	见继电器表	见③

电压类型	工作电压	输入点数	每个公共端的点数	目录号	背板电流需求 5V	背板电流需求 24V	信号延迟（毫秒，最大）	断态电流（最大）
100/120 VAC	85-132	4	4	1746-IA4	0.035	0	on = 35 off = 45	2mA
	85-132	8	8	1746-IA8	0.050	0	on = 35 off = 45	2mA
	85-132	16	16	1746-IA16（RTB）	0.085	0	on = 35 off = 45	2mA
200/240 VAC	170-265	4	4	1746-IM4	0.035	0	on = 35 off = 45	2mA
	170-265	8	8	1746-IM8	0.050	0	on = 35 off = 45	2mA
	170-265	16	16	1746-IM16（RTB）	0.085	0	on = 35 off = 45	2mA
24 VAC/DC	10-30 DC 汇流 10-10AC	16	16	1746-IN16（RTB）	0.085	0	on = 15 DC off = 15 DC on = 25 AC off = 25 AC	1mA AC&DC
24 VDC	10-30 汇流	8	8	1746-IB8	0.050	0	on = 8 off = 8	1mA
	10-30 汇流	16	16	1746-IB16（RTB）	0.085	0	on = 8 off = 8	1mA
	18-30/50℃ 18-26,4/60℃ 汇流	32	8	1746-IB32①	0.106	0	on = 3 off = 0.5	1mA
	10-30 汇流	16(快速响应)	16	1746-ITB16（RTB）	0.085	0	on = 0.3 off = 0.5	1mA

电压类型		工作电压	输入点数	每个公共端的点数	目录号	背板电流需求 5V	背板电流需求 24V	信号延迟 (毫秒,最大)	断态电流 (最大)
24 VDC		10-30 源流	8	8	1746-IV8	0.050	0	on = 8 off = 8	1mA
		10-30 源流	16	16	1746-IV16 (RTB)	0.085	0	on = 8 off = 8	1mA
		10-30 源流	16(快速响应)	16	1746-ITV16 (RTB)	0.085	0	on = 0.3 off = 0.5	1.5mA
		10-30/50℃ 18-26.4/60℃ 源流	32	8	1746-IV32①	0.106	0	on = 3 off = 3	1mA
5	TTL	4.5-5.5 源流	16	16	1746-IG16 (RTB)	0.140	0	on = 25 off = 50	4.1mA

1746 特殊模块—模拟量模块见表 13-3。这些特殊模块具有 16 位输入和 14 位输出转换功能,如果与二线制变送器相连不需要外部电源,可直接由背板电源 24V 直接供电,每个输入通道可选用电压或电流输入。

表 13-3 1746 特殊模块

目录号 1746-	每块模块的输入通道	每块模块的输出通道	背板电流需求	外部 24V 直流电流的误差
N14	4 路差分,每个通道电压或电流可选	无	25mA/5VDC 85mA/24VDC	无
NIO4I	2 路差分,每个通道电压或电流可选	2 路电流输出,无单独隔离	55mA/5VDC 145mA/24VDC	无
NIO4V	2 路差分,每个通道电压或电流可选	2 路电压输出,无单独隔离	55mA/5VDC 115mA/24VDC	无
NO4I	无	4 路电流输出,无单独隔离	55mA/5VDC 195mA/24VDC	24 ± 10%/195mA (21.6 ~ 26.4VDC)
NO4V	无	4 路电压输出,无单独隔离	55mA/5VDC 145mA/24VDC	24 ± 10%/145mA (21.6 ~ 26.4VDC)

1746—ASB 过程适配器模块:这种模块占用板槽的第一槽(＃0 槽)。这个槽口通常是插放 SLC—500 处理器的。这种 ASB 模块在 SLC—500 扫描器与带 1747—ASB 的远程或扩展框架中的 I/O 之间的桥梁。这种 ASB 模块与所有 AB 公司的远程 I/O 扫描器兼容。ASB 模块上的三个七段 LED 显示器提供了状态信息,帮助故障的排除。

1747—AIC 是一种 DH—485 的网络隔离器,用来 SLC—500/02 之间的联网连接,但是注意网络上最多只能接 32 个设备。

1746—PIC 是一种 DH—485 与 RS—232 之间的转换模块,利用这一模块,用户可通过已安装了公司的开发编程软件 AP6200 或 RSLogix500 或 AB500 对 SLC—500/02 的 DH—485 网络进行数据监视和程序编辑,及各站的数据及程序的动态修改。1784—KT/KTX 是一种 DH + 与 RS—232 之间的通讯协议转换模块。利用这一模块,用户可通过已安装了 AB 公司的开发编程软件 APS 或 RSLogix500 或 AB500 与 SLC500 组成的 DH + 网络进行数据监视和程序编辑,及各站数据及程序的动态修改。

　　SLC500/01 同 SLC500 的固定式处理器的指令集相同,而 SLC—500/02 和 SLC—500/03 有着相同的指令集。

　　AB 公司提供的三种不同功率的电源模块,这些模块都有二种交流电压如 240/120V。技术指标见表 13-4。

表 13-4　电源技术参数

说　明	1746—P1	1746—P2	1746—P3	1746—P4
电网电压	85-132/170-265V ac 47-63 Hz	85-132/170-265V ac 47-63 Hz	19.2-28.8V dc	85-132/170-265V ac 47-63 Hz
要求电网电压 (典型值)[①]	135VA	180VA	90VA	240VA
最大峰值电流	20A	20A	20A	45A
内部电流容量	2A at 5V dc 0.46A at 24V dc	5A at 5V dc 0.96A at 24V dc	3.6A at 5V dc 0.87A at 24V dc	10.0A at 5V dc 2.88A at 24V dc[③]
熔断器保护[②]	1746 – F1 或同类 250V—3A 熔断器 Nagasawa ULCS – 61ML – 3 或 BUSSMANN AGC 3	1746 – F2 或同类 250V—3A 熔断器 SANO SOC SD4 或 BUSSMANN AGC 3	1746 – F3 或同类 125V—5A 熔断器 Nagasawa ULCS – 61ML – 5 或 BUSSMANN AGC 5	该处焊有不可更换熔断器
24V dc 用户电源电流容量	200mA	200mA	不适用	1A[③]
24V dc 用户电源电压范围	18-30V dc	18-30V dc	不适用	20.4-27.6V dc
环境工作温度范围	0℃至 60℃(32°F 至 140°F) (大于 55℃时电流容量减少 5%)			0℃至 60℃(32°F 至 140°F)无减少
存储温度	-40℃至 85℃(-40°F 至 185°F)			
相对湿度	5—95%(无冷凝)			
接线	每个端子二根 #14 AWG 线(最大)			
认证 (产品或包装标记)	UL/CSA 所有可适用指南准则的 CE 标记			
危险环境认证	第 1 类、第 2 节危险环境标准			

　　①参考附录 F 确定组态所需进线功率。

　　②电源熔断器保护由于短路引起的火灾危险,不能保护由于过载而引起的损坏。

　　③所有输出功率的总和(5V 背板,24V 背板,24V 用户电源)不能超过 70W。

　　注意一个 SLC—500 最多只能扩展三个底板槽架。如果模块 I/O 点数不够可用 1747—ASB 继续扩展底板槽架。

330

二、内存继电器介绍

AB 公司 SLC—500 系列的 PLC 内部有 N 整数存储器、F 浮点数存储器、T 计时器、C 计数器、R 标志位继电器、B 继电器和状态继电器 S。这些继电器的数量见表 13-5。

表 13-5　继电器数量表

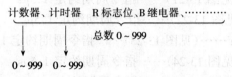

如 T4：×××（0～999）

注意：PLC 内部所有继电器编号不能重复。

三、指令介绍

1. 检查是否闭合 XIC　　　　　指令周期约定 1μs

2. 检查是否打开 XIO　　　　　指令周期约定 1μs

3. 输出激励 OTE　　　　　指令周期约定 0.751μs

4. 一次扫描上升 OSR　　　　　指令周期约定 0.751μs

5. 计时器 TON（通电延时）…（见图 13-6）指令周期约定 1μs……CN = 计时器有效位、TT = 计时器计时、位、DN = 计时器完成位

6. 计时器 TOF（断电延时）…（见图 13-7）指令周期约定 1μs……CN = 计时器有效位、TT = 计时器计时、位、DN = 计时完成位

7. 保持型计时器 RTO　　（见图 13-8）指令周期约定 1μs……CN = 计时器有效位、TT = 计时器计时、位、DN = 计时器完成位

8. 加计数器 CTU　　（见图 13-9）指令周期约定 1μs　　CU = 加计数有效位、DN = 计数完成位、OV = 溢出位、UA = 更新累加器

9. 减计数器 CTD……（见图 13-10）指令周期约定 1μs……CD = 减计数有效位、DN = 计数完成位、UN = 下溢位、UA = 更新累加器

10. 高速计数器 HSC……（见图 13-11）指令周期约定 1μs……DN = 计数完成位

11. 复位 RES…………指令周期约定 1μs…………它可复位累积值、完成位、计时位、有效位

12. 带屏蔽的立即输入……指令周期约定 1.5μs

13. 带屏蔽的立即输出……指令周期约定 1.5μs

14. 等于 EQU……（见图 13-12）……指令周期约定 1.5μs

15. 不等于 NEQ……（见图 13-13）……指令周期约定 1.5μs

16. 小于 LES……（见图 13-14）……指令周期约定 1.5μs

17. 小于或等于 LEQ……（见图 13-15）……指令周期约定 1.5μs

18. 大于 GRT……(见图 13-16)……指令周期约定 1.5μs

19. 大于或等于 GEQ……(见图 13-17)……指令周期约定 1.5μs

20. 等于的屏蔽比较 MEQ……(见图 13-18)……指令周期约定 1.5μs

21. 加法 ADD……(见图 13-19)……指令周期约定 1.5μs

22. 减法 SUB……(见图 13-20)……指令周期约定 1.5μs

23. 乘法 MUL……(见图 13-21)……指令周期约定 1.5μs

24. 除法 DIV……(见图 13-22)……指令周期约定 1.5μs

25. 双字节除法 DDV……(见图 13-23)……指令周期约定 1μs

26. 求反 NEG……(见图 13-24)……指令周期约定 1.5μs

27. 清零 CLR……(见图 13-25)……指令周期约定 1μs

28. 传送 MOV……(见图 13-26)……指令周期约定 1.5μs

29. 屏蔽传送 MVM……(见图 13-27)……指令周期约定 1.5μs

30. 与 AND……(见图 13-28)……指令周期约定 1.5μs

31. 或 OR……(见图 13-29)……指令周期约定 1.5μs

32. 异或 XOR……(见图 13-30)……指令周期约定 1.5μs

33. 非 NOT……(见图 13-31)……指令周期约定 1μs

34. 转移到标号 JMP……(见图 13-32)……指令周期约定 1μs

35. 转移到子程序 JSB……(见图 13-33)……指令周期约定 1μs

36. 子程序 JSR…………指令周期约定 0.5μs

37. 子程序 SBR…………指令周期约定 0.5μs

38. 从子程序返回 RET…………指令周期约定 0.5μs

39. 主控复位 MCR…………指令周期约定 0.5μs

40. 暂时结束 TND…………指令周期约定 0.5μs

41. 暂停 SUS…………指令周期约定 0.5μs

四、编程方法介绍

对 SLC—500 系列 PLC 编程有二种手段,一是用 AB 公司的手持编程器进行程序编辑;二是用 AB 公司的 SLC—500 编辑软件。二种方式相比在价格上基本相同,但手持编程器 LCD 显示屏幕小,只能逐行逐条地显示指令。而采用 AB 公司编程软件装在 PC 计算机上对 SLC 系列 PLC 进行编程不仅速度快,而且显示的指令行数多阅读、修改方便,还能驱动打印机打印出编制的程序。AB 公司的编程软件 DOS 版本有 APS 和 AI500 及 WINDOWS 版本 RSLogix500。下面以 RSLogix500 为列介绍编程方法。在编辑程序时我们可采用离线编辑或在线编辑方法。一般常常先采用离线编辑方法将程序编写好,然后装入 PLC 程序存储器,再进行在线调试修改。

1. 在编辑"T"形图之前用户应先用 EXCEL 表格先列出所编制程序的项目的输入、输出地址分配表。

2. 在 WINDOWS 下打开 Rockwell Software/RSLogix。然后再打开 File 下拉菜单选择 New 会弹出一个 Select Processor Type 的微处理器类型选择菜单,在菜单里用鼠标点击所选的 CPU 型号再点 OK 键退出选择微处理器菜单。

3. 在 RSLogix500 主菜单的右下方出现一个 LD2 的编程窗口,用鼠标双击左下方的 Untitled 窗口里的 Project/Controller/Io Configuration。弹出 I/Oconfiguration 菜单,首先选择 PLC 底板型号(RACKS),由于 SLC—500 本地槽架最多只能有三个。因此,在 Racks 列出了 1 个供可选择的下拉菜单(1746—A4/四槽、1746—A7/七槽、1746—A10/十槽、1746—A13/十三槽、Not Installed/无),注意必须依次填写槽架槽口地址,零号槽是 CPU 模块,用户用鼠标按次序逐一点槽口地址根据所需,并从右面的模块表中寻找双击(左键)所需要的型号模块。然后关闭 I/Oconfiguration 窗口。

4. 现在可进入程序编辑,在 LD2 窗口中用鼠标移至 0000 处击右键,弹出一个编辑功能窗口选择 Append Rung,会出现一行编辑行 0000。

5. 然后根据需要用鼠标点击指令种类(User、Bit、Timer/Counter、Input/Output、Compae、Compute/Math、Move/Logical、File/Misc、File shift/Sequencer、Program Control、Ascii String、Micro Hingh Spd Cntr、Trig Functions、Advanced Math),然后在它的上方会显示出指令符号或指令集。如:我们用鼠标点击左、右键找到 Bit,再点击一下 Bit。在它的上方出现常闭和常开等符号,用鼠标点一下常开符号在编辑行 0000 中就会有一个带? 和外框常开符号。然后填写模块地址 I:1/10(I—表示输入、1—是第一槽模块、10—是模块的第 10 点输入点)。编写完一行后鼠标选中此行左边的行号 0000 再点一下鼠标左键,此行左边的行号 0000 会出现带框,然后再点击鼠标右键,选 Append Rung 点击左键,将出现新的编辑行 0001。

6. 编辑完毕用鼠标点击磁盘图形,会出现一个 Save Program As 对话窗,在 File name 给编写好的"T"图取名存入磁盘。

7. 上述我们介绍了离线编辑。但编辑完的"T"形图程序是必须要存入 SLC 的程序存储后才能进行调试和运行。但是 RSLogix500 进行通讯。我们在 RSLogicx500 基础上再打开 Rockwell Software/LINX。会出现一个 LINX 对话窗口,打开 Comms 下拉菜单,选择通讯硬件(Communication Hardware…)。弹出一个通讯硬件配置对话框,确定你所选用的通讯模块型号。如:我们选用 CPU 上的 RS—232/CH0 进行编程,在对话框中选 u-Logix/SLC CH0 &KF3/KE to DH485 点击鼠标左键会 出一个配置对话框,在对话框中 Sta # (0 – 3)填入你计算机编号,可选用 0—31 的一个序号。Comm Port 根据你的计算机所要连接的 RS—232 端口编号如:COM1,Buad Rate 在初次对 CPU 使用时必须选 1200,Parity 选 NONE,Error Checking Mode 选 BCC,Serial Protocol 选 Full Duplex。选完这些项后用鼠标点击 OK 键。

8. 再次打开 Comms 下拉菜单选 Super WHO,点击你刚才的通讯模块,然后在点击 OK 键。这样会在屏幕上出现你的计算机和 PLC 二个图形之间有一根连线在不断的闪烁,说明你刚才的是正确无误的。

9. 用鼠标点一下 RSLogix-500,打开 Comms 下拉菜单选 Configure Comms 会弹出一个 System Options 菜单,再打开 Driver 选项表,选击你刚才在 LINX 中选用的通讯硬件 KF3—1。点击 Download 键,将所编写的程序送入 SLC 的 CPU 储存器。

10. 程序送入 SLC 后,就可以进行运行调试了。在 RSLogix500 菜单的打印机图形下面,用鼠标点击下拉箭头(Go Offine 、Download…、Upload…、Run、Test Continuous、Test Single Step)供选择。我们可以选择 RUN 进行运行调试,观察外接设备的控制状态是否正常。如有错,对程序进行在线修改,直至控制正确。

五、控制编程介绍

下面我们将举一个水厂普通四伐滤池自动反冲洗例子进一步加深熟悉 PLC 的编程步骤和方法。在做 PLC 项目的程序编辑之前,我们必须先做以下一些工作:

1．做一个 I/O 分配表。见表 13-6。

2．确定控制逻辑图。

3．编辑"T"形图。附程序(仅供参考)。

表 13-6　Sheet1

地址	名　称	地址	名　称	地址	名　称
I:1/0	#1 进水伐上限	I:2/0	总冲洗伐上限	0:3/0	开 #1 进水伐
I:1/1	#1 进水伐下限	I:2/1	总冲洗伐下限	0:3/1	关 #1 进出伐
I:1/2	#1 排水伐上限	I:2/2	水箱进水伐上限	0:3/2	开 #1 排水伐
I:1/3	#1 排水伐下限	I:2/3	水箱进水伐下限	0:3/3	关 #1 排出伐
I:1/4	#1 冲洗伐上限	I:2/4		0:3/4	开 #1 冲洗伐
I:1/5	#1 冲洗伐下限	I:2/5		0:3/5	关 #1 冲洗伐
I:1/6	#1 出水伐上限	I:2/6		0:3/6	开 #1 出水伐
I:1/7	#1 出水伐下限	I:2/7		0:3/7	关 #1 出水伐
I:1/8	#2 进水伐上限	I:2/8		0:3/8	开 #2 进水伐
I:1/9	#2 进水伐下限	I:2/9		0:3/9	关 #2 进水伐
I:1/10	#2 排水伐上限	I:2/10		0:3/10	开 #2 排水伐
I:1/11	#2 排水伐下限	I:2/11		0:3/11	关 #2 排水伐
I:1/12	#2 冲洗伐上限	I:2/12		0:3/12	开 #2 冲洗伐
I:1/13	#2 冲洗伐下限	I:2/13		0:3/13	关 #2 冲洗伐
I:1/14	#2 出水伐上限	I:2/14		0:3/14	开 #2 出水伐
I:1/15	#2 出水伐下限	I:2/15		0:3/15	关 #2 出水伐
地址	名　称	地址	名　称	地址	名　称
0:4/0	开总冲洗伐	I:5/0	滤后水浊度	B3/0	开 #1 进水伐故障
0:4/1	开总冲洗伐	I:5/1		B3/1	关 #1 进水伐故障
0:4/2	开水塔进水泵	I:5/2		B3/2	开 #1 排水伐故障
0:4/3		I:5/3	水塔液位	B3/3	关 #1 排水伐故障
0:4/4				B:3/4	开 #1 冲水伐故障
0:4/5				B3/5	关 #1 冲水伐故障
0:4/6	开水箱进水伐			B3/6	开 #1 出水伐故障

地址	名　称	地址	名　称	地址	名　称
0:4/7	关水箱进水伐			B3/7	关#1出水伐故障
0:4/8				B3/8	开#2进水伐故障
0:4/9				B3/9	关#2进水伐故障
0:4/10				B3/10	开#2排水伐故障
0:4/11				B3/11	关#2排水伐故障
0:4/12				B3/12	开#2冲水伐故障
0:4/13				B3/13	关#2冲水伐故障
0:4/14				B3/14	开#2出水伐故障
0:4/15				B3/15	关#2出水伐故障

地址	名　称	地址	名　称	地址	名　称
B:3/16	#1滤池运行	B3/25	#1取样标志	B3/34	开水箱进水伐故障
B:3/17	#2滤池运行	B3/26	#2取样标志	B3/35	关水箱进水伐故障
B:3/18	#1池水头反冲	B3/27	#1滤池冲洗标志	B3/36	水泵故障解除
B:3/19	#2池水头反冲	B3/28	#2滤池冲洗标志	B3/37	#1运行/停止
B:3/20	#1滤池正在反冲	B3/29	水箱水位上限	B3/38	#2运行/停止
B:3/21	#2滤池正在反冲	B3/30	水箱水位下限	B3/39	#1滤池故障解除
B:3/22	总冲洗伐开故障	B3/31	#1冲洗故障	B3/40	#1滤池故障解除
B:3/23	总冲洗伐关故障	B3/32	#2冲洗故障	B3/41	#1滤池强冲
B:3/24	进水泵故障	B3/33	水箱极高水位	B3/42	#1滤池强冲

```
TON
TIME ON DILAY
TIME ON DILAY
TIME BASE
PREST
ACCUM
```

图13-6

```
TOF
TIME ON DILAY
TIME ON DILAY
TIME BASE
PREST
ACCUM
```

图13-7

```
RTO
TIME ON DILAY
TIME ON DILAY
TIME BASE
PREST
ACCUM
```

图13-8

```
CTU
COUNT UP
COUNTER
PRESET
ACCUM
```

图13-9

```
CTD
COUNT DOWN
COUNTER
PRESET
ACCUM
```

图13-10

```
EQU
GRTR THEN OR EQUAL
SOURCE A
SOURCE B
```

图13-12

```
NEQ
NOT EQUAL
SOURCE A
SOURCE B
```

图13-13

```
LES
LES THAN
SOURCE A
SOURCE B
```

图13-14

```
LEQ
LESS THAN OR EQUAL
SOURCE A
SOURCE B
```

图13-15

```
GRT
GREATER THAN
SOURCE A
SOURCE B
```

图13-16

```
GEQ
GRTR THAN OR EQUAL
SOURCE A
SOURCE B
```

图13-17

```
MEQ
MASKED EQUAL
SOURCE A
MASKED EQUAL
COMPARE
```

图13-18

```
ADD
ADD
SOURCE A
SOURCE B
DEST
```

图13-19

```
SUB
SUB
SOURCE A
SOURCE B
DEST
```

图13-20

```
MUL
MUL
SOURCE A
SOURCE B
DEST
```

图13-21

```
DIV
DIV
SOURCE A
SOURCE B
DEST
```

图13-22

图13-23

```
NEG
NEG
SOURCE
DEST
```

图13-24

```
CLR
CLR
DEST
```

图13-25

```
MOV
MOVE
SOURCE
DEST
```

图13-26

```
MVM
MASKED MOVE
SOURCE
MASKED MOVE
DEST
```

图13-27

```
AND
BITWISE AND
SOURCE A
SOURCE B
DEST
```

图13-28

```
OR
BITWISE INCLUS OR
SOURCE A
SOURCE B
DEST
```

图13-29

```
XOR
BITWISE EXCLUS OR
SOURCE AB
SOURCE B
DEST
```

图13-30

```
NOT
NOT
SOURCE
DEST
```

图13-31

```
JMP
```

图13-32

```
JSR
JUMP TO SUBROUTINE
INPUT PAR
INPUT PAR
INPUT PAR
RETURN PAR
RETURN PAR
```

图13-33

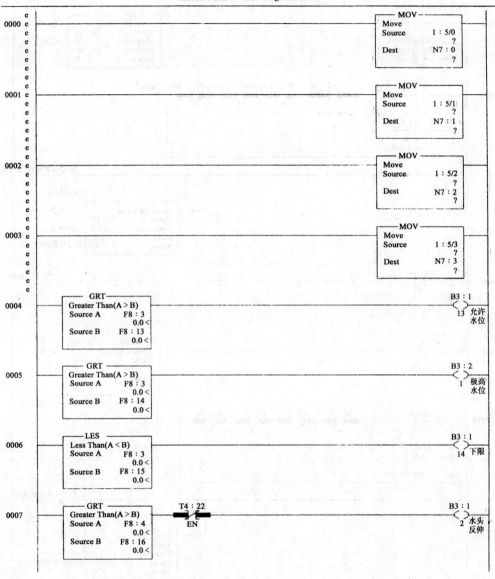

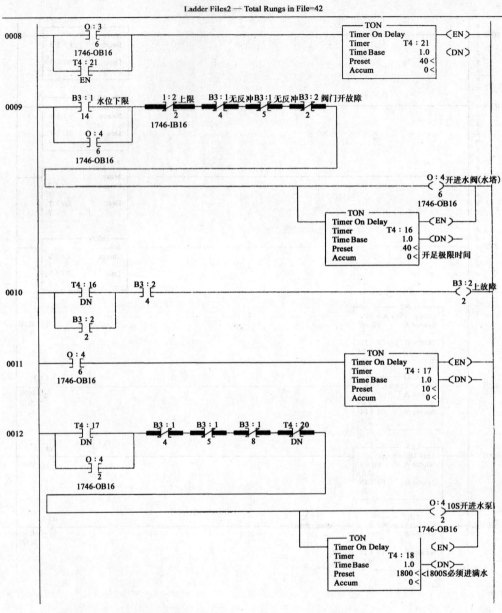

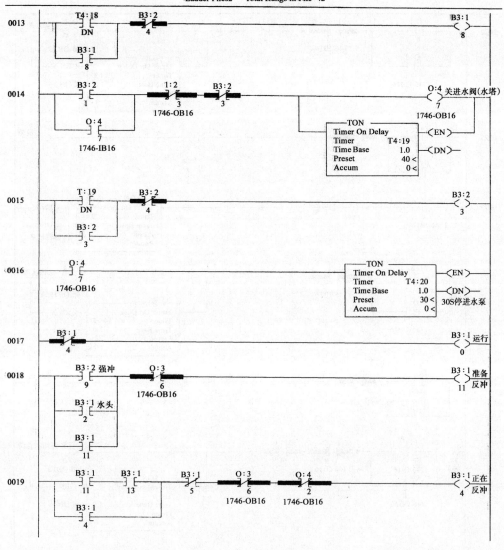

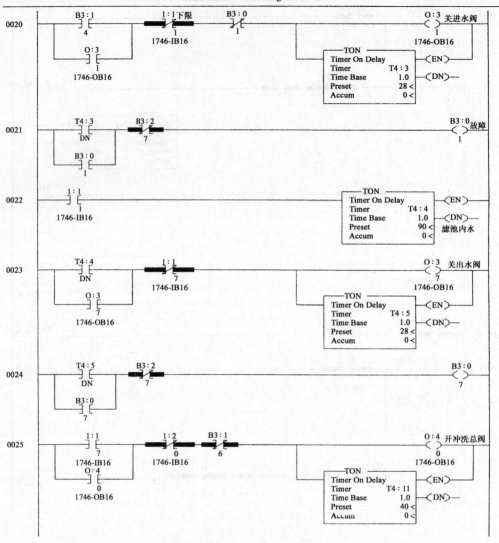

340

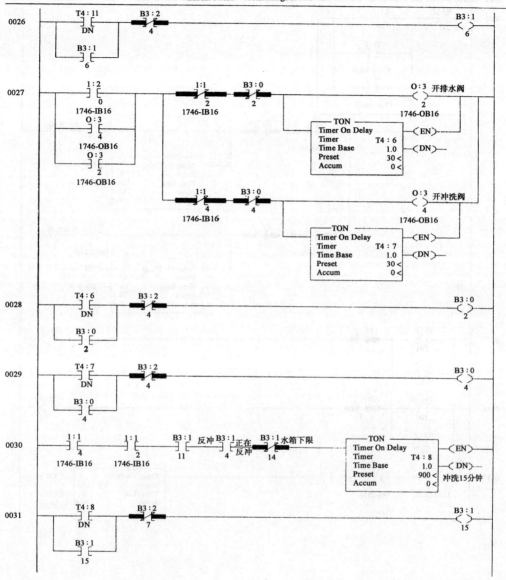

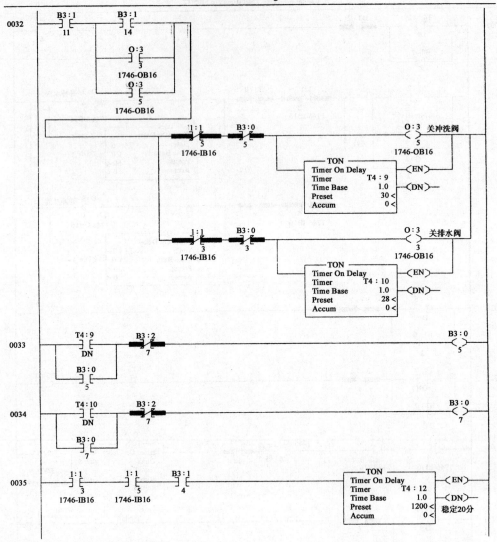

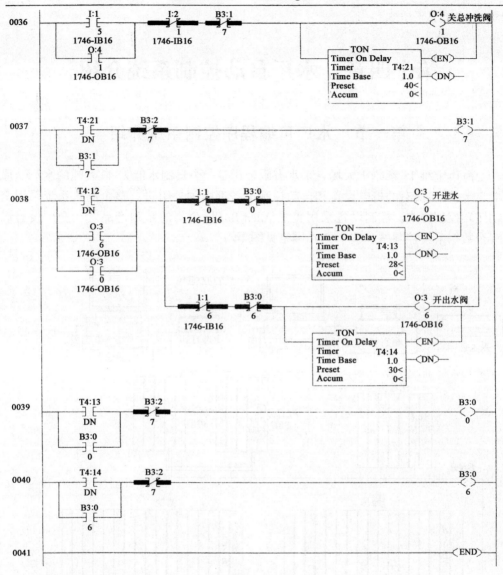

343

第十四章　水厂自动控制系统介绍

第一节　水厂可编程序控制系统介绍

　　上海市宝维士、泰晤士大场自来水有限公司是一个日制水能力40万吨的水厂。原水取自于长江,所有的机电设备和自动控制设备都由国外引进。整个制水系统采用全自动闭环控制方式。控制设备采用美国 Allen-Bradly 公司的系列产品。在全厂设有以下五个数据采集控制站。整个 PLC 网络见图 14-1。

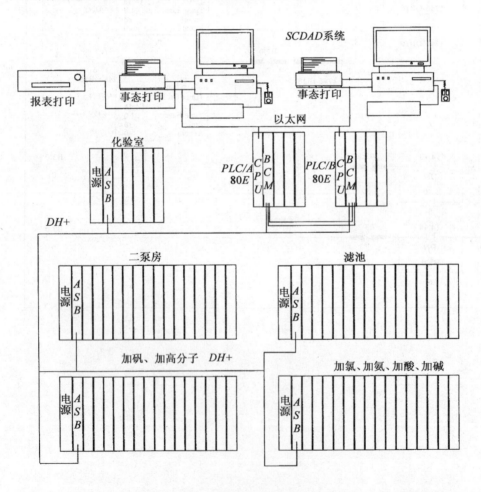

图 14-1　上海市宝维士、泰晤士大场自来水有限公司全厂 PLC 网络图

344

1. 二泵房和高压配电室：负责高压配电系统的电压、电流、功率和开关状态，出水泵的开、停控制和出厂水压力、流量等数据的测量。

2. 化验室：负责原水的 PH、游动电流、溶解氧、电导、浊度、氨氮以及水库的余氯、浊度和出厂水的 PH、余氯、浊度等水质参数。

3. 滤池：负责 20 组"V"滤池的水头损失、滤后水浊度和滤池反冲洗所需冲洗泵、鼓风机、以及水库流量、清水库液位、沉淀池排泥行车、取样泵等设备的数据采集和控制。

4. 加氯和加氨：负责加氯机、加氨机、加酸、加碱、氯气中和塔等设备的数据采集控制。

5. 加矾：负责加矾、原水调流阀、高分子设备的数据采集和控制。

在总控制室里设有二个 PLC 站，选用 PLC—5 系列 80E/CPU，这二个站相互作为热备用，一旦在工作的站出现故障，备用站会在 50ms 内接替有故障的站继续控制整个水厂设备运行。另外在控制室内安置二台装有 CITECT 软件的人机对话。

SCDAD 计算机工作站，一用一备。工作站与 CPU 上的以太网接口相连，负责监视整个水厂制水工艺参数的读取、设定和所有设备手动状态下的开、停控制（厂里所有设备都可通过计算机的鼠标点击启动或停止）。计算机工作站还配备了二台宽行打印机，负责 SCDAD 系统的数据变更和报警信息的打印机，另外一台喷墨打印机，负责生成厂里日报表和周报表，以及数据的趋势图随机打印。出厂水的控制方式有流量和压力二种控制模式选择。

在控制室计算机工作站上一旦用鼠标按动水厂起动键，PLC 控制系统就会打开原水进水阀使进水流量达到设定的起动流量值，然后按设定的进水流量速率递增。流量数据取自安装在原水管道上的二台管道式电磁流量计，正常运行应选择二台流量计的平均值，按选择的工作模式将流量参数通过 PLC 运算，再送至加矾泵的变频控制器，控制加矾的投加量。延迟一定时间开启絮凝池内的搅拌器和沉淀池的排泥行车，起动后的排泥行车按设定的方式连续运行。等到沉淀池水位上升至滤池允许运行水位时 PLC 将控制打开滤池出水调节阀，调节出水阀门开启度使滤池水位控制在设定值的偏差内。有了足够的滤池运行后，自动开启服务水泵和相关的水射器的压力水阀门。前加氯机和加酸机的变频控制器接收来自 PLC 的进水量参数控制比例投加氯和酸。后加氯机的控制有二种模式：一种是接收 PLC 按设置的投加率乘上清水库流量以及余氯的反馈值同设定值之间的偏差控制投氯（加氯机的投加比例为 100%），另一种是加氯机当地控制按余氯设置值与余氯仪反馈之间偏差或按流量比例投加氯气。

等到水库上升至出水泵允许运行水位时，可以用鼠标点击水泵起动键，起动出水泵运行。起动后的水泵将会按选定的压力或流量方式运行。控制水泵的转速使流量或压力控制在设定值的偏差之内。PLC 系统会根据出厂流量和清水库水位值算出一个进水流量值 Q，PLC 输出信号控制进水调流阀门的开启度，使进水流量符合所需要值 Q。

在水厂运行中，一旦出现设定值和测量值的偏差，超出偏差允许值，计算机工作站会报警提示并打印报警信息和时间。对任何设置值进行变更，会自动打印更改参数名称、时间和更改人的姓名和设置的数据值。未经过受权登录者不能修改任何参数和任何运行设备的状态变更。

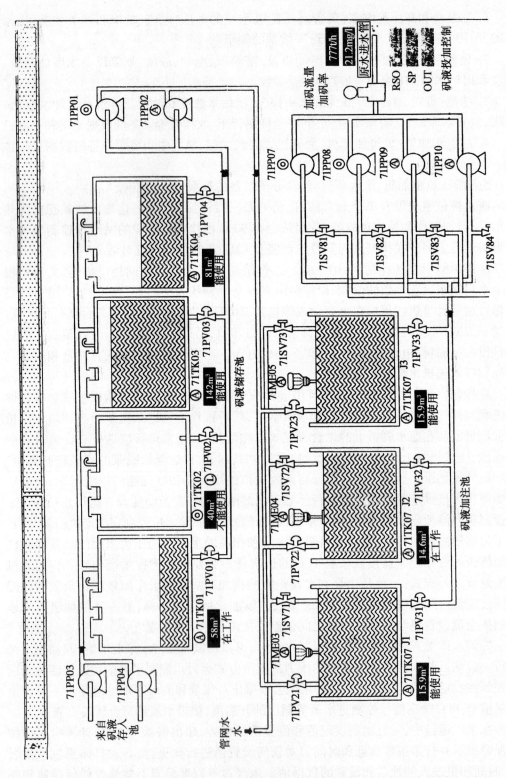

图 14-2　水厂加矾系统自动化控制图

第二节　水厂加药系统介绍

水厂的加药工艺是一个很重要的环节,直接影响出厂水的水质。过去常常用更换不同口径管子以达到改变混凝剂的加注量。为了适应自动化的发展,许多企业纷纷采用隔膜冲程泵来加注混凝剂。在输入信号 4—20mA 控制下分别调节隔膜泵的冲程长度和改变冲程泵电机的转速,以达到改变混凝剂的加注量。图 14-2 是水厂加矾系统自动控制图 J1—J3 为加矾池,在三个池子里分别装有搅拌机和超声波液位计。系统在 PLC 的控制下依次打开 J1 池子的进矾阀和输送泵 B1 或 B2 输送矾水,超声波液位计测得的矾水液位等于 PLC 系统设定值时,关闭进矾阀和输送泵 B1 和 B2。然后自动打开进水阀,当液位高度等于 PLC 设定值时关闭进水阀和输送泵,再关闭压力水进水阀和搅拌器进行搅拌,混合一段时间停止搅拌机作为备用矾液池。这样按次序 B1 到 B3 完成矾液的配制。当水厂运行后按次序先开 B1 加矾池的出口阀,直至液位降至 PLC 的设定值后,自动打开 B2 的出口阀,并关闭 B1 的出口阀,然后在进行加矾池的矾水配制。隔膜冲程泵的电机变频器接受 PLC 的 4—20mA 输出信号,该信号取原水流量值的一定比例。冲程长度同样接受 PLC 输出的 4—20mA 信号,该信号根据投加混凝剂后的效果测量仪 SCM(游动电流监测仪)的数据和 PLC 设定补偿点之间的偏差数据,增加或减小冲程。该系统矾水配制和输送还有故障自诊断功能,一但在开启输送泵或进矾阀和进水阀后,通过一定的时间液位达不到 PLC 内的设定值会在计算机产生报警信息。另外在隔膜冲程泵的出口回流管上装有液位接点开关和出口管道上装有小口径电磁流量计,一旦有回流或矾水加注流量小于设定值就会报警。

第三节　加氯、加氨自动控制系统

一般氯源可采用气体或液体,这主要取决加注量的大小。因为氯气常温蒸发量达不到所需的加注量,一般加注量大于 100 公斤/小时就要选用蒸发器来帮助蒸发。在使用时不要将几个氯瓶相互并联同时蒸发使用。下面介绍一下以首都公司及氯设备配套的大场水厂加氯系统。

一、氯源

在加氯间里设计了二台地上电子衡,这二台地上电子衡有净重和氯瓶的毛重等可选数字式显示及 4—20mA 信号的输出。将二个氯瓶分别放在二台地上衡上。一用一备,二个氯瓶的液氯出口接在二组液氯管 A、B 上。并且还设计了一根气氯管。整个氯源部分如图 14-3 所示。在图中 B1、B2、B3 是膨胀室,P1、P2、P3 是防腐指针压力表,主要用来显示液氯和气氯的压力。SP1、SP2 是可调定压力的水银压力开关,其开关信号输出给 PLC 和氯源自动切换器。在氯源房内设有三个氯气吸风口和两个漏氯探头,ZB1、ZB2 是两台中和泵,主要作用是一旦发生漏氯后从中和塔的底部抽取碱液从中和塔的上端向下喷洒。DK1、DK2 是电动阀门,用来切换 A、B 组的氯源。FB1、FB2、FB3 是防爆膜,一但由于误操作或发生故障管道内压力上升至一定高度而产生危及安全时冲破防爆膜进入安全室。FP1、FP2、FP3 是压力表当防爆膜冲破时用来显示安全室内的压力。BK1、BK2、BK3 是压力开关,一但发生防爆膜冲破,压力开关动作输出报警信息。

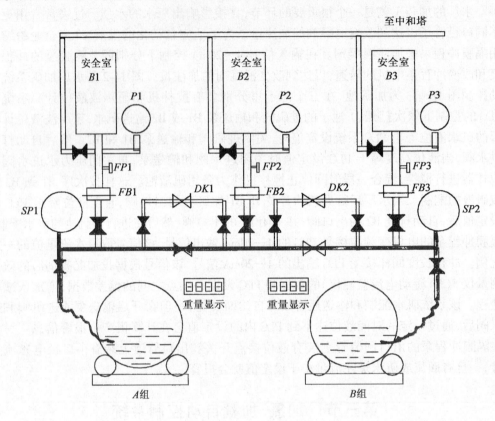

图 14-3　氯源系统

二、蒸发器

　　蒸发器的主要作用是将液氯加热加速它的气体量,达到增大气量。图 14-4 是蒸发器的内部结构图,使用时分别打开蒸发器液氯进口阀门和出气手动阀门,合上蒸发器的加热和控制电源开关,蒸发器自动打开进水电磁阀,水箱进水,待水位上升到一定高度后控制器合上加热电源,使水箱内的水开始加热。当水温达到设定的温度时,控制器打开出气管上的电动减压阀,氯气输给真空调节器用。当水位达到设定的高度时,高水位开关动作切断电磁阀电源水箱禁止进水,同样由于水加热后要蒸发水位慢慢下降,当水位达到设定低水位时,控制器再合上电磁阀电源,水箱又开始进水。另外在水箱内还装有温度探测器和一个衡温器组合,用来对水箱内的水进行恒温加热,加热温度一般在80℃左右。加热后的水通过碳钢套缸的外壁传导到内壁传递至缸内盛装的液氯,使液氯加速挥发而传递热量。在氯气恒加注量加注时缸内的液氯液位将恒定在某一高度。当增加加注量时,缸内的压力就会下降,使液氯液位上升,到达新的平衡点。反之当减少氯气的加注量时,缸内的氯气压力就会上升,将缸内的多余液氯压回氯瓶。在氯气的出口配备了过滤器,滤去氯气的杂质。还在出口管道上安装了安全防爆膜和防爆室,一旦由于误操作或设备故障使管道内的压力上升到一定高度时,就会冲破防爆膜,有压气体进入安全室,装在安全室进口管道上的压力开关就会动作,发出报警。操作人员待排除故障后,再打开放空阀让氯气进入中和塔。等到安全室内氯气放完后重新换上新的防爆膜,关掉安全室的放空阀,重新作为备用组。

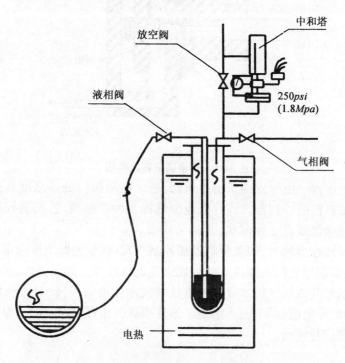

图 14-4　蒸发器内部结构图

三、真空调节器

一般在水厂的加氯机同加氯点之间有着一定的距离,如果将蒸发器出口的有压氯气通过加氯机直接输送至加氯点就很不安全,一旦管子损坏氯气就会发生泄漏。危及人的生命安全,后果不堪设想。因此国外在 60 年代开辟了真空加氯技术,将真空投加技术替代了压力投加技术,大大提高了氯气投加的安全性。所以研制了真空调节器,见图 14-5。当打开加注点处的压力水阀门水射器开始工作后,整个真空调节器出口就形成了负压即真空。真空调节器中的隔膜在负压的作用下带着膜片中间连杆一起向左偏移,打开倒装阀,使氯气进入真空调节器。而当真空调节器出口至加氯机及出口管道至加氯点发生泄漏,大气压通过加氯管道进入真空调节器推动隔膜及连杆向右偏移,关闭倒装阀,切断氯源。

四、加氯机

它的作用是控制氯气的加注量。在加氯机里装有手动调节加注阀和电动调节阀,

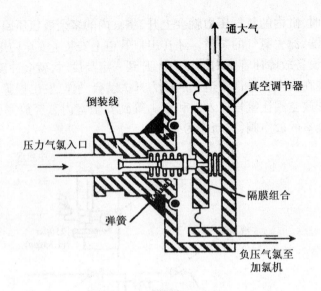

通大气

真空调节器

倒装线

压力气氯入口

隔膜组合

弹簧

负压气氯至
加氯机

图 14-5　真空调节器结构图

还装着一个稳差压器。由于安装了稳差压器,所以电动阀门的开启度直接代表着阀门的过气流量。加氯机的控制器方式有当地和远程二种控制模式,投氯控制方式有流量比例、余氯、流量余氯复合三种模式。

当控制方式选在当地时,加氯量的投加控制方式,按控制器上所选定的方式对输入的流量、余氯反馈信号比例或按设定的余氯反馈进行投加。而远程控制时,控制器自动关闭余氯输入信号并以氯气投加量信号直接替代水流量信号,投加比例设为 100%,这时加氯量(即阀门开启度)等于输入信号。另外加氯机还有可设定的流量输入下限和氯气流量下限报警信号输出。

五、加氨系统

加氨系统与加氯系统是完全相同的,只是液氨的蒸发量比较大,故氨气压力要比氯气压力高一些。另外由于在蒸发器的氨气出口压力较高,因此需使用二级降压装置。

六、加氯、加氨系统的附属设备介绍

1. 氨瓶、氯瓶切换器(1040):该控制器有自动或手动控制二种方式控制电动阀门 DK1、DK2 打开或关闭。在自动控制时,当 A 组氯瓶的氯源将要用完时,氯瓶的出口压力下降到 SP1 的设定值,水银开关动作分别给氯瓶切换器和 PLC 一个信号,控制器关闭 A 组氯源电动阀 DK1,然后再开启 B 组氯源电动阀 DK2,PLC 接收到水银开关信号后在水厂控制室 SCADA 系统中显示信息,提醒值班操作员需调换氯瓶。在手动控制时,操作人员可根据 A、B 组氯源的实际状况按动控制器面板上的 A、B 组电动阀门的开启或关闭按钮,合理选用氯源。另外在控制器面板上还有电动阀门和空瓶的状态显示。

2. 漏氨、漏氯探测报警器(1620):主要是用来探测氯库、氨库和蒸发室是否有氨气或氯气的泄漏。它的探测泄漏浓度是可设定的(一般在 3ppm),漏氯探测传感器一般装在氯库和液氯蒸发室内离地坪 150—250mm 处的四周墙上,因为氯气的比重比空气重,因此泄漏的氯气是向下沉的。而氨气探测传感器是装在氨库和液氨蒸发室离地坪2000mm的四周墙上,因为氨气的比重比空气轻,泄漏时是向上散发。一旦探测到氯气泄漏,控制器立即关闭电动阀门 DK1、DK2,并打开抽风泵和中和泵,将泄漏的氯气抽入中和塔与碱进行中和,同时发出报警警笛和输出信号,PLC 接收到泄漏信号立即在SCADA 上提示操作员采取措施防止事故的扩大。同样氨气泄漏报警器在探测到泄漏时会采取相同的措施,不同的是没有中和塔,只是打开氨库和液氨蒸发室内的排气扇。

3. 后备电池(1640):由于氯气和氨气的泄漏会给人的生命带来及大的危险,因此确保漏氯和漏氨报警器在任何时间和任何工况下能正常、可靠使用及其重要,所以给漏氯和漏氨报警器的工作电源配备了后备电池,确保一旦泄漏能及时报警并关闭氯源和氨源电动阀门,防止事故进一步扩散。

4. 水射器:水射器的结构有些类似于文丘利管的构造,在大流量的水流过缩口处产生负压,在负压的作用下使隔膜组合一起往下拉打开进气阀使氯气进入真空室后同压力水一起进入投加管道中。它的结构见图 14-6。

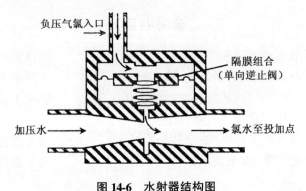

图 14-6　水射器结构图

第四节　滤池控制系统

本厂有 20 组"V"滤池,所有阀门都采用 KEYSTONG 气动阀门,其中进水阀和排水阀采用了直板阀,气冲、水冲为碟阀,出水阀为气动调流蝶阀。所有滤池阀门都没有手动操作按钮。在每格滤池里安装了压阻式液位仪和水头损失测量用的差压变送器。滤池的反冲洗条件设有时间、水头损失、滤后水浊度。反冲洗方式有一般反冲洗和强反冲洗模式。所有滤池的参数运行时间、滤后水浊度、衡水位、气冲强度、水冲强度等都能通过 SCDAD 系统设入 PLC。冲洗步骤按"V"滤池的要求进行编辑设计。#1—#10 和 #11—#20 滤池拥有独立的 A、B 二组反冲洗设备,共配备了 5 台鼓风机和四台冲洗水泵;#1、#2 鼓风机和 #1、#2 冲洗泵用作 #1—#10 滤池的反冲洗,#4、#5 鼓风机和 #3、#4 冲洗泵用作 #11—#20 滤池的反冲洗,#3 鼓风机作为公共备用。在二组水冲洗管道之间有一根联络阀门,一但 A 组或 B 组的反冲洗调流阀门坏了,可打开此阀门并在 SCDAD 系统中选用 A 组或 B 组的调流阀为公共冲洗调流阀,但这时 A 组、B 组不能同时反冲洗,在同一时间内 #1—#20 滤池只能有一组滤池进行反冲洗。

第五节　高压配电及出水泵房

出水泵房设有四台每小时 $8332m^3$ 扬程为 48m 的离心泵,其中二台水泵的电机配备了罗宾康(ROBICON)变频调速器,另外在出厂管道上安装了二台管道式电磁流量计和压力变送器。正常工作状态下应选定二台流量计的平均值,一但二台流量计的测量值相差 +2%,PLC 就会发出偏差报警,在 SCDAD 系统上提示,操作人员将根据经验视实际工况选择一台流量计作为控制参数。出水泵的运行控制方式有衡流量或衡压力二种模式供选择。在换泵运行时,必须先将运行着的变速泵的电机转速用手动设置在最低值即额定转速的 65%,然后再点击 SCDAD 上的起动按键,系统会自动打开引水阀,进行引水,待泵内水引满起动电机打开水泵出口单向阀门。如果起动的是变速泵时,待电机起动运行后再将变速控制改为自动。运行的变速泵会按设置的出厂压力自动调节转速。

参考书目

(1)蒋兴忠编《数显温度仪表原理及调校技术》　　同济大学出版社　1991 年
(2)袁去惑、孙吉星《热工测量及仪表》　　　　　　水利电力出版社　1988 年
(3)国家机械工业委员会《热工仪表检修工工艺学》　机械工业出版社　1990 年
(4)冶金工业部《热工测量与自动调节》　　　　　　　　　　　　　　　1991 年
(5)康华光编《电子技术基础(数字部分)》　　　　　高等教育出版社　1988 年
(6)秦曾煌编《电工学:电子技术》　　　　　　　　高等教育出版社　1991 年

第四篇　计算机基础知识

第十五章 概　　述

本章主要介绍了计算机自发明以来至今的发展历程,同时还讲述了计算机的特征和应用,通过学习,使学员对计算机有了初步的了解,本章应重点掌握计算机的特征和应用。

第一节　计算机的产生和发展

一、计算机的产生

电子计算机是一种现代化计算工具和信息处理工具,它在当今社会中起着不可替代的作用,作为本世纪最伟大的发明,计算机是由简单的计算工具,经过人们的不断改进、创造、发明,逐渐演变来的。

计算是人类生活中必不可少的活动,随着社会的进步,人们交往的日益增多,需要计算的内容越来越多也越来越复杂,为了从烦琐的计算活动中解放出来,人们不断地进行研究、探索,力求制造出代替人类计算的机器。早在一千三百年以前,我国的唐朝就发明了算盘,其简便快速的特性使得它得以沿用至今;1642 年,法国人巴斯卡尔发明了机械的台式计算机,通过手摇计算,可以自动进位,并能方便地进行乘除计算,这便是现代计算机的原始祖先;1812 年,英国数学家巴贝奇设计出一台由卡片控制的叫做差分机的机器,历史上第一次把程序存储的思想引入计算机;1940 年,美国贝尔实验室的斯蒂比茨和哈佛大学的艾肯,以及 1941 年德国人楚泽等都研制成功了机械的计算机。二十世纪四十年代以后,科学技术急速发展,出现了雷达、导弹和原子能的利用,需要进行大量而且复杂的计算,这使已有的计算工具无能为力,这就预示着计算技术必须有一个突破。经过人们的不懈努力,1946 年世界上第一台计算机 ENIAC 终于在美国诞生,它有 18800 个电子管,1500 个继电器,重量约为 30t,占地 $170m^2$,消耗 150kW 时的电力,运算速度为每秒 5000 个加法,而且稳定工作时间仅为几个小时。尽管如此,ENIAC 的成功终究是计算机科学技术史上的一个重要的里程碑,为现代计算机的发展奠定了科学基础,开创了科学技术发展史的新时代——计算机时代。

二、计算机的发展

从 1946 年到今天,短短的五十多年中,计算机以令人难以置信的速度发展,已经历了四个阶段,通常称为四代,目前正在向第五代过渡,新一代计算机较之老一代计算机运算速度更快,可靠性更高,体积更小而且更加节省能源。

1. 第一代计算机

即 ENIAC,是基于电子管技术的电子计算机。

2. 第二代计算机

1958 年产生,基于晶体管技术,运算速度比第一代快 100 倍,成本大幅度降低,可靠性大大提高。

3. 第三代计算机

1964 年产生的集成电路计算机,运算速度达到几百万甚至几千万次,耗电量大大降低,可靠性提高了十几倍。其外部设备也快速发展,计算机与通讯密切结合,并广泛地应用于工业控制、数据处理和科学计算,大大促进了计算机的发展。

4. 第四代计算机

从 1970 年至今,第四代计算机的研究和制造进入了兴旺时期,主要元件采用大规模集成电路,计算机中央处理单元(CPU)和图形处理器芯片中包含的元件竟达到一亿以上。在这一时期,计算机的应用走入人类生活的各个角落,个人电脑的普及和因特网的出现,使得计算机与人类生活紧密相连。

5. 第五代计算机

目前正处于研制开发阶段,科学家预言二十一世纪将产生新一代计算机,可能是光子计算机或是生物计算机,其运算速度之快、可靠性之高、耗电量之低将是人们无法想象的,而且计算机趋于智能化。

第二节　计算机的特点和应用

一、计算机的特点

计算机的应用几乎遍及各个行业,而且随着社会信息的交流和需求,计算机不但应用于科学机关、军事系统和工矿企业,而且也走进了办公室、家庭和教室。它具有以前的计算工具无法比拟的优越性,这主要是因为它具有以下几个显著特点:

1. 运算速度快

现在最快的计算机每秒可进行上千亿次计算,这种运算速度远远超过了人们的想象。由于计算机主要从事的是科学计算、逻辑判断和数据传送,所以运算速度快是使计算机神通广大的重要原因。

在现代军事国防和航空航天的研究中没有计算机是绝对不可能的。这些研究需要对大量的数据进行复杂的运算,一台超级计算机在 1s 内运算的数据量是一个人穷其一生也无法手工完成的。

2. 计算精度高

计算精度高,也就是准确率高。一般计算机可以有十几位甚至几十位有效数字,这样就能进行精确的数据计算和表示数值计算的结果。特别在军事和航天领域,计算精度起着决定性的作用,运行轨道的计算和对军事目标的打击,其精度都以 m 甚至 cm 来计算,计算机是实现这一目标的关键因素。

3. 具有记忆和判断能力

计算机能在的储存能力随着计算机技术的发展不断提高,目前已经达到海量存储的阶段,可以轻松地把一个图书馆中的书记浓缩至一张直径十三公分的光盘中;同时它还具有很强的逻辑判断能力,它能根据你输入的程序一丝不苟地工作,几乎从不出错,计算机不具有人类的创造力,但是它逻辑思维能力比起人类来丝毫不差,因此我们说计算机能代替人类的部分脑力工作。

4. 自动化程度高

计算机的内部操作运算,都是自动进行的,使用者编写程序并运行,输入原始数据后,计算机就在程序的控制下完成工作,基本上不用人去干预。而且计算机能够自动连续地不知疲倦地工作,并能够永远"认真负责,一丝不苟"。现代许多企业的生产线大多由计算机控制,只需要很少的工人就能生产出很优秀的产品。人类越来越多的把精力投入开发研究工作,简单的重复性劳动都交给计算机去控制完成。

二、计算机的应用

早期的计算机的研究是为了用于数值计算,但不久就突破了这个框框,现代科学的发展使计算机的应用范围非常广泛,它几乎无孔不入,进入了人类社会的一切领域。以下介绍计算机应用的几个主要方面:

1. 数值计算

计算机研究的初衷,也称科学计算,主要涉及复杂的数学问题。由于计算机的发展,数值计算在现代科学研究中的地位不断提高,在尖端科学领域,其重要性尤为显著。宇宙火箭、人造卫星、航天飞机以及宇宙空间站的研究和设计,这些空间飞行器从发射进入空间轨道,到跟踪观测、自动控制、获取数据并分析整理,都离不开计算机的精确计算,没有计算机,航天技术发展中的许多问题都无法解决。

2. 事务处理

事务处理又称为数据处理,最初指计算机加工商业、企业等方面的信息。现在一般指非科学工程方面的计算、管理和查询资料等。现代社会是信息社会,各种信息浩如烟海,为全面分析、深入研究、精确认识信息和掌握这些信息,需要对信息进行科学的加工和处理,其巨大的工作量和计算精度是人类所不能胜任的,因此,计算机的应用显得尤为重要。

3. 自动控制

以计算机为中心的控制系统被广泛地用于操作复杂的商品生产中。计算机可以根据人输入的程序对生产过程进行控制,可以避免生产过程中因为人为因素而导致的失误,计算机不知疲倦地辛勤工作,严格地遵照生产流程,作到精确控制使得企业生产顺利进行,劳动生产率大幅度提高,节省了人力资源。而且,计算机可以在对人类有害的环境中代替人进行工作。

4.CAI(计算机辅助教学)、CAD/CAM(计算机辅助设计)

计算机辅助教学是指计算机通过执行教学多媒体软件,以声情并茂的方式进行教学工作,通过人机对话的方式与学生进行交流,从学习的一个阶段到另一个阶段,可以根据学生的测验成绩确定,类似于人们在玩电子游戏的过程中玩得好就能进入下一个难度更大的游戏中的"过关",这样可以有效地激发学生的学习兴趣,既可以减轻教师负担,又可以提高教学质量。

计算机辅助设计简单地讲是让计算机辅助人类进行产品和工程设计。设计一种产品和一项工程包含多方面内容,如:设计方案的对比,设计图纸,所需材料的确定等等。如果靠人工进行,则需耗费大量人力物力,计算机可以对产品和工程的设计过程进行模拟,让人们在计算机中看到设计成果,大大节约了人力物力。例如:现代的建筑工程大多先在计算机中利用相关软件进行设计,建立模型,再对建筑的外形和内部构造进行效果模拟,证明一切可行,然后才破土动工。

5. OA(办公自动化)和 AI(人工智能)

办公自动化就是指用计算机帮助办公室人员处理日常工作。如:用计算机进行文字处理、文档管理、资料处理、图象处理、声音处理和网络通讯。也就是说,可以利用计算机保存和查询资料、制作各种统计图表,并能进行远程通讯,从而节省了人力,提高了工作效率和工作质量。

人工智能即以计算机的运算代替人类的智能思考,对事务进行分析处理,由于计算机本身没有创造性思维,人工智能以大量的数据为基础,充分利用计算机存储信息量大、运算速度快的特点,把可能出现的情况或发展趋势都输入计算机,计算机通过对现象的分析,从已有的经验中得出结果。IBM 公司制造的"深蓝"电脑击败国际象棋大师卡斯帕罗夫就是人工智能的一个成功的例子。

6. 虚拟现实技术

虚拟现实技术是一门新兴的科技,它利用计算机的高科技手段构造出一个虚拟的境界中,使参与者获得与现实一样的感受,是一个在当今国际上倍受关注的课题,已经被广泛应用到各个领域,虚拟现实技术创造一种融多媒体、三维图形、网络通讯、虚拟现实为一体的新型媒体,将对人类社会产生极为深远的作用。

总之,计算机是人类智能发展形成的产物,又是人类智能进一步发展的工具。现在,计算机的应用已相当普及,而且还在不断发展,我们应该尽快掌握计算机技术,只有充分利用这种现代化的工具,才能跟上时代的发展,提高工作的效率和质量。

复习思考题

1. 简述计算机的特点。
2. 谈一谈计算机可应用于哪些方面。

第十六章 硬　　件

本章对由中央处理单元、存储器、输入设备、输出设备组成的计算机硬件系统进行了介绍,各节中重点讲述了这些硬件的工作原理和功能,内容和知识点较多,是本篇中的重点。

第一节　概　　述

一套完整的计算机系统,由硬件和软件两部分构成。本节主要讲一讲硬件系统。所谓硬件系统,是指过程计算机的物理设备,即由机械、电子器件构成的具有输入、存储、计算、控制和输出功能的实体部件。所谓硬件,指得是看得见、摸得着的物理设备。

计算机的存储器、运算器、控制器、输入设备和输出设备是组成计算机的五个主要功能部件,也称为计算机的五大部分,他们之间的关系如图:

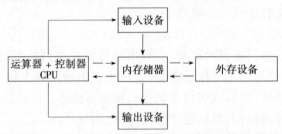

计算机工作时,首先由控制器控制"输入设备"将原始数据及程序输入到"内存储器"中,再由控制器将内存储器中的数据送至"运算器"中进行处理,处理的中间结果和结果均输入内存储器,最后由控制器控制将内存储器中的结果数据通讨"输出设备"输出,控制器要求根据程序要求控制所有部件的工作。下面对这五个主要功能部件进行分别介绍:

第二节　中央处理单元

中央处理单元(以下简称 CPU)是计算机的核心,是计算机控制器和运算器的结合。它的性能对于整个计算机硬件系统起着决定性作用,现在市场上经常提到的奔腾四、赛扬都是指计算机的 CPU 的等级。谈到 CPU,不能不提到美国 INTEL 公司,INTEL 公司是世界上最富盛名的 CPU 生产厂家,他的产品占领了世界 80% 的市场,他雄厚的财力和技术优势在同行业中更是首屈一指。AMD 公司是唯一能和 INTEL 公司在个人电脑领域抗衡的对手,尽管其实力较之 INTEL

INTEL 奔腾四处理器

公司要逊色不少,然而其产品在部分性能上大大超越了 INTEL 公司,而且价格低廉,被许多计算机发烧友所青睐,

CPU 是计算机的控制器和运算器的结合。

作为控制器:CPU 是计算机的指挥中心,它能按照一定的目的和要求发出各部分的工作信号,协调计算机各部分的工作,它使计算机具有自我管理的能力。如:存储器进行信息存储,运算器进行各种计算,信息的输入和输出都是在控制器的统一指挥下进行。当计算机电源接通,控制器就立即忙碌起来,它要对程序的每一条指令进行分析、判断,发出各种信号,控制计算机各部件完成指令所规定的操作;此外控制器在工作过程中,还要接受执行各部分反馈回来的信息,为控制判断下一步如何工作提供了依据。

作为运算器:CPU 是具体完成各类数据运算处理的部件,是对数据进行加工的中心,它主要的功能是对二进制数码进行加、减、乘、除等算术运算和基本逻辑运算,即实现逻辑判断和逻辑比较。运算器在控制器的作用下实现其功能,除完成数据运算外,它还要完成数据传送和移位等操作,即将运算结果由控制器指挥着送到内存储器中。

目前的 CPU 中还加入了大量的辅助指令,如 INTEL 的 SSE 指令和 AMD 的 3DNOW 指令,这些指令对计算机的多媒体性能有着很大的提升,如果有支持该指令的硬件和软件的支持,将会使计算机的整体性能有大幅度的提升。

CPU 的性能是衡量一个计算机硬件系统的重要指标,相应的 CPU 应辅以相应的设备才能充分发挥其作用,计算机系统是一个整体,组成系统的各个环节必须协调一致,如果有一个环节出现问题,会使得整个系统陷入混乱之中。

第三节　存储器

计算机具有记忆的功能,存储器是其行使这一功能的设备。电子计算机通过输入设备获取的全部信息都存放在存储器中。它主要用来存放数据、指令、程序、计算的中间结果和最终结果。存储器的基本单元是字节(byte),用来描述存储器容量的单位还有"K(千)"、"M(兆)"和"G",它们之间的换算关系为:

1KB = 1024B

1MB = 1024KB = 1024 × 1024B

1GB = 1024MB = 1024 × 1024KB = 1024 × 1024 × 1024B

存储器分为内存储器和外存储器两种。

一、内存储器

DDR 内存

又称主存储器,简称内存。它的容量的大小直接影响到计算机的速度。内存可以直接与中央处理器交换信息,具有较高的读写速度,但是它不能长久地保留信息。电源切断后,内存中的信息将无法保存。因而,需要外存储器来弥补这一缺陷。

内存的容量因计算机的类型和档次而异。早期的计算机内存只有 64KB 或 640KB,

随着技术的不断发展和软件对内存的要求不断增加,内存的容量逐渐增大,早期的286机的内存一般为1兆字节;386机的内存一般为2~4兆字节;486机的内存容量达到4~16兆字节;目前主流的机型,其内存容量达到256兆字节以上,用于图形处理或网络服务器等特殊用途的,其内存甚至达到1G以上。

内存储器分为随机存储器(以下简称RAM)和只读存储器(以下简称ROM)两种。RAM指的是一般意义上的内存,以上所讲的内存容量就是指RAM的容量。RAM可以随时读出或写入信息,其中的信息关机后自动消失。ROM是用来存放生产厂家预先固化在ROM内的系统服务程序,如监控程序、翻译程序等。这些程序开机后立即执行。ROM内的信息只能读取不能修改,而且关机后也不消失。

二、外存储器

又称辅助存储器,简称外存。它可以长久地储存信息,最常见的是硬磁盘、软磁盘和磁带等等。外存具有较大的容量,速度较慢。我们首先来说一说硬磁盘。

(1)硬磁盘(以下简称硬盘)

硬盘的盘片是在金属薄膜圆盘的两面涂上磁粉构成的。它是最常用的外存储器。硬盘的容量随着计算机技术的发逐渐增大,从早期的几十兆字节达到现在的几百G字节,速度也越来越快,其盘片的转数已经达到1r/min以上,而且具有非常好的稳定性。如果硬盘不受到外力的损害,其正常运转时间可以达到五十年以上。硬盘通常由多个盘片组成,每个盘面有一个磁头负责读写,也就是说,有多少个盘面就有多少个磁头。磁道和扇区是磁盘上用来

硬盘

衡量容量的单位。把磁盘表面划分成若干不同半径的同心圆,再把每个同心圆划分成若干个弧段,每个同心圆称为一个磁道,每个弧段称为一个扇区。硬盘还有一个特有的单位是柱面,硬盘每个盘片的同一磁道称为一个柱面,柱面数是硬盘每个盘片的磁道数。各种硬盘的磁道和扇区的划分格式互不相同,但每个扇区一般可以存储512个字节,因此硬盘的存储容量为:

(柱面数)磁道数×磁头数×扇区数×512

硬盘结构如下图:

硬盘装在一个封闭的盒子里,除了生产厂家外,其他人员很难对硬盘的物理故障进行维修。硬盘是计算机中的存储信息的"仓库",它的性能直接影响到计算机的整体性能。

(2)软磁盘(以下简称软盘)

软盘是一张十分光洁的塑料圆盘,在它的两面均匀的涂上磁粉。与硬磁盘相比,软磁盘容量小,易损坏,读写速度慢,但是体积轻巧,携带方便。其容量也以磁道和扇区来计算。每个扇区可以存储512个字节。软盘根据直径可以分为5.25英寸软盘和3.5英寸软盘(简称5寸盘和3寸盘);根据存储密度划分可分为高密度盘和低密度盘两种。

①5英寸软盘

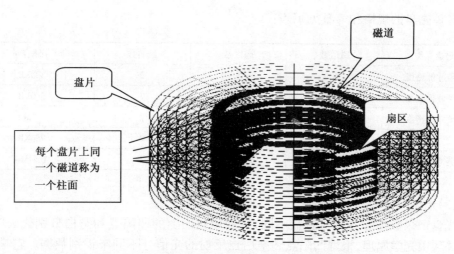

　　盘片封存在一个方形且中间带孔的纸质封套内。封套的侧方开有一个椭圆形孔,把磁盘的盘面裸露出来,这个孔叫读写孔,软盘驱动器的磁头通过读写孔与磁盘进行信息交换。在封套的侧方开有一个方形缺口,成为写保护缺口,此缺口若用一片不干胶封住,则磁盘内容就不能被修改,我们把这片不干胶称为写保护。只有去掉写保护才能对磁盘内容进行修改。

5 英寸软盘

　　5 英寸软盘根据容量可以分为高密度盘和低密度盘。高密度盘容量为 1.2 兆字节,有 80 个磁道,每个磁道有 15 个扇区,低密度盘容量为 320KB 或 360KB,有 40 个磁道,每个磁道有 8 或 9 个扇区。

　　②3 英寸软盘

　　3 英寸软盘封装在塑料硬套内,较之 5 英寸软盘有着更大的容量和更高的可靠性。它也分为高密度盘和低密度盘两种类型。低密度 3 英寸软盘的容量为 720KB,有 80 个磁道,每个磁道有 9 个扇区,高密度 3 英寸软盘的容量为 1.44 兆字节,有 80 个磁道,每个磁道包含 18 个扇区。

3 英寸软盘

　　软磁盘存储容量为:磁道数 × 扇区数 × 盘面数 × 512

　　软盘结构如下图:

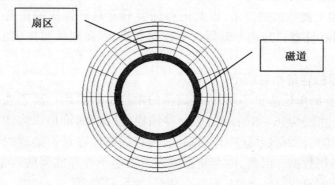

361

各种磁盘的规格和容量见下表：

磁盘类型	磁道数	扇区数	盘面数	存储容量
5 英寸低密度	40	8	2	320KB
5 英寸低密度	40	9	2	360KB
5 英寸高密度	80	15	2	1.2MB
3 英寸低密度	80	9	2	720KB
3 英寸高密度	80	18	2	1.44MB

（3）光盘

光盘记录数据的方式与磁盘不同，它利用盘面上的凹陷点和空白分别代表"1"和"0"，并利用光学原理，根据凹陷点和空白点反射的光信号不同来识别数据。它是一张光洁的硬塑料盘，容易划被伤，它的特点是：存储信息量大，易于携带、保存，而且制作成本很低。光盘的种类大至分为两种，CD 光盘和 DVD 光盘，CD 光盘只有一面能存储数据。一张普通的光盘大约能存储 700 兆字节的数据，相当于 75min 的音乐或图象；DVD 光盘种类和多，其容量从 3G 到 9G，远远大于 CD 光盘的容量，可以储存高达 180min 的高清晰度影片和六声道得声音信号，光盘的两面都可以保存数据。

光盘分为只读光盘、刻录式光盘和可擦写光盘三种类型，只读光盘是最常用的一种，它只能读出而不能写入；可录式光盘既可以写入又可以读出，但是不能反复写入，数据一经写入就不能被擦掉重写；可擦写式光盘可以反复写入和读出，使用方便但价格较高。

（4）内存储器与外存储器的区别

a. 保存的数据的类型不同。

内存储器保存的数据是 CPU 正在或将要处理的数据；外存储器中保存的是备用的信息。当一部分数据需要进行处理时，由外存储器调入内存储器，其处理结果和中间结果都暂时保存在内存储器中。二者的关系就象书桌和书橱之间的关系，平时书在书橱中保存，阅读时从书橱中取出，放在书桌上阅读，读过以后放回书橱中。

b. 读写速度不同。

内存储器的速度要远远高于外存储器。由于 CPU 的处理速度非常地快，而内存储器是与 CPU 直接交换数据的设备，因此内存储器只有具有较快的速度，才能充分利用 CPU 的资源。外存储器只与内存储器进行数据交换，因而对读写速度的要求低于内存储器。

c. 内存储器的容量相对较小。

内、外存储器的单位造价不同，内存储器的单位价格要远远高于外存储器，现在市场上的内存的价格约为：6～8 元/兆，而外存储器（硬盘）的价格仅为：0.4～0.8 元/兆。而且内、外存储器在计算机系统中作用不同，内存储器保存正需处理的数据，而外存储器保存大量的备用数据。因而，内存储器的容量要小于外存储器的容量。现在市场上一般机型的内存容量为：16～64M，而外存储器（硬盘）的容量：1～9kM。

362

d. 保存数据的方式不同。

内存储器保存的数据是暂时性的,在切断电源后消失,而外存储器保存的数据是永久性的,即使切断电源,数据仍然存在。

以上所讲的是计算机的存储器的类型,但是如果想利用磁盘中的数据,必须通过磁盘驱动器对磁盘进行驱动。磁盘驱动器分为软盘驱动器和硬盘驱动器两种。为了便于识别和操作,给每个驱动器赋予一个标识符。第一个软盘驱动器标识符为 A;第二个软盘驱动器的标识符为 B;硬盘驱动器的标识副符为 C。大容量的硬盘可以划分为多个分区,这些分区称为逻辑驱动器,其标识符依次为 C、D、E……Z。使用光盘需要光盘驱动器(以下简称光驱)。光驱是一种结合光学、机械和电子技术的产品。现在常见的光驱有只读光驱和可擦写光驱两种,前者只具备读的功能,而后者既能进行读操作,又能进行写操作。

第四节　计算机的输入设备

计算机中的信息不是天生就有的,而是通过输入设备获取的。就象人类通过眼、耳、舌和皮肤来获取自然界中的信息一样,计算机依靠输入设备将数据和信息传入存储器。输入设备是计算机不可缺少的一部分。输入设备主要包括:键盘、鼠标、扫描仪、光电笔等等,以下重点介绍最常用的输入设备——键盘。

Win95 键盘

一、键盘

常见的类型有 101、102 和 win95 键盘,以下我们以
101 键盘为例讲一下键盘的组成。

(1)键盘的结构

101 键盘分四个区:左下方的 59 个键为打字键区;上方 F1 – F12 的 12 个键为功能键区;右侧的 17 个键为数字小键盘区;中间的 13 个键组成光标控制区。共计 101 个键。

(2)键盘的功能划分

101 个键可分为两类:一类是进行字符输入的键,例如:进行中、英文输入时使用的键;一类是实现某种控制的键,例如:选择输入方式,控制打印输出等。实现控制的键多为两个或两个以上键组成。

(3)关于双功能键的使用

在键盘的每个键帽上都标注了一个或两个符号,用来指示按下这个键所起的作用。其中,标有一个符号的键是单功能键,标有两个符号的键是双功能键。双功能键的上边的符号称为该键的上功能(上档),下面的符号称为该键的下功能(下档)。直接敲击双功能键,输入的是下档的字符;同时按下 Shift 键和双功能键,输入的是上档的字符。

(4)关于英文的大小写

打字过程中,大部分字符是小写字母,但是有时需要输入大写字母,此时只要同时按下 Shift 键和字母键,就可以输入大写字母。另外,键盘上还提供了一个 Caps Lock 键,按一下 Caps Lock 键,键盘右上方 Caps Lock 指示灯变亮。这时,按下字母键,输入的字母均为大写,同时按下 Shift 键和字母键,才能输入小写字母。

二、其他输入设备

鼠标也是一种常用的输入设备。特别是 windows 为代表的图形界面的操作系统的普遍使用,鼠标成为必不可少的输入工具。鼠标的操作有单击、双击、滚轮和功能键四种,屏幕上的鼠标指针随着使用者手中的鼠标的移动而移动,使用者通过单击和双击屏幕上的对象而实现输入指令的功能。鼠标使用灵活、简单。

根据类型不同,可分为:机械鼠标、光电鼠标等。

机械鼠标通过内部橡皮球的滚动,带动两侧的转轮来定位,判断鼠标指针在屏幕上的位置。

光电鼠标

光电鼠标通过下方的发光二极管,通过该发光二极管发出的光线,照亮光电鼠标底部表面。然后将光电鼠标底部表面反射回的一部分光线,经过一组光学透镜,传输到一个光感应器件(微成像器)内成像。这样,当光电鼠标移动时,其移动轨迹便会被记录为一组高速拍摄的连贯图像。最后利用光电鼠标内部的一块专用图像分析芯片对移动轨迹上摄取的一系列图像进行分析处理,通过对这些图像上特征点位置的变化进行分析,来判断鼠标的移动方向和移动距离,从而完成光标的定位。

扫描仪是一种用来输入图形的输入设备。它可以把文档,图片、甚至实物的形状扫描下来,以图形文件的形式存放在计算机的存储器内,还可以通过文字识别软件将扫描的文字转换成文本文件,替代手工输入的过程,是自动化办公中不可缺少的工具。

数字照相机和数码摄像机是近年来发展迅速的科技产品,其功能于普通的照相机和摄像机大致相同,但其工作原理却大不一样,数字化是他们最显著的特点,简单地说,数码照相机和数码摄像机可以不借助其他设备与计算机相连接,并可以将照片和影片直接传送到计算机内进行处理,随着数字技术的不断发展,数码照相机和数码摄像机的功能和图像质量已经接近甚至超过的光学照相机和光学摄像机,价格也大幅度下降,越来越多地被人们所选用。

除以上所讲,还有许多种输入设备,如:光电笔、触摸屏、扫描仪等等,这些设备并不常用,在此就不一一赘述。

第五节　计算机的输出设备

计算机的输出设备其主要功能是将计算机的计算结果、工作状态和各种控制信号,转化为人所认知的表示形式,显示出来或打印在纸上。目前,计算机的输出设备最常见的是显示器、打印机、绘图仪等。

一、显示器

显示器是能够显示字符和图形的显示设备。通过显示器可以显示从键盘或其他输入设备向计算机输入的数字、字符或图形,显示内存储器中保存的数据、程序及处理结果等信息。

根据成像原理不同,显示器可分为 CRT 显示器和液晶显示器两种。CRT 显示器的成像原理是用电子枪发射电子束到布满荧光粉屏幕,液晶显示器通过显示屏上的电极控制液晶分子状态来达到显示目的,二者相比较,液晶显示器在外观、体积、耗电量、环保等方面均优于 CRT 显示器,然而 CRT 显示器在成像质量、响应时间和价格方面存在优势,因此两者都能在市场上占据一席之地。

分辨率和刷新率是衡量显示器性能的重要指标,目前的各种显示器的分辨率普遍达到了 1024×768 以上,某些专业显示器甚至达到 1600×1200 以上,分辨率越高显示器上能够显示的内容就越多;刷新率是指显示器图像每秒钟刷新的次数,对于 CRT 显示器来说,刷新率低于 75 次/s 会导致视觉疲劳,对于液晶显示器而言,刷新率就不那么重要了,由于特殊的成像原理,液晶显示器不会因为刷新率低而引起视觉疲劳。

二、打印机

打印机是把计算机内储存的文档或图形打印出来的工具,目前常用的打印机有针式打印机、激光打印机、喷墨打印机三种。针式打印机与激光、喷墨打印机相比打印质量稍差,且噪音大,但打印成本较低,而且夹带复写纸的票据打印只能用针式打印机来完成,因此针式打印机仍然被普遍使用;喷墨打印机打印质量较高,打印速度很快,特别是彩色打印功能完备,可以打印出照片质量的效果,但打印成本偏高,适合家庭和需要彩色打印的用户使用。激光打印机的打印质量非常好,打印速度也很快,耗材也比较经济,但彩色打印的成本较高,适合办公使用。此外,还有喷蜡打印机、热升华打印机等专业型打印机,由于价格昂贵,一般很少使用。

三、其他输出设备

音箱可以输出音乐,充分发挥计算机的多媒体效果;绘图仪类似于打印机,用来输出设计图纸,其输出效果远远超过手工绘制的图纸。诸如此类,人们不断开发出新的输出设备以适应不断增长的需求,依靠这些输出设备,计算机将会在很多方面取代人工劳动。

第六节 硬件系统的其他设备

CPU、存储器、输入设备和输出设备组合在一起形成了计算机的硬件系统。但是,随着科技的不断发展,计算机过去单一的处理计算功能已不能满足人们的需要,多媒体计算机应运而生。多媒体计算机集视频效果和音频效果于一体,把过去单调的计算机硬件组成:CPU + 主板 + 内存 + 硬盘 + 显示器 + 键盘,改造为:CPU + 主板 + 内存 + 硬盘

＋显示卡＋声卡＋光驱＋显示器＋键盘＋音箱＋话筒。较之以前，不但大大改善了显示效果，又增添了声音效果，给本已功能强大的计算机增色不少。如今，信息产业不断发展，网络时代已经到来，上网已成为时尚，多媒体计算机＋调制解调器（或网卡），就可以与远在万里之遥的网友通信、交谈，而且网上庞大的信息资源几乎可以满足所有的信息需求。因此掌握了计算机技术，就意味着掌握了获取信息的最佳途径。除以上所讲的硬件以外，不间断电源（以下简称 UPS）也是计算机的一个重要外设。UPS 给计算机提供持续、稳定的电源，并可以储备一部分电源，在突然断电时让计算机继续工作一段时间，在这一段时间内，用户有充分的时间保存工作成果，不会因为断电而使正在进行的工作丢失。

第七节　计算机的工作环境

　　计算机对于工作环境的要求比较高，机房内的温度要保持在 20℃左右，相对湿度在 50％左右。由于计算机内部部件很精密，而且在工作时有一定的发热量，因此，过高的温度有可能会损坏计算机的某些重要部件。同时，计算机内部有大规模集成电路，线路之间的距离很近，较高的湿度有可能导致计算机电路的短路，因此，过高的湿度对计算机也是有害的。除了对温度和湿度的要求，机房内还要求不能有太多的灰尘，计算机电源上的散热风扇会吸入空气中的灰尘，使得计算机内部积存灰尘过多，也会影响计算机的正常工作。

复习思考题

1. 简述计算机硬件系统的构成。
2. 简述 CPU 的功能。
3. 谈一谈关于内存储器与外存储器的区别。

第十七章　软　　件

在这一章中重点介绍了计算机的语言、操作系统、应用软件以及计算机在供水行业中的应用,学员们通过学习应重点掌握操作系统中的一些常用命令和各类应用软件的主要功能。

第一节　计算机语言

软件和硬件相结合才能构成完整的计算机系统。硬件的产生和发展以及性能的不断改善为软件的产生、发展和应用提供了物质基础;软件的不断发展使得硬件的功能得到充分的发挥。

软件是人类用来开发硬件功能的工具,它随着硬件的产生而产生。软件实际上是用计算机语言编写的程序,用来控制硬件的工作流程。计算机语言的发展自其产生至今,已历经三个阶段:

1. 机器语言阶段

计算机硬件能直接识别的唯一语言。由于计算机硬件只能识别二进制数字,简单地说就是"0"和"1"。(有关二进制的知识将在后面进行介绍)因而,最初的软件就是用"0"和"1"数字编写的,它的缺点显而易见:不形象、不直观、难于记忆、难于掌握。

2. 汇编语言

汇编语言是在机器语言基础上发展起来的。为了克服机器语言的缺点,人们利用机器语言提供的指令形式,只是将指令中的操作码改用文字符号表示,称为记忆码(也称助记码)。这种符号语言称为汇编语言。汇编语言需要被汇编程序翻译成机器语言后才能执行。汇编语言程序比较简单、便于记忆、而且占用内存空间较小、执行速度较快。

3. 高级语言

随着计算机技术的不断发展,为了使计算机应用更加广泛,必须找到一种让使用计算机的人易于掌握、使用灵活而又方便的语言,这就是高级语言,也成为程序设计语言。例如:BASIC、PASCAL、C 语言等都是高级语言,它们采用功能更加完善的语句为基本单位,编写的程序更接近于人类的语言。它的优点在于:语言形象、直观、简单易学、便于掌握、容易普及和推广。

现在,在高级语言的基础上又产生了一种"可视化的"的高级语言。这种语言与以前所有语言的不同之处在于:以往的语言是面向程序的执行过程进行程序开发的,而这种语言是面向对象,也就是面向程序执行的结果进行程序开发的。这种语言具有高级语言的一切优点,而且使用更加简便,直观,易于进行开发庞大而又复杂的程序。VISUL

BASIC、VISUL C 等都是这一类语言。

我们首先来讲一讲计算机存储数据和运算的数据的形式——二进制。二进制就是用"0"和"1"两种数字来描述数值,与我们日常使用的十进制数有很大的不同。计算机之所以采用二进制数是因为电信号只有两种状态"是"或"否",分别用"1"和"0"表示,计算机只能通过这种方式对数据和指令进行处理。计算机的基本存储单位"字节"由 8 位二进制数组成。

第二节　操作系统

操作系统是控制和管理计算机的软件资源和硬件资源、方便用户的程序的集合。人只有通过操作系统才能与计算机进行交流,因此,要想使用计算机,必须先学会使用操作系统。操作系统主要具有以下几项基本功能:

1. 对中央处理器进行管理;

2. 对外部设备进行管理;

3. 对磁盘文件的存取、读写管理;

4. 对存储器的管理;

5. 对作业过程的管理等。

通过以上介绍不难看出操作系统在计算机系统中的重要地位,它几乎对计算机的一切行动进行指挥,好的操作系统能够合理地对计算机的硬件资源和软件资源进行统一管理,统一调度、统一分配,大大地提高工作效率。反言之,如果没有操作系统或操作系统失灵,计算机将陷入瘫痪。下面,我们将简要对一些操作系统进行介绍。

一、磁盘操作系统(以下简称 DOS)

作为老一代操作系统的代表,DOS 以其出色的稳定性和良好的兼容性获得使用者的一致好评,直到今天仍然被广泛使用。以下对 DOS 的一些基本知识和命令操作进行介绍:

1. DOS 文件

数据在计算机中以文件的形式存储,文件名是用来区别不同文件的标志。DOS 的文件名一般由三部分组成,格式如下:

〔盘符〕　<文件(主)名>　〔扩展名〕

其中盘符代表文件所在磁盘驱动器的标识符;文件名又称文件主名,是文件名中不可缺少的主体部分,长度不超过 8 个字符,允许使用 26 个字母,数字以及其他可显示的字符,但是不能使用空格和逗号;扩展名是有小数点和 1 – 3 个字符组成,其使用字符的范围同于文件名,用来指定文件的类别,DOS 中对扩展名赋予特殊的含义,如:".EXE"表示可执行文件;".SYS"表示系统文件;".BAT"表示批处理文件;".BAK"表示备份文件。

在 DOS 中,还有一种与文件名密切相关的符号——通配符。因为在 DOS 命令中,有时要对多个文件进行处理,如果所需处理的文件主名和扩展名中有某些相同之处,就可以在指定的文件名中加入一些符号,使它能包括一些文件名,以简化操作。这些符号就叫做通配符。DOS 中的通配符是"＊"和"?","＊"代表多个字符,"?"代表一个字符。例如:文件名 AB、AC、AE、AG,可以用 A? 来表示;文件名 AB、ABCD、ACEF 可以用 A＊来表示,当前磁盘上所有".COM"文件可以用"＊.COM"来表示,"＊.＊"代表当前磁盘上的所有文件。

DOS 的基本文件包括管理输入输出的 IO.SYS;管理文件系统的 MSDOS.SYS;管理DOS 命令的 COMMAND.COM。计算机启动时,把这三个文件读入内存,用来实施对计算机管理的功能。除了这三个主要文件以外,DOS 还提供了许多其他文件,实现一些如:内存管理、磁盘清理、文件编辑等增强功能。DOS 的使用实际上就是 DOS 命令的使用,下面我们将介绍一些基本的 DOS 命令。

2.DOS 命令

a.DIR 命令

列目录命令。DOS 中的目录类似图书的目录,为了使文件便于管理和查询,DOS 把磁盘上的所有文件加入目录,每个磁盘上有一个目录,使用者可以通过目录来寻找所需文件。DIR 命令用来在显示器的屏幕上显示磁盘的文件目录。格式为:

DIR ［盘符］ ［文件名］ ［参数］

方括号中的内容是可选项,例如:

DIR 　　　　　　列当前盘中的目录

DIR 　＊.COM 　列出当前盘中所有扩展名为"? COM"的文件

DIR 　A＊.＊ 　列出当前盘中所有第一个字母为"A"的文件

DIR 　A:＊.＊ 　列出 A 盘中所有文件。

b.COPY 命令

复制文件命令。被复制的文件为源文件,复制后产生的文件为目标文件。其格式为:

COPY ［盘符］ ＜源文件名＞ ［目标文件名］

用"＜　＞"括起来的内容是必选项在进行文件复制时,可以更改文件名,也可以利用通配符进行多文件的复制。下面举例说明复制命令的使用:

COPY 　A:ABC.COM 　C:A.EXE 　将 A 盘上的 abc.com 复制到 C 盘上更名为a.exe

COPY 　A:＊.EXE 　　C将 A 盘上所有的".exe"文件复制到 C 盘上

COPY 　A:＊.＊ 　　　C:将 A 盘上所有文件复制到 C 盘上

c.DEL 命令

删除命令,用来删除指定磁盘上一个或多个无用的文件,其命令格式为:

DEL ［盘符］ ＜文件名＞

删除命令中如果省略盘符则是删除当前磁盘驱动器上的文件。以下举例说明删除命令的使用:

DEL 　AB.EXE 　　　删除当前盘上名为 AB.EXE 的文件

DEL 　A:＊.BAT 　　删除 A 盘上所用扩展名为"bat"的文件

369

DEL　　　*.*　　　　　　删除当前盘上的所有文件

警告：使用删除命令时切记不要删除有用的文件，文件一但被删除有可能永远丢失，造成无法挽回的损失。

在使用 DOS 操作系统时，还有几个常用命令，如：

更换盘符命令：	盘符：如：C:　D:　A:
转换目录命令：	CD<目录名>
建立目录命令：	MD<目录名>
删除空目录命令：	RD<目录名>
更改文件名命令：	REN<文件名><新文件名>
显示文件内容命令：	TYPE<文件名>
格式化命令：	FORMAT<盘符>

以上对 DOS 的使用进行了简单的介绍，DOS 作为老一代的操作系统曾经风光一时，但是随着计算机技术的不断发展，使用者要求的不断增加，它单用户、单任务的限制，死板的界面，相对复杂的操作却预示着它终将走向没落，终将被以视窗（以下简称 WINDOWS）为代表的图形界面、多任务、多用户的操作系统所取代，下面，我们简要介绍 WINDOWS 的特点。

二、WINDOWS 操作系统

WINDOWS 是美国微软公司开发的新一代操作系统，它把用户界面图形化，各种操作命令以菜单的方式提供出来，各个应用程序都以图标表示，并采用鼠标作为主要输入设备，通过用鼠标击打应用程序的图标以执行应用程序，并且通过鼠标击打菜单命令来实现 WINDOWS 的各种命令操作。在 WINDOWS 操作系统中加强了对计算机各种硬件设备的管理，用户可以任意修改计算机的硬件配置。此外，WINDOWS 操作系统改变了老一代操作系统的单任务的工作流程，实行多任务方式。如：DOS 操作系统每接受一个命令，立即执行命令，在这个命令未执行完以前，不能接受其他命令，即使是一个很简单的命令也要占用计算机的全部资源，从而造成了资源的浪费；而 WINDOWS 操作系统可以同时处理多个命令，执行多个应用程序，很大程度上避免了资源的浪费，而且提高了工作效率。此外 WINDOWS 操作系统具有很强的网络功能，便于操作的图形界面使得网络操作变得极为简便，流畅的多任务功能可以使网络的资源充分共享。早期的 16 位 WINDOWS 操作系统是以 DOS 操作系统为基础的，WINDOWS 3.2 是这一类操作系统的代表，其功能相对较弱，不能算是完整的操作系统。以 WINDOWS 98 为代表的 32 位操作系统已经完全取代了 DOS，成为独立的、完整的操作系统。新一代的视窗操作系统 WINDWOS2000 和 WINDOWSXP 的多任务操作更加流畅，其核心技术具有更高的安全性和稳定性，而且多媒体功能更加强大，几乎可以兼容当前所有硬件，网络功能也更加强大，可以方便地访问局域网和 INTERNET。总之，WINDOWS 操作系统取代 DOS 成为操作系统已成为必然，未来的计算机操作系统 WINDOWS 将成为主流。

第三节　应用软件

应用软件是人们为利用计算机完成某项工作而编写的程序。日常使用的应用软件主要包括:字处理软件、办公自动化软件、数据库软件等等。以下我们将分别加以介绍。

一、字处理软件

字处理软件是办公中最常用的应用软件。人们利用字处理软件可以输出精美的文稿。常用的有 WPS、CCED、WORD 等等。WPS 和 CCED 是国产软件,早期的 WPS 和 CCED 都是基于 DOS 操作系统的中文字处理软件,它们以其方便快捷的使用方法占领了国内字处理软件的大部分市场,但是美国微软公司的字处理软件中文 WORD 进入中国市场后,WPS 和 CCED 受到很大的冲击,WORD 是基于 WINDOWS 操作系统的图形化的字处理软件,它强大的功能远远超过了国内的字处理软件,在世界上都被广泛使用。但是,WPS 和 CCED 近期都推出了基于 WINDOWS 操作系统的字处理软件,其使用效果也相当不错。现在比较先进的字处理软件在操作上都有以下几个主要特点:

①对于字的处理都是所见即所得。屏幕上显示的文档与打印出的完全相同。用户先选定一个或一段文字,更换字体或调整字体大小和格式,调整的结果就会出现在显示器上,用户可以反复调整,直到满意为止。

②可以方便地使用复制和粘贴功能。复制和粘贴是 WINDOWS 操作系统特有的功能,用户可以把某一段文字复制到 WINDOWS 提供的剪贴板上保存,再把它粘贴到需要的地方。如:在写一篇文章时如果想把一段文字移至文章末尾,只需选定这段文字,选取"复制"命令将其复制到剪贴板,在把输入文字的光标移至文章末尾,选取"粘贴"命令将其粘贴到相应位置。

③段落格式的安排通过调整标尺和对齐来完成。标尺是用来调整段落前后缩进的工具,通过调整标尺可以规定段内每行与页边的距离,以及段内首行与其他行的区别,使得整个段落整齐有序,而且操作简便。如:每段首行空两个格。对齐的使用可以控制段相对于页面的位置,是居中、靠左还是靠右,还可以控制段内文字是靠左对齐、靠右对齐还是两端对齐。如:标题都是居中,落款大多靠右。

④都提供了大量的插入符号。在文字编排中常会用到如希腊字母、拉丁字母及其他特殊字符,这些字符是键盘不能输入的,在这些字处理软件中只要选取"插入符号"命令就能很方便的获得这些特殊字符。

⑤提供了图文混排功能。为了使文稿更加生动、丰富,需要加入一些图片进行修饰,选择"插入图片"命令就可以插入自己所需的插图。

⑥提供了一些增强功能。如:WORD 中提供的艺术汉字可以是汉字呈现阴影、翻转、立体以及各种排列方式。公式编辑器可以编辑出复杂的数学公式,如:微积分公式、求和公式等等。

以上简要介绍的是现在流行的字处理软件的主要功能。在字处理方面还有一个重要内容,就是中文输入问题。众所周知,中文的结构复杂,既有象形字,又有形声字和会意字,而且同音字很多,因此,中文输入相对困难一些。现在的中文输入法的编码分为音码和形码两种,顾名思义,音码是通过拼音输入,形码是通过笔画输入。中文的输入法很多,其中全拼输入法和五笔形输入法分别是音码和形码的代表。全拼输入法简单易学,但速度较慢,五笔输入法初学时困难,掌握后即可快速输入,准确率颇高。现在专业人员多采用五笔输入法。

二、办公自动化软件

主要指办公中常用的电子表格软件。包括美国莲花公司的 LOTUS1－2－3 和微软公司的 EXCEL,这种软件具有很强大的计算功能,可以很方便地生成报表、图表,我国的 CCED 也具有这些功能,只是不够强大。这类软件在操作上多使用以下几种方法:

①以单元格为基本单位,单元格内容可以是数字、文字、运算公式或函数。在进行处理和运算时单元格之间的关系就是单元格内容之间的关系。

②具有基本的字处理功能。虽不能与字处理软件相比,但也可以输出精美的文字效果。

③具有强大的动态运算功能。软件本身提供了大量函数,几乎可以进行所有的数学、财务、统计、逻辑、查找和数据库的运算。用户只需在单元格中写入相应的公式、函数和原始数据,就可以快速、准确地得到运算结果。而且,运算结果还能根据原始数据的不断变化而更新。

④具有数据共享功能。这类软件可以很方便地访问大部分数据库,从中获取所需数据,并进行处理。也可以生成不同的数据库。

⑤可以生成精美的图表。用户可以选取一部分数据,利用软件的图表工具,准确而快速地绘出各种图表,如:棒图、饼图、折线图甚至立体图。从而使用户对于数据的趋势变化有一个直观的认识。

三、数据库软件

数据库技术是计算机技术发展的重点。在信息量越来越大的今天,数据库的应用越来越广泛。数据库是数据的集合,是存储数据的仓库。数据库中的数据要求格式整齐。数据库中的每一个数据称为一个记录,每个数据由若干个字段组成,每个字段称为记录的一个属性。如:工资库中存放着某个单位职工的工资情况,每一个职工的工资情况称为一个记录,每一个职工的工资情况包括基本工资、奖金、加班费等方面,每一个方面称为一个属性。数据库软件的功能是建立数据库,并对数据库进行查找、筛选、排序等操作,从而达到利用数据库中的数据完成工作目的。现在的数据库软件主要有:FOXBASE、FOXPROW、ACCESS、SYBASE 等,其中最常用的是 FOXBASE 和 FOXPROW。其中,FOXPROW 是从 FOXBASE 发展来的。这两种软件使用简便,对计算机硬件的要求较低,易于开发管理系统,而且适用于各种机型。由于篇幅有限,数据库的内容又极为丰富,在这里就不再赘述。

四、杀、防病毒软件

谈到杀、防病毒软件,首先要讲一讲电脑病毒。电脑病毒与我们平时所说的医学上的病毒并不相同,它实际上是一种特殊的电脑程序,专门用来破坏计算机系统。它寄生在其他文件中,而且会不断的复制自己,传染给别的文件,从而导致病毒广为传播。

病毒会给人们带来巨大的损失和麻烦,在小的方面,它可以让你的电脑不能正常工作,把你的工作成果毁坏一空;在大的方面,它可以使银行、企业以及科研机构的电脑系统瘫痪,造成无可估量的损失。

电脑染上病毒后的症状比较多,一般来说染上病毒后并不都是马上发作,这时很难察觉到。但计算机病毒发作是就很容易感觉出来,有时电脑工作的很不正常,有时莫名其妙地死机,有时突然重新启动,有时程序运行不了。有的病毒发作时满屏幕会下雨,有时屏幕上会出现毛毛虫等,总之只要电脑工作不正常,就有可能感染了病毒。

为避免计算机病毒带来的损失,人们制作了许多杀、防病毒软件,通过对已发现的病毒的分析,获取病毒的标识代码,从而在检索文件过程中识别出存在的病毒,并将其删除。病毒对计算机的侵害主要是通过两种途径。其一,删除一些重要文件,主要是一些可执行文件和系统文件,导致数据的丢失;其二,破坏计算机的引导系统,使得计算机不能正常启动,或者使信息全部丢失。现在,有一种新型的病毒竟然可以造成计算机的假硬件损伤,即从现象上判断是计算机硬件的损伤,但实际上是计算机病毒在作怪。近期,我国还发现一种名为 CIH 的恶性计算机病毒,该病毒是第一种能够破坏计算机硬件的病毒,它可以通过修改计算机的 BIOS 中的程序,造成主板的损坏,现已发现三个版本1.2、1.3、1.4,分别在 4 月 26 日、6 月 26 日和每月 26 日发作,一旦发作,将造成巨大的损失。现在,该病毒在因特网上迅速蔓延,特别是许多游戏站点都发现了这种病毒,各计算机用户应提高警惕,以防身受其害。

防、杀病毒软件也是从这两方面着手来清除计算机系统中存在的病毒,或防止病毒对计算机系统进行侵害。现在常见的防、杀病毒软件有:KV300、KILL、MACFEE、VRV等,这些软件能识别并杀掉大部分已发现的病毒,但是,对新产生的病毒却无能为力,这就要求杀、防病毒软件要不断更新、升级,才能保护计算机不受病毒的侵害。

计算机软件作为计算机系统的重要组成部分,是人们研究、开发的重点课题。目前,软件种类繁多,除了上述所讲,各种辅助设计软件,如:AUTOCAD、3DSTUDIO、室内设计、建筑设计、电路设计等;教学软件,如:开天辟地、万事无忧、轻轻松松背单词、英语口语练习等;专业软件,如:财务管理软件、劳资管理软件、人员管理软件、图书管理软件等;此外,各种游戏软件更是吸引人,仙剑奇侠、命令与征服等游戏使许多玩家废寝忘食。对于软件的学习关键在于掌握某类软件中一种的使用方法,利用同类软件的共同特点,达到举一反三的目的。

第四节　计算机在供水行业中的应用

如今,计算机的应用已延伸到人类生活的各个领域,供水行业也不例外。产水、供水、营销、调度以及管理都离不开计算机。

一、产水过程中，计算机用于工业控制。由于我国普及计算机较之发达国家要晚一些，在产水工艺流程中对计算机的利用还不算普遍，近年来新建并投入运行的水厂，自动化应用水平全面提高，并初步形成了计算机控制，一些建立较早的水厂在加快改造中也在考虑着应用计算机。在欧美一些发达的国家和国内部分水厂中，定员标准只有几名到几十名职工，大多数工作均由计算机控制完成。在全部产水工艺流程中可根据水质的变换进行药剂的合理投加；可根据管网压力和水位等变化，调节水量、流速、送水泵组等。计算机控制具有精确、稳定的特点，可以避免人为过失造成的损失。

二、管网供水采用计算机进行管理可以获得极佳的效果。地理信息系统（以下简称GIS）的使用可以解决以前供水中存在的许多问题。GIS把某个城市中的地下管线和地质情况都记录在计算机中，并在管线上每间隔一段距离安放一个传感器，传感器可以把输水信息、管网压力状况以及漏水的信息传送回计算机中，计算机对传回的信号进行处理，并通过信号反馈进行管网平差调节，达到经济运行的目的，同时还可判断漏水的地点，并提供漏水点的管线情况以及地质环境和其他地下构筑物等情况，为紧急抢修管道提供了充分的条件。

三、在营销工作中计算机的作用是不可取代的。城市中的用水户数以万计，并按不同类型相应有若干种水价，这些庞杂的运算工作用人工来完成不但速度慢，而且极易出错，用计算机来管理充分发挥计算机的强大的运算能力，可以准确、快速地完成工作。国外一些城市已经使用计算机查验水表，进行费用结算，节省了人力，提高了工作效率。

四、调度工作中更是离不开计算机。将水厂的运行工况、运行参数、水质参数等通过线路实时送到调度室，计算机通过基础数据分析，从不同的角度反映供水状态，包括管网运行负荷分析（低负荷、经济负荷、超负荷），供水路径查询、厂间输水交汇点的水流动态、管网压力分布、水流方向模拟显示，从而优化调度方式。

五、在管理工作中，计算机的应用给许多部门带来了方便。特别是在财务、人事、劳资、计划编制、档案、材料等管理部门的应用更加普及。使越来越多的管理者认识到：只有依靠技术进步，才能促进管理水平的全面提高。计算机的使用不能仅仅停留在存储原始数据和进行简单的字处理，更重要的还是协助管理者进行全面的管理、统计、分析、预测、甚至决策。

复习思考题

1. 通过学习您是否掌握 DOS 中常见的命令。
2. 试述应用软件的分类及功能。
3. 试述在您工作岗位上应如何应用计算机。